教育部卓越工程师教育培养计划教材

# 建筑材料及构配件质量检测与控制

主　编：叶建雄　张智瑞

中国环境出版集团·北京

**图书在版编目（CIP）数据**

建筑材料及构配件质量检测与控制 / 叶剑雄, 张智瑞主编. -- 北京 : 中国环境出版集团, 2024. 8.
(教育部卓越工程师教育培养计划教材). -- ISBN 978-7-5111-5960-1

Ⅰ. TU502

中国国家版本馆 CIP 数据核字第 2024YA0270 号

**策划编辑** 马宇敬
**责任编辑** 易　萌
**封面设计** 彭　杉

**出版发行** 中国环境出版集团
（100062　北京市东城区广渠门内大街 16 号）
网　　址：http://www.cesp.com.cn
电子邮箱：bjgl@cesp.com.cn
联系电话：010-67112765（编辑管理部）
010-67112739（第三分社）
发行热线：010-67125803，010-67113405（传真）

**印　　刷** 玖龙（天津）印刷有限公司
**经　　销** 各地新华书店
**版　　次** 2024 年 8 月第 1 版
**印　　次** 2024 年 8 月第 1 次印刷
**开　　本** 787×1092　1/16
**印　　张** 22.5
**字　　数** 530 千字
**定　　价** 79.00 元

# 编委会


**主　　编：** 叶建雄　张智瑞

**副 主 编：** 王亮亮　李月霞　余林文

**主　　审：** 王　冲　张京街　刘　芳

**参加编写：** 唐　静　曾　路　李建荣　王本利　宋开伟
潘　群　陈　功　陈海龙　王　茂　苏　杨
宋文杰　余汶骏　任泽海　李　平　李　贞
刘凌龙　程玉雷　胡志德　张　意　段光尧
袁小林　江兆南　刘明月　李　三　田彬亢
邓青华　严小康　苏　黎　郑寒英　钟媛霞
张寒松　张　浩　王　磊　隆文超　陈智荣
沈　锐　程　斓　代艾霖　邓秀英　陈　波
陈蓁明　阳征宴　何　强　崔　杰　徐　浪
李　丽　刘文梅

# 前　言

党的十八大以来，党和国家把质量安全提到了更加重要的战略高度，作出了许多具体部署，建筑业发展取得巨大成就，建筑工程质量水平不断得到提升。习近平总书记在党的二十大报告中提出的“建设现代化产业体系，坚持把发展经济的着力点放在实体经济上，推进新型工业化，加快建设制造强国、质量强国、航天强国、交通强国、网络强国、数字中国”。

建筑材料质量是建设工程的重要组成部分，按现行国家标准规范进行质量检测是建设工程质量管理的重要手段。客观、准确、及时地进行质量检测，是指导、控制和评价建设工程质量的科学依据。《建筑材料及构配件质量检测与控制》依据《建设工程质量检测管理办法》（住房和城乡建设部令　第57号）规定的建设工程质量检测机构资质标准中建筑材料及构配件专项类涉及检测项目和参数范围，同时结合相关省市的建设工程质量检测人员职业培训考核或指南的要求编写，为培养既有理论知识，又具备质量检测技能的工程技术人员提供具有参考价值的教材。本书可作为建筑材料及构配件检测人员岗位培训教材，同时也能作为高等院校相关专业师生、建筑施工、监理、建筑材料生产企业的试验技术人员和工程管理人员的参考学习资料。

本书内容主要按照国家现行的标准、规范和第三方实验室资质认定的要求进行编写，主要包括检验检测的基础知识、实验室技术要求、建筑材料的标准化和主要建筑材料的取样规定，介绍了建筑材料及构配件的基本概念和主要性能的检测方法、步骤和结果处理。

本书由重庆大学材料科学与工程学院和重庆市建设工程质量协会组织编写，主编由重庆大学材料科学与工程学院、重庆重大建设工程质量检测有限公司的叶建雄和张智瑞担任，副主编由国检测试控股集团重庆检测有限公司王亮亮、重庆市住房和城乡建设工程质量安全总站李月霞和重庆大学材料科学与工程学院余林文担任。重庆大学材料科学与工程学院的唐静、曾路、刘明月，重庆市建设工程质量协会陈功、程斓、代艾霖、邓秀英，国检测试控股集团重庆检测有限公司的王本利、陈波，重庆市住房公积金管理中心段光尧，重庆市江北区建设工程管理事务中心程玉雷，重庆建设工程质量监督检测中心有限公司李建荣、李三、陈蓁明，重庆市建筑科学研究院有限公司潘群，重庆市建设工程质量检验测试中心宋开伟、田彬亢，重庆市江北区建设工程质量检测有限责任公司陈海龙、邓青华，重庆筑能建设工程质量检测有限公司王茂、严小康，重庆市九龙建设工程质量检测中心有限公司苏杨、苏黎、王磊，重庆华盛检测技术有限公司宋文杰、郑寒英，重庆聚源建设工程质量检测有限公司余汶骏，重庆标测检测技术有限公司任泽海，重庆高新卓泰建筑工程质量检测有限公司李平、钟媛霞、阳征宴，健研检测集团重庆有限公司李贞，中国人民解放军陆军勤务学院胡志德、张寒松，重庆建工住宅建设有限公司张意，中铁八局集团建筑工程有限公司刘凌龙、张浩，重庆重大建设工程质量检测有限公司袁小林、江兆南、隆文超、陈智荣、沈锐、崔杰、何强、徐浪、李丽、刘文梅参与编写。

全书由重庆大学材料科学与工程学院王冲、刘芳和重庆市建筑科学研究院有限公司张京街主审。

编制过程中参考和借鉴了有关文献资料，同时也得到了许多热心朋友和重庆大学材料科学与工程学院建筑材料专业硕士研究生潘星佑、于安娜的帮助，谨向这些文献作者、朋友和学生致以诚挚的谢意。

由于建筑材料相关技术发展很快，与质量检测配套的工程技术标准在不断更新，加之编者水平有限，书中难免有不妥之处，敬请读者批评指正。

编　者

2024 年 7 月

# 目　　录

# 第1章 绪 论

## 1.1 检验检测的基础知识

### 1.1.1 法定计量单位

#### 1.1.1.1 法定计量单位的由来与组成

在人类历史上，计量单位是随着生产与交换的发生、发展而产生的。随着社会和科学技术的进步，要求计量单位稳定和统一，以维护正常的社会、经济和生产活动的秩序，于是逐渐形成了各个国家的计量制度。这些制度是根据各自的经验和习惯确定的，自然是千差万别、各行其是。有时在一个国家，有多种计量制度并存，这种状况阻碍了生产和贸易的发展及社会的进步。

法国在1790年建议创立一种新的、建立在科学基础上的计量制度，随后制定了“米制法”，通过对地球子午线长度的精密测量来确定最初的米原器。这一制度逐渐得到其他国家的认同，1875年17个国家在巴黎签署了《米制公约》，成立国际计量委员会（CIPM），并设立国际计量局（BIPM）。我国于1977年加入米制公约组织。

随着科学技术的发展，在米制的基础上先后形成了多种单位制，又出现混乱局面。1960年第11届国际计量大会（CGPM）总结了米制经验，将一种科学实用的单位制命名为“国际单位制”，并用字母“SI”表示。后经过多次修订，形成完整的体系。

SI遵循一贯性原则。由比例因数为1的基本单位幂的乘积来表示的导出计量单位，叫作一贯计量单位。SI的全部导出单位均为一贯计量单位，所以它是一贯计量单位制，从而使符合科学规律的量的方程和数值方程相一致。

SI是在科技发展中产生的，也将随着科技发展而不断完善。由于SI结构合理、科学简明、方便实用，适用于众多科技领域和各行各业，可实现世界范围内计量单位的统一，因而被国际社会广泛接受，成为科技、经济、文教、卫生等各界的共同语言。

《中华人民共和国计量法》（以下简称《计量法》）明确规定，“国家实行法定计量单位制度。国际单位制计量单位和国家选定的其他计量单位，为国家法定计量单位。”国际单位制是我国法定计量单位的主体，国际单位制如有变化，我国法定计量单位也将随之发生变化。

SI由SI单位、SI词头（$10^{-24}$～$10^{24}$）及SI单位的倍数和分数单位组成。SI单位又包括7个SI基本单位和由SI基本单位导出的单位。SI基本单位是SI的基础，其单位名称、单位符号和单位定义见表 1-1。

**表 1-1 SI 基本单位**

| 量的名称 | 单位名称 | 单位符号 | 单位定义 |
|---|---|---|---|
| 长度 | 米 | m | 光在真空中于 1/299 792 458 s 的时间间隔内所经过的距离 |
| 质量 | 千克（公斤） | kg | 质量单位，等于国际千克（公斤）原器的重量 |
| 时间 | 秒 | s | 铯-133 原子基态的两个超精细能级之间跃迁所对应的辐射的 9 192 631 770 个周期的持续时间 |
| 电流 | 安［培］ | A | 一恒定电流，若保持在处于真空中相距 1 m 的两个无限长而圆截面可忽略的平行直导线内，这两根导线之间产生的力在每米长度上等于 $2\times10^{-7}$ N |
| 热力学温度 | 开［尔文］ | K | 水三相点热力学温度的 1/273.16 |
| 物质的量 | 摩［尔］ | mol | 一系统的物质的量，该系统中所包含的基本单元数与 0.012 kg 碳-12 的原子数目相等。在使用摩［尔］时应指明基本单元，可以是原子、分子、离子、电子及其他粒子，或这些粒子的特定组合 |
| 发光强度 | 坎［德拉］ | cd | 发射出频率为 $540\times10^{12}$ Hz 单色辐射的光源在给定方向上的发光强度，在此方向上的辐射强度为 1/683 W/sr |

#### 1.1.1.2 法定计量单位的使用规则

1）法定计量单位符号

法定计量单位的符号分为单位符号（国际通用符号）和单位的中文符号（单位名称的简称）。一般推荐使用单位符号，后者便于在知识水平不高的场合下使用。十进制单位符号应置于数据之后。单位符号按其名称或简称读，不得按字母读音。

单位符号一般用正体小写字母书写，但是以人名命名的单位符号，第一个字母必须正体大写。组合单位符号的书写方式示例见表 1-2。

**表 1-2 组合单位符号的书写方式示例**

| 单位名称 | 符号的正确书写方式 | 错误或不适当的表达方式 |
|---|---|---|
| 牛顿米 | N·m，Nm<br>牛·米 | N-m，mN<br>牛米，牛-米 |
| 米每秒 | m/s，m·$s^{-1}$<br>米·$秒^{-1}$，米/秒 | $ms^{-1}$<br>$米秒^{-1}$，秒米 |
| 瓦每开尔文 | W/（K·m）<br>瓦/（开·米） | W/K/m，瓦/（K·m）<br>W/（开·米） |
| 每米 | $m^{-1}$<br>$米^{-1}$ | 1/m<br>1/米 |

注：① 单位符号与中文符号不得混合使用。但是非物理量单位（如台、件、人等），可用汉字与符号构成组合形式单位；摄氏度的符号（℃）可与中文符号组合使用，如 J/℃可写为焦/℃。

② 单位符号中，用斜线表示相除时，分子、分母的符号与斜线处于同一行内。分母中包含两个以上单位符号时，整个分母应加圆括号，斜线不得多于一条。

③ 分子为 1 的组合单位符号，一般不用分子式，而用负数幂的形式。

2）法定计量单位名称

计量单位的名称，一般是指它的中文名称，用于叙述性文字和口述，不得用于公式、数据表、图、刻度盘等处。

组合单位的名称与其符号表示的顺序一致，遇到除号时，应读为“每”字，例如，J/(mol·K）的名称应读为“焦耳每摩尔开尔文”。书写时也应如此，不能加任何图形和符号，不要与单位的中文符号混淆。

乘方形式的单位名称的表达方式和其他名称有所不同，如 $m^4$ 的名称应为“四次方米”而不是“米四次方”。用长度单位米的二次方或三次方表示面积或体积时，其单位名称为“平方米”或“立方米”，否则仍应为“二次方米”或“三次方米”。

### 1.1.2　数据处理

#### 1.1.2.1　有效数字

1）定义

有效数字是各种测量和计算中一个很重要的概念，试验测量和结果需用数字来表示，正确而有效地表示测量和试验结果的数字称为有效数字，有效数字由准确数字和一位欠准数字构成。例如，用一钢直尺量取某钢筋的长度为 569.6 mm，其中数字 569 由尺上读出，是准确的，而数字 6 是估读的，是欠准数字，但它不是凭空臆想的，所以记录时应保留，所记录的这 4 个数字均为有效数字。

2）有效数字的位数确定

在没有小数且以若干个零结尾的数值中，有效数字的位数是指从非零数字最左一位向右数得到的位数减去无效零（仅为定位用的零）的个数。例如，87 000 有 3 个无效零，则为两位有效位数，应写作 $87\times10^3$。

在其他十进位数字中，有效数字的位数是指从非零数字最左一位向右数得到的位数，即数字“0”在数值中所处的位置不同，可以是有效数字，也可以不是有效数字。例如，8.7、0.87 均为两位有效位数，0.870 为三位有效位数，0.870 0 为四位有效位数，87.000 为五位有效位数。

对于非连续型数值（如个、分数、倍数、名义浓度或标示量）是没有欠准数字的，其有效数字的位数可视为无限多位；常数 π、 e 和系数 2 等值的有效位数也可视为无限多位，对于 pH 等对数值，其有效位数是由小数点后的位数决定的，其整数部分只表明真数的乘方次数。例如，pH=11.26（$[H^+]=5.5\times10^{-12}$ mol/L），其有效位数只有两位。

#### 1.1.2.2　数值修约及其进舍规则

1）数值修约的基本概念

数值修约是一种数据处理方式。对某一拟修约数，根据保留数位的要求，将其多余位数的数字按照一定的规则进行取舍，得到一个修约间隔整数倍的数（称为修约数）来代替拟修约数，这一过程称为数值修约，也称为数的化整或数的凑整。为了简化计算，准确表达测量结果，必须对有关数值进行修约。

修约间隔又称为修约区间和化整间隔，它是确定修约保留位数的一种方式。修约间隔一经确定，修约数只能是修约间隔的整数倍。若指定修约间隔为 0.1，修约数应在 0.1 的整数倍中选取，即修约数精确至 0.1；若指定修约间隔为 100，修约数应在 100 的整数倍中选取，即修约数精确至 100。

2）数值修约的进舍规则

（1）在拟舍弃数字中，当左边第一个数字小于 5 时，则舍弃，即保留的各位数字不变。

例　将 3.141 592 修约到一位小数，得 3.1。

（2）在拟舍弃数字中，左边第一个数字大于或等于 5，且其后跟有并非全部为零的数字时，则进一，即在保留的末位数字加 1。

例 1　将 5 252 修约到百数位，得 $53\times10^2$（特定时可为 5 300）。

例 2　将 1 266 修约到三位有效位数，得 127×10（特定时可为 1 270）。

例 3　将 8.504 修约到个数位，得 9。

（3）拟舍弃数字的最左一位数字为 5，而右边无数字或皆为 0 时，若所保留的末位数为奇数（1，3，5，7，9）则进一，为偶数（2，4，6，8，0）则舍弃。

例 1　修约间隔为 0.1（或 $10^{-1}$）：

| 拟修约数值 | 修约值 |
|---|---|
| 4.050 | 4.0 |
| 2.150 | 2.2 |

例 2　将下列数字修约成两位有效位数。

| 拟修约数值 | 修约值 |
|---|---|
| 0.052 5 | 0.052 |
| 52 500 | $52\times10^3$ |

3）不许连续修约

（1）拟修约数字应在确定修约位数后一次修约获得结果，而不得多次按上述规则连续修约。

例如，修约 15.454 6，修约间隔为 1。

正确的做法：15.454 6→15。

不正确的做法：15.454 6→15.455→15.46→15.5→16。

（2）在具体实施中，有时测试与计算部门先将获得数值按指定的修约位数多一位或几位报出，然后由其他部门判定。为避免产生连续修约的错误，应按以下步骤进行：

当报出数值最右的非零数字为 5 时，应在数值后面加“(+)”或“(−)”或不加符号，以分别表明已进行过舍、进或未舍未进。

例如，16.50（+）表示实际值大于 16.50，经修约舍弃成为 16.50；16.50（−）表示实际值小于 16.50，经修约进一成为 16.50。

如果判定报出值需要进行修约，当拟舍弃数字的最左一位数字为 5 而后面无数字或皆为零时，数值后面有“(+)”者进一，数值后面有“(−)”者舍去，其他仍按上述规则进行。

例如，将下列数字修约到个数位后进行判定（报出值保留一位小数）。

| 实测值 | 报出值 | 修约值 |
|---|---|---|
| 15.454 6 | 15.5（−） | 15 |
| 16.520 3 | 16.5（+） | 17 |
| 17.500 0 | 17.5 | 18 |
| −15.454 6 | −15.5（−） | −15 |

4）运算规则

在进行数学运算时，对加减和乘除法中有效数字的处理是不同的。

（1）许多数值相加减时，所得和的绝对误差比任何一个数值的绝对误差都大。因此，相加减时应以诸数值中绝对误差最大（欠准数字的位数最大）的数值为准，确定其他数值在运算中保留的位数和决定计算结果的有效位数。

（2）许多数值相乘除时，所得积或商的相对误差比任何一个数值的相对误差都大。因此，相乘除时应以诸数值中相对误差最大（有效位数最少）的数值为准，确定其他数值在运算中保留的位数和决定计算结果的有效位数。

（3）在运算过程中，为减少舍入误差，其他数值的修约可以暂时多保留一位，待运算得到最后结果时，应根据有效位数弃去多余的数字。

例 1 13.65+0.008 23+1.633=?

本例是数值相加减，在 3 个数值中 13.65 的绝对误差最大，其最末一位数为百分位（小数点后两位），因此将其他各数均暂时保留至千分位，即把 0.008 23 修约成 0.008，1.633 不变，进行运算：13.65+0.008+1.633=15.291。

最后对计算结果进行修约，15.291 应只保留至百分位，修约成 15.29。

例 2 14.131×0.076 54÷0.78=?

本例是数值相乘除，在 3 个数值中，0.78 的有效位数最少，仅为两位有效位数，因此各数值均应暂时保留三位有效位数进行运算，最后再将计算进行结果修约为两位有效位数。

$$14.131\times0.076\,54\div0.78 \approx 14.1\times0.076\,5\div0.78 \approx 1.08\div0.78 \approx 1.38\approx 1.4$$

### 1.1.3 测量误差

测量结果与测量真值之间的差异，称为测量误差。测量真值是量的定义的完整体现，是与给定的特定量的定义完全一样的值，它是通过完善的或完美无缺的测量才能获得的值。测量结果是由测量所得到的赋予被测量的值，是客观存在的量的试验表现，仅是对测量所得值的近似和估计。因而，作为测量结果与测量真值之差的测量误差，也是无法准确得到或确切获知的。测量误差可来源于测试过程中的任意环节，如测量程序、测量仪器、测量环境、测量人员等。

#### 1.1.3.1 测量误差的表示方法

测量误差有绝对误差和相对误差两种表示方法。绝对误差是指被测量的测量值与其真值之差。测量误差除以被测值的真值所得的商，称为相对误差。绝对误差与被测量的量纲相同，而相对误差是量纲为 1 的量。

假设测量结果 $y$ 减去被测量约定真值 $t$，所得的误差或绝对误差为 Δ。将绝对误差 Δ 除以约定真值，即可求得相对误差为 $\delta=\Delta/t\times100\%=(y-t)/t\times100\%$。所以，相对误差表示绝对误差所占约定真值的百分比，它也可用数量级来表示所占的份额或比例，即表示为

$$\delta=\left[\left(\frac{y}{t}-1\right)\times10^{n}\right]\times10^{-n}$$

当被测量的大小相近时，通常用绝对误差进行测量水平的比较。但绝对误差只能说明测量结果偏离实际值的情况，不能确切反映测量的准确程度，当被测量值相差较大时，用相对误差才能进行有效的比较。

例如，测量标称值为 10.2 mm 的甲棒长度时，得到实际值为 10.0 mm，其示值误差 Δ=0.2 mm；而测量标称值为 100.2 mm 的乙棒长度时，得到实际值为 100.0 mm，其示值误差 Δ′=0.2 mm。它们的绝对误差虽然相同，但乙棒的长度约是甲棒的 10 倍，要比较或反映两者不同的测量水平，还需运用相对误差或误差率的概念，即 $\delta=0.2/10.0\times100\%=2\%$，而 $\delta'=0.2/100\times100\%=0.2\%$，所以乙棒比甲棒测得准确。或用数量级表示为 $\delta=2\times10^{-2}$，$\delta'=2\times10^{-3}$，从而也能反映后者的测量水平高于前者一个数量级。

另外，在某些场合下应用相对误差还有方便之处。例如，已知质量流量计的相对误差为 $\delta$，用它测量流量为 $Q$（kg/s）的某管道所通过的流体质量及其误差。经过时间 $T$（s）后流过的质量为 $QT$（kg），故其绝对误差为 $Q\delta T$（kg）。所以，质量的相对误差仍为 $Q\delta T/(QT)=\delta$。

#### 1.1.3.2 测量误差的分类

测量误差按其性质和特点可分为随机误差、系统误差和粗大误差 3 类。

1）随机误差

在测量结果与重复性条件下，对同一被测量对象进行无限多次测量所得结果的平均值之差，称为随机误差。

重复性条件是指在尽量相同的条件下，包括测量程序、人员、仪器、环境等，以及在尽量短的时间间隔内完成重复测量任务。这里的“短时间”可理解为保证测量条件相同或保持不变的时间段，它主要取决于人员的素质、仪器的性能以及对各种影响量的监控。从数理统计和数据处理的角度来看，在这段时间内测量应处于统计控制状态，即符合统计规律的随机状态。通俗地说，它是测量处于正常状态的时间间隔。

随机误差的统计规律性主要表现为对称性、有界性和单峰性。

（1）对称性是指绝对值相等而符号相反的误差，出现的次数大致相等，即测得值是以它们的算术平均值为中心而对称分布的。由于所有误差的代数和趋近于 0，故随机误差又具有抵偿性，这个统计特性是最为本质的。换言之，凡具有抵偿性的误差，原则上均可按随机误差处理。

（2）有界性是指测得值误差的绝对值不会超过一定的界限，即不会出现绝对值很大的误差。

（3）单峰性是指绝对值小的误差比绝对值大的误差数目多，即测得值是以它们的算

术平均值为中心而相对集中分布的。

2）系统误差

在重复性条件下，对同一被测物体进行无限多次测量所得结果的平均值与被测量的真值之差，称为系统误差。它是测量结果中期望不为0的误差分量。

由于只能进行有限次数的重复测量，真值也只能用约定真值代替，因此可能确定的系统误差只是其估计值，并具有一定的不确定度。这个不确定度也就是修正值的不确定度，它与其他来源的不确定度分量一样，为合成标值贡献了不确定度。

系统误差对测量结果的影响称为“系统效应”。该效应的大小若已识别并可定量表述，则可通过估计的修正值予以补偿。例如，高阻抗电阻器的电位差（被测量）是用电压表测得的，为减少电压表负载效应给测量结果带来的“系统效应”，应对该表的有限阻抗进行修正。但是，用于估计修正值的电压表阻抗与电阻器阻抗（均由其他测量获得）本身就是不确定的。这些不确定度可用于评定电位差的测量不确定度分量，它们来源于修正，从而来源于电压表有限阻抗的“系统效应”。另外，为了尽可能地消除系统误差，测量仪器须经常用计量标准或标准物质进行调整或校准。但同时须考虑的是，这些标准自身仍带着不确定度。

3）粗大误差

粗大误差是指在一定测量条件下，测量值明显偏离实际值所造成的测量误差，又称为坏值。产生粗大误差的原因可能是测量人员失误（如测错、读错、记错或算错），或过度疲劳，或操作经验缺乏，这一类误差会严重歪曲测量结果，应予以剔除，不能参与计算。

#### 1.1.3.3 测量误差修正

1）修正值和修正因子

用代数方法与未修正测量结果相加以补偿其系统误差的值，称为修正值。

含有误差的测量结果，加上修正值后就可以补偿或减少误差的影响。由于系统误差不能完全被获知，因此这种补偿并不完全。修正值等于负的系统误差，这就是说加上某个修正值就像扣掉某个系统误差，其效果是一样的，只是人们考虑问题的出发点不同而已。

在量值溯源和量值传递中，通常采用这种加修正值的直观办法。用高一个等级的计量标准来校准或检定测量仪器，其主要内容之一就是要获得准确的修正值。例如，用频率为$f_s$的标准振荡器作为信号源，测得某台送检的频率计的示值为$f$，则示值误差 $\varDelta$ 为$f-f_s$。所以，在今后使用这台频率计量时应扣掉这个误差，即加上修正值（$-\varDelta$），可得$f+$（$-\varDelta$），这样就与$f_s$一致了。换言之，系统误差可以用适当的修正值来估计并予以补偿。但应强调指出：这种补偿是不完全的，即修正值本身就含有不确定度。当测量结果以代数和方程式与修正值相加之后，其系统误差之和会比修正前的要小，但不可能为0，即修正值只能对系统误差进行有限程度的补偿。

为补偿系统误差而与未修正测量结果相乘的数字因子，称为修正因子。

含有系统误差的测量结果，乘以修正因子后就可以补偿或减少误差的影响。例如，由于等臂天平的不等臂误差，不等臂天平的臂比误差，线性标尺分度时的倍数误差，以及测量电桥臂的不对称误差所带来的测量结果中的系统误差，均可以通过乘以一个修正因子得以补偿。但是，修正因子本身仍含有不确定度。通过修正因子或修正值进行了修正的测量结果，即使具有较大的不确定度，但可能十分接近被测量的真值（误差很小）。因此，不应把测量不确定度与已修正测量结果的误差相混淆。

2）偏差

一个值减去其参考值，称为偏差。

这里的值或一个值是指测量得到的值，参考值是指设定值、应有值或标称值。以测量仪器的偏差为例，它是从零件加工的“尺寸偏差”的概念引申过来的。尺寸偏差是指加工所得的某一实际尺寸，与其要求的参考尺寸或标称尺寸之差。相对于实际尺寸来说，由于加工过程中诸多因素的影响，它偏离了要求的或应有的参考尺寸，于是产生了尺寸偏差，即

尺寸偏差=实际尺寸−应有参考尺寸

对于量具也有类似情况。例如，用户需要一个准确值为 1 kg 的砝码，此时的偏差为+0.002 kg。显然，如果按照标称值 1 kg 来使用，砝码就有+0.002 kg 的示值误差。如果在标称值上加一个修正值−0.002 kg 后再使用，则这块砝码就显得没有误差了。这里的示值误差和修正值都是相对于标称值而言的。从另一个角度来看，这块砝码之所以具有+0.002 kg 的示值误差，是因为加工发生偏差，偏大 0.002 kg，从而使加工出来的实际值（1.002 kg）偏离了标称值（1 kg）。为了描述这个差异，引入“偏差”这个概念就是很自然的事，即

偏差=实际值−标称值=1.002−1.000=0.002（kg）

上述尺寸偏差也称为实际偏差或简称偏差，而常见的概念还有上偏差（最大极限尺寸与应有参考尺寸之差）、下偏差（最小极限尺寸与应有参考尺寸之差），它们统称为极限偏差。由代表上、下偏差的两条直线所确定的区域，即限制尺寸变动量的区域，通常称为尺寸公差带。

## 1.2 建筑材料标准化

### 1.2.1 标准化的定义

#### 1.2.1.1 标准

为在一定范围内获得最佳秩序，对活动或其结果规定共同的和重复使用的规则、导则或特性的文件，该文件经协商一致制定并经一个公认机构批准，以科学、技术和实践经验的综合成果为基础，以促进最佳社会效益为目的。

#### 1.2.1.2 标准化

为在一定范围内获得最佳秩序，以实际的或潜在的问题制定共同的和重复使用的规

则的活动。

上述活动主要是制定、发布及实施标准的过程。标准化的重要意义是改进产品、过程和服务适用性，防止贸易壁垒，并促进技术合作。

### 1.2.2　标准的种类与级别

#### 1.2.2.1　标准的种类

标准按约束性分为强制性标准、推荐性标准；按对象分为技术标准、管理标准、工业标准；按外在形态分为文字图表标准和实物标准。

#### 1.2.2.2　标准的级别

标准分为国家标准、行业标准、地方标准、企业标准4个级别，分别由相应的标准化管理部门批准并颁布。国家市场监督管理总局是国家标准化管理的最高机关。国家标准和行业标准属于全国通用标准，是国家指令性技术文件，各级生产、设计、施工等部门必须严格遵照执行。

各级标准均有相应的编号（表1-3），其表示方法由标准名称、标准代号、发布顺序号和发布年号组成。例如：

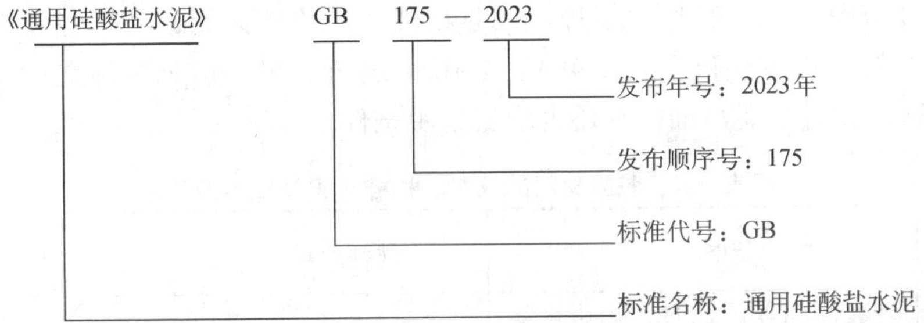


**表1-3　各级标准的相应编号**

| 标准级别 | 标准代号及名称 |
|---|---|
| 国家标准 | GB——国家标准；GBJ——建筑工程国家标准；GB/T——国家推荐标准 |
| 行业标准（部分） | JGJ——建设工程标准；YB——行业标准；JT——交通行业标准；LY——林业行业标准；JC——建筑材料标准 |
| 地方标准 | DB——地方标准 |
| 企业标准 | QB——企业标准 |

### 1.2.3　建筑材料的标准及其作用

产品标准化是现代工业发展的产物，是组织现代化大生产的重要手段，也是科学管理的重要组成部分。目前，中国大多数建筑材料制定了产品技术标准，其主要内容包括产品规格、分类、技术要求、检验方法、检验规则、包装及标志、运输与贮存等。标准的作用如下：

① 建筑材料工业企业必须严格按照技术标准进行设计、生产，以确保产品质量，生

产出合格的产品；

② 建筑材料的使用者必须按照技术标准选择、使用质量合格的材料，使设计、施工标准化，以确保工程质量，加快施工进度，降低工程造价；

③ 供需双方必须按照技术标准规定进行材料验收，以确保双方的合法权益。

## 1.3 建筑材料的抽样与取样规定

建筑材料经生产过程制出成品后，要对其进行检测以确定质量是否合格，并评定质量等级；建筑材料的检测项目较多，其中有些项目必须采用破损检测，难以在生产线上逐个检测，故无法采用全数检验的手段，只能进行抽检。抽检虽然只用少量样品构成样本，并对其进行检验即可得出该产品合格与否（或等级高低）的结论，与全检相比省时省力，检测成本低，但从如此大量的产品中抽出极少量的样品，要使样品的检测结果能代表整批产品的质量，必须采取必要的措施，确定合适的抽样数量，并提高样本的代表性。

在建筑材料的相关标准规范中规定了样品的抽样数量，抽样时可按照相关标准执行，如有必要应留置一定数量的试样，供复检或仲裁检测之用。各种主要建筑材料的批量、抽样数量及抽样方法可在表 1-4～表 1-16 中速查。表中所列抽样数量与相关标准规范的规定一致，如有必要，抽样时还可增加备用试件。

**表 1-4 胶凝材料的批量、抽样数量及抽样方法**

| 建筑材料或试验项目 | 批量 | 抽样数量 | 抽样方法 |
| --- | --- | --- | --- |
| 水泥 | 袋装水泥以同品种、同强度等级、同出厂编号的水泥至少 200 t 为一个检验批，不足 200 t 按一个检验批计；散装水泥以同品种、同强度等级、同出厂编号的水泥应按 500 t 为一个检验批，不足 500 t 按一个检验批计 | 样品总量至少 12 kg | 随机在 20 个以上不同部位抽取等量取代样品并拌匀。取样应有代表性，可连续取样 |
| 粉煤灰 | 以连续供应的相同等级的粉煤灰 200 t 为一个检验批，不足 200 t 者按一个检验批计 | 试样不少于 20 kg | （1）散装灰取样：从运输工具、贮灰库或堆场中的不同部位取 15 份试样，每份试样 1～2 kg，混合均匀，按四分法，缩分取出比试验所需量大 1 倍的试样；<br>（2）袋装灰取样：从每批中任抽 10 袋，从每袋中分别抽取试样不少于 1 kg，按四分法，缩分取出比试验所需量大 1 倍的试样 |

续表

| 建筑材料或试验项目 | 批量 | 抽样数量 | 抽样方法 |
|---|---|---|---|
| 矿渣粉 | 以 200 t 为一个检验批，不足 200 t 者按一个检验批计 | 试样总量不少于 20 kg | 可连续抽样，也可在 20 个以上不同部位抽取等量试样。试样应混合均匀，按四分法，缩分取出比试验所需量大 1 倍的试样 |
| 石灰石粉 | 以 200 t 为一个检验批，不足 200 t 者按一个检验批计 | 试样不少于 20 kg | 随机在 20 个以上不同部位抽取等量取代样品并拌匀。取样应有代表性，可连续取样 |
| 硅灰 | 以 30 t 为一个检验批，不足 30 t 者按一个检验批计 | 试样至少 12 kg，硅灰试样数量可酌减，但不少于 4 kg | 从 20 个以上不同部位抽取等量样品，并搅拌均匀 |
| 复合掺合料 | 以 500 t 为一个检验批，不足 500 t 者按一个检验批计 | 从每批中随机抽取 10 袋，从每袋中取 1 份试样，每份不少于 1 kg | 随机在 20 个以上不同部位抽取等量取代样品并拌匀。取样应有代表性，可连续取样 |

**表 1-5　骨料的批量、抽样数量及抽样方法**

| 建筑材料或试验项目 | 批量 | 抽样数量 | 抽样方法 |
|---|---|---|---|
| 细骨料（砂子） | 采用火车、货船、汽车方式运输时，以 400 $m^3$ 或 600 t 为一个验收批。使用小型运输工具运输时，以 200 $m^3$ 或 300 t 为一个验收批。当质量比较稳定、进料量又较大时，可以 1 000 t 为一个验收批（注：每批砂石至少应进行颗粒级配、含泥量、泥块含量的检测，石子还需检测针片状含量；对海砂或氯离子污染的砂还需检测其氯离子含量；对海砂还需检测其贝壳含量；对人工砂和混合砂还需检测石粉含量。对重要或特殊工程应根据工程要求增加检测项目。对其他指标的合格性有怀疑时，应予以检验） | 样品总量不小于 25 kg（与试验项目相关） | （1）在料堆取样时，先将取样部位表面铲除，然后由各部位均匀抽取大致相等的砂共 8 份、石子共 16 份组成一组样品；<br>（2）从皮带运输机上取样时，应在皮带运输机机尾的出料处用接料器定时抽取砂子 4 份、石子 8 份组成一组样品；<br>（3）从火车、汽车、货船上取样时，应从不同部位深度抽取大致相等的砂子 8 份、石子 16 份组成一组样品 |
| 粗骨料（石子） | | 样品总量不小于 80 kg（与试验项目和最大公称粒径相关） | |
| 轻集料 | 对均匀料堆进行取样时，以 400 $m^3$ 为一批，不足一批也按一批论。试样可从料堆锥体由上到下的不同部位、不同方向任选 10 个点抽取。但要注意避免抽取离析的及面层的材料 | 初次抽取的试样不少于 10 份，其总量应多于试样用料的 1 倍，总量不少于 40 kg | （1）生产过程中进行常规检验时，应在通往料仓或料堆的运输机的整个宽度上，在一定的时间间隔内抽取；<br>（2）从袋装料和散装料抽取试样时，应从 10 个不同位置和高度中抽取 |

**表 1-6　混凝土外加剂和拌和用水的批量、抽样数量及抽样方法**

| 建筑材料或试验项目 | 批量 | 抽样数量 | 抽样方法 |
| --- | --- | --- | --- |
| 混凝土减水剂 | 掺量大于 1%（含 1%）同品种的混凝土外加剂以 100 t 为一个检验批，掺量小于 1%的混凝土外加剂以 50 t 为一个检验批，不足 100 t 或 50 t 的也应按一个检验批计 | 每一个检验批取样量不少于 0.2 t 水泥所需外加剂量，一般不少于 5 kg | 在至少 3 处等量取样抽样，混合均匀 |
| 混凝土速凝剂 | 以 20 t 为一个检验批，不足 20 t 者按一个检验批计 | 不少于 4 kg | 应从 16 个不同点取样，每个点取样不少于 250 g，将试样混合均匀 |
| 混凝土膨胀剂 | 以 200 t 为一个检验批，不足 200 t 者按一个检验批计 | 试样不少于 10 kg | 随机在 20 个以上不同部位抽取等量取代样品并拌匀。取样应有代表性，可连续取样 |
| 混凝土拌和用水 | 地表水每 6 个月检查一次；地下水每年检查一次；再生水每 3 个月检查一次 | 水质检验用水样不应少于 5 L；测定水泥凝结时间和胶砂强度的水样不应少于 3 L | （1）地下水应放水冲洗管道后接取，或直接用容器采集；不得将地下水积存于地表后再从中采集。<br>（2）地表水宜在水域中心部位距水面 100 mm 以下采集，并记载季节、气候、雨量和周边环境的情况。<br>（3）再生水应在取水管道终端接取；混凝土企业设备洗刷水应沉淀后，在池中距水面 100 mm 以下采集 |

**表 1-7　混凝土的批量、抽样数量及抽样方法**

| 建筑材料或试验项目 | 批量 | 抽样数量 | 抽样方法 |
| --- | --- | --- | --- |
| 混凝土的工作性能、力学性能检测 | （1）每工作班拌制 100 盘不超过 100 m³ 的同配合比的混凝土，其取样不应少于 1 次；<br>（2）每工作班拌制的同配合比的混凝土不足 100 盘和 100 m³ 时，其取样不应少于 1 次；<br>（3）连续浇注超过 1 000 m³ 时，同一配合比的混凝土，每 200 m³ 取样不应少于 1 次；<br>（4）对房屋建筑，每一楼层、同一配合比的混凝土，其取样不应少于 1 次 | 每次取样检测强度至少制作 1 组标准养护试件；还应留置为检验结果或构件施工阶段混凝土强度所必需的试件 | 从混凝土浇筑地点随机抽取，即从混凝土料堆上至少随机抽取 3 处，并搅拌均匀后入模 |
| 混凝土抗渗（逐级加压、渗水高度法） | 同一工程、同一配合比的混凝土，其取样不应少于 1 次，留置组数可根据实际需要确定 | 试件应在浇筑地点制作，每次制作 1 组，每组试件为 6 个 | 从混凝土浇筑地点随机抽取，即从混凝土料堆上至少随机抽取 3 处，并搅拌均匀后入模 |
| 混凝土配合比设计 | — | 普通混凝土配合比设计应提供以下材料：水泥 50 kg、砂 80 kg、石 130 kg、掺合料 15 kg、外加剂 5 kg（注：至少能完成 3 盘试验量） | 混凝土用原材料取样应符合相应材料的取样规定 |

表 1-8 砂浆的批量、抽样数量及抽样方法

| 建筑材料或试验项目 | 批量 | 抽样数量 | 抽样方法 |
| --- | --- | --- | --- |
| 预拌砂浆（湿拌砂浆） | （1）以同一生产厂家每 50 $m^3$ 相同配合比的砂浆为一个检验批，不足 50 $m^3$ 按一个检验批计（检验项目为稠度、保水率、凝结时间、抗压强度和拉伸黏结强度）。<br>（2）以同一生产厂家每 100 $m^3$ 相同配合比的砂浆为一个检验批，不足 100 $m^3$ 按一个检验批计（检验项目为抗渗压力） | 取样量应大于检验项目所需用量的 4 倍，且不宜少于 0.01 $m^3$ | 砂浆试样应在卸料过程中卸料量的 1/4～3/4 采取，且应从同一运输车中采取 |
| 预拌砂浆（干混砂浆） | 年生产能力为 $10\times10^4$ t 以上时以不超过 800 t 为一个检验批；$4\times10^4$～$10\times10^4$ t 时以不超过 600 t 为一个检验批；年生产能力为 $4\times10^4$ t 以下时以不超过 400 t 或 4 d 产量为一个检验批；特种干混砂浆以不超过 400 t 或 4 d 产量为一个检验批 | 取样量应大于检验项目所需用量的 4 倍。普通干混砂浆试样总量不宜少于 40 kg，特种干混砂浆总量不宜少于 30 kg | 取样应随机进行 |

表 1-9 钢材的批量、抽样数量及抽样方法

| 建筑材料或试验项目 | 批量 | 抽样数量 | 抽样方法 |
| --- | --- | --- | --- |
| 热轧带肋钢筋、光圆钢筋、低碳钢热轧圆盘条、冷轧带肋钢筋、碳素结构钢及预应力用钢丝的拉伸、弯曲 | 以同一牌号、同一规格、同一炉罐、同一交货状态的每 60 t 钢筋为一个检验批，不足 60 t 按一个检验批计；超过 60 t 的部分每增加 40 t（或不足 40 t 的余数）增加一个拉伸试样和一个弯曲试样 | 热轧带肋钢筋、光圆钢筋拉伸试件抽取 2 条、弯曲试件抽取 2 条；碳素结构钢抽取拉伸试件 1 条、冷弯试件 1 条；低碳钢热轧圆盘条及冷轧带肋钢筋抽取拉伸试件 1 条、冷弯试件 2 条；预应力用钢丝抽取 3 条；可增加 1～2 条试件作为检测备用 | （1）每批任选 2 条钢筋切取拉伸试件，长度为 400～500 mm，冷弯试件长度约 400 mm。圆盘条需矫直。<br>（2）钢板和钢带取横向试样，型钢取纵向试样；宽 25 mm、长 500～600 mm 试样 1 个，或长 400 mm、宽度为厚度的 2 倍但不得小于 10 mm 的试样 1 个 |
| 钢绞线拉伸 | 每批由同一牌号、同一规格、同一生产工艺制度的钢绞线组成，每批质量不大于 100 t | 根据试验机类型决定，一般为 750～1 000 mm | 从每批中任取 3 盘，每盘各取 1 根 |
| 钢材平面反向弯曲 | 以同一牌号、同一规格、同一炉罐、同一交货状态的每 60 t 钢筋为一个检验批，不足 60 t 的按一个检验批计 | 1 条试件 | 每批任选 1 条钢筋（不得和弯曲试验试样在同一条钢筋上切取），切取长度约为 500 mm，保留轧制状态原表面，并应平直，在预定弯曲部位内，不允许有任何机械（或手工）加工的伤痕 |
| 钢板、型钢（碳素结构钢） | 每批由同一牌号、同一等级、同一炉罐、同一品种、同一尺寸和同一交货状态组成，每批质量不大于 60 t | 拉伸和冷弯各 1 根 | |

续表

| 建筑材料或试验项目 | 批量 | 抽样数量 | 抽样方法 |
| --- | --- | --- | --- |
| 闪光对焊 | 在同一台班内，以同一焊工完成的 300 个同一牌号、同一直径钢筋焊接接头作为一个检验批。不足300 个接头时，可在一周内累计计算 | 从每批接头中切取 6 个试件，其中 3 条拉伸，3 条弯曲（弯曲点打磨至与母材齐平），长度为 450 mm | 随机抽取，并检查接头外观，外观合格后方可进行力学试验 |
| 电弧焊 | 以 300 个同一牌号钢筋、同一型式接头为一个检验批（对房屋结构不超过两层楼中的 300 个接头）。不足 300 个时，按一个检验批计 | 每批随机切取 3 个钢筋接头进行拉伸试验，长度为 450 mm | 随机抽取，在同一个检验批中若有几种不同直径的钢筋接头，应在最大直径钢筋接头中切取 |
| 电渣焊 | 在现浇钢筋混凝土结构中，在每一楼层或施工区段中以 300 个同一钢筋级别的接头为一个检验批，不足 300 个时，按一个检验批计 | 每批随机切取 3 个钢筋接头进行拉伸试验，长度为 450 mm | 随机抽取，在同一个检验批中若有几种不同直径的钢筋接头，应在最大直径钢筋接头中切取 |
| 机械连接 | 同一施工条件下采用同一个检验批材料的同一等级、同一型式、同一规格接头以 500 个为一个验收批，不足 500 个也按一个验收批计 | 每批随机切取 3 个钢筋接头进行拉伸试验。如有 1 个试件的抗拉强度不符合要求，应再取 6 个试件进行复检；对于工艺检验，另取 3 条钢筋作母材抗拉试验，且应取自接头试件的同一钢筋，长度为 450 mm | 随机抽取，现场检测连续 10 个验收批抽样试件抗拉强度试验 1 次合格率为 100% 时，批量可扩大 1 倍 |
| 钢材化学分析 | 以同一牌号、同一规格、同一炉罐、同一交货状态的每 60 t 钢筋为一个验收批，不足 60 t 也按一个检验批计 | 屑样 10 g（低合金钢屑样每克约 100 粒） | 在钢材上钻取或刨取屑样；钻取前应脱去表面层，不得使用水或油等润滑剂。钻孔应均匀分布；屑样混合均匀 |
| 镀锌钢管 | 每批由同一牌号、同一规格和同一镀锌层的钢管组成。每批钢管的根数不得超过以下规定：$D$[①] ≤ 25 mm，1 000 根；$D$=25～50 mm，750 根；$D$＞50 mm，500 根 | 镀锌层均匀性和镀锌层质量试验取样部位及数量：每批取 2 根钢管，从中各取 1 个长 150 mm 的纵向试样；压扁试验每批取 2 根钢管，截取长度为 40 mm 的管段 | 随机抽取 |
| 连续热镀锌钢板和钢带 | 以同一钢号、同一镀层质量、同一加工性能、同一表面结构、同一尺寸和同一表面质量的 1 块钢板或钢带为一个检验批 | 取 1 个板状试件做弯曲试验；取 3 个圆状试件做镀锌层质量检验 | 弯曲试件取样方向与钢板轧制方向垂直 |
| 无缝或焊接钢管 | 每批由同一牌号、同一炉号、同一规格、同一热处理制度的钢管组成，其根数不得超过以下规定：外径不大于 76 mm，且壁厚不大于 3 mm 时为 400 根；外径大于 351 mm 时为 50 根，其他为 200 根 | 拉伸、压扁、弯曲试验均为 1～2 个试样（根据具体钢管类型而定） | 随机抽取 |

① $D$ 为钢管直径

表 1-10 防水卷材和防水涂料的批量、抽样数量及抽样方法

| 建筑材料或试验项目 | 批量 | 抽样数量 | 抽样方法 |
| --- | --- | --- | --- |
| 弹性体改性沥青防水卷材、塑性体改性沥青防水卷材及改性沥青聚乙烯胎防水卷材 | 以同一类型、同一规格 10 000 $m^2$ 为一个检验批，不足 10 000 $m^2$ 按一个检验批计 | 5卷 | 在每批产品中随机抽取5卷进行单位面积质量、面积、厚度及外观检查，再从合格的卷材中任取1卷进行材料性能试验 |
| 石油沥青纸胎油毡 | 以同一类型的1 500卷卷材为一个检验批，不足1 500卷按一个检验批计 | 5卷 | 在每批产品中随机抽取5卷进行卷重、面积和外观检查，再从合格的卷材中任取1卷进行材料性能试验 |
| 聚氨酯防水涂料 | 以同一类型15 t为一个检验批，不足15 t也可作为一个检验批（多组分产品按组分配套组批） | 两组样品，每组至少5 kg（多组分产品按配比抽取） | 在每批产品中随机抽取2组样品，抽样前产品应搅拌均匀。若采用喷涂方式，取样量根据需要抽取 |
| 聚合物乳液建筑防水涂料 | 同一原料、同一配方、连续生产的产品，出厂检验以每5 t为一个检验批，不足5 t按一个检验批计 | 总量4 kg | 抽样前产品应搅拌均匀 |
| 聚合物水泥防水涂料 | 以同一类型的10 t产品为一个检验批，不足10 t按一个检验批计 | 总量5 kg | 液体组分搅拌均匀后取样<br>配套固体组分取样：每一个编号内随机抽取不少于20袋，采用袋装水泥取样器取样，将取样器沿对角线方向插入水泥包装袋中，用大拇指按住气孔，小心抽出取样管。每次抽取的单样量应尽量一致 |
| 非固化橡胶沥青防水涂料 | 以同一类型的10 t产品为一个检验批，不足10 t按一个检验批计 | 两组样品，每组至少4 kg | 在每批产品中随机抽取2组样品 |
| 水乳型沥青防水涂料 | 以同一类型、同一规格5 t为一个检验批，不足5 t按一个检验批计 | 总量2 kg | 抽样前产品应搅拌均匀 |

表 1-11 墙体材料的批量、抽样数量及抽样方法

| 建筑材料或试验项目 | 批量 | 抽样数量 | 抽样方法 |
| --- | --- | --- | --- |
| 烧结普通砖、烧结空心砖和空心砌块、烧结多孔砖和多孔砌块 | 相同原材料、相同质量等级、相同规格型号的同一批生产的砖以35 000～150 000块为一个检验批，不足35 000块按一个检验批计 | 外观质量：50块；尺寸偏差：20块；强度等级检测抽取10块；其他项目按照对应产品要求中规定的数量选取 | 外观质量检验的试样采取随机抽样法，在每一检验批的产品堆垛中抽取。<br>其他检测项目的样品用随机抽样法从外观质量检验合格后的样品中抽取 |

续表

| 建筑材料或试验项目 | 批量 | 抽样数量 | 抽样方法 |
| --- | --- | --- | --- |
| 蒸压加气混凝土砌块 | 同一品种、同一规格、同一级别的砌块，以 30 000 块为一批，每天不足 30 000 块再按一个检验批计 | 每批随机抽取 50 块进行外观质量和尺寸允许偏差检测。再从外观质量和尺寸允许偏差检测合格的砌块中随机抽取 6 块，每块制作 1 组试件，3 组进行干密度检测；3 组进行抗压强度检测 | 外观质量、尺寸允许偏差检测的试样采取随机抽样法，在每一检验批的产品堆垛中抽取。<br>其他检测项目的样品用随机抽样法从外观质量检验合格后的样品中抽取 |
| 普通混凝土小型空心砌块 | 以同一种原材料配制成的相同规格、相同龄期、相同强度等级和相同生产工艺生产的 500 $m^3$ 且不超过 30 000 块砌块为一个检验批，每周生产不足 500 $m^3$ 且不超过 30 000 块砌块按一个检验批计 | 每批随机抽取 32 块做外观质量和尺寸偏差检测。其他项目按现行国家标准《普通混凝土小型砌块》（GB/T 8239）中的规定，根据高厚比来选取 | 外观质量检验的试样采取随机抽样法，在每一检验批的产品堆垛中抽取。<br>其他检测项目的样品用随机抽样法从外观质量检验合格后的样品中抽取 |
| 粉煤灰混凝土小型砌块 | 用同一种粉煤灰、同一种集料与水泥、同一生产工艺制成的相同密度等级、相同强度等级的 10 000 块砌块为一个检验批，每月生产的砌块数不足 10 000 块的按一个检验批计 | 出厂检验时，每批随机抽取 32 块进行尺寸偏差和外观质量检测；再从尺寸偏差和外观质量检验合格的砌块中随机抽取 8 块，5 块进行强度等级检验，3 块进行密度等级和相对含水率检测 | 随机抽取 |
| 轻集料混凝土小型砌块 | 同一品种轻集料和水泥按同一生产工艺制成的相同密度等级和强度等级的 300 $m^3$ 砌块为一个检验批；不足 300 $m^3$ 的按一个检验批计 | 出厂检验时，每批随机抽取 32 块进行尺寸偏差和外观质量检测；再从尺寸偏差和外观质量检验合格的砌块中随机抽取 8 块，5 块进行强度等级检验，3 块进行密度、吸水率和相对含水率检测 | 随机抽取 |
| 建筑用轻质隔墙条板 | 同一类别、同一规格的条板为一个检验批，根据批量范围选择样本数量 | 出厂检验的样本按现行国家标准《建筑用轻质隔墙条板》（GB/T 23451）的要求从尺寸偏差和外观质量检验合格的产品中随机抽取 | 随机抽取 |
| 烧结瓦 | 同一品种、同一等级、同一规格的瓦，每 10 000～35 000 件为一个检验批；不足该数量时，按一个检验批计 | 单项检验的样品按现行国家标准《烧结瓦》（GB/T 21149）中规定的样本大小直接在检验批中抽取。<br>出厂检验和型式检验的物理性能试验的样品，从尺寸允许偏差和外观质量检验合格后的样品中抽取。<br>非破坏性试验项目的试样可用于其他项目检验 | 随机抽取 |

表 1-12　装饰材料的批量、抽样数量及抽样方法

| 建筑材料或试验项目 | 批量 | 抽样数量 | 抽样方法 |
| --- | --- | --- | --- |
| 干压陶瓷砖、挤压陶瓷砖 | 以同一产品、同一级别、同一规格的实际交货量大于 5 000 $m^2$ 为一个检验批，不足 5 000 $m^2$ 按一个检验批计 | 长度、宽度、厚度、边直度、直角度、平整度检测每批抽 10 块（指单块面积大于等于 4 $cm^2$ 的砖）；<br>表面质量检测每批抽 10～100 块（不小于 1 $m^2$）；<br>吸水率检测每批抽 10 块；<br>断裂模数和破坏强度检测每批抽 10 块；<br>有釉砖耐磨性检测每批抽 11 块；<br>有釉砖抗釉裂性检测每批抽 5 块 | 随机抽样 |
| 浮法玻璃、中空玻璃、夹层玻璃、夹丝玻璃、半钢化玻璃、普通平板玻璃 | 以 500 块为一个检验批，不足 500 块按一个检验批计 | 根据批量大小确定抽样数量 | 随机抽样 |
| 天然石材 | 同一品种、同一类别、同一等级的板材为一个检验批，批量由检验方和生产方协商确定 | 根据批量的范围确定抽样数量 | 一次抽样正常检验方式 |

表 1-13　建筑节能材料的批量、抽样数量及抽样方法

| 建筑材料或试验项目 | 批量 | 抽样数量 | 抽样方法 |
| --- | --- | --- | --- |
| 绝热用挤塑聚苯乙烯泡沫塑料 | 同一规格的产品 500 $m^3$ 为一个检验批，不足 500 $m^3$ 按一个检验批计 | 每批抽取 5 块为检验试样 | 随机抽样 |
| 柔性泡沫橡塑绝热制品 | 批量大小由检验方和生产方协商确定 | 根据批量的范围确定抽样数量 | 采取二次抽样方案且从交验批中随机抽样 |
| 蒸压加气混凝土 | 同一品种、同一规格、同一等级的砌块，以 10 000 块为一个检验批，不足 10 000 块按一个检验批计 | 抽取 50 块砖进行尺寸偏差和外观质量检测，从尺寸偏差和外观质量检验合格的产品中随机抽取 6 块，分别进行强度级别、干密度试验 | 沿制品膨胀方向分上、中、下顺序锯取 1 组，“上”块距制品顶面 30 mm，“中”块在制品正中，“下”块距制品下表面 30 mm |

表 1-14　建筑制品的批量、抽样数量及抽样方法

| 建筑材料或试验项目 | 批量 | 抽样数量 | 抽样方法 |
| --- | --- | --- | --- |
| 混凝土和钢筋混凝土排水管 | 由相同原材料、相同生产工艺生产的同一种规格、同一种接头型式、同一种外压荷载级别的管子组成的受检批，批量由公称内径确定 | 从受检批中采用随机抽样的方法抽取 10 根管子，逐根进行外观质量和尺寸偏差检验；从混凝土抗压强度、外观质量和尺寸偏差检验合格的管子中抽取 2 根。混凝土管一根检验内水压力，另一根检验外压破坏荷载。钢筋混凝土管一根检验内水压力，另一根检验外压裂缝荷载 | 随机抽样 |

续表

| 建筑材料或试验项目 | 批量 | 抽样数量 | 抽样方法 |
| --- | --- | --- | --- |
| 纤维增强无规共聚聚丙烯复合管 | 同一原料、同一配方和同一工艺连续生产的同一规格管材为一个检验批，每批数量不超过 50 t | 根据批量的范围确定抽样数量 | 外观、尺寸按照正常检验一次抽样；在外观和尺寸抽样合格品种中随机抽取足够的样品，进行纵向回缩率试验、落锤冲击试验、20℃/1 h 静液压试验 |
| 预应力混凝土空心板 | 以同一类型构件，不超过 100 件为一个检验批 | 每批应抽查构件数量的 5%，且不应少于 3 件 | 随机抽样 |
| 住宅厨房、卫生间排气道 | 以相同原材料、相同工艺成型的排气道制品为一个检验批。在一个检验批内，每 5 000 根为一个组批 | 每个组批抽取 3 根 | 随机抽样 |
| 排水管材及管件 | （1）排水管材：同一原料、同一配方、同一工艺和同一规格连续生产的管材为一个检验批，每批数量不超过 50 t，如果生产 7 d 尚不足 50 t，则以 7 d 产量为一个检验批。<br>（2）排水管件：同一原料、同一配方和同一工艺生产的同一规格管件为一个检验批。当 $d_n$<75 mm 时每批数量不超过 10 000 件；当 $d_n$≥75 mm 时，每批数量不超过 5 000 件。如果生产 7 d 尚不足一个检验批，则以 7 d 产量为一个检验批 | （1）管材：同一个检验批号抽 4×1 m（4 根 1 m 长的试件）；<br>（2）管件：同一个检验批号抽 9 个 | （1）管材：从同一个检验批中随机抽取管材，并在每一根管材上截取一根试件；<br>（2）管件：从同一个检验批中随机抽取管件 |

注：$d_n$ 为管材或管件的公称外径。

**表 1-15　土、稳定土的批量、抽样数量及抽样方法**

| 建筑材料或试验项目 | 批量 | 抽样数量 | 抽样方法 |
| --- | --- | --- | --- |
| 界限含水量 | 必要时 | （1）现行行业标准《公路土工试验规程》（JTG 3430）：取 0.5 mm 筛下的代表性土样至少 600 g（液塑限联合测定法）；<br>（2）现行国家标准《土工试验方法标准》（GB/T 50123）：取 0.5 mm 筛下的代表性土样约 200 g（液塑限联合测定法） | — |
| 含水量 | 必要时 | （1）现行国家标准《土工试验方法标准》（GB/T 50123）：细粒土 15～30 g，砂类土 50～100 g，砂砾土 2～5 kg。<br>（2）现行行业标准《公路土工试验规程》（JTG 3430）：细粒土不少于 50 g，砂类土、有机质土不少于 100 g，砾类土不少于 1 kg | — |

续表

| 建筑材料或试验项目 | 批量 | 抽样数量 | 抽样方法 |
|---|---|---|---|
| 道路各层干密度 | 每压实层 | — | （1）现行行业标准《公路工程质量检验评定标准　第一册　土建工程》（JTG F80/1）：路基每 200 m 每压实层测 2 处。<br>（2）现行地方标准《重庆市城市道路工程施工质量验收规范》（DBJ 50/T—078）：路基每压实层，每 1 000 m² 至少测 3 点 |
| 土工击实 | 每一土源或土质发生变化时 | （1）现行行业标准《公路土工试验规程》（JTG 3430）：最大粒径 40 mm 的土至少 30 kg，最大粒径 20 mm 的土至少 15 kg；<br>（2）现行国家标准《土工试验方法标准》（GB/T 50123）：大筒所需土样约为 50 kg，小筒所需土样约为 20 kg | — |
| 土工固结 | 必要时 | — | 根据工程需要，切取原状土样或制备所需湿密度的扰动土样 |
| 土工直接剪切 | 必要时 | — | 根据工程需要，切取原状土样或制备所需湿密度的扰动土样 |
| 稳定土击实 | 原材料或配比发生变化时 | 取样约 50 kg | |
| 稳定土无侧限抗压 | 每台班 | 现行地方标准《重庆市城市道路工程施工质量验收规范》（DBJ 50/T—078）：每 2 000 m²，抽检一次。依据粒径取不同质量 | 现行行业标准《公路工程无机结合料稳定材料试验规程》（JTG E51）：在进行混合料验证时，宜在摊铺机后取料，且取料应分别来源于 3～4 台不同料车 |

**表 1-16　纤维的批量、抽样数量及抽样方法**

| 建筑材料或试验项目 | 批量 | 抽样数量 | 抽样方法 |
|---|---|---|---|
| 合成纤维 | 根据材料用途、规格组批。每批 50 t，不足 50 t 按一个检验批计 | 每批抽取试样 5 kg | 随机抽样 |
| 钢纤维 | 每批 5 t，不足 5 t 按一个检验批计 | 每批抽取试样 5 kg | 随机抽样 |

## 1.4 建筑材料质量与技术管理

### 1.4.1 实验室资质

（1）《检验检测机构资质认定管理办法》（2015 年 4 月 9 日国家质量监督检验检疫总局令第 163 号公布，根据 2021 年 4 月 2 日《国家市场监督管理总局关于废止和修改部分规章的决定》修改）对检验检测机构资质的相关规定：

① 检验检测机构资质认定组织方：国务院有关部门以及相关行业主管部门依法成立的检验检测机构，其资质认定由市场监管总局负责组织实施；其他检验检测机构的资质认定，由其所在行政区域的省级市场监督管理部门负责组织实施。

② 检验检测机构资质认定申请条件：依法成立并能够承担相应法律责任的法人或者其他组织；具有与其从事检验检测活动相适应的检验检测技术人员和管理人员；具有固定的工作场所，工作环境满足检验检测要求；具备从事检验检测活动所必需的检验检测设备设施；具有并有效运行保证其检验检测活动独立、公正、科学、诚信的管理体系；符合有关法律法规或者标准、技术规范规定的特殊要求。

③ 检验检测机构资质认定程序分类：检验检测机构资质认定程序分为一般程序和告知承诺程序，除法律、行政法规或国务院规定必须采用一般程序或告知承诺程序的外，检验检测机构可以自主选择资质认定程序。

④ 检验检测机构资质认定证书有效期及延续：资质认定证书有效期为 6 年，需要延续资质认定证书有效期的，应当在其有效期届满 3 个月前提出申请。

⑤ 检验检测机构资质认定应申请变更的情形：机构名称、地址、法人性质发生变更的；法定代表人、最高管理者、技术负责人、检验检测报告授权签字人发生变更的；资质认定检验检测项目取消的；检验检测标准或检验检测方法发生变更的；依法需要办理变更的其他事项。

⑥ 检验检测机构资质认定证书内容：发证机关、获证机构名称和地址、检验检测能力范围、有效期限、证书编号、资质认定标志。

⑦ 检验检测分支机构资质认定要求：检验检测机构依法设立的从事检验检测活动的分支机构，应当依法取得资质认定后，方可从事相关检验检测活动。

（2）《建设工程质量检测管理办法》（2022 年 12 月 29 日中华人民共和国住房和城乡建设部令第 57 号公布，自 2023 年 3 月 1 日起实施）对检验检测机构资质的相关规定：

① 检测机构资质分类：检测机构资质分为综合类资质、专项类资质；检测机构资质标准和业务范围，由国务院住房和城乡建设主管部门制定。

② 申请检测机构资质的单位要求：应当是具有独立法人资格的企业、事业单位，或依法设立的合伙企业，并具备相应的人员、仪器设备、检测场所、质量保证体系等条件。

③ 资质认定组织方：省、自治区、直辖市人民政府住房和城乡建设主管部门负责本行政区域内检验检测机构的资质许可。

④ 资质认定申请条件：申请检验检测机构资质应当向登记地所在省、自治区、直辖市人民政府住房和城乡建设主管部门提出，并提交相关材料，包括检测机构资质申请表；主要检测仪器、设备清单；检测场所不动产权属证书或者租赁合同；技术人员的职称证书；检测机构管理制度以及质量控制措施。

⑤ 资质认定证书有效期及延续：资质认定证书有效期为5年，需要延续资质认定证书有效期的，应当在资质认定证书有效期届满30个工作日前向资质许可机关提出资质延续申请。

⑥ 资质认定应变更情形：在资质证书有效期内名称、地址、法定代表人等发生变更的，应当在办理营业执照或者法人证书变更手续后30个工作日内办理资质证书变更手续。

⑦ 资质重新核定申请情形：检测机构检测场所、技术人员、仪器设备等事项发生变更影响其符合资质标准的，应当在变更后30个工作日内向资质许可机关提出资质重新核定申请。

### 1.4.2　质量管理

（1）检验检测机构或其所在的组织应当有明确的法律地位，对其出具的检验检测数据、结果负责，并承担法律责任。

（2）检验检测机构应以公开方式对其遵守法定要求、独立公正从业、履行社会责任、严守诚实信用等情况进行自我承诺。

（3）检验检测机构应独立于其出具的检验检测数据、结果所涉及的利益相关方，不受任何可能干扰其技术判断的因素影响，保证检验检测数据、结果公正准确、可追溯。

（4）检验检测机构及其人员应当对其在检验检测活动中所知悉的国家秘密、商业秘密负有保密义务，并制定实施相应的保密措施。

### 1.4.3　人员

（1）检验检测机构人员均应签订劳动、聘用合同，且符合《中华人民共和国劳动法》《中华人民共和国劳动合同法》的有关规定，法律、行政法规对检验检测人员执业资格或禁止从业另有规定的，依照其规定。

（2）检验检测机构应具有为保证管理体系的有效运行，出具正确检验检测数据、结果所需的技术人员和管理人员，包括最高管理者、技术负责人、质量负责人、授权签字人等。

（3）检验检测机构技术人员和管理人员的结构、数量、受教育程度、理论基础、技术背景和经历、实际操作能力、职业素养等应符合工作类型、工作范围和工作量的需要。

（4）检验检测机构质量负责人、技术负责人、授权签字人应符合管理体系任职要求、授权条件，具有任职文件，有充分的证据证明其能力持续符合要求。

### 1.4.4　场所环境

（1）具有符合标准或者技术规范要求的检验检测场所，包括固定的、临时的、可移动的或多个地点的场所。

（2）应符合开展检验检测相应标准或技术规范要求。

（3）标准或技术规范对开展检验检测活动的环境条件有要求，或当环境条件影响检验检测结果质量时，应当对环境条件进行监测、控制和记录，使其持续符合标准或技术规范的要求。

（4）应当有效识别检验检测活动所涉及的安全因素，如危险化学品的规范存储和领用、危险废物处理的合规性、气瓶的安全管理和使用等，并设置必要的防护设施、应急设施，制订相应预案。

### 1.4.5 仪器设备

（1）应当配备符合开展检验检测的设备设施，包括抽样、样品制备、数据处理与分析等工作要求。

（2）应对租用、借用的设备设施具有完全的使用权、支配权，同一台设备设施不得共同租用、借用、使用。

（3）对检验检测数据、结果有影响的设备，包括仪器、软件、测量标准、标准物质、参考数据、试剂、消耗品、辅助设备或相应组合装置，投入使用前应实施核查、检定或校准及周期核查、检定或校准；设备检定或校准应当满足计量溯源性要求；设备的核查、使用、维护、保管、运输等应符合相应的程序以确保其溯源的有效性。

（4）应对检定、校准或核查的结果进行计量确认，确保其满足预期使用要求，包括溯源文件的有效性，检定、校准或核查的结果与预期使用的计量要求相比较以及所要求的标识。

（5）应保证所有修正信息得到有效利用、更新和备份。

（6）无法溯源到国家或国际测量标准时，检验检测机构应当保留检验检测结果相关性或准确性的证据。

（7）检验检测机构的参考标准及其使用应满足溯源性要求。

（8）使用标准物质，应当满足计量溯源性要求，可能时，溯源到SI或有证标准物质。

### 1.4.6 质量管理体系

（1）检验检测机构应依据法律法规、标准（包括但不限于国家标准、行业标准、国际标准）的规定制定完善的管理体系文件，包括政策、制度、计划、程序和作业指导书等，检验检测机构建立的管理体系应符合自身实际情况并有效运行。

① 检验检测机构建立的管理体系应对机构组织结构、岗位职责、任职要求和能力确认作出规定，依据管理体系建立的人员技术档案内容包括但不限于教育背景、培训经历、资格确认、授权、监督的相关记录，依据管理体系规定开展人员的管理、技术、安全培训，并保存培训记录。

② 检验检测机构建立的管理体系应当有效运行，具有体系运行相应的记录：管理体系文件标识、批准、发布、变更和废止控制记录；客户投诉的接收、确认、调查、处理和服务客户记录；检验检测不符合工作的处理记录；检验检测机构采取纠正措施、应对

风险和机遇的措施与改进记录；检验检测样品全过程控制记录；检验检测机构管理体系内部审核记录；检验检测机构管理评审记录。

（2）检验检测机构应开展有效的合同评审，对相关要求、标书、合同的偏离、变更应当征得客户同意并通知相关人员。

（3）检验检测机构应对选择和购买的服务与供应品符合检验检测工作需求作出规定并有效实施，确保服务和供应品符合检验检测工作需求。

（4）检验检测机构能正确使用有效的方法开展检验检测活动，检验检测方法包括标准方法和非标准方法，应优先使用标准方法，使用标准方法前应当进行验证，使用非标准方法前应先对方法进行确认，再验证。

① 检验检测机构对新引入或变更的标准方法进行方法验证并保留方法验证记录，方法验证记录可以证明人员、环境条件、设备设施和样品符合相应方法要求，检验检测的数据、结果质量得到有效控制。检验检测机构在使用非标准方法前应进行确认、验证，并保留相关方法确认记录和方法验证记录。

② 检验检测机构根据所开展的检验检测活动需要制定作业指导书，例如，设备操作规程、样品的制备程序、补充的检验检测细则等。作业指导书与检验检测机构开展的检验检测活动相适应。

③ 检验检测机构的管理体系包含对检验检测方法定期查新和保留查新记录作出规定的内容，检验检测机构保留查新记录，证明所用方法正确有效。

（5）当检验检测标准、技术规范或声明与规定要求的符合性有测量不确定度要求时，检验检测机构应当报告测量不确定度。

（6）机构出具的检验检测报告应客观真实、方法有效、数据完整、信息齐全、结论明确、表述清晰并使用法定计量单位。

① 报告应符合检验检测方法的规定。

② 机构开展检验检测活动的原始记录信息能有效支撑对应出具的报告内容。

（7）检验检测机构应对质量记录和技术记录的管理作出规定，包括记录的标识、贮存、保护、归档留存和处置等内容，记录信息应当充分、清晰、完整。

（8）检验检测机构在运用计算机信息系统实施检验检测、数据传输或者对检验检测数据和相关信息进行管理时，应当具有保障安全性、完整性、正确性措施。

# 第2章 胶凝材料

## 2.1 水 泥

水泥是一类呈粉末状，加入适量水拌和后，经过物理化学反应能由塑性浆体变成坚硬的石状体，既能在空气中硬化，又能在水中硬化，并能将砂、石等散粒材料或纤维材料牢固胶结在一起的水硬性胶凝材料，又称为胶结料。

水泥按用途和性能分为通用水泥和特种水泥。通用水泥是指大量用于一般土木工程中的水泥，通用水泥按所掺混合材料的种类及数量不同又分为硅酸盐水泥、普通硅酸盐水泥、矿渣硅酸盐水泥、火山灰质硅酸盐水泥、粉煤灰硅酸盐水泥和复合硅酸盐水泥6种，这6种通用水泥的组成及主要特性见表2-1。专用水泥是指专门用途的水泥，如道路水泥、油井水泥、砌筑水泥等。特性水泥是指某种性能比较突出的水泥，如快硬硅酸盐水泥、抗硫酸盐硅酸盐水泥、膨胀水泥等。

表 2-1 通用水泥的组成及主要特性

| 名称 | 简称 | 代号 | 主要组成 | 主要特性和适用范围 |
|---|---|---|---|---|
| 硅酸盐水泥 | 纯硅水泥 | P·I | 由硅酸盐水泥熟料加适量石膏磨细制成，不掺加任何混合材料 | 具有强度高、凝结硬化快、抗冻性好、耐磨性和不透水性强等优点。缺点是水化热较高、抗水性差、耐酸碱和硫酸盐类的化学侵蚀较差。适用于配制高强混凝土、预应力制品、道路工程低温下施工的工程、石棉制品等。不宜用于大体积混凝土和地下工程 |
| | | P·II | 由硅酸盐水泥熟料、0～5%石灰石或粒化高炉矿渣、适量石膏磨细制成 | |
| 普通硅酸盐水泥 | 普通水泥 | P·O | 由硅酸盐水泥熟料、5%～20%混合材料、适量石膏磨细制成 | 与硅酸盐水泥相比，早强性略有降低，抗冻性与耐磨性稍有下降，低温凝结时间有所延长。适用于配制各种强度等级的混凝土，用于各种混凝土构件的生产及各种钢筋混凝土工程的施工 |
| 矿渣硅酸盐水泥 | 矿渣水泥 | P·S | 由硅酸盐水泥熟料和20%～70%粒化高炉矿渣、适量石膏磨细制成。允许用石灰石、窑灰、粉煤灰和火山灰质混合材料中的任一种材料代替矿渣，代替数量不得超过水泥质量的8%，代替后水泥中的粒化高炉矿渣不得小于20% | 具有水化热低、抗硫酸盐侵蚀性能好，抑制碱-骨料反应，蒸汽养护效果好，耐热性较高，凝结时间长，早期强度低、后期强度增大，保水性、抗冻性较差等特点。通常矿渣硅酸盐水泥的适用范围广泛，适用于地面、地下、水中各种混凝土工程，不宜用于需要早强或易受冻融循环作用的结构工程 |

续表

| 名称 | 简称 | 代号 | 主要组成 | 主要特性和适用范围 |
|---|---|---|---|---|
| 火山灰质硅酸盐水泥 | 火山灰水泥 | P·P | 由硅酸盐水泥熟料和 20%～40%火山灰质混合材料、适量石膏磨细制成 | 具有水化热低，抗硫酸盐侵蚀性能好，保水性好，凝结时间长，早期强度低、后期强度增进大，需水量大，干缩大等特点。适用于地下工程、大体积混凝土、长期潮湿的环境和地下有腐蚀性的环境工程，但不宜用于需早强或冻融和干湿交替的部位 |
| 粉煤灰硅酸盐水泥 | 粉煤灰水泥 | P·F | 由硅酸盐水泥熟料和 20%～40%粉煤灰、适量石膏磨细制成 | 具有需水量少，和易性好，泌水小，干缩小，水化热低，耐侵蚀性好，抑制碱-骨料反应，早期强度低、后期强度增进大，抗冻性差等特点。可广泛用于各种工业和民用建筑工程，适用于大体积混凝土和地下工程，不宜用于低温下施工的工程 |
| 复合硅酸盐水泥 | 复合水泥 | P·C | 由硅酸盐水泥熟料、两种或两种以上混合材料、适量石膏磨细制成。混合材料总掺加量按质量百分比应大于 15%，不超过 50%。允许用不超过 8%的窑灰代替部分混合材料。掺矿渣时混合材料掺量不得与矿渣硅酸盐水泥重复 | 具有较高的早期强度、较好的和易性，但需水量较大，配制混凝土的耐久性略差 |

水泥按其水硬性矿物名称主要分为硅酸盐水泥、铝酸盐水泥、硫铝酸盐水泥、氟铝酸盐水泥及铁铝酸盐水泥，这类水泥主要是为了满足不同的工程要求，使用范围比通用水泥窄。

水泥的主要技术指标有化学指标（不溶物含量、烧失量、三氧化硫含量、氧化镁含量、氯离子含量）、碱含量（选择性指标）、凝结时间、安定性、通用细度、强度和放射性等。现行国家标准《通用硅酸盐水泥》（GB 175）中规定了 6 种通用水泥的指标要求，具体见表 2-2～表 2-4。

**表 2-2　通用水泥的化学指标**　　单位：%

<table>
<tr><th>品种</th><th>代号</th><th>不溶物</th><th>烧失量</th><th>三氧化硫</th><th>氧化镁</th><th>氯离子</th></tr>
<tr><td rowspan="2">硅酸盐水泥</td><td>P·Ⅰ</td><td>≤0.75</td><td>≤3.0</td><td rowspan="3">≤3.5</td><td rowspan="3">≤5.0 [a]</td><td rowspan="8">≤0.06 [c]</td></tr>
<tr><td>P·Ⅱ</td><td>≤1.50</td><td>≤3.5</td></tr>
<tr><td>普通硅酸盐水泥</td><td>P·O</td><td>—</td><td>≤5.0</td></tr>
<tr><td rowspan="2">矿渣硅酸盐水泥</td><td>P·S·A</td><td>—</td><td>—</td><td rowspan="2">≤4.0</td><td>≤6.0 [b]</td></tr>
<tr><td>P·S·B</td><td>—</td><td>—</td><td>—</td></tr>
<tr><td>火山灰质硅酸盐水泥</td><td>P·P</td><td>—</td><td>—</td><td rowspan="3">≤3.5</td><td rowspan="3">≤6.0</td></tr>
<tr><td>粉煤灰硅酸盐水泥</td><td>P·F</td><td>—</td><td>—</td></tr>
<tr><td>复合硅酸盐水泥</td><td>P·C</td><td>—</td><td>—</td></tr>
</table>

注：a. 如果水泥压蒸安定性合格，则水泥中氧化镁含量（质量分数）允许放宽至 6.0%；
b. 如果水泥中氧化镁的含量（质量分数）大于 6.0%，需进行水泥压蒸安定性试验并合格；
c. 当卖方有更低要求时，买卖双方协商确定。

表 2-3 通用水泥的技术要求

<table>
<tr><th>序号</th><th colspan="3">项目</th><th>技术指标</th></tr>
<tr><td>1</td><td>化学指标</td><td colspan="2">不溶物、氧化镁、三氧化硫、烧失量、氯离子</td><td>符合表 2-2 的指标要求</td></tr>
<tr><td rowspan="2">2</td><td rowspan="2">细度</td><td colspan="2">比表面积（硅酸盐水泥、普通硅酸盐水泥）</td><td>不小于 300 m²/kg 且不大于 400 m²/kg</td></tr>
<tr><td colspan="2">45 μm 筛筛余（其他通用硅酸盐水泥）</td><td>不小于 5%</td></tr>
<tr><td rowspan="4">3</td><td rowspan="4">凝结时间</td><td rowspan="2">硅酸盐水泥</td><td>初凝</td><td>不小于 45 min</td></tr>
<tr><td>终凝</td><td>不大于 390 min</td></tr>
<tr><td rowspan="2">其他通用硅酸盐水泥</td><td>初凝</td><td>不小于 45 min</td></tr>
<tr><td>终凝</td><td>不大于 600 min</td></tr>
<tr><td>4</td><td colspan="3">安定性（沸煮法、压蒸法）</td><td>合格</td></tr>
<tr><td>5</td><td colspan="3">强度</td><td>符合表 2-4 的指标要求</td></tr>
<tr><td>6</td><td colspan="3">碱含量（$Na_2O$+0.658 $K_2O$ 计算值）</td><td>低碱水泥不大于 0.60%</td></tr>
</table>

表 2-4 通用水泥不同龄期强度要求 单位：MPa

<table>
<tr><th rowspan="2">强度等级</th><th colspan="2">抗压强度</th><th colspan="2">抗折强度</th></tr>
<tr><th>3 d</th><th>28 d</th><th>3 d</th><th>28 d</th></tr>
<tr><td>32.5</td><td>≥12.0</td><td rowspan="2">≥32.5</td><td>≥3.0</td><td rowspan="2">≥5.5</td></tr>
<tr><td>32.5 R</td><td>≥17.0</td><td>≥4.0</td></tr>
<tr><td>42.5</td><td>≥17.0</td><td rowspan="2">≥42.5</td><td>≥4.0</td><td rowspan="2">≥6.5</td></tr>
<tr><td>42.5 R</td><td>≥22.0</td><td>≥4.5</td></tr>
<tr><td>52.5</td><td>≥22.0</td><td rowspan="2">≥52.5</td><td>≥4.5</td><td rowspan="2">≥7.0</td></tr>
<tr><td>52.5 R</td><td>≥27.0</td><td>≥5.0</td></tr>
<tr><td>62.5</td><td>≥27.0</td><td rowspan="2">≥62.5</td><td>≥5.0</td><td rowspan="2">≥8.0</td></tr>
<tr><td>62.5 R</td><td>≥32.0</td><td>≥5.5</td></tr>
</table>

### 2.1.1 水泥细度检测（筛余法）

#### 2.1.1.1 试验依据与环境要求

1）试验依据

现行国家标准《水泥细度检验方法 筛析法》（GB/T 1345）。

2）环境要求

室温。

#### 2.1.1.2 主要仪器设备

试验筛：筛孔尺寸 45 μm，有负压筛、水筛和手工筛。由于物料会对筛网产生磨损，试验筛使用 100 次后需重新标定。

负压筛析仪：负压可调范围为 4 000～6 000 Pa。

电子天平：最小分度值不大于 0.01 g。

#### 2.1.1.3 样品制备

试验筛应保持清洁，负压筛和手工筛应保持干燥。

水泥样品取样后，应先通过 0.9 mm 的方孔筛。

试验时，45 μm 筛析试验称取试样 10 g，均精确至 0.01 g。

#### 2.1.1.4 试验步骤

1）负压筛析法

在筛析试验前，应把负压筛放在筛座上，盖上筛盖，接通电源，检查控制系统，调节负压至 4 000～6 000 Pa。

将称取的水泥试样置于洁净的负压筛中，放在筛座上，盖上筛盖，开动筛析仪连续筛析 2 min，在此期间如有试样附着在筛盖上，可轻轻地敲击，使试样落下。筛毕，用电子天平称量全部筛余物。

2）水筛法

在筛析试验前，应先检查水中有无泥、砂，调整好水压及水架的位置，使其能正常运转，并控制喷头底面和筛网之间的距离为 35～75 mm。

称取试样精确至 0.01 g，置于洁净的水筛中，立即用淡水冲洗至大部分细粉通过后，放在水筛架上，用水压为（0.05±0.02）MPa 的喷头继续冲洗 3 min。筛毕，用少量水把筛余物冲至蒸发皿中，等水泥颗粒全部沉淀后，小心倒出清水，烘干并用天平称量全部筛余物。

3）手工筛析法

称取水泥试样精确至 0.01 g，置于洁净的手工筛中。

用一只手持筛往复摇动，另一只手轻轻拍打，往复摇动和拍打过程应保持近于水平，拍打速度约为 120 次/min，每 40 次向同一方向转动 60°，使试样均匀分布在筛网上，直至通过的试样量不超过 0.03 g/min 为止。筛毕，用天平称称量全部筛余物。

#### 2.1.1.5 试验结果

水泥试样筛余百分数按式（2-1）计算：

$$F = \frac{R_t}{W} \times 100\% \tag{2-1}$$

式中：$F$ ——水泥试样的筛余百分数，%；

$R_t$ ——水泥筛余物的质量，g；

$W$ ——水泥试样的质量，g。

结果计算至 0.1%。

应对筛析结果进行修正。修正的方法是将水泥试样的筛余百分数乘以试验筛的标定修正系数。合格评定时，每个样品应称取 2 个试样分别筛析，取筛余平均值为筛析结果。若 2 次筛余结果绝对误差大于 0.5%（筛余值大于 5.0%时可放至 1.0%），应再做 1 次试验，取 2 次相近结果的算术平均值作为最终结果。

当负压筛析法、水筛法和手工筛析法测定的结果发生争议时，以负压筛析法为准。

#### 2.1.1.6 试验筛的标定

试验筛的修正按下列步骤进行：

① 被标定的试验筛应事先经过清洗、去污、干燥（水筛除外），并与标定实验室温度一致。

② 将水泥细度标准样品装入干燥的密闭广口瓶中，盖上瓶盖并摇动 2 min，消除结块。静置 2 min 后，用一根干燥洁净的搅拌棒搅匀样品。按上述方法进行筛析试验操作，每个试验筛的标定应称取两个标准样品连续进行，中间不得插入其他样品。

以 2 个样品筛余结果的算术平均值作为最终值，但当 2 个样品筛余结果相差大于 0.3% 时，应对第 3 个样品进行试验，并取接近的 2 个结果进行算术平均作为最终结果。

修正系数按式（2-2）计算（结果精确至 0.01）：

$$C=\frac{F_s}{F_t} \tag{2-2}$$

式中：$C$——试验筛修正系数；

$F_s$——标准样品的筛余标准值，%；

$F_t$——标准样品在试验筛上的筛余值，%。

当 $C$ 值为 0.80～1.20 时，试验筛可继续使用，$C$ 可作为结果修正系数。

当 $C$ 值超出 0.80～1.20 时，试验筛应予以淘汰。

### 2.1.2　水泥比表面积（勃氏法）

#### 2.1.2.1　试验依据与环境要求

1）试验依据

现行国家标准《水泥比表面积测定方法　勃氏法》（GB/T 8074）。

2）环境要求

相对湿度不大于 50%。

#### 2.1.2.2　主要仪器设备

透气仪：由透气圆筒、压力计、抽气装置 3 个部分组成，应符合现行行业标准《勃氏透气仪》（JC/T 956）的要求。

滤纸：中速定量滤纸，应符合现行国家标准《化学分析滤纸》（GB/T 1914）的要求。

天平：分度值不大于 0.001 g。

秒表：精确至 0.5 s。

电热鼓风干燥箱：控制温度灵敏度±1℃。

压力计液体：采用带有颜色的蒸馏水或直接采用无色蒸馏水。

标准水泥样品：符合《水泥细度用萤石粉标准样品（80μm 筛余和比表面积）》（GSB 08—2184）、《水泥细度用萤石粉标准样品（45μm 筛余和比表面积）》（GSB 08—2185）或相同等级的标准物质。水泥样品按现行国家标准《水泥取样方法》（GB 12573）进行取样，先通过 0.9 mm 的方孔筛在（110±5℃）烘干 1 h，并在干燥器中冷却至室温。

汞：分析纯汞。

#### 2.1.2.3 仪器校准

（1）漏气检查：将透气圆筒上口用橡皮塞塞紧，接到压力计上。用抽气装置从压力计一臂中抽出部分气体，关闭阀门，观察是否漏气。若漏气应用油脂加以密封。

（2）试料层体积测定：用一直径比透气圆筒略小的细长棒将两片滤纸按入透气圆筒内，并将滤纸平整放在穿孔板上。然后在透气圆筒内装满水银，用一小块玻璃板轻压水银表面，使水银面与圆筒口平齐，并赶走玻璃板和水银面之间的气泡。从透气圆筒中倒出水银，称量，精确至 0.05 g。重复几次测定，到数值基本不变为止。从透气圆筒中取出滤纸，装入约 3.3 g 的水泥，并用捣器均匀捣实水泥层，直至捣器的支持环紧紧接触透气圆筒顶边并旋转 2 周，慢慢取出捣器。再在圆筒内装满水银，同上进行压平及去气泡后，倒出水银并称量，重复几次测定，直到称量值相差小于 50 mg。按式（2-3）计算试料层体积：

$$V = (P_1 - P_2) / \rho_{水银} \tag{2-3}$$

式中：$V$——试料层体积，$cm^3$；

$P_1$——未装水泥时，充满透气圆筒的水银质量，g；

$P_2$——装入水泥后，充满透气圆筒的水银质量，g；

$\rho_{水银}$——试验温度下的水银密度，$g/cm^3$。

试料层的体积测定至少应进行 2 次，取 2 次之差不超过 0.005 $cm^3$ 的平均值。

#### 2.1.2.4 试验步骤

1）测定水泥密度

按现行国家标准《水泥密度测定方法》（GB/T 208）测定水泥密度。

2）空隙率（$\varepsilon$）的确定

P·Ⅰ型、P·Ⅱ型水泥的空隙率采用 0.500±0.005，其他水泥或粉料的空隙率选用 0.530±0.005。

当按上述空隙率不能将试样压至试料层制备规定的位置时，则允许改变空隙率。

空隙率的调整以 2 000 g 砝码（5 等砝码）将试样压实至试料层制备规定的位置为准。

3）确定试样量

按现行国家标准《水泥密度测定方法》（GB/T 208）测定水泥密度试样量，按式（2-4）计算：

$$m = \rho V(1-\varepsilon) \tag{2-4}$$

式中：$m$——需要的试样质量，g；

$\rho$——试样密度，$g/cm^3$；

$V$——试料层体积，按现行行业标准《勃氏透气仪》（JC/T 956）测定，$cm^3$；

$\varepsilon$——试料层水泥空隙率（表 2-5）。

**表 2-5 水泥层空隙率值**

| 空隙率值（$\varepsilon$） | $\sqrt{\varepsilon^3}$ | 空隙率值（$\varepsilon$） | $\sqrt{\varepsilon^3}$ |
|---|---|---|---|
| 0.495 | 0.348 | 0.515 | 0.369 |
| 0.496 | 0.349 | 0.520 | 0.374 |

续表

| 空隙率值（$\varepsilon$） | $\sqrt{\varepsilon^3}$ | 空隙率值（$\varepsilon$） | $\sqrt{\varepsilon^3}$ |
|---|---|---|---|
| 0.497 | 0.350 | 0.525 | 0.380 |
| 0.498 | 0.351 | 0.526 | 0.381 |
| 0.499 | 0.352 | 0.527 | 0.383 |
| 0.500 | 0.354 | 0.528 | 0.384 |
| 0.501 | 0.355 | 0.529 | 0.385 |
| 0.502 | 0.356 | 0.530 | 0.386 |
| 0.503 | 0.357 | 0.531 | 0.387 |
| 0.504 | 0.358 | 0.532 | 0.388 |
| 0.505 | 0.359 | 0.533 | 0.389 |
| 0.506 | 0.360 | 0.534 | 0.390 |
| 0.507 | 0.361 | 0.535 | 0.391 |
| 0.508 | 0.362 | 0.540 | 0.397 |
| 0.509 | 0.363 | 0.545 | 0.402 |
| 0.510 | 0.364 | 0.550 | 0.408 |

4）试料层制备

将穿孔板放入透气圆筒的突缘上，用捣器把一片纸放到穿孔板上，边缘放平并压紧。称取按确定试样量确定的试样量，精确到 0.001 g，倒入透气圆筒。轻敲透气圆筒的边缘，使水泥层表面平坦。再放入一片滤纸，用捣器均匀捣实试料直至捣器的支持环与圆筒顶边接触，并旋转 1～2 圈，慢慢取出捣器。

穿孔板上的滤纸为$\phi$12.7 mm 边缘光滑的圆形滤纸片。每次测定需放入新的滤纸片。

5）透气试验

把装有试料层的透气圆筒下锥面涂一薄层活塞油脂，然后将其插入压力计顶端锥形磨口处，旋转 1～2 圈。要保证紧密连接不至于漏气，并不振动所制备的试料层。

打开微型电磁泵慢慢从压力计一臂中抽出空气，直到压力计内液面上升到扩大部下端时关闭阀门。当压力计内液体的凹月面下降到第一条刻线时开始计时，当液体的凹月面下降到第二条刻线时停止计时，记录液面从第一条刻度线到第二条刻度线所需的时间。以秒记录，并记录下试验时的温度（℃）。每次进行透气试验，应重新制备试料层。

#### 2.1.2.5　试验结果

当被测试样的密度、试料层中的空隙率与标准样品相同，试验时的温度与校准温度之差小于或等于 3℃时，可按式（2-5）计算：

$$S=\frac{S_S\sqrt{T}}{\sqrt{T_S}} \tag{2-5}$$

若试验时的温度与校准温度之差大于 3℃时，则按式（2-6）计算：

$$S=\frac{S_S\sqrt{\eta_S}\sqrt{T}}{\sqrt{\eta}\sqrt{T_S}} \tag{2-6}$$

式中：$S$——被测试样的比表面积，cm²/g;

$S_S$——标准样品的比表面积，cm²/g；

$T$——被测试样试验时，压力计中液面降落测得的时间，s；

$T_S$——标准样品试验时，压力计中液面降落测得的时间，s；

$\eta$——被测试样试验温度下的空气黏度，μPa·s；

$\eta_S$——标准样品试验温度下的空气黏度，μPa·s。

当被测试样的试料层中的空隙率与标准样品试料层中空隙率不同，试验时的温度与校准温度之差小于或等于 3℃时，可按式（2-7）计算：

$$S=\frac{S_S\sqrt{T}(1-\varepsilon_s)\sqrt{\varepsilon^3}}{\sqrt{\eta}\sqrt{T_S}(1-\varepsilon)\sqrt{\varepsilon_s^3}} \tag{2-7}$$

当试验时的温度与校准温度之差大于 3℃时，则按式（2-8）计算：

$$S=\frac{S_S\sqrt{\eta_S}\sqrt{T}(1-\varepsilon_s)\sqrt{\varepsilon^3}}{\sqrt{\eta}\sqrt{T_S}(1-\varepsilon)\sqrt{\varepsilon_s^3}} \tag{2-8}$$

式中：$\varepsilon$——被测试样试料层中的空隙率；

$\varepsilon_S$——标准样品试料层中的空隙率。

当被测试样的密度和空隙率与标准样品不同，试验时的温度与校准温度之差小于或等于 3℃时，可按式（2-9）计算：

$$S=\frac{S_S\rho_s\sqrt{T}(1-\varepsilon_s)\sqrt{\varepsilon^3}}{\rho\sqrt{T_S}(1-\varepsilon)\sqrt{\varepsilon_s^3}} \tag{2-9}$$

当试验时的温度与校准温度之差大于 3℃时，则按式（2-10）计算：

$$S=\frac{S_S\rho_s\sqrt{\eta_S}\sqrt{T}(1-\varepsilon_s)\sqrt{\varepsilon^3}}{\rho\sqrt{\eta}\sqrt{T_S}(1-\varepsilon)\sqrt{\varepsilon_s^3}} \tag{2-10}$$

式中：$\rho$——被测试样的密度，g/cm³；

$\rho_s$——标准样品的密度，g/cm³。

水泥比表面积应由 2 次透气试验结果的平均值确定。当 2 次试验结果相差 2%以上时，应重新试验。计算结果保留至 10 cm²/g。

当同一水泥用手动勃氏透气仪测定的结果与自动勃氏透气仪测定的结果有争议时，以手动勃氏透气仪测定结果为准。

在不同温度下水银密度、空气黏度 $\eta$ 和 $\sqrt{\eta}$ 的值见表 2-6。

**表 2-6　在不同温度下水银密度、空气黏度（$\eta$）和 $\sqrt{\eta}$ 的值**

| 室温/℃ | 水银密度/（g/cm³） | 空气黏度（$\eta$）/（μPa·s） | $\sqrt{\eta}$ 值 |
|---|---|---|---|
| 8 | 13.58 | 17.49 | 4.18 |
| 10 | 13.57 | 17.59 | 4.19 |
| 12 | 13.57 | 17.68 | 4.20 |
| 14 | 13.56 | 17.78 | 4.22 |
| 16 | 13.56 | 17.88 | 4.23 |
| 18 | 13.55 | 17.98 | 4.24 |

续表

| 室温/℃ | 水银密度/（g/cm³） | 空气黏度（$\eta$）/（μPa·s） | $\sqrt{\eta}$ 值 |
|---|---|---|---|
| 20 | 13.55 | 18.08 | 4.25 |
| 22 | 13.54 | 18.18 | 4.26 |
| 24 | 13.54 | 18.28 | 4.28 |
| 26 | 13.53 | 18.37 | 4.29 |
| 28 | 13.53 | 18.47 | 4.30 |
| 30 | 13.52 | 18.57 | 4.31 |
| 32 | 13.52 | 18.67 | 4.32 |
| 34 | 13.51 | 18.76 | 4.33 |

### 2.1.3 水泥凝结时间检测

#### 2.1.3.1 试验依据与环境要求

1）试验依据

现行国家标准《通用硅酸盐水泥》（GB 175）；

现行国家标准《水泥标准稠度用水量、凝结时间、安定性检验方法》（GB/T 1346）。

2）环境要求

实验室要求：温度为（20±2）℃，相对湿度应不低于50%。

水泥试样、拌和水、仪器和用具：温度应与实验室内温度一致。

湿气养护箱：温度为（20±1）℃，相对湿度不低于90%。

#### 2.1.3.2 主要仪器设备

水泥净浆搅拌机：应符合现行行业标准《水泥净浆搅拌机》（JC/T 729）的要求。

标准法维卡仪。

标准稠度测定用试杆有效长度为（50±1）mm、由直径为$\phi$（10±0.05）mm的圆柱形耐腐蚀金属制成。测定凝结时间时取下试杆，用试针代替试杆。试针由钢制成，其有效长度初凝时间为（50±1）mm、终凝时间为（30±1）mm、直径为$\phi$（1.13±0.5）mm的圆柱体。滑动部分的总质量为（300±1）g。与试杆、试针连接的滑动杆表面应光滑，能靠重力自由下落，不得有紧涩和旷动现象。

盛装水泥净浆的试模应由耐腐蚀的、有足够硬度的金属制成。试模为深（40±0.2）mm、顶内径$\phi$（65±0.5）mm、底内径$\phi$（75±0.5）mm的截顶圆锥体。每只试模应配备一个边长或直径约为100 mm，厚度为4～5 mm的平板玻璃底板或金属底板。

量筒或定滴管：精度为±0.5 mL。

天平：最大称量不小于1 000 g，分度值不大于1 g。

#### 2.1.3.3 样品制备

将干燥样品在试验环境下静置24 h。

#### 2.1.3.4 试验步骤

（1）调整凝结时间测定仪的试针接触玻璃板时，指针应对准零点。

（2）以标准稠度用水量检验方法制成标准稠度净浆，按标准稠度用水量检验方法装模和刮平后，立即放入湿气养护箱中。记录水泥全部加入水中的时间作为凝结的起始时间。

（3）试件在湿气养护箱中养护至加水后30 min时进行第一次测定。测定时，将标准法维卡仪装上凝结时间测定用初凝针，从湿气养护箱中取出试模放到试针下，降低试针直至与水泥净浆表面接触，拧紧螺丝1～2 s后，突然放松，使试针垂直自由地沉入水泥净浆中。观察试针停止下沉或释放试针30 s时指针的读数。当试针沉至距底板（4±1）mm时，为水泥达到初凝状态，用min表示。在最初测定的操作时应轻轻扶持金属柱，使其徐徐下降，以防试针撞弯，但结果以自由下落为准；临近初凝时间时，每隔5 min（或更短时间）测定一次。

（4）在完成初凝时间的测定后，立即将试模连同浆体以平移的方式从玻璃板上取下，翻转180°，直径大端向上、小端向下放在玻璃板上，再放入湿气养护箱继续养护，并将标准法维卡仪换上终凝时间测试针。测试时，当试针沉入试体0.5 mm时，即环形附件开始不能在试体上留下痕迹时，水泥达到终凝状态。水泥全部加入水中至终凝状态的时间为水泥的终凝时间，用min表示。临近终凝时间时，每隔15 min（或更短时间）测定一次。

（5）初凝时间、终凝时间测定的复核：到达初凝时间时应立即重复测一次，当两次结论相同时才能定为到达初凝状态。到达终凝时间时，需要在试体另外两个不同点测试，确认结论相同才能确定到达终凝状态。在整个测试过程中试针沉入的位置至少要距试模内壁10 mm，且不能让试针落入原针孔。每次测试完毕须将试针擦净，并将试模放回湿气养护箱内，整个测试过程中要防止试模受振。

### 2.1.4 水泥胶砂流动度检测

#### 2.1.4.1 试验依据与环境要求

1）试验依据

现行国家标准《水泥胶砂流动度测定方法》（GB/T 2419）。

2）环境要求

实验室环境：温度为（20±2）℃，相对湿度不低于50%。

试验时，水泥试样、拌和水、仪器和用具的温度应与实验室一致。

#### 2.1.4.2 主要仪器设备

胶砂搅拌机：符合现行行业标准《行星式水泥胶砂搅拌机》（JC/T 681）的有关规定。

水泥胶砂流动度测定仪（简称跳桌）：技术要求及其安装方法符合现行国家标准《水泥胶砂流动度测定方法》（GB/T 2419）的有关规定。

试模：用金属材料制成，由截锥圆模和模套组成。截锥圆模内壁应光滑，高度

（60±0.5）mm；上口内径（70±0.5）mm；下口内径（100±0.5）mm；下口外径 120 mm；模壁厚大于 5 mm。模套与截锥圆模配合使用。

捣棒：用金属材料制成，直径为（20±0.5）mm，长度约为 200 mm。捣棒底面与侧面成直角，其下部光滑，上部手柄滚花。

卡尺：量程不小于 300 mm，分度值不大于 0.5 mm。

小刀：刀口平直，长度大于 80 mm。

#### 2.1.4.3 样品制备

胶砂的质量配合比应为一份水泥、三份标准砂和半份水，一锅胶砂制三条试体。每锅材料用量为水泥（450±2）g，标准砂（1 350±5）g，水（225±1）g。

#### 2.1.4.4 试验步骤

（1）在试验前先对跳桌进行空转，以检验各部位是否正常。

（2）在制备胶砂的同时，用潮湿棉布擦拭跳桌台面、试模内壁、捣棒以及与胶砂接触的用具，将试模放在跳桌台面中央并用潮湿棉布覆盖。

（3）将拌好的胶砂分两层迅速装入流动试模，第一层装至截锥圆模高度约 2/3 处，用小刀在相互垂直的两个方向各划 5 次，用捣棒由边缘至中心均匀捣压 15 次，随后装第二层胶砂，装至高出截锥圆模约 20 mm，用小刀在相互垂直的两个方向各划 5 次，再用捣棒由边缘至中心均匀捣压 10 次。捣压后胶砂应略高于试模。捣压深度，第一层捣至胶砂高度的 1/2，第二层捣实不超过已捣实底层表面。在装胶砂和捣压时，用手扶稳试模，不要使其移动。

（4）捣压完毕，取下模套，用小刀由中间向边缘分两次将高出截锥圆模的胶砂刮去并抹平，擦去落在桌面上的胶砂。将截锥圆模垂直向上轻轻提起。立刻开动跳桌，在（25±1）s 内完成 25 次跳动。

（5）流动度试验从胶砂加水开始到测量扩散直径结束，应在 6 min 内完成。

（6）跳动完毕，用卡尺测量胶砂底面互相垂直的两个方向直径，计算平均值，取整数，以“mm”为单位表示，即为该水量的水泥胶砂流动度。

### 2.1.5 水泥胶砂强度检测

#### 2.1.5.1 试验依据与环境要求

1）试验依据

现行国家标准《通用硅酸盐水泥》（GB 175）；

现行国家标准《水泥胶砂强度检验方法（ISO 法）》（GB/T 17671）。

2）环境要求

实验室环境：温度为（20±2）℃，相对湿度不低于 50%。试验时，水泥试样、拌和水、仪器和用具的温度应与实验室内温度一致。

试样带模养护的养护箱或雾室：温度为（20±1）℃，相对湿度不低于 90%。

试样养护池水：温度应为（20±1）℃。

实验室空气温度和相对湿度及养护池水温每天至少记录一次。

湿气养护箱的温度与相对湿度至少每 4 h 记录一次，在自动控制的情况下可一天记录两次。在温度给定范围内，控制所设定的温度应为此范围的中值。

#### 2.1.5.2 主要仪器设备

水泥胶砂搅拌机：应符合现行行业标准《行星式水泥胶砂搅拌机》（JC/T 681）的要求。

试模：由 3 个水平试模槽组成，可同时成型 3 条截面为 40 mm×40 mm×160 mm 的棱形试体，其材质和尺寸应符合现行行业标准《水泥胶砂试模》（JC/T 726）的要求。在组装备用的干净模型时，应用黄干油等密封材料涂覆模型的外接缝。试模的内表面应涂上一薄层模型油或机油。在成型操作时，应在试模上面加上一个壁高 20 mm 的金属模套。

长短各一个播料器和一把金属刮平尺。

振实台：应符合现行行业标准《水泥胶砂试体成型振实台》（JC/T 682）的要求。振实台应安装在高度约为 400 mm 的混凝土基座上。混凝土体积约为 0.25 $m^3$，重量约为 600 kg。

抗折强度试验机：应符合现行行业标准《水泥胶砂电动抗折试验机》（JC/T 724）的要求。

抗压强度试验机：精度不大于±1%，并具有 2 400 N/s 速率的加荷能力。

水泥抗压夹具：应符合现行行业标准《40 mm×40 mm 水泥抗压夹具》（JC/T 683）的要求，受压面积为 40 mm×40 mm。

量筒或定滴管：精度为±0.5 mL。

天平：最大称量不小于 1 000 g，分度值不大于 1 g。

#### 2.1.5.3 样品制备

胶砂的质量配合比应为一份水泥、三份标准砂和半份水，一锅胶砂制三条试体。每锅材料用量为水泥（450±2）g，标准砂（1 350±5）g，水（225±1）g。

#### 2.1.5.4 试验步骤

（1）试验前先检查水泥胶砂搅拌机、水泥胶砂振实台是否正常运转。用湿抹布擦拭搅拌锅及叶片。把水加入锅里，再加入水泥，把锅放在固定架上，上升至固定位置。立即开动机器，低速搅拌 30 s 后，在第二个 30 s 开始的同时均匀地将砂子加入（当各级砂石分装时，从最粗粒级开始，依次加完），机器转至高速再搅拌 30 s。停拌 90 s，在第一个 15 s 内用一胶皮刮具将叶片和锅壁上的胶砂刮入锅中间。在高速下继续搅拌 60 s 后成型。各个搅拌阶段，时间误差应在±1 s 以内。

（2）胶砂制备完毕后，立即进行试件的成型。将空试模和模套固定在振实台上，用一个适当的勺子直接将胶砂分两层装入试模，装第一层时，每个槽里约放 300 g 胶砂，用大播料器垂直架在模套顶部沿每个模槽来回一次将料层播平，接着振实 60 次。再装入第二层胶砂，用小播料器播平，再振实 60 次，移走模套，从振实台上取下试模，用一把金属直尺以近似 90°的角度架在试模模顶的一端，然后沿试模长度方向以横向锯割动作慢慢向另一端移动，一次将超过试模部分的胶砂刮去，并用同一把直尺在近乎水平的情况下将试体表面抹平。

（3）在试模上做标记或加字条标明试件编号、各试件相对于振实台的位置。

（4）去掉留在模子四周的胶砂。立即将做好标记的试模放入湿气养护箱的水平架子上养护，湿空气应能与试模的各边接触。一直养护到规定的脱模时间时取出脱模。脱模前，用防水墨汁对试体进行编号和做其他标记。两个龄期以上的试体，在编号时应将同一试模中的 3 条试体分在两个以上龄期内。

（5）脱模。对于 24 h 以上龄期的，应在成型后 20～24 h 脱模。当经过 24 h 养护，会因脱模对强度造成损害时，可以延迟至 24 h 以后脱模，但在试验报告中应予以说明。

（6）将做好标记的试件立即竖直放在（20±1）℃水中的篦子上养护，彼此保持一定的间距，使水和试件的 6 个面接触。养护期间试件之间的间隔或试件上表面的水深不得小于 5 mm。养护期间只许加水保持适当水位，不允许全部换水。每个养护池只养护同类型的水泥试件。

任何到龄期的试体应在破型前 15 min 从水中取出，擦去试体表面沉积物，并用湿布覆盖至试验为止。

试体龄期是从水泥加水搅拌开始试验时算起，不同龄期强度试验在下列时间内进行：

① 24 h±15 min；

② 48 h±30 min；

③ 72 h±45 min；

④ 7 d±2 h；

⑤ 28 d±8 h。

（7）抗折强度测定：将试体一个侧面放在试验机支撑圆柱上，试体长轴垂直于支撑圆柱，通过加荷圆柱以（50±10）N/s 的速率均匀地将荷载垂直地加在棱柱体相对侧面上，直至折断。保持 2 个半截棱柱体处于潮湿状态直至抗压试验。

（8）抗压强度测定：将经抗折试验折断的半截棱柱体放入抗压夹具，并保证半截棱柱体中心与试验机压板的中心差在±0.5 mm 内，棱柱体露出抗压夹具压板的部分约为 10 mm。在整个加荷过程中，以（2 400±200）N/s 的速率均匀地加荷直至破坏。

#### 2.1.5.5　试验结果

抗折强度按式（2-11）进行计算：

$$R_f = \frac{1.5F_f L}{b^3} \tag{2-11}$$

式中：$R_f$——抗折强度，MPa；

$F_f$——折断时施加于棱柱体中部的荷载，N；

$L$——支撑圆柱之间的距离，mm；

$b$——棱柱体正方形截面的边长，mm。

以一组 3 个棱柱体抗折结果的平均值作为试验结果。当 3 个强度值中有 1 个超出平均值±10%时，应剔除后再取平均值作为抗折强度试验结果；当 3 个强度值中有 2 个超出平均值±10%时，则以剩余一个作为抗折强度结果。

单个抗折强度结果精确至 0.1 MPa，算术平均值精确至 0.1 MPa。

抗压强度按式（2-12）进行计算，受压面积计为 1 600 mm²：

$$R_c = \frac{F_c}{A} \tag{2-12}$$

式中：$R_c$——抗压强度，MPa；

$F_c$——破坏时的最大荷载，N；

$A$——受压面积，mm²。

以一组 3 个棱柱体上得到的 6 个抗压强度测定值的平均值作为试验结果。当 6 个测定值中有 1 个超出 6 个平均值±10%时，剔除这个结果，再以剩余 5 个的平均值作为结果。当 5 个测定值中再有超过它们平均值的±10%时，则此组结果作废。当 6 个测定值中同时有 2 个或 2 个以上超出平均值的±10%时，则此组结果作废。

单个抗压强度结果计算至 0.1 MPa，算术平均值精确至 0.1 MPa。

### 2.1.6 水泥氯离子含量检测

#### 2.1.6.1 试验依据与环境要求

1）试验依据

现行国家标准《水泥化学分析方法》（GB/T 176）。

2）环境要求

试验环境要求：10～26℃。

#### 2.1.6.2 试验原理

水泥氯离子含量测定采用硫氰酸铵容量法（基准法），本方法测定除氟以外的卤素含量，以氯离子（$Cl^-$）表示结果。试样用硝酸进行分解，同时消除硫化物的干扰。加入已知量的硝酸银标准溶液使氯离子以氯化银的形式沉淀。煮沸、过滤后，将滤液和洗液冷却至 25℃以下，以铁（Ⅲ）盐为指示剂，用硫酸氰铵标准滴定过量的硝酸银。

#### 2.1.6.3 试验步骤

称取约 5 g 试样（$m_0$），精确至 0.000 1 g，置于 400 mL 烧杯中，加入 50 mL 水，搅拌使试样完全分散，在搅拌下加入 50 mL 硝酸（1+2），加热煮沸，微沸 1～2 min。取下，加入 5.00 mL 硝酸银标准溶液，搅匀，煮沸 1～2 min，加入少许滤纸浆，用预先用硝酸（1+100）洗涤过的快速滤纸过滤或玻璃砂芯漏斗抽气过滤，滤液收集于 250 mL 锥形瓶中，用硝酸（1+100）洗涤烧杯、玻璃棒和滤纸，直至滤液和洗液总体积达到 200 mL，溶液在弱光线或暗处冷却至 25℃以下。

加入 5 mL 硫酸铁铵指示剂溶液，用硫氰酸铵标准滴定溶液滴定至产生的红棕色在摇动下不消失为止（$V$）。如果 $V$ 小于 0.5 mL，用减少一半的试样质量重新试验。

不加入试样按上述步骤进行空白试验，记录空白滴定所用硫氰酸铵标准滴定溶液的体积（$V_0$）。

2.1.6.4　试验结果

氯离子的质量分数（$\omega_{\mathrm{cl}^-}$）按式（2-13）计算：

$$\omega_{\mathrm{cl}^-}=\frac{1.773\times 5.00\times (V_0-V)}{V_0\times m_0\times 1000}\times 100=0.8865\times \frac{V_0-V}{V_0\times m_0} \quad (2\text{-}13)$$

式中：$\omega_{\mathrm{cl}^-}$——氯离子的质量分数，%；

$V_0$——空白试验消耗的硫氰酸铵标准滴定溶液的体积，mL；

$V$——滴定时消耗硫氰酸铵标准滴定溶液的体积，mL；

$m_0$——试料的质量，g；

1.773——硝酸银标准溶液对氯离子的滴定度，mg/mL。

## 2.2 粉 煤 灰

粉煤灰（Fly ash）是火力发电厂煤粉炉烟道气中收集的具有火山灰活性的细灰，主要为玻璃态实心或空心球状颗粒，表面光滑。按化学成分可分为 F 类粉煤灰（俗称低钙灰，CaO＜10%）和 C 类粉煤灰（俗称高钙灰，CaO＞10%）两种，F 类粉煤灰是由无烟煤或烟煤煅烧收集的，而 C 类粉煤灰是由褐煤或次烟煤煅烧收集的。按品质不同又可分为Ⅰ级灰、Ⅱ级灰、Ⅲ级灰。

通常粉煤灰本身不具有胶凝性，但其含有的活性 $SiO_2$（35%～50%）和活性 $Al_2O_3$（20%～35%）能与水泥水化生成的 $Ca(OH)_2$ 作用，生成水化硅酸钙凝胶。粉煤灰因其形态效应、活性效应、微集料效应，可有效改善新拌和硬化混凝土性能而广泛用于混凝土工程，被称为“现代混凝土的第五组分”。通常情况下，粉煤灰中含碳量（由烧失量表征）越低、细度越细、活性成分含量越高，质量越好。

粉煤灰的技术指标包括细度、需水量比、烧失量、含水量、三氧化硫含量、游离氧化钙含量、安定性、强度活性指数等（表 2-7）。

**表 2-7　拌制砂浆和混凝土用粉煤灰理化性能要求**

| 项　目 | | 理化性能要求 | | |
|---|---|---|---|---|
| | | Ⅰ级 | Ⅱ级 | Ⅲ级 |
| 细度（45 μm 方孔筛筛余）/% | F 类粉煤灰 | ≤12.0 | ≤30.0 | ≤45.0 |
| | C 类粉煤灰 | | | |
| 需水量比/% | F 类粉煤灰 | ≤95 | ≤105 | ≤115 |
| | C 类粉煤灰 | | | |
| 烧失量（Loss）/% | F 类粉煤灰 | ≤5.0 | ≤8.0 | ≤10.0 |
| | C 类粉煤灰 | | | |
| 含水量/% | F 类粉煤灰 | ≤1.0 | | |
| | C 类粉煤灰 | | | |

续表

| 项 目 | | 理化性能要求 | | |
|---|---|---|---|---|
| | | I 级 | II 级 | III级 |
| 三氧化硫（$SO_3$）质量分数/% | F 类粉煤灰 | ≤3.0 | | |
| | C 类粉煤灰 | | | |
| 游离氧化钙（*f*-CaO）质量分数/% | F 类粉煤灰 | ≤1.0 | | |
| | C 类粉煤灰 | ≤4.0 | | |
| 二氧化硅（$SiO_2$）、三氧化二硫（$S_2O_3$）、三氧化二铁（$Fe_2O_3$）总质量分数/% | F 类粉煤灰 | ≥70.0 | | |
| | C 类粉煤灰 | ≥50.0 | | |
| 密度/（$g/cm^3$） | F 类粉煤灰 | ≤2.6 | | |
| | C 类粉煤灰 | ≤5.0 | | |
| 安定性（雷氏法）/mm | C 类粉煤灰 | ≥70.0 | | |
| 强度活性指数/% | F 类粉煤灰 | ≥70.0 | | |
| | C 类粉煤灰 | ≥50.0 | | |

## 2.2.1 粉煤灰细度检测

### 2.2.1.1 环境要求及试验依据

1）试验依据

室温。

2）环境要求

现行国家标准《用于水泥和混凝土中的粉煤灰》（GB/T 1596）；

现行国家标准《水泥细度检验方法筛析法》（GB/T 1345）。

### 2.2.1.2 主要仪器设备

负压筛析仪：由 45 μm 方孔筛、筛座、真空源和吸尘器等组成，方孔筛内径为 150 mm，高度为 25 mm。

天平：最大称量不小于 50 g，分度值不大于 0.01 g。

电热鼓风干燥箱：控制温度灵敏度为±1℃。

### 2.2.1.3 样品制备

粉煤灰应先通过 0.9 mm 的方孔筛并烘干，再称取样品 10 g（$G$），精确至 0.01 g。

### 2.2.1.4 试验步骤

（1）将样品倒入 45 μm 方孔筛筛网上，将筛子置于筛座上，盖上筛盖。

（2）接通电源，将定时开关固定为 3 min，开始筛析。

（3）开始工作后，观察负压表，使负压稳定在 4 000～6 000 Pa。若负压小于 4 000 Pa，则应停机，清理吸尘器中的积灰后再进行筛析。

（4）在筛析过程中，可用轻质木棒或橡胶棒轻轻敲打筛盖，以防吸附。

（5）3 min 后筛析自动停止，用电子天平称量全部筛余物（$G_1$），准确至 0.01 g。

#### 2.2.1.5 试验结果

粉煤灰细度按式（2-14）计算（精确至 0.1%）：

$$F = K \times \left(\frac{G_1}{G}\right) \times 100\% \quad (2\text{-}14)$$

式中：$F$——粉煤灰细度（45 μm 方孔筛筛余），%；

$G_1$——筛余物的质量，g；

$G$——称取试样的质量，g；

$K$——筛网校正系数。

筛网的校正：

筛网的校正采用粉煤灰细度标准样品或水泥细度标准样品，按上述试验步骤测定标准样品的细度，筛网校正系数按式（2-15）计算（精确至 0.01）：

$$K = \frac{m_0}{m} \quad (2\text{-}15)$$

式中：$K$——筛网校正系数；

$m_0$——标准样品筛余标准值，%；

$m$——标准样品筛余实测值，%。

注：①筛网校正系数范围为 0.80～1.20，若超出此范围，则该筛网报废；②筛析 100 个样品后进行筛网的校正。

### 2.2.2 粉煤灰烧失量检测

试样在（950±25）℃的高温炉中灼烧，灼烧所失去的质量为烧失量。

#### 2.2.2.1 环境要求及试验依据

1）环境要求

室温。

2）试验依据

现行国家标准《用于水泥和混凝土中的粉煤灰》（GB/T 1596）；

现行国家标准《水泥化学分析方法》（GB/T 176）。

#### 2.2.2.2 主要仪器设备

电子天平：精度为 0.001 g。

高温炉：隔焰加热炉，在炉膛外围进行电阻加热，应使用温度控制器，准确控制炉温，最高温度大于 1 000℃，精度为 1℃。

瓷坩埚：带盖，容量为 20～30 mL。

干燥器：内置变色硅胶。

#### 2.2.2.3 样品制备

取具有代表性的均匀样品，四分法缩分至约 100 g，用 150 μm 方孔筛筛出杂质，将杂质研磨后全部通过150 μm方孔筛，混合均匀，存储于干燥、洁净的密封瓶中。在进行化学分析前，需烘干样品。

#### 2.2.2.4 试验步骤

准确称取1 g试样$m_1$，精确至0.000 1 g，置于已灼烧恒重的瓷坩埚中，将盖斜置于瓷坩埚上，放在高温炉内从低温开始逐渐升高温度，在（950±25）℃下灼烧15～20 min，取出瓷坩埚置于干燥器中冷却至室温，称量。如此反复灼烧，直至恒重$m_2$。

恒重是指经第一次灼烧、冷却、称量后，通过连续每次15 min的灼烧，然后冷却、称量的方法来检查恒定质量，当连续两次称量差小于0.000 5 g时，即达到恒重。

#### 2.2.2.5 试验结果

粉煤灰烧失量试验结果按式（2-16）计算：

$$W_{\mathrm{LOI}} = \frac{m_1 - m_2}{m_1} \times 100\% \tag{2-16}$$

式中：$W_{\mathrm{LOI}}$——烧失量的质量百分数，%；

$m_1$——试料的质量，g；

$m_2$——灼烧后试料的质量，g。

水泥粉煤灰烧失量重复性限为0.15%，再现性限为0.25%。

### 2.2.3 粉煤灰需水量比检测

#### 2.2.3.1 环境要求及试验依据

1）环境要求

实验室温度为（20±2）℃，相对湿度不低于50%。

2）试验依据

现行国家标准《用于水泥和混凝土中的粉煤灰》（GB/T 1596）；

现行国家标准《水泥胶砂流动度测定方法》（GB/T 2419）。

#### 2.2.3.2 主要仪器设备

水泥胶砂搅拌机：应符合现行行业标准《行星式水泥胶砂搅拌机》（JC/T 681）的要求。

水泥胶砂流动度测定仪（简称跳桌）：应符合现行国家标准《水泥胶砂流动度测定方法》（GB/T 2419）的要求。

试模：用金属材料制成，由截锥圆模和模套组成。截锥圆模内壁应光滑，高度（60±0.5）mm；上口内径（70±0.5）mm；下口内径（100±0.5）mm；下口外径120 mm；模壁厚大于5 mm。模套与截锥圆模配合使用。

捣棒：用金属材料制成，直径为（20±0.5）mm，长度约为200 mm。捣棒底面与侧面成直角，其下部光滑，上部手柄滚花。

卡尺：量程不小于300 mm，分度值不大于0.5 mm。

小刀：刀口平直，长度大于 80 mm。

天平：最大称量不小于 1 000 g，分度值不大于 1 g。

#### 2.2.3.3 样品制备

水泥：符合现行国家标准的相关规定，或符合现行国家标准《通用硅酸盐水泥》（GB 175）规定的强度等级为 42.5 的硅酸盐水泥或普通硅酸盐水泥且按表 2-8 对比胶砂配制的对比胶砂流动度在 145～155 mm。

标准砂：符合现行国家标准《水泥胶砂强度检验方法（ISO 法）》（GB/T 17671）规定的 0.5～1.0 mm 的中级砂。

水：洁净的淡水。

试验样品：对比水泥和被检验粉煤灰按质量比 7∶3 混合。

#### 2.2.3.4 试验步骤

（1）胶砂配比按照表 2-8 进行，对比胶砂和试验胶砂按以下步骤进行搅拌：

用湿抹布擦拭搅拌锅及叶片。根据胶砂配比称量水、对比水泥、粉煤灰及中级砂，将水加入锅中，再加入对比水泥（混合均匀的水泥与粉煤灰），把锅放在固定架上，上升至固定位置。立即开动机器，低速搅拌 30 s 后，在第二个 30 s 开始的同时均匀地将砂加入，机器转至高速再搅拌 30 s。停拌 90 s，在第一个 15 s 内用一胶皮刮具将叶片和锅壁上的胶砂刮入锅中间。在高速下继续搅拌 60 s 后成型。各个搅拌阶段，时间误差应在±1 s 以内。

**表 2-8 粉煤灰需水量胶砂配比**　　单位：g

| 胶砂种类 | 对比水泥 | 粉煤灰 | 标准砂 | 水 |
|---|---|---|---|---|
| 对比胶砂 | 250 | — | 750 | 125 |
| 试验胶砂 | 175 | 75 | 750 | 流动度达到对比胶砂流动度的±2 mm 时的加水量 |

（2）搅拌后的对比胶砂与试验胶砂按照以下步骤测定流动度：

① 跳桌在试验前先进行空转，以检验各部位是否正常。

② 在制备胶砂的同时用潮湿棉布擦拭跳桌台面、试模内壁、捣棒以及与胶砂接触的用具，将试模放在跳桌台面中央并用潮湿棉布覆盖。

③ 将拌好的胶砂分两层迅速装入流动试模，第一层装至截锥圆模高度约 2/3 处，用小刀在相互垂直的两个方向各划 5 次，用捣棒由边缘至中心均匀捣压 15 次，随后装第二层胶砂，装至高出截锥圆模约 20 mm，用小刀在相互垂直的两个方向各划 5 次，再用捣棒由边缘至中心均匀捣压 10 次。捣压后胶砂应略高于试模。捣压深度，第一层捣至胶砂高度的 1/2，第二层捣实不超过已捣实底层表面。当装胶砂和捣压时，用手扶稳试模，不要使其移动。

④ 捣压完毕，取下模套，用小刀由中间向边缘分两次将高出截锥圆模的胶砂刮去并抹平，擦去落在桌面上的胶砂。将截锥圆模垂直向上轻轻提起。立刻开动跳桌，在（25±1）s 内完成 25 次跳动。

⑤ 跳动完毕，用卡尺测量胶砂底面互相垂直的两个方向直径，计算平均值，取整数，以“mm”为单位表示，即为该水量的水泥胶砂流动度。流动度试验从胶砂加水开始到测量扩散直径结束，应在 6 min 内完成。

（3）当试验胶砂流动度达到对比胶砂流动度（$L_0$）的±2 mm 时，记录此时的加水量 $L_1$（mL）；当试验胶砂流动度超出对比胶砂流动度（$L_0$）的±2 mm 时，重新调整加水量，直至试验胶砂流动度达到对比胶砂流动度（$L_0$）的±2 mm 为止。

#### 2.2.3.5　试验结果

需水量比按式（2-17）计算（精确至 1%）：

$$X=\frac{m}{125}\times 100\% \tag{2-17}$$

式中：$X$——需水量比，%；

$m$——试验胶砂流动度超出对比胶砂流动度（$L_0$）的±2 mm 时的加水量，g；

125——对比胶砂的加水量，g。

### 2.2.4　粉煤灰活性指数检测

#### 2.2.4.1　环境要求及试验依据

1）环境要求

实验室环境：温度为（20±2）℃，相对湿度不低于 50%。

水泥试样、拌和水、仪器和用具：温度应与实验室内温度一致。

试样带模养护的养护箱或雾室：温度为（20±1）℃，相对湿度不低于 90%。

试样养护池：水养用养护水池（带篦子）的材料不应与水泥发生反应；温度应为（20±1）℃。

2）试验依据

现行国家标准《用于水泥和混凝土中的粉煤灰》（GB/T 1596）；

现行国家标准《水泥胶砂强度检验方法（ISO 法）》（GB/ T 17671）。

#### 2.2.4.2　主要仪器设备

水泥胶砂搅拌机：应符合现行行业标准《行星式水泥胶砂搅拌机》（JC/T 681）的要求。

试模：由 3 个水平试模槽组成，可同时成型 3 条截面为 40 mm×40 mm×160 mm 的棱形试体，其材质和尺寸应符合现行行业标准《水泥胶砂试模》（JC/T 726）的要求。在组装备用的干净模型时，应用黄干油等密封材料涂覆模型的外接缝。试模的内表面应涂上一薄层模型油或机油。在成型操作时，应在试模上面加上一个壁高 20 mm 的金属模套。

长短各一个播料器和一把金属刮平尺。

振实台：应符合现行行业标准《水泥胶砂试体成型振实台》（JC/T 682）的要求。振实台应安装在高度约为 400 mm 的混凝土基座上。混凝土基座体积应大于 0.25 $m^3$，质量应大于 600 kg。将振实台用地脚螺丝固定在基座上，安装后台盘呈水平状态，振实台底座与基座之间要铺一层胶砂以保证它们完全接触。

抗压强度试验机：精度不大于±1%，并具有 2 400 N/s 速率的加荷能力。

水泥抗压夹具：应符合现行行业标准《40 mm×40 mm 水泥抗压夹具》（JC/T 683）的规定，且受压面积为 40 mm×40 mm。

量筒或定滴管：精度为±0.5 mL。

天平：最大称量不小于 1 000 g，分度值不大于 1 g。

#### 2.2.4.3 样品制备

对比水泥：符合现行国家标准《强度检验用水泥标准样品》（GSB 14—1510）的规定，或符合现行国家标准《通用硅酸盐水泥》（GB 175）规定的强度等级为 42.5 的硅酸盐水泥或普通硅酸盐水泥且按 125 mL 试验用水配制的对比胶砂流动度在 145～155 mm。

标准砂：符合现行国家标准《中国标准 ISO 标准砂》（GSB 08—1337）的规定。

水：洁净的淡水。

对比胶砂和试验胶砂配合比按表 2-9 进行。

**表 2-9 对比胶砂和试验胶砂配合比** 单位：g

| 胶砂种类 | 对比水泥 | 粉煤灰 | 标准砂 | 水 |
|---|---|---|---|---|
| 对比胶砂 | 450 | — | 1 350 | 225 |
| 试验胶砂 | 315 | 135 | 1 350 | 225 |

#### 2.2.4.4 试验步骤

（1）试验前先检查水泥胶砂搅拌机、水泥胶砂振实台是否正常运转。用湿抹布擦拭搅拌锅及叶片。根据胶砂配比称量水、对比水泥、粉煤灰及标准砂。将水加入锅中，再加入对比水泥（混合均匀的水泥与粉煤灰），把锅放在固定架上，上升至固定位置。立即开动机器，低速搅拌 30 s 后，在第二个 30 s 开始的同时均匀地将砂子加入（当各级砂是分装时，从最粗粒级开始，依次加完），机器转至高速再搅拌 30 s。停止搅拌 90 s，在第一个 15 s 内用一胶皮刮具将叶片和锅壁上的胶砂刮入锅中间。在高速下继续搅拌 60 s 后成型。各个搅拌阶段，时间误差应在±1 s 以内。

（2）试验胶砂与对比胶砂制备完毕后，立即进行试件的成型。将空试模和模套固定在振实台上，用一个适当的勺子直接将胶砂分两层装入试模，装第一层时，每个槽里约放 300 g 胶砂，用大播料器垂直架在模套顶部沿每个模槽来回一次将料层播平，接着振实 60 次。再装入第二层胶砂，用小播料器播平，再振实 60 次，移走模套，从振实台上取下试模，用一金属直尺以近似 90°的角度架在试模模顶的一端，然后沿试模长度方向以横向锯割动作慢慢向另一端移动，一次将超过试模部分的胶砂刮去，并用同一把直尺在近乎水平的情况下将试体表面抹平。

（3）在试模上做标记或加字条标明试件编号、各试件相对于振实台的位置。

（4）去掉留在模子四周的胶砂。立即将做好标记的试模放入湿气养护箱的水平架子上养护，湿空气应能与试模的各边接触。一直养护到规定的脱模时间时取出脱模。脱模前，用防水墨汁对试体进行编号和做其他标记。

（5）脱模。在成型后 20～24 h 脱模。当经过 24 h 养护，会因脱模对强度造成损害时，可以延迟至 24 h 以后脱模，但在试验报告中应予以说明。

（6）将做好标记的试件立即竖直放在（20±1）℃水中的篦子上养护，彼此之间保持一定的间距，以使水与试件的 6 个面接触。养护期间试件之间间隔或试件上表面的水深不得小于 5 mm。养护期间只许加水保持适当水位，不允许全部换水。每个养护池只养护同类型的水泥试件。任何到龄期的试体应在破型前 15 min 从水中取出，擦去试体表面沉积物，并用湿布覆盖至试验为止。

（7）养护至 28 d 龄期进行抗压强度测定，将经抗折试验折断的半截棱柱体放入抗压夹具，并保证半截棱柱体中心与试验机压板的中心差在±0.5 mm 内，棱柱体露出抗压夹具压板的部分约为 10 mm。在整个加荷过程中，以（2 400±200）N/s 的速率均匀地加荷直至破坏。

#### 2.2.4.5　试验结果

抗压强度 $R_c$ 用 MPa 表示，按式（2-18）计算：

$$R_c = \frac{F_c}{A} \tag{2-18}$$

式中：$R_c$——胶砂试件的抗压强度值，MPa；

$F_c$——破坏时的最大荷载，N；

$A$——受压部分面积，$mm^2$。

以一组 3 个棱柱体上得到的 6 个抗压强度测定值的平均值作为试验结果。当 6 个测定值中有 1 个超出 6 个平均值的±10%时，剔除这个结果，再以剩下 5 个的平均值为结果。当 5 个测定值中再有超过它们平均值的±10%时，则此组结果作废。当 6 个测定值中同时有 2 个或 2 个以上超出平均值的±10%时，则此组结果作废。单个抗压强度结果精确至 0.1 MPa，算术平均值精确至 0.1 MPa。

28d 强度活性指数按式（2-19）计算（精确至 1%）：

$$H_{28} = \frac{R_{28}}{R_0} \times 100\% \tag{2-19}$$

式中：$H_{28}$——28d 强度活性指数，%；

$R_{28}$——试验胶砂 28 d 抗压强度，MPa；

$R_0$——对比胶砂 28 d 抗压强度，MPa。

## 2.3　矿　渣　粉

矿渣粉是粒化高炉磨细矿渣粉的简称，是高炉炼铁得到的废渣（以硅铝酸钙为主的熔融物），淬冷成粒后掺入少量石膏磨成比表面积为 420～480 $m^2/kg$ 的粉体。矿渣粉中含有大量的 CaO（35%～48%），并含有活性 $SiO_2$ 和 $Al_2O_3$，具有潜在水硬性。与硅酸盐水泥熟料的化学组成相比，因在 $CaO$-$SiO_2$-$Al_2O_3$ 系统中，矿渣粉 CaO 的含量要低一些，自身无独立水硬性，若在 $Na_2O$、$K_2O$ 等碱金属化合物激化下会产生强烈的水化作用，形成坚硬固体。现行国家标准可分为 S75、S95 和 S105 3 个等级，主要按矿渣粉的比表面积和活性指数两个指标进行分级。

矿渣粉活性比粉煤灰高，耐侵蚀性好，作为水泥和混凝土的优质外掺料，掺入后可降低水化热，提高抗化学侵蚀能力，适用于大体积混凝土和海工混凝土等。

矿渣粉的技术指标包括密度、比表面积、活性指数、流动度比、初凝时间比、含水量、三氧化硫含量、氯离子含量、烧失量（掺有石膏时）、玻璃体含量和放射性（表 2-10）。

**表 2-10　矿渣粉的技术要求**

| 项目 | | 级别 | | |
|---|---|---|---|---|
| | | S105 | S95 | S75 |
| 密度/（$g/cm^3$） | | ≥2.8 | | |
| 比表面积/（$m^2/kg$） | | ≥500 | ≥400 | ≥300 |
| 活性指数/% | 7 d | ≥95 | ≥70 | ≥55 |
| | 28 d | ≥105 | ≥95 | ≥75 |
| 流动度比/% | | ≥95 | | |
| 初凝时间比/% | | ≤200 | | |
| 含水量（质量分数）/% | | ≤1.0 | | |
| 三氧化硫含量（质量分数）/% | | ≤4.0 | | |
| 氯离子含量（质量分数）/% | | ≤0.06 | | |
| 烧失量（质量分数）/% | | ≤1.0 | | |
| 不溶物（质量分数）/% | | ≤3.0 | | |
| 玻璃体含量（质量分数）/% | | ≥85 | | |
| 放射性 | | $I_{Ra}$≤1.0 且 $I_r$≤1.0 | | |

### 2.3.1　矿渣粉比表面积检测

#### 2.3.1.1　环境要求及试验依据

1）环境要求

相对湿度不大于 50%。

2）试验依据

现行国家标准《水泥比表面积测定方法　勃氏法》（GB/T 8074）。

#### 2.3.1.2　主要仪器设备

透气仪：由透气圆筒、压力计、抽气装置 3 部分组成，应符合现行行业标准《勃氏透气仪》（JC/T 956）的要求。

滤纸：中速定量滤纸，应符合现行国家标准《化学分析滤纸》（GB/T 1914）的要求。

天平：分度值不大于 0.001 g。

秒表：精确至 0.5 s。

电热鼓风干燥箱：控制温度灵敏度为±1℃。

压力计液体：采用带有颜色的蒸馏水或直接采用无色蒸馏水。

标准水泥样品：符合《水泥细度萤石粉标准样品（80μm 筛余和比表面积）》（GSB 08—2184）、《水泥细度用萤石粉标准样品（45μm 筛余和比表面积）》（GSB 08—2185）或相同等级的标准物质。水泥样品按现行国家标准《水泥取样方法》（GB 12573）进行取样，先通过 0.9 mm 的方孔筛在（110±5）℃烘干 1 h，并在干燥器中冷却至室温。

汞：分析纯汞。

仪器校准：

（1）漏气检查：将透气圆筒上口用橡皮塞塞紧，接到压力计上。用抽气装置从压力计一臂中抽出部分气体，关闭阀门，观察是否漏气，若漏气应用油脂加以密封。

（2）试料层体积测定：用一直径比透气筒略小的细长棒将两片滤纸按入透气筒内，并将滤纸平整放在穿孔板上。然后在圆筒内装满水银，用一小块玻璃板轻压水银表面，使水银面与圆筒口平齐，并赶走玻璃板和水银面间的气泡。从圆筒中倒出水银，称量，精确至 0.05 g。重复几次测定，直到数值基本不变为止。从圆筒中取出滤纸，约装入3.3 g 的水泥，并用捣器均匀捣实水泥层，直至捣器的支持环紧紧接触圆筒顶边并旋转两周，慢慢取出捣器。再在圆筒内装满水银，同上进行压平及去气泡后，倒出水银并称量，重复几次测定，直到称量值相差小于 50 mg。按式（2-20）计算试料层体积：

$$V = (P_1 - P_2) / \rho_{水银} \tag{2-20}$$

式中：$V$ ——试料层体积，$cm^3$；

$P_1$ ——未装水泥时，充满圆筒的水银质量，g；

$P_2$ ——装水泥后，充满圆筒的水银质量，g；

$\rho_{水银}$ ——试验温度下的水银密度，$g/cm^3$。

试样层的体积测定至少应进行两次，取两次之差不超过 0.005 $cm^3$ 的平均值。

#### 2.3.1.3 样品制备

按现行国家标准《水泥密度测定方法》（GB/T 208）测定矿渣粉密度，备用。

#### 2.3.1.4 试验步骤

1）空隙率（$\varepsilon$）的确定

P·Ⅰ型、P·Ⅱ型水泥的空隙率采用 0.500±0.005，矿渣粉的空隙率通常选用 0.530±0.005。

当按上述空隙率不能将试样压至第 3 条规定的位置时，则允许改变空隙率。

空隙率的调整以 2 000 g 砝码将试样压实至第 3 条规定的位置为准。

2）确定试样量

试样量按式（2-21）计算：

$$m = \rho V(1 - \varepsilon) \tag{2-21}$$

式中：$m$ ——需要的试样质量，g；

$\rho$ ——试样密度，$g/cm^3$；

$V$——试样层体积，按现行行业标准《勃氏透气仪》（JC/T 956）测定，$cm^3$；

$\varepsilon$——试料层空隙率，见表2-5。

3）试料层制备

将穿孔板放入透气圆筒的突缘上，用捣棒把一片滤纸放到穿孔板上，边缘放平并压紧。称取按第2）条确定的试样量，精确至0.001 g，倒入圆筒。轻敲圆筒的边，使水泥层表面平坦。再放入一片滤纸，用捣器均匀捣实试料直至捣器的支持环与圆筒顶边接触，并旋转1～2圈，慢慢取出捣器。穿孔板板上的滤纸为$\phi$12.7 mm边缘光滑的圆形滤纸片。每次测定需更新滤纸片。

4）透气试验

把装有试料层的透气圆筒下锥面涂一薄层活塞油脂，然后把它插入压力计顶端锥形磨口处，旋转1～2圈，保证紧密连接不至于漏气，并不振动所制备的试料层。打开微型电磁泵慢慢从压力计一臂中抽出空气，直到压力计内液面上升到扩大部下端时关闭阀门。当压力计内液体的凹月面下降到第一条刻线时开始计时，当液体的凹月面下降到第二条刻线时停止计时，记录液面从第一条刻度线到第二条刻度线所需的时间。以秒记录，并记录下试验时的温度（℃）。每次进行透气试验，应重新制备试料层。

#### 2.3.1.5 试验结果

被测样的比表面积可按本章2.1中式（2-9）计算。比表面积应由两次透气试验结果的平均值确定。当两次试验结果相差2%以上时，应重新试验。计算结果保留至10 $cm^2/g$。当同一样品用手动勃氏透气仪测定的结果与自动勃氏透气仪测定的结果有争议时，以手动勃氏透气仪测定结果为准。

### 2.3.2 矿渣粉流动度比检测

#### 2.3.2.1 环境要求及试验依据

1）环境要求

实验室温度为（20±2）℃，相对湿度不低于50%。

2）试验依据

现行国家标准《用于水泥、砂浆和混凝土中的粒化高炉矿渣粉》（GB/T 18046）、《水泥胶砂流动度测定方法》（GB/T 2419）。

#### 2.3.2.2 主要仪器设备

水泥胶砂搅拌机：应符合现行行业标准《行星式水泥胶砂搅拌机》（JC/T 681）的要求。

水泥胶砂流动度测定仪（简称跳桌）：应符合现行国家标准《水泥胶砂流动度测定方法》（GB/T 2419）的要求。

试模：用金属材料制成，由截锥圆模和模套组成。截锥圆模内壁应光滑，高度（60±0.5）mm；上口内径（70±0.5）mm；下口内径（100±0.5）mm；下口外径120 mm；模壁厚大于5 mm。模套与截锥圆模配合使用。

捣棒：用金属材料制成，直径为（20±0.5）mm，长度约为200 mm。捣棒底面与侧面成直角，其下部光滑，上部手柄滚花。

卡尺：量程不小于300 mm，分度值不大于0.5 mm。

小刀：刀口平直，长度大于80 mm。

天平：最大称量不小于1 000 g，分度值不大于1 g。

#### 2.3.2.3 样品制备

对比水泥：应符合现行国家标准《通用硅酸盐水泥》（GB 175）规定的强度等级为42.5的硅酸盐水泥或普通硅酸盐的要求，且3 d抗压强度为25～35 MPa，7 d抗压强度为35～45 MPa，28 d抗压强度为50～60 MPa，比表面积为300～400 $m^2/kg$，$SO_3$含量（质量分数）为2.3%～2.8%，碱含量（$Na_2O$+0.658 $K_2O$，质量分数）为0.5%～0.9%。

标准砂：符合现行国家标准《水泥胶砂强度检验方法（ISO法）》（GB/T 17671）规定的中国ISO标准砂。

测定矿渣粉流动度比及活性指数对比胶砂和试验胶砂配比按表2-11进行。

**表2-11 矿渣粉流动度比及活性指数对比胶砂和试验胶砂配比** 单位：g

| 胶砂种类 | 对比水泥 | 矿渣粉 | 标准砂 | 水 |
|---|---|---|---|---|
| 对比胶砂 | 450 | — | 1 350 | 225 |
| 试验胶砂 | 225 | 225 | 1 350 | 225 |

#### 2.3.2.4 试验步骤

（1）胶砂配比按照表2-11进行，对比胶砂和试验胶砂按以下步骤进行搅拌：

用湿抹布擦拭搅拌锅及叶片。根据胶砂配比称量水、对比水泥、粉煤灰及中级砂，将水加入锅中，再加入对比水泥（混合均匀的水泥与粉煤灰），把锅放在固定架上，上升至固定位置。立即开动机器，低速搅拌30 s后，在第二个30 s开始的同时均匀地将砂加入，机器转至高速再搅拌30 s。停拌90 s，在第一个15 s内用一胶皮刮具将叶片和锅壁上的胶砂刮入锅中间。在高速下继续搅拌60 s后成型。各个搅拌阶段，时间误差应在±1 s以内。

（2）搅拌后的对比胶砂与试验胶砂按照以下步骤测定流动度：

① 在试验前先将跳桌进行空转，以检验各部位是否正常。

② 在制备胶砂的同时用潮湿棉布擦拭跳桌台面、试模内壁、捣棒以及与胶砂接触的用具，将试模放在跳桌台面中央并用潮湿棉布覆盖。

③ 将拌好的胶砂分两层迅速装入流动试模，第一层装至截锥圆模高度约2/3处，用小刀在相互垂直的两个方向各划5次，用捣棒由边缘至中心均匀捣压15次，随后装第二层胶砂，装至高出截锥圆模约20 mm，用小刀在相互垂直的两个方向各划5次，再用捣棒由边缘至中心均匀捣压10次。捣压后胶砂应略高于试模。捣压深度，第一层捣至胶砂高度的1/2，第二层捣实不超过已捣实底层表面。装胶砂和捣压时，用手扶稳试模，不要使其移动。

④ 捣压完毕，取下模套，用小刀由中间向边缘分两次将高出截锥圆模的胶砂刮去并

抹平，擦去落在桌面上的胶砂。将截锥圆模垂直向上轻轻提起。立刻开动跳桌，在（25±1）s 内完成 25 次跳动。

⑤ 跳动完毕，用卡尺测量胶砂底面互相垂直的两个方向直径，计算平均值，取整数，以“mm”为单位表示，即为该水量的水泥胶砂流动度。流动度试验从胶砂加水开始到测量扩散直径结束，应在 6 min 内完成。

⑥ 按照以上程序完成对比胶砂与试验胶砂的胶砂流动度的测定。

#### 2.3.2.5 试验结果

矿渣粉的流动度比按式（2-22）计算（精确至 1%）：

$$F = \frac{L}{L_m} \times 100\% \tag{2-22}$$

式中：$F$——矿渣粉流动度比，%；

$L$——试验胶砂流动度，mm；

$L_m$——对比胶砂流动度，mm。

### 2.3.3 矿渣粉活性指数检测

#### 2.3.3.1 环境要求及试验依据

1）环境要求

实验室环境：温度为（20±2）℃，相对湿度不低于 50%。

水泥试样、拌和水、仪器和用具：温度应与实验室内温度一致。

试样带模养护的养护箱或雾室：温度为（20±1）℃，相对湿度不低于 90%。

试样养护池：水养用养护水池（带篦子）的材料不应与水泥发生反应；温度应为（20±1）℃。

2）试验依据

现行国家标准《用于水泥、砂浆和混凝土中的粒化高炉矿渣粉》（GB/T 18046）；

现行国家标准《水泥胶砂强度检验方法（ISO 法）》（GB/ T 17671）。

#### 2.3.3.2 主要仪器设备

水泥胶砂搅拌机：应符合现行行业标准《行星式水泥胶砂搅拌机》（JC/T 681）的要求。

试模：由 3 个水平试模槽组成，可同时成型 3 条截面为 40 mm×40 mm×160 mm 的棱形试体，其材质和尺寸应符合现行行业标准《水泥胶砂试模》（JC/T 726）的要求。在组装备用的干净模型时，应用黄干油等密封材料涂覆模型的外接缝。试模的内表面应涂上一薄层模型油或机油。成型操作时，应在试模上面加一个壁高 20 mm 的金属模套。

长短各一个播料器和一把金属刮平尺。

振实台：应符合现行行业标准《水泥胶砂试体成型振实台》（JC/T 682）的要求。振实台应安装在高度约为 400 mm 的混凝土基座上。混凝土基座体积应大于 0.25 $m^3$，质量应大于 600 kg。将振实台用地脚螺丝固定在基座上，安装后台盘呈水平状态，振实台底座与基座之间要铺一层胶砂以确保它们的完全接触。

抗压强度试验机：精度不大于±1%，并具有2 400 N/s速率的加荷能力。

水泥抗压夹具：应符合现行行业标准《40 mm×40 mm水泥抗压夹具》（JC/T 683）的规定，且受压面积为40 mm×40 mm。

量筒或定滴管：精度为±0.5 mL。

天平：最大称量不小于1 000 g，分度值不大于1 g。

#### 2.3.3.3 样品制备

对比水泥：应符合现行国家标准《通用硅酸盐水泥》（GB 175）规定的强度等级为42.5的硅酸盐水泥或普通硅酸盐的要求，且3 d抗压强度为25～35 MPa，7 d抗压强度为35～45 MPa，28 d抗压强度为50～60 MPa，比表面积为300～400 $m^2/kg$，$SO_3$含量（质量分数）为2.3%～2.8%，碱含量（$Na_2O$+0.658 $K_2O$，质量分数）为0.5%～0.9%。

标准砂：符合现行国家标准《水泥胶砂强度检验方法（ISO法）》（GB/T 17671）规定的中国ISO标准砂。

测定矿渣粉流动度比及活性指数对比胶砂和试验胶砂配比按表2-11进行。

#### 2.3.3.4 试验步骤

（1）试验前先检查水泥胶砂搅拌机、水泥胶砂振实台是否正常运转。用湿抹布擦拭搅拌锅及叶片。根据胶砂配比称量水、对比水泥、粉煤灰及标准砂。将水加入锅中，再加入对比水泥（混合均匀的水泥与粉煤灰），把锅放在固定架上，上升至固定位置。立即开动机器，低速搅拌30 s后，在第二个30 s开始的同时均匀地将砂子加入（当各级砂是分装时，从最粗粒级开始，依次加完），机器转至高速再搅拌30 s。停止搅拌90 s，在第一个15 s内用一胶皮刮具将叶片和锅壁上的胶砂刮入锅中间。在高速下继续搅拌60 s后成型。各个搅拌阶段，时间误差应在±1 s以内。

（2）试验胶砂与对比胶砂制备完毕后，立即进行试件的成型。将空试模和模套固定在振实台上，用一个适当的勺子直接将胶砂分两层装入试模，装第一层时，在每个槽里约放入300 g胶砂，用大播料器垂直架在模套顶部沿每个模槽来回一次将料层播平，接着振实60次。装入第二层胶砂时，用小播料器播平，再振实60次，移走模套，从振实台上取下试模，用一把金属直尺以近似90°的角度架在试模模顶的一端，然后沿试模长度方向以横向锯割动作慢慢向另一端移动，一次将超过试模部分的胶砂刮去，并用同一把直尺在近乎水平的情况下将试体表面抹平。

（3）在试模上做标记或加字条标明试件编号、各试件相对于振实台的位置。

（4）去掉留在模子四周的胶砂。立即将做好标记的试模放入湿气养护箱的水平架子上养护，湿空气应能与试模的各边接触。一直养护到规定的脱模时间时取出脱模。脱模前，用防水墨汁对试体进行编号和做其他标记。

（5）脱模。在成型后20～24 h脱模。当经过24 h养护，会因脱模对强度造成损害时，可以延迟至24 h以后脱模，但在试验报告中应予以说明。

（6）将做好标记的试件立即竖直放在（20±1）℃水中的篦子上养护，彼此之间保持一定的间距，以使水与试件的 6 个面接触。养护期间试件间隔或试件上表面的水深不得小于 5 mm。养护期间只许加水保持适当水位，不允许全部换水。每个养护池只养护同类型的水泥试件。任何到龄期的试体应在破型前 15 min 从水中取出，擦去试体表面沉积物，并用湿布覆盖至试验为止。

（7）养护至 28 d 龄期进行抗压强度测定，将经抗折试验折断的半截棱柱体放入抗压夹具，并保证半截棱柱体中心与试验机压板的中心差在±0.5 mm 内，棱柱体露出抗压夹具压板的部分约为 10 mm。在整个加荷过程中，以（2 400±200）N/s 的速率均匀地加荷直至破坏。

#### 2.3.3.5　试验结果

抗压强度 $R_c$ 以牛顿每平方毫米（MPa）表示，按式（2-23）计算：

$$R_c = \frac{F_c}{A} \tag{2-23}$$

式中：$R_c$——胶砂试件的抗压强度值，MPa；

$F_c$——破坏时的最大荷载，N；

$A$——受压部分面积，$mm^2$。

以一组 3 个棱柱体上得到的 6 个抗压强度测定值的平均值作为试验结果。当 6 个测定值中有 1 个超出 6 个平均值的±10%时，剔除这个结果，再以剩下 5 个的平均值作为结果。当 5 个测定值中再有超过它们平均值的±10%时，则此组结果作废。当 6 个测定值中同时有 2 个或 2 个以上超出平均值的±10%时，则此组结果作废。单个抗压强度结果精确至 0.1 MPa，算术平均值精确至 0.1 MPa。

7 d 强度活性指数按式（2-24）计算（精确至 1%）：

$$A_7 = \frac{R_7}{R_{07}} \times 100\% \tag{2-24}$$

式中：$A_7$——7 d 强度活性指数，%；

$R_7$——试验胶砂 7 d 抗压强度，MPa；

$R_{07}$——对比胶砂 7 d 抗压强度，MPa。

28 d 强度活性指数按式（2-25）计算（精确至 1%）：

$$A_{28} = \frac{R_{28}}{R_0} \times 100\% \tag{2-25}$$

式中：$A_{28}$——28 d 强度活性指数，%；

$R_{28}$——试验胶砂 28 d 抗压强度，MPa；

$R_0$——对比胶砂 28 d 抗压强度，MPa。

### 2.3.4　矿渣粉氯离子含量检测

产品标准为现行国家标准《用于水泥、砂浆和混凝土中的粒化高炉矿渣粉》（GB/T 18046），试验按照现行国家标准《水泥化学分析方法》（GB/T 176）规定的方法进行，见本书 2.1.6。

# 2.4 石灰石粉

石灰石粉是指将石灰石粉磨至一定细度的粉体或石灰石机制砂生产过程中产生的收尘粉，石灰石粉的化学组成比较简单，主要成分是CaO，含有少量的$SiO_2$、MgO、$Al_2O_3$、$Fe_2O_3$、$K_2O$、$Na_2O$及$SO_3$等多种成分，此外，烧失量达40%以上。由于$SiO_2$的含量很少，所以石灰石粉的胶凝性能较差。但是，由于CaO含量较高，它可以促进硅酸盐的水化和各种铝酸盐反应，因此，石灰石粉并非完全是一种惰性材料，它具有一定的化学活性。石灰石粉的矿物成分是结晶度较高的方解石矿物（$CaCO_3$结晶体），含量达90%以上。方解石矿物的晶体形状多种多样，它们的集合体可以是一簇簇的晶体，也可以是粒状、块状、纤维状、钟乳状、土状等。方解石的活性不高，从而导致石灰石粉的活性偏低。

**表2-12 石灰石粉的技术要求**

| 项目 | | 技术指标 |
|---|---|---|
| 亚甲蓝（MB）值/（g/kg） | Ⅰ级 | 不大于0.5 |
| | Ⅱ级 | 不大于1.0 |
| | Ⅲ级 | 不大于1.4 |
| 45 μm方孔筛筛余/% | A型 | 不大于15 |
| | B型 | 不大于45 |
| 抗压强度比/% | 7 d | 不小于60 |
| | 28 d | 不小于60 |
| 流动度比/% | | 不小于95 |
| 碳酸钙含量/% | | 不小于75 |
| 含水量/% | | 不大于1.0 |
| 总有机碳含量（TOC）/% | | 不大于0.5 |

示例：石灰石粉的MB值为0.8，45 μm方孔筛筛余为12%，则石灰石粉的分级代号为LⅡA。

石灰石粉的技术指标包括亚甲蓝（MB）值、45 μm方孔筛筛余、流动度比、碳酸钙含量、抗压强度比、含水量、总有机碳含量（TOC）、（表2-12）。

用于水泥、砂浆和混凝土的石灰石粉用“L”表示，石灰石粉MB值和45 μm方孔筛筛余分别分级：按MB值分为三个等级：Ⅰ级、Ⅱ级、Ⅲ级；按45 μm方孔筛筛余分为A型和B型。

## 2.4.1 石灰石粉细度检测

### 2.4.1.1 环境要求及试验依据

1）环境要求

实验室环境：室温。

2）试验依据

现行国家标准《用于水泥、砂浆和混凝土中的石灰石粉》（GB/T 35164）、《水泥细度检验方法筛析法》（GB/T 1345）。

#### 2.4.1.2 主要仪器设备

方孔筛：孔径为 45 μm。

冲洗喷头：水压为（0.05±0.02）MPa。

天平：最大称量不小于 50 g，分度值不大于 0.01 g。

电热鼓风干燥箱：控制温度灵敏度为±1℃。

#### 2.4.1.3 样品制备

称取烘干样品 10 g，精确至 0.01 g。

#### 2.4.1.4 试验步骤

（1）筛析试验前，应检查水中无泥、砂，调整好水压和水筛架的位置，使其能正常运转，并控制喷头底面和筛网间距为 35～75 mm。

（2）称取试样精确至 0.01 g，置于洁净的水筛中，立即用淡水冲洗至大部分细粉通过后，放在水筛架上，用水压为（0.05±0.02）MPa 的喷头连续冲洗 3 min。筛毕，用少量水把筛余物冲至蒸发皿中，等试样颗粒全部沉淀后，小心倒出清水，烘干并用天平称量全部筛余物。

#### 2.4.1.5 试验结果

石灰石粉细度按式（2-26）计算（精确至 0.1%）：

$$F = K \times \left(\frac{G_1}{G}\right) \times 100\% \tag{2-26}$$

式中：$F$——45 μm 方孔筛筛余，%；

$G_1$——筛余物的质量，g；

$G$——称取试样的质量，g；

$K$——筛网校正系数。

筛网的校正：采用石灰石粉细度标准样品或水泥细度标准样品，按上述试验步骤测定标准样品的细度，筛网校正系数按式（2-27）计算（精确至 0.01）：

$$K = \frac{m_0}{m} \tag{2-27}$$

式中：$K$——筛网校正系数；

$m_0$——标准样品筛余标准值，%；

$m$——标准样品筛余实测值，%。

注：① 筛网校正系数范围为 0.80～1.20，若超出此范围，则该筛网报废；②筛析 100 个样品后进行筛网的校正。

### 2.4.2 石灰石粉亚甲蓝（MB）值检测

#### 2.4.2.1 环境要求及试验依据

1）环境要求

实验室环境：室温。

2）试验依据

现行国家标准《用于水泥、砂浆和混凝土中的石灰石粉》（GB/T 35164）。

#### 2.4.2.2 主要仪器设备

烘箱：温度控制范围为（105±5）℃。

天平：量程不小于 1 000 g，分度值不大于 0.1 g；量程不小于 100 g，分度值不大于 0.01 g。

移液管：容量分别为 5 mL、2 mL。

搅拌器：搅拌器应为三片或四片式转速可调的叶轮搅拌器，最高转速应达到（600±60）r/min，直径应为（75±10）mm。

秒表：分度值不大于 1 s。

玻璃容量瓶：容量为 1 L。

滤纸：快速定量滤纸。

烧杯：容量为 1 000 mL。

亚甲蓝溶液：

（1）将亚甲蓝粉末（分析纯）在（105±5）℃温度下烘干至恒重，放入干燥器中冷却至室温备用。

（2）称取烘干后的亚甲蓝粉末 10 g，精确至 0.01 g。

（3）在烧杯中约注入 600 mL 蒸馏水，加温到 35～40℃。将亚甲蓝粉末倒入烧杯中，用搅拌器持续搅拌 40 min，直至粉末完全溶解，并冷却至室温。

（4）将溶液倒入 1 L 容量瓶中，用蒸馏水淋洗烧杯等，使所有亚甲蓝溶液全部移入容量瓶，加蒸馏水至容量瓶 1 L 刻度。振荡容量瓶以保证亚甲蓝粉末完全溶解。

（5）将容量瓶中的溶液移入深色储藏瓶中，避光保存。在瓶上标明制备日期、失效日期（亚甲蓝溶液保质期不宜超过 28 d）。

#### 2.4.2.3 样品制备

石灰石粉样品缩分至 200 g，粉磨至比表面积达到 500 $m^2$/kg。在烘箱中于（105±5）℃下烘干至恒重，冷却至室温。

#### 2.4.2.4 试验步骤

（1）称取 50 g 石灰石粉样品，精确至 0.1 g。将样品倒入盛有（500±5）mL 蒸馏水的烧杯中，用搅拌器以（600±60）r/min 的转速搅拌 5 min，形成悬浮液，然后以（400±40）r/min 的转速持续搅拌，直至试验结束。

（2）在悬浮液中用 5 mL 移液管加入 5 mL 亚甲蓝溶液，搅拌器以（400±40）r/min 的转速至少搅拌 1 min 后，用玻璃棒蘸取一滴悬浮液，滴于滤纸上，也称为蘸染试验。所取悬浮液滴应使沉淀物直径为 8～12 mm。滤纸置于空烧杯杯口或其他合适的支撑物上，滤纸表面不与任何其他物质接触。若滤纸上的沉淀物周围未出现色晕，再加入 5 mL 亚甲蓝溶液，继续搅拌 1 min，再用玻璃棒蘸取一滴悬浮液，滴于滤纸上。若沉淀物周围仍未出现色晕，重复上述步骤，直至沉淀物周围出现约 1 mm 宽的稳定浅蓝色晕。

（3）继续搅拌，不再加入亚甲蓝溶液，用秒表计时，每 1 min 用玻璃棒蘸取一滴悬浮液，滴于滤纸上。若色晕在 4 min 内消失，再加入 5 mL 亚甲蓝溶液；若色晕在第 5 min 消失，再用 2 mL 移液管加入 2 mL 亚甲蓝溶液。在上述两种情况下，均应继续进行搅拌，并用玻璃棒蘸取一滴悬浮液滴于滤纸上观察色晕，直至色晕可持续 5 min。

#### 2.4.2.5 试验结果

石灰石粉的 MB 值按式（2-28）计算（精确至 0.01 g/kg）：

$$\mathrm{MB}=\frac{V\times 10\times 0.25}{G} \tag{2-28}$$

式中：MB——石灰石粉的亚甲蓝值，g/kg；

$V$——所加入亚甲蓝溶液的总量，mL；

$G$——石灰石粉样品质量，g；

10——用于将每千克样品亚甲蓝溶液体积换算成亚甲蓝质量的系数；

0.25——换算系数。

### 2.4.3 石灰石粉流动度比检测

#### 2.4.3.1 环境要求及试验依据

1）环境要求

实验室温度为（20±2）℃，相对湿度不低于 50%。

2）试验依据

现行国家标准《用于水泥、砂浆和混凝土中的石灰石粉》（GB/T 35164）。

现行国家标准《水泥胶砂流动度测定方法》（GB/T 2419）。

#### 2.4.3.2 主要仪器设备

水泥胶砂搅拌机：应符合现行行业标准《行星式水泥胶砂搅拌机》（JC/T 681）的要求。

水泥胶砂流动度测定仪（简称跳桌）：应符合现行国家标准《水泥胶砂流动度测定方法》（GB/T 2419）的要求。

试模：用金属材料制成，由截锥圆模和模套组成。截锥圆模内壁应光滑，高度（60±0.5）mm；上口内径（70±0.5）mm；下口内径（100±0.5）mm；下口外径 120 mm；模壁厚大于 5 mm。模套与截锥圆模配合使用。

捣棒：用金属材料制成，直径为（20±0.5）mm，长度约 200 mm。捣棒底面与侧面成直角，其下部光滑，上部手柄滚花。

卡尺：量程不小于 300 mm，分度值不大于 0.5 mm。

小刀：刀口平直，长度大于 80 mm。

天平：最大称量不小于 1 000 g，分度值不大于 1 g。

#### 2.4.3.3 样品制备

对比水泥：应符合现行国家标准《通用硅酸盐水泥》（GB 175）规定的强度等级为 42.5 的硅酸盐水泥或普通硅酸盐的要求，且 3 d 抗压强度为 25～35 MPa，7 d 抗压强度为 35～45 MPa，28 d 抗压强度为 50～60 MPa，比表面积为 300～400 $m^2/kg$，$SO_3$ 含量（质量分数）为 2.3%～2.8%，碱含量（$Na_2O$+0.658 $K_2O$，质量分数）为 0.5%～0.9%。

标准砂：符合现行国家标准《水泥胶砂强度检验方法（ISO 法）》（GB/T 17671）规定的中国 ISO 标准砂。

测定石灰石粉流动度比及活性指数对比胶砂和试验胶砂配比按表 2-13 进行。

**表 2-13　石灰石粉流动度比及活性指数对比胶砂和试验胶砂配比**　　单位：g

| 胶砂种类 | 对比水泥 | 石灰石粉 | 标准砂 | 水 |
|---|---|---|---|---|
| 对比胶砂 | 450 | — | 1 350 | 225 |
| 试验胶砂 | 315 | 135 | 1 350 | 225 |

#### 2.4.3.4 试验步骤

（1）胶砂配比按照表 2-13 进行，对比胶砂和试验胶砂按以下步骤进行搅拌：

用湿抹布擦拭搅拌锅及叶片。根据胶砂配比称量水、对比水泥、粉煤灰及中级砂，将水加入锅中，再加入对比水泥（混合均匀的水泥与粉煤灰），把锅放在固定架上，上升至固定位置。立即开动机器，低速搅拌 30 s 后，在第二个 30 s 开始的同时均匀地将砂加入，机器转至高速再搅拌 30 s。停止搅拌 90 s，在第一个 15 s 内用一胶皮刮具将叶片和锅壁上的胶砂刮入锅中间。在高速下继续搅拌 60 s 后成型。各个搅拌阶段，时间误差应在±1 s 以内。

（2）搅拌后的对比胶砂与试验胶砂按照以下步骤测定流动度：

① 跳桌在试验前先进行空转，以检验各部位是否正常。

② 在制备胶砂的同时用潮湿棉布擦拭跳桌台面、试模内壁、捣棒以及与胶砂接触的用具，将试模放在跳桌台面中央并用潮湿棉布覆盖。

③ 将拌好的胶砂分两层迅速装入流动试模，第一层装至截锥圆模高度约 2/3 处，用小刀在相互垂直的两个方向各划 5 次，用捣棒由边缘至中心均匀捣压 15 次，随后装第二层胶砂，装至高出截锥圆模约 20 mm，用小刀在相互垂直的两个方向各划 5 次，再用捣棒由边缘至中心均匀捣压 10 次。捣压后胶砂应略高于试模。捣压深度，第一层捣至胶砂高度的 1/2，第二层捣实不超过已捣实底层表面。在装胶砂和捣压时，用手扶稳试模，不要使其移动。

④ 捣压完毕，取下模套，用小刀由中间向边缘分两次将高出截锥圆模的胶砂刮去并抹平，擦去落在桌面上的胶砂。将截锥圆模垂直向上轻轻提起。立刻开动跳桌，在（25±1）s 内完成 25 次跳动。

⑤ 跳动完毕，用卡尺测量胶砂底面互相垂直的两个方向直径，计算平均值，取整数，以“mm”为单位表示，即为该水量的水泥胶砂流动度。流动度试验从胶砂加水开始到测量扩散直径结束，应在 6 min 内完成。

⑥按照以上程序完成对比胶砂与试验胶砂的胶砂流动度的测定。

#### 2.4.3.5 试验结果

石灰石粉的流动度比按式（2-29）计算（精确至 1%）：

$$F = \frac{L}{L_m} \times 100\% \tag{2-29}$$

式中：$F$——石灰石粉流动度比，%；

$L$——试验胶砂流动度，mm；

$L_m$——对比胶砂流动度，mm。

### 2.4.4 石灰石粉抗压强度比检测

#### 2.4.4.1 环境要求及试验依据

1）环境要求

实验室环境：温度为（20±2）℃，相对湿度不低于 50%。

水泥试样、拌和水、仪器和用具：温度应与实验室内温度一致。

试样带模养护的养护箱或雾室：温度为（20±1）℃，相对湿度不低于 90%。

试样养护池：水养用养护水池（带篦子）的材料不应与水泥发生反应；温度应为（20±1）℃。

2）试验依据

现行国家标准《用于水泥、砂浆和混凝土中的石灰石粉》（GB/T 35164）；

现行国家标准《水泥胶砂强度检验方法（ISO 法）》（GB/ T 17671）。

#### 2.4.4.2 主要仪器设备

水泥胶砂搅拌机：应符合现行行业标准《行星式水泥胶砂搅拌机》（JC/T 681）的要求。

试模：由 3 个水平试模槽组成，可同时成型 3 条截面为 40 mm×40 mm×160 mm 的棱形试体，其材质和尺寸应符合现行行业标准《水泥胶砂试模》（JC/T 726）的要求。在组装备用的干净模型时，应用黄干油等密封材料涂覆模型的外接缝。试模的内表面应涂上一薄层模型油或机油。成型操作时，应在试模上面加一个壁高 20 mm 的金属模套。

长短各一个播料器和一把金属刮平尺。

振实台：应符合现行行业标准《水泥胶砂试体成型振实台》（JC/T 682）的要求。振实台应安装在高度约为 400 mm 的混凝土基座上。混凝土基座体积应大于 0.25 $m^3$，质量应大于 600 kg。将振实台用地脚螺丝固定在基座上，安装后台盘呈水平状态，振实台底座与基座之间要铺一层胶砂以保证它们的完全接触。

抗压强度试验机：精度不大于±1%，并具有 2 400 N/s 速率的加荷能力。

水泥抗压夹具：应符合现行行业标准《40 mm×40 mm 水泥抗压夹具》（JC/T 683）的规定，且受压面积为 40 mm×40 mm。

量筒或定滴管：精度为±0.5 mL。

天平：最大称量不小于 1 000 g，分度值不大于 1 g。

#### 2.4.4.3 样品制备

对比水泥：应符合现行国家标准《通用硅酸盐水泥》（GB 175）规定的强度等级为 42.5 的硅酸盐水泥或普通硅酸盐的要求，且 3 d 抗压强度为 25～35 MPa，7 d 抗压强度为 35～45 MPa，28 d 抗压强度为 50～60 MPa，比表面积为 300～400 $m^2/kg$，$SO_3$ 含量（质量分数）为 2.3%～2.8%，碱含量（$Na_2O$+0.658 $K_2O$，质量分数）为 0.5%～0.9%。

标准砂：符合现行国家标准《水泥胶砂强度检验方法（ISO 法）》（GB/T 17671）规定的中国 ISO 标准砂。

测定矿渣粉活性指数，对比胶砂和试验胶砂配比按表 2-13 进行。

#### 2.4.4.4 试验步骤

（1）试验前先检查水泥胶砂搅拌机、水泥胶砂振实台是否能正常运转。用湿抹布擦拭搅拌锅及叶片。根据胶砂配比称量水、对比水泥、矿渣粉及标准砂。将水加入锅中，再加入对比水泥（混合均匀的水泥与石灰石粉），将锅放在固定架上，上升至固定位置。立即开动机器，低速搅拌 30 s 后，在第二个 30 s 开始的同时均匀地将砂子加入（当各级砂是分装时，从最粗粒级开始，依次加完），机器转至高速再搅拌 30 s。停止搅拌 90 s，在第一个 15 s 内用一胶皮刮具将叶片和锅壁上的胶砂刮入锅中间。在高速下继续搅拌 60 s 后成型。各个搅拌阶段，时间误差应在±1 s 以内。

（2）试验胶砂与对比胶砂制备完毕后，立即进行试件的成型。将空试模和模套固定在振实台上，用一个适当的勺子直接将胶砂分两层装入试模，装第一层时，在每个槽里约放入 300 g 胶砂，用大播料器垂直架在模套顶部沿每个模槽来回一次将料层播平，接着振实 60 次。再装入第二层胶砂，用小播料器播平，再振实 60 次，移走模套，从振实台上取下试模，用一金属直尺以近似 90°的角度架在试模模顶的一端，然后沿试模长度方向以横向锯割动作慢慢向另一端移动，一次将超过试模部分的胶砂刮去，并用同一把直尺在近乎水平的情况下将试体表面抹平。

（3）在试模上做标记或加字条标明试件编号、各试件相对于振实台的位置。

（4）去掉留在试模四周的胶砂。立即将做好标记的试模放入湿气养护箱的水平架子上养护，湿空气应能与试模的各边接触。一直养护到规定的脱模时间时取出脱模。脱模前，用防水墨汁对试体进行编号和做其他标记。

（5）在成型后 20～24 h 脱模。当经过 24 h 养护，会因脱模对强度造成损害时，可以延迟至 24 h 以后脱模，并在试验报告中应予以说明。

（6）将做好标记的试件立即竖直放在（20±1）℃水中的篦子上养护，彼此之间保持一定的间距，以让水与试件的 6 个面接触。养护期间试件之间间隔或试件上表面的水深不得小于 5 mm。养护期间只许加水保持适当水位，不允许全部换水。每个养护池只养护同类型的水泥试件。任何到龄期的试体应在破型前 15 min 从水中取出，擦去试体表面沉积物，并用湿布覆盖至试验为止。

（7）养护至 28 d 龄期进行抗压强度测定，将经抗折试验折断的半截棱柱体放入抗压夹具，并保证半截棱柱体中心与试验机压板的中心差在±0.5 mm 内，棱柱体露出抗压夹具压板的部分约为 10 mm。在整个加荷过程中，以（2 400±200）N/s 的速率均匀地加荷直至破坏。

2.4.4.5　试验结果

抗压强度 $R_c$ 以牛顿每平方毫米（MPa）表示，按式（2-30）计算：

$$R_c=\frac{F_c}{A} \tag{2-30}$$

式中：$R_c$——胶砂试件的抗压强度值，MPa；

$F_c$——破坏时的最大荷载，N；

$A$——受压部分面积，$mm^2$。

以一组 3 个棱柱体上得到的 6 个抗压强度测定值的平均值作为试验结果。当 6 个测定值中有 1 个超出 6 个平均值的±10%时，剔除这个结果，再以剩下 5 个的平均值作为结果。当 5 个测定值中再有超过它们平均值的±10%时，则此组结果作废。当 6 个测定值中同时有 2 个或 2 个以上超出平均值的±10%时，则此组结果作废。单个抗压强度结果精确至 0.1 MPa，算术平均值精确至 0.1 MPa。

7 d 强度活性指数按式（2-31）计算（精确至 1%）：

$$A_7=\frac{R_7}{R_{07}}\times 100\% \tag{2-31}$$

式中：$A_7$——7 d 强度活性指数，%；

$R_7$——试验胶砂 7 d 抗压强度，MPa；

$R_{07}$——对比胶砂 7 d 抗压强度，MPa。

28 d 强度活性指数按式（2-32）计算（精确至 1%）：

$$A_{28}=\frac{R_{28}}{R_0}\times 100\% \tag{2-32}$$

式中：$A_{28}$——28 d 强度活性指数，%；

$R_{28}$——试验胶砂 28 d 抗压强度，MPa；

$R_0$——对比胶砂 28 d 抗压强度，MPa。

## 2.5　硅　　灰

硅灰是指在冶炼硅铁合金或工业硅时，通过烟道排出的粉尘，经收集得到的以无定形二氧化硅为主要成分的粉体材料。

硅灰的化学组成相对简单，主要成分是 $SiO_2$，一般占 85%～96%，而且绝大多数是无定形的二氧化硅，是很好的火山灰质材料。由于硅灰在高温、多相、多元素复杂条件下形成，因此，硅灰玻璃体中不可避免地固熔和黏附着其他元素，在回收过程中也混杂了烟气中的炭粒和其他成分。$SiO_2$ 含量对硅灰的性质起着决定性的作用，少量的氧化铁、氧化铝、氧化钙、氧化硫及氧化钠（钾）等对混凝土性能造成负面影响；碳的含量很少超过 2%，烧失量为 1.5%～3%。

与粉煤灰等其他矿物掺合料不同，相同来源的硅灰具有独一无二的特点，或者说优点，即它的化学组成不随时间变化，或者变化很小。这样显然给硅灰在混凝土中的应用带来了便利。

由于硅灰的化学组成除了 $SiO_2$，其他成分很少，因此硅灰的矿物组成也比较简单。采用 X-射线衍射测试分析不同类型的硅灰样品发现，硅灰基本上是以单一硅氧四面体构成的无定形玻璃体结构为主。另外，含有少量的高温型二氧化硅结晶矿物，其他矿物成分少见。偏光显微镜观察报告认为，硅灰中除含少量可见炭粒以外，绝大多数均为非晶态的二氧化硅矿物。大量研究证实，无定形的二氧化硅结构和极细的颗粒粒径是硅灰具有很高火山灰活性的主要原因。无定形的二氧化硅越多，则硅灰的火山灰活性越大，在碱性溶液中反应能力越强。优质硅灰的矿物组成中，无定形的二氧化硅达 98%以上，是活性极高的火山灰材料。

现行国家标准《砂浆和混凝土用硅灰》（GB/T 27690）规定了用于拌制混凝土或砂浆用硅灰的技术要求，具体见表 2-14。《高强高性能混凝土用矿物外加剂》（GB/T 18736）规定了高强高性能混凝土用硅灰的技术要求，具体见表 2-15。

**表 2-14　拌制混凝土或砂浆用硅灰的技术要求**

| 项目 | | 指标 | |
|---|---|---|---|
| | | SF85 | SF90 |
| 二氧化硅含量/% | | ≥85 | ≥90 |
| 含水率/% | | ≤3.0 | ≤2.0 |
| 烧失量/% | | ≤6.0 | ≤3.0 |
| 细度 | 45 μm 方孔筛筛余/% | ≤8.0 | ≤5.0 |
| | 比表面积/（$m^2$/kg） | ≥15 000 | ≥18 000 |
| 需水量比/% | | ≤125 | |
| 活性指数/% | | ≥105 | |
| 放射性 | | $I_{ra}$≤1.0 且 $I_r$≤1.0 | |
| 抑制碱骨料反应性（14 d 膨胀率降低值）/% | | ≥35 | |
| 抗氯离子渗透性（28 d 电通量之比）/% | | ≤40 | |

注：抑制碱骨料反应性（14 d 膨胀率降低值）和抗氯离子渗透性（28 d 电通量之比）为选择性试验项目，由供需双方协商决定。

**表 2-15　高强高性能混凝土用硅灰的技术要求**

| 项目 | 指标 |
|---|---|
| 烧失量（质量分数）/% | ≤6.0 |
| 氯离子含量（质量分数）/% | ≤0.10 |
| 二氧化硅含量（质量分数）/% | ≥85 |
| 含水率（质量分数）/% | ≤3.0 |

续表

| 项目 | | 指标 |
|---|---|---|
| 细度 | 比表面积/（$m^2$/kg） | ≥15 000 |
| | 45 μm 方孔筛筛余（质量分数）/% | ≤5.0 |
| 需水量比/% | | ≤125 |
| 活性指数/% | 3 d | ≥90 |
| | 7 d | ≥95 |
| | 28 d | ≥115 |

硅灰的主要技术指标有比表面积、活性指数、需水量比、二氧化硅含量、烧失量、含水率、氯离子含量、抑制碱骨料反应性、抗氯离子渗透性、放射性等。本节主要介绍硅灰的活性指数和需水量比试验。

### 2.5.1 硅灰需水量比检测

#### 2.5.1.1 试验依据与环境要求

1）试验依据

现行国家标准《砂浆和混凝土用硅灰》（GB/T 27690）；

现行国家标准《高强高性能混凝土用矿物外加剂》（GB/T 18736）。

2）环境要求

温度为（20±2）℃，相对湿度不低于 50%。

#### 2.5.1.2 主要仪器设备

水泥胶砂搅拌机：应符合现行行业标准《行星式水泥胶砂搅拌机》（JC/T 681）的要求。

水泥胶砂流动度测定仪（简称跳桌）：应符合现行国家标准《水泥胶砂流动度测定方法》（GB/T 2419）的要求。

试模：用金属材料制成，由截锥圆模和模套组成。截锥圆模内壁应光滑，高度（60±0.5）mm；上口内径（70±0.5）mm；下口内径（100±0.5）mm；下口外径 120 mm；模壁厚大于 5 mm。模套与截锥圆模配合使用。

捣棒：用金属材料制成，直径为（20±0.5）mm，长度约 200 mm。捣棒底面与侧面成直角，其下部光滑，上部手柄滚花。

卡尺：量程不小于 300 mm，分度值不大于 0.5 mm。

小刀：刀口平直，长度大于 80 mm。

天平：最大称量不小于 1 000 g，分度值不大于 1 g。

#### 2.5.1.3 样品制备

基准水泥：应符合现行国家标准《混凝土外加剂》（GB 8076）中附录 A 的要求。

标准砂：应符合现行国家标准《水泥胶砂强度检验方法（ISO 法）》（GB/T 17671）的规定。

受检胶砂：硅灰（45±1）g；基准水泥（405±1）g；标准砂（1 350±1）g，用水量为使受检胶砂流动度达到基准胶砂流动度的±5 mm 的加水量。

基准胶砂：基准水泥（450±1）g，标准砂（1 350±1）g，水（225±1）g。

#### 2.5.1.4　试验步骤

（1）跳桌在试验前先进行空转，以检验各部位是否正常。如跳桌在 24 h 内未被使用，先空跳一个周期 25 次。

（2）用湿抹布擦拭搅拌锅及叶片。将水（水和外加剂）加入搅拌锅中，再加入水泥（或预先混合均匀的水泥和硅灰），把锅放置在固定架上，上升至固定位置。立即开动机器，低速搅拌 30 s 后，在第二个 30 s 开始的同时均匀地将砂子加入，机器转至高速再搅拌 30 s。停止搅拌 90 s，在第一个 15 s 内用一胶皮刮具将叶片和锅壁上的胶砂刮入锅中间。在高速下继续搅拌 60 s 后成型。各个搅拌阶段，时间误差应在±1 s 以内。

（3）在制备胶砂的同时用潮湿棉布擦拭跳桌台面、试模内壁、捣棒以及与胶砂接触的用具，将试模放在跳桌台面中央并用潮湿棉布覆盖。

（4）将拌好的胶砂分两层迅速装入流动试模，第一层装至截锥圆模高度约 2/3 处，用小刀在相互垂直的两个方向各划 5 次，用捣棒由边缘至中心均匀捣压 15 次，随后装第二层胶砂，装至高出截锥圆模约 20 mm，用小刀在相互垂直的两个方向各划 5 次，再用捣棒由边缘至中心均匀捣压 10 次。捣压后胶砂应略高于试模。捣压深度，第一层捣至胶砂高度的 1/2，第二层捣实不超过已捣实底层表面。在装胶砂和捣压时，用手扶稳试模，不要使其移动。

（5）捣压完毕，取下模套，用小刀由中间向边缘分两次将高出截锥圆模的胶砂刮去并抹平，擦去落在桌面上的胶砂。将截锥圆模垂直向上轻轻提起。立刻开动跳桌，在（25±1）s 内完成 25 次跳动。

（6）跳动完毕，用卡尺测量胶砂底面互相垂直的两个方向直径，计算平均值，取整数，以“mm”为单位表示，即为该水量的水泥胶砂流动度。当试验胶砂流动度达到对比胶砂流动度值的±5 mm 时，记录此时试验胶砂的用水量 $W_t$（g）。

（7）流动度试验从胶砂加水开始到测量扩散直径结束，应在 6 min 内完成。

#### 2.5.1.5　试验结果

需水量比按式（2-33）计算（精确至 1%）：

$$R_w = \frac{W_t}{225} \times 100\% \tag{2-33}$$

式中：$R_w$——受检胶砂的需水量比，%；

$W_t$——受检胶砂的用水量，g；

225——基准胶砂的用水量，g。

### 2.5.2　硅灰活性指数检测

#### 2.5.2.1　试验依据与环境要求

1）试验依据

现行国家标准《砂浆和混凝土用硅灰》（GB/T 27690）；

现行国家标准《水泥胶砂强度检验方法（ISO 法）》（GB/T 17671）。

2）环境要求

实验室环境：温度为（20±2）℃，相对湿度不低于 50%。

水泥试样、拌和水、仪器和用具：温度与实验室内温度一致。

试样带模养护的养护箱或雾室：温度为（20±2）℃，相对湿度不低于 90%。

蒸养箱：温度为（65±2）℃。

#### 2.5.2.2 主要仪器设备

水泥胶砂搅拌机：应符合现行行业标准《行星式水泥胶砂搅拌机》（JC/T 681）的要求。

试模：由 3 个水平试模槽组成，可同时成型 3 条截面为 40 mm×40 mm×160 mm 的棱形试体，其材质和尺寸应符合现行行业标准《水泥胶砂试模》（JC/T 726）的要求。在组装备用的干净模型时，应用黄干油等密封材料涂覆模型的外接缝。试模的内表面应涂上一薄层模型油或机油。成型操作时，应在试模上面加一个壁高 20 mm 的金属模套，并配备长短各一个播料器和一把金属刮平尺。

振实台：应符合现行行业标准《水泥胶砂试体成型振实台》（JC/T 682）的要求。振实台应安装在高度约为 400 mm 的混凝土基座上。混凝土体积约为 0.25 m$^3$，重约 600 kg。

抗压强度试验机：精度不大于±1%，并具有 2 400 N/s 速率的加荷能力。

水泥抗压夹具：应符合现行行业标准《40 mm×40 mm 水泥抗压夹具》（JC/T 683）的要求，且受压面积为 40 mm×40 mm。

量筒或定滴管：精度为±0.5 mL。

天平：最大称量不小于 1 000 g，分度值不大于 1 g。

#### 2.5.2.3 样品制备

基准水泥：应符合现行国家标准《混凝土外加剂》（GB 8076）中附录 A 的要求。

标准砂：应符合现行国家标准《水泥胶砂强度检验方法（ISO 法）》（GB/T 17671）的规定。

受检胶砂：硅灰 45 g，基准水泥 405 g，标准砂 1 350 g，水 225 g。因硅灰需水量大，为确保试验胶砂流动度达到对比胶砂流动度值的±5 mm，试验胶砂中应加入符合现行国家标准《混凝土外加剂》（GB 8076）中标准型高效减水剂要求的萘系减水剂（减水率大于 18%）。

基准胶砂：基准水泥 450 g，标准砂 1 350 g，水 225 g。

#### 2.5.2.4 试验步骤

（1）试验前先检查水泥胶砂搅拌机、水泥胶砂振实台是否正常运转。

（2）用湿抹布擦拭搅拌锅及叶片。将水（水和外加剂）加入搅拌锅中，再加入水泥（或预先混合均匀的水泥和硅灰），把锅放置在固定架上，上升至固定位置。立即开动机器，低速搅拌 30 s 后，在第二个 30 s 开始的同时均匀地将砂子加入（当各级砂是分装时，从最粗粒级开始，依次加完），机器转至高速再搅拌 30 s。停止搅拌 90 s，在第一个 15 s 内用一胶皮刮具将叶片和锅壁上的胶砂刮入锅中间。在高速下继续搅拌 60 s 后成型。各个搅拌阶段，时间误差应在±1 s 以内。

（3）试验胶砂与对比胶砂制备完毕后，立即进行试件的成型。将空试模和模套固定在振实台上，用一个适当的勺子直接将胶砂分两层装入试模，在装第一层时，每个槽里约放入 300 g 胶砂，用大播料器垂直架在模套顶部沿每个模槽来回一次将料层播平，接着振实 60 次。再装入第二层胶砂，用小播料器播平，再振实 60 次，移走模套，从振实台上取下试模，用一把金属直尺以近似 90°的角度架在试模模顶的一端，然后沿试模长度方向以横向锯割动作慢慢向另一端移动，一次将超过试模部分的胶砂刮去，并用同一把直尺在近乎水平的情况下将试体表面抹平。

（4）在试模上做标记或加字条标明试件编号、各试件相对于振实台的位置。

（5）去掉留在模子四周的胶砂。立即将做好标记的试模放入湿气养护箱的水平架子上养护，湿空气应能与试模的各边接触。一直养护到规定的脱模时间时取出脱模。脱模前，用防水墨汁对试体进行编号和做其他标记。两个龄期以上的试体，在编号时应将同一试模中的三条试体分在两个以上龄期内。

（6）胶砂试件成型后，1 d 脱模。脱模前，试件应置于温度为（20±2）℃、相对湿度为 95%以上的环境中养护；脱模后，试件置于密闭的蒸养箱中，在（65±2）℃温度下蒸养 6 d。

（7）胶砂试件蒸养结束后，从蒸养箱中取出，在试验条件下冷却至室温，进行抗压强度试验。将经抗折试验折断的半截棱柱体放入抗压夹具，并保证半截棱柱体中心与试验机压板的中心差在±0.5 mm 内，棱柱体露出抗压夹具压板的部分约为 10 mm。在整个加荷过程中，以（2 400±200）N/s 的速率均匀地加荷直至破坏。

#### 2.5.2.5　试验结果

抗压强度按式（2-34）进行计算，受压面积计为 1 600 mm²：

$$R_c = \frac{F_c}{A} \tag{2-34}$$

式中：$R_c$——抗压强度，MPa；

$F_c$——破坏时的最大荷载，N；

$A$——受压面积，$mm^2$。

以一组 3 个棱柱体上得到的 6 个抗压强度测定值的平均值作为试验结果。当 6 个测定值中有 1 个超出 6 个平均值±10%时，剔除这个结果，再以剩下 5 个的平均值作为结果。当 5 个测定值中再有超过它们平均值的±10%时，则此组结果作废。当 6 个测定值中同时有 2 个或 2 个以上超出平均值的±10%时，则此组结果作废。

单个抗压强度结果计算至 0.1 MPa，算术平均值精确至 0.1 MPa。

硅灰的活性指数按式（2-35）计算（结果精确至 1%）：

$$A=\frac{R_t}{R_0}\times 100\% \tag{2-35}$$

式中：$A$——硅灰的活性指数，%；

$R_t$——受检胶砂相应龄期的抗压强度，MPa；

$R_0$——基准胶砂相应龄期的抗压强度，MPa。

## 2.6　复合掺合料

矿物掺合料是配制绿色高性能混凝土的重要组分，其取代混凝土中的水泥不仅能节约能源及减少环境污染，还能够显著改善混凝土的工作性能、强度和耐久性能。不同类型的矿物掺合料具有不同的性质和作用，应用上存在利弊，两利相权应取其重，两弊相权应取其轻。如化学活性越高，对混凝土早期强度影响越小，相同水胶比下抗碳化性能越强，但对混凝土降低温升作用越小，自收缩越大；再如，并非任何矿物掺合料越细越好，如矿渣粉越细，化学活性越高，但开裂敏感性越强；又如，抗化学腐蚀的能力与不同矿物掺合料本身吸附能力有关，需要合适的掺量才能发挥作用。总之，只有在低水胶比下才能充分发挥矿物掺合料本身的物理特性，不可盲目追求其化学活性。学者们在研究过程中发现，将两种或者两种以上的矿物掺合料复合产生的混凝土具有的颗粒效应、填充效应，与叠加效应相比，在混凝土中掺入一种矿物掺合料产出的效果更佳，为了将各种矿物掺合料之间不同的优势进行互补，建筑行业中已经流行将复合矿物掺合料用于混凝土工程中。在水泥水化过程中，各种矿物掺合料之间会产生化学反应，相互之间产生诱导激活、表面微晶化和界面耦合等一系列效应，这种效应能够改善混凝土的工作性能，增强混凝土的抗压强度，让混凝土更耐用，为施工企业带来高额经济利润，所以将不同的矿物掺合料掺在一起产生的复合效应能够优化混凝土的性能，还能变成一项技术，让复合矿物掺合料混凝土结构致密、黏结强度更加优良，因此，矿物掺合料的生产和使用必定会走复合矿物掺合料这一条道路。

现行国家标准《混凝土用复合掺合料》（JG/T 486）中对复合掺合料作出了定义，规定复合掺合料指由两种或两种以上的矿物掺合料，按一定比例混合均匀的粉体材料，或者是两种或两种以上的矿物原料，按一定比例混合后，必要时可掺加适量石膏和助磨剂，再粉磨至规定细度的粉体材料。

复合掺合料中的矿物掺合料指的是粉煤灰、粒化高炉矿渣、石灰石粉、硅灰、磨细火山灰、钢渣粉、磷渣粉。复合掺合料中每种矿物掺合料的质量分数应不小于10%，加入的助磨剂掺量应不高于0.5%，复合掺合料中不应掺入除石膏、助磨剂以外的其他化学外加剂。

复合掺合料的技术指标见表2-16。

**表 2-16　复合掺合料的技术指标**

<table>
<tr><th rowspan="2">序号</th><th rowspan="2" colspan="2">项目</th><th colspan="3">普通型</th><th rowspan="2">早强型</th><th rowspan="2">易流型</th></tr>
<tr><th>Ⅰ级</th><th>Ⅱ级</th><th>Ⅲ级</th></tr>
<tr><td>1</td><td colspan="2">细度（45 μm 方孔筛筛余）（质量分数）/%</td><td>≤12</td><td>≤25</td><td>≤30</td><td>≤12</td><td>≤12</td></tr>
<tr><td>2</td><td colspan="2">流动度比/%</td><td>≥105</td><td>≥100</td><td>≥95</td><td>≥95</td><td>≥110</td></tr>
<tr><td rowspan="3">3</td><td rowspan="3">活性指数/%</td><td>1 d</td><td>—</td><td>—</td><td>—</td><td>≥120</td><td>—</td></tr>
<tr><td>7 d</td><td>≥80</td><td>≥70</td><td>≥65</td><td>—</td><td>≥65</td></tr>
<tr><td>28 d</td><td>≥90</td><td>≥75</td><td>≥70</td><td>≥110</td><td>≥65</td></tr>
<tr><td>4</td><td colspan="2">胶砂抗压强度增长比</td><td colspan="3">≥0.95</td><td colspan="2">≥0.90</td></tr>
<tr><td>5</td><td colspan="2">含水量（质量分数）/%</td><td colspan="5">≤1.0</td></tr>
<tr><td>6</td><td colspan="2">氯离子含量（质量分数）/%</td><td colspan="5">≤0.06</td></tr>
<tr><td>7</td><td colspan="2">三氧化硫含量（质量分数）/%</td><td colspan="4">≤3.5</td><td>≤2.0</td></tr>
<tr><td rowspan="2">8</td><td rowspan="2">安定性</td><td colspan="5">沸煮法</td><td>合格</td></tr>
<tr><td colspan="5">压蒸法</td><td>压蒸膨胀率不大于0.50%</td></tr>
<tr><td>9</td><td colspan="6">放射性</td><td>合格</td></tr>
</table>

注：① 普通型、易流型在流动度比、活性指数和胶砂抗压强度增长比试验中，胶砂配比中复合矿物掺合料占胶凝材料总质量的 30%。

② 早强型在流动度比、活性指数和胶砂抗压强度增长比试验中，胶砂配比中复合矿物掺合料占胶凝材料总质量的 10%。

③ 当复合矿物掺合料组分中含有硅灰时，可不检测细度。

④ 安定性（沸煮法）仅针对以 C 类粉煤灰、钢渣或钢渣粉中一种或几种为组分的复合矿物掺合料。

⑤ 安定性（压蒸法）仅针对以钢渣或钢渣粉为组分的复合矿物掺合料。

复合掺合料的技术指标有细度（45 μm 方孔筛筛余）、流动度比、胶砂抗压强度增长比、活性指数、氯离子含量、三氧化硫含量、安定性、放射性。化学指标按《水泥化学分析方法》（GB/T 176）规定的试验方法进行，细度按《水泥细度检验方法筛析法》（GB/T 1345）规定的试验方法进行，放射性按《建筑材料放射性核素限量》（GB 6566）规定的试验方法进行，本节介绍复合掺合料的流动度比和活性指数的试验方法。

## 2.6.1　复合掺合料流动度比检测

### 2.6.1.1　试验依据与环境要求

1）试验依据

现行国家标准《混凝土用复合掺合料》（JG/T 486）。

2）环境要求

温度为（20±2）℃，相对湿度不低于 50%。

### 2.6.1.2　主要仪器设备

水泥胶砂搅拌机：应符合现行行业标准《行星式水泥胶砂搅拌机》（JC/T 681）的

要求。

水泥胶砂流动度测定仪（简称跳桌）：应符合现行国家标准《水泥胶砂流动度测定方法》（GB/T 2419）的要求。

试模：用金属材料制成，由截锥圆模和模套组成。截锥圆模内壁应光滑，高度（60±0.5）mm；上口内径（70±0.5）mm；下口内径（100±0.5）mm；下口外径 120 mm；模壁厚大于 5 mm。模套与截锥圆模配合使用。

捣棒：用金属材料制成，直径为（20±0.5）mm，长度约为 200 mm。捣棒底面与侧面成直角，其下部光滑，上部手柄滚花。

卡尺：量程不小于 300 mm，分度值不大于 0.5 mm。

天平：最大称量不小于 1 000 g，分度值不大于 1 g。

量筒或定滴管：精度为±0.5 mL。

天平：最大称量不小于 1 000 g，分度值不大于 1 g。

#### 2.6.1.3　样品制备

试验用水泥：采用符合现行国家标准《强度检验用水泥标准样品》（GSB 14—1510）的要求或合同约定的水泥。当有争议或仲裁检验时，采用符合现行国家标准《强度检验用水泥标准样品》（GSB 14—1510）要求的水泥。

试验用砂：符合现行国家标准《水泥胶砂强度检验方法（ISO 法）》（GB/T 17671）规定的标准砂。

试验用水：采用自来水或蒸馏水。

胶砂配合比应符合表 2-17 的要求。

**表 2-17　胶砂配合比**

单位：g

| 复合矿物掺合料种类 | 胶砂种类 | 水泥 | 复合矿物掺合料 | 标准砂 | 加水量 |
|---|---|---|---|---|---|
| 普通型、易流型 | 对比胶砂 | 450±2 | — | 1 350±5 | 225±1 |
| | 受检胶砂 | 315±1 | 135±1 | 1 350±5 | 225±1 |
| 早强型 | 对比胶砂 | 450±2 | — | 1 350±5 | 225±1 |
| | 受检胶砂 | 405±1 | 45±1 | 1 350±5 | 225±1 |

#### 2.6.1.4　试验步骤

（1）跳桌在试验前先进行空转，以检验各部位是否正常。

（2）用湿抹布擦拭搅拌锅及叶片。按照样品制备要求称量复合矿物掺合料、试验用水泥、标准砂及水，将水加入锅中，再加入水泥与复合矿物掺合料，把锅放在固定架上，上升至固定位置。立即开动机器，低速搅拌 30 s 后，在第二个 30 s 开始的同时均匀地将砂子加入（当各级砂是分装时，从最粗粒级开始，依次加完），机器转至高速再搅拌 30 s。停止搅拌 90 s，在第一个 15 s 内用一胶皮刮具将叶片和锅壁上的胶砂刮入锅中间。在高速下继续搅拌 60 s 后成型。各个搅拌阶段，时间误差应在±1 s 以内。

（3）在制备胶砂的同时用潮湿棉布擦拭跳桌台面、试模内壁、捣棒以及与胶砂接触的用具，将试模放在跳桌台面中央并用潮湿棉布覆盖。

（4）将拌好的胶砂分两层迅速装入流动试模，第一层装至截锥圆模高度约 2/3 处，用小刀在相互垂直的两个方向各划 5 次，用捣棒由边缘至中心均匀捣压 15 次，随后装第二层胶砂，装至高出截锥圆模约 20 mm，用小刀在相互垂直的两个方向各划 5 次，再用捣棒由边缘至中心均匀捣压 10 次。捣压后胶砂应略高于试模。捣压深度，第一层捣至胶砂高度的 1/2，第二层捣实不超过已捣实底层表面。装胶砂和捣压时，用手扶稳试模，不要使其移动。

（5）捣压完毕，取下模套，用小刀由中间向边缘分两次将高出截锥圆模的胶砂刮去并抹平，擦去落在桌面上的胶砂。将截锥圆模垂直向上轻轻提起，立刻开动跳桌，在（25±1）s 内完成 25 次跳动。

（6）跳动完毕，用卡尺测量胶砂底面互相垂直的两个方向直径，计算平均值，取整数，以“mm”为单位表示，即为水泥胶砂流动度。流动度试验从胶砂加水开始到测量扩散直径结束，应在 6 min 内完成。

（7）按照以上程序完成试验胶砂与对比胶砂的胶砂流动度的测定。

#### 2.6.1.5 试验结果

复合矿物掺合料的流动度比按式（2-36）计算（结果保留至整数）：

$$F = \frac{L}{L_0} \times 100\% \tag{2-36}$$

式中：$F$ ——复合矿物掺合料的流动度比，%；

$L$ ——试验胶砂的流动度，mm；

$L_0$ ——对比胶砂的流动度，mm。

### 2.6.2 复合掺合料活性指数检测

#### 2.6.2.1 试验依据与环境要求

1）试验依据

现行行业标准《混凝土用复合掺合料》（JG/T 486）。

2）环境要求

实验室环境：温度为（20±2）℃，相对湿度不低于 50%。

水泥试样、拌和水、仪器和用具：温度应与实验室内温度一致。

试样带模养护的养护箱或雾室：温度为（20±1）℃，相对湿度不低于 90%。

试样养护池水温：应为（20±1）℃。

#### 2.6.2.2 主要仪器设备

水泥胶砂搅拌机：应符合现行行业标准《行星式水泥胶砂搅拌机》（JC/T 681）的要求。

试模：由 3 个水平试模槽组成，可同时成型 3 条截面为 40 mm×40 mm×160 mm 的棱形试体，其材质和尺寸应符合现行行业标准《水泥胶砂试模》（JC/T 726）的要求。在组装备用的干净模型时，应用黄干油等密封材料涂覆模型的外接缝。试模的内表面应涂上一薄层模型油或机油。成型操作时，应在试模上面加一个壁高 20 mm 的金属模套。

长短各一个播料器和一把金属刮平尺。

振实台：应符合现行行业标准《水泥胶砂试体成型振实台》（JC/T 682）的要求。振实台应安装在高度约为 400 mm 的混凝土基座上。混凝土体积约为 0.25 m$^3$，重量约为 600 kg。

抗压强度试验机：精度不大于±1%，并具有 2 400 N/s 速率的加荷能力。

水泥抗压夹具：应符合现行行业标准《40 mm×40 mm 水泥抗压夹具》（JC/T 683）的要求，且受压面积为 40 mm×40 mm。

量筒或定滴管：精度为±0.5 mL。

天平：最大称量不小于 1 000 g，分度值不大于 1 g。

#### 2.6.2.3 样品制备

试验用水泥：采用符合现行国家标准《强度检验用水泥标准样品》（GSB 14—1510）的要求或合同约定的水泥。当有争议或仲裁检验时，采用符合现行国家相关标准要求的水泥。

试验用砂：应符合现行国家标准《水泥胶砂强度检验方法（ISO 法）》（GB/T 17671）规定的标准砂。

试验用水：采用自来水或蒸馏水。

胶砂配合比应符合表 2-17 的要求。

#### 2.6.2.4 试验步骤

（1）试验前先检查水泥胶砂搅拌机、水泥胶砂振实台是否正常运转。用湿抹布擦拭搅拌锅及叶片。依据样品制备要求称量水、试验用水泥、复合矿物掺合料及标准砂，将水加入锅中，再加入水泥与复合矿物掺合料，把锅放在固定架上，上升至固定位置。立即开动机器，低速搅拌 30 s 后，在第二个 30 s 开始的同时均匀地将砂子加入（当各级砂是分装时，从最粗粒级开始，依次加完），机器转至高速再搅拌 30 s。停止搅拌 90 s，在第一个 15 s 内用一胶皮刮具将叶片和锅壁上的胶砂刮入锅中间。在高速下继续搅拌 60 s 后成型。在各个搅拌阶段，时间误差应在±1 s 以内。

（2）试验胶砂制备完毕后，立即进行试件的成型。将空试模和模套固定在振实台上，用一个适当的勺子直接将胶砂分两层装入试模，在装第一层时，每个槽里约放入 300 g 胶砂，用大播料器垂直架在模套顶部沿每个模槽来回一次将料层播平，接着振实 60 次。再装入第二层胶砂，用小播料器播平，再振实 60 次，移走模套，从振实台上取下试模，用一把金属直尺以近似 90°的角度架在试模模顶的一端，然后沿试模长度方向以横向锯割动作慢慢向另一端移动，一次将超过试模部分的胶砂刮去，并用同一把直尺在近乎水平的情况下将试体表面抹平。

（3）在试模上做标记或加字条标明试件编号、各试件相对于振实台的位置。

（4）去掉留在试模四周的胶砂。立即将做好标记的试模放入湿气养护箱的水平架子上养护，湿空气应能与试模的各边接触。一直养护到规定的脱模时间时取出脱模。脱模前，用防水墨汁对试体进行编号和做其他标记。两个龄期以上的试体，在编号时应将同一试模中的 3 条试体分在两个以上龄期内。

（5）应在成型后 20～24 h 脱模。当经过 24 h 养护，会因脱模对强度造成损害时，可以延迟至 24 h 以后脱模，但在试验报告中应予以说明。

（6）将做好标记的试件立即竖直放在（20±1）℃水中的篦子上养护，彼此之间保持一定的间距，以使水与试件的 6 个面接触。养护期间试件之间间隔或试件上表面的水深不得小于 5 mm。养护期间只许加水保持适当水位，不允许全部换水。每个养护池只养护同类型的水泥试件。任何到龄期的试体应在破型前 15 min 从水中取出，擦去试体表面沉积物，并用湿布覆盖至试验为止。

（7）养护至 1 d、7 d 或 28 d 龄期进行抗压强度测定，将经抗折试验折断的半截棱柱体放入抗压夹具，并保证半截棱柱体中心与试验机压板的中心差在±0.5 mm 内，棱柱体露出抗压夹具压板的部分约为 10 mm。在整个加荷过程中，以（2 400±200）N/s 的速率均匀地加荷直至破坏。

#### 2.6.2.5　试验结果

复合矿物掺合料各龄期的活性指数按式（2-37）进行计算（结果保留至整数）：

$$A=\frac{R_t}{R_0}\times 100\% \tag{2-37}$$

式中：$A$——复合矿物掺合料的活性指数，%；

$R_t$——受检胶砂相应龄期的抗压强度，MPa；

$R_0$——对比胶砂相应龄期的抗压强度，MPa。

# 第3章 骨　　料

## 3.1 细 骨 料

骨料作为混凝土的主要组成材料，占混凝土总体积的70%～80%。骨料在混凝土中既有技术作用，又有经济效果。在技术上，骨料主要起骨架作用，使混凝土具有更好的体积稳定性和更好的耐久性；经济上，骨料比水泥便宜很多，可作为廉价的填充材料，降低成本。而且骨料易得，可以就地取材，使混凝土应用更广泛。

骨料按颗粒大小分为粗骨料和细骨料，公称粒径小于5.0 mm的为细骨料，混凝土中常用的细骨料为砂，砂在不同标准中的定义和分类不尽相同，现行行业标准《普通混凝土用砂、石质量及检验方法标准》（JGJ 52）中的砂是指天然砂、人工砂及混合砂。天然砂是指由自然条件作用而形成的，公称粒径小于5.0 mm的岩石颗粒，按其产源不同，可分为河砂、海砂、山砂；人工砂是指岩石经除土开采、机械破碎、筛分而成的，公称粒径小于5 mm的岩石颗粒；混合砂是指由天然砂与人工砂按一定比例组合而成的砂。

现行国家标准《建设用砂》（GB/T 14684）将砂按产源分为天然砂、机制砂和混合砂。天然砂是指自然生成的，经人工开采和筛分的粒径小于4.75 mm的岩石颗粒，包括河砂、湖砂、山砂、净化处理的海砂，但不包括软质、风化的岩石颗粒；机制砂是指经除土处理，由机械破碎、筛分制成的，粒径小于4.75 mm的岩石、卵石、矿山尾矿或工业废渣颗粒，但不包括软质、风化的颗粒，俗称人工砂；混合砂是指由天然砂与机制砂按一定比例组合而成的砂。

1）细骨料的规格与类别

现行行业标准《普通混凝土用砂、石质量及检验方法标准》（JGJ 52）以及现行国家标准《建设用砂》（GB/T 14684）中，砂按细度模数均分为4种规格，分别为：粗砂：3.7～3.1；中砂：3.0～2.3；细砂：2.2～1.6；特细砂：1.5～0.7。现行行业标准《普通混凝土用砂、石质量及检验方法标准》（JGJ 52）中未按技术要求对细骨料进行分类。现行国家标准《建设用砂》（GB/T 14684）中，将砂按技术要求分为Ⅰ类、Ⅱ类和Ⅲ类。Ⅰ类宜用于强度等级大于C60的混凝土；Ⅱ类宜用于强度等级为C30～C60及抗冻、抗渗或其他要求的混凝土；Ⅲ类宜用于强度等级小于C30的混凝土和建筑砂浆。

2）细骨料主要技术指标

细骨料的主要技术指标包括表观密度、堆积密度、紧密堆积密度、吸水率、含水率、坚固性、压碎值（人工砂）、颗粒级配、含泥量、泥块含量、氯离子含量（海砂或有氯离子污染的砂)、贝壳含量(海砂)、石粉含量(人工砂及混合砂)、碱活性(长期处于潮湿环境的重要混凝土结构用砂)、轻物质含量、有机物含量、云母含量、硫酸盐及硫化物含量。

普通混凝土用砂的常用标准有国家标准《建设用砂》(GB/T 14684)和行业标准《普通混凝土用砂、石质量及检验方法标准》(JGJ 52),这两个标准都是现行标准。现行行业标准《普通混凝土用砂、石质量及检验方法标准》(JGJ 52)中规定的细骨料技术要求和颗粒级配区见表3-1和表3-2,现行国家标准《建设用砂》(GB/T 14684)中规定的细骨料技术要求和颗粒级配区见表3-3～表3-5,颗粒级配除特细砂外,Ⅰ类砂的累计筛余应符合表3-4中Ⅱ区的规定且分计筛余应符合表3-5的规定,Ⅱ类和Ⅲ类砂的累计筛余应符合表3-4的规定。

根据现行国家标准《混凝土结构工程施工质量验收规范》(GB 50204)的规定,混凝土结构工程采用行业标准对砂进行检验,如果砂用于其他目的,则可用国家标准进行检验。因此,本节主要以现行行业标准《普通混凝土用砂、石质量及检验方法标准》(JGJ 52)为编写依据,考虑到国家标准与行业标准的试验方法基本一致,国家标准的试验方法将不再另行叙述,仅在两者出现较大出入时,再说明其区别所在。

**表3-1 细骨料的技术指标(JGJ 52)**

<table>
<tr><th rowspan="2">编号</th><th rowspan="2" colspan="2">检测项目</th><th colspan="3">技术指标</th></tr>
<tr><th>≥C60</th><th>C30～C55</th><th>≤C25</th></tr>
<tr><td rowspan="4">1</td><td rowspan="4">细度模数</td><td>粗砂</td><td colspan="3">$\mu_f$=3.1～3.7</td></tr>
<tr><td>中砂</td><td colspan="3">$\mu_f$=2.3～3.0</td></tr>
<tr><td>细砂</td><td colspan="3">$\mu_f$=1.6～2.2</td></tr>
<tr><td>特细砂</td><td colspan="3">$\mu_f$=0.7～1.5</td></tr>
<tr><td rowspan="2">2</td><td rowspan="2">石粉含量(机制砂)/%</td><td>MB<1.4</td><td>≤5.0</td><td>≤7.0</td><td>≤10.0</td></tr>
<tr><td>MB≥1.4</td><td>≤2.0</td><td>≤3.0</td><td>≤5.0</td></tr>
<tr><td>3</td><td colspan="2">含泥量(天然砂)/%</td><td>≤2.0</td><td>≤3.0</td><td>≤5.0</td></tr>
<tr><td>4</td><td colspan="2">泥块含量/%</td><td>≤0.5</td><td>≤1.0</td><td>≤2.0</td></tr>
<tr><td>5</td><td colspan="2">坚固性(5次循环的质量损失)/%</td><td colspan="3">≤8(在严寒及寒冷地区室外使用并经常处于潮湿或干湿交替状态下的混凝土,对于有抗疲劳、耐磨、抗冲击要求的混凝土,有腐蚀介质作用或经常处于水位变化区的地下结构混凝土)</td></tr>
<tr><td rowspan="2">6</td><td rowspan="2" colspan="2">氯离子含量(以干砂的质量百分率计)/%</td><td colspan="3">对于钢筋混凝土用砂不大于0.06</td></tr>
<tr><td colspan="3">对于预应力混凝土用砂不大于0.02</td></tr>
<tr><td>7</td><td colspan="2">硫化物及硫酸盐含量/%</td><td colspan="3">≤1.0</td></tr>
<tr><td>8</td><td colspan="2">压碎值(机制砂)/%</td><td colspan="3"><30</td></tr>
<tr><td>9</td><td colspan="2">轻物质含量/%</td><td colspan="3">≤1.0</td></tr>
<tr><td>10</td><td colspan="2">有机物</td><td colspan="3">浅于标准色</td></tr>
<tr><td>11</td><td colspan="2">云母含量/%</td><td colspan="3">≤2.0</td></tr>
<tr><td>12</td><td colspan="2">碱活性(膨胀率)/%</td><td colspan="3"><0.10</td></tr>
<tr><td rowspan="2">13</td><td rowspan="2" colspan="2">贝壳含量(海砂)/%</td><td>≥C40</td><td>C30～C35</td><td>C15～C25</td></tr>
<tr><td>≤3</td><td>≤5</td><td>≤8</td></tr>
</table>

注:氯离子含量符合现行国家标准《混凝土结构通用规范》(GB 55008)相关规定。

**表 3-2 细骨料的颗粒级配区（JGJ 52）**

| 级配区<br>累计筛余/%<br>公称粒径 | Ⅰ区 | Ⅱ区 | Ⅲ区 |
|---|---|---|---|
| 5.00 mm | 0～10 | 0～10 | 0～10 |
| 2.50 mm | 5～35 | 0～25 | 0～15 |
| 1.25 mm | 35～65 | 10～50 | 0～25 |
| 630 μm | 71～85 | 41～70 | 16～40 |
| 315 μm | 80～95 | 70～92 | 55～85 |
| 160 μm | 90～100 | 90～100 | 90～100 |

**表 3-3 细骨料的技术指标（GB/T 14684）**

| 编号 | 检测项目 | | 技术指标 | | |
|---|---|---|---|---|---|
| | | | Ⅰ类 | Ⅱ类 | Ⅲ类 |
| 1 | 细度模数 | 粗砂 | $\mu_f$=3.1～3.7 | | |
| | | 中砂 | $\mu_f$=2.3～3.0 | | |
| | | 细砂 | $\mu_f$=1.6～2.2 | | |
| 2 | 石粉含量（机制砂）/% | MB≤0.5 | ≤15.0 | ≤15.0 | ≤15.0 |
| | | 0.5＜MB≤1.0 | ≤10.0 | | |
| | | 1.0＜MB≤1.4 或合格 | ≤5.0 | ≤10.0 | |
| | | MB＞1.4 或不合格 | ≤1.0 | ≤3.0 | ≤5.0 |
| 3 | 含泥量（天然砂）/% | | ≤1.0 | ≤3.0 | ≤5.0 |
| 4 | 泥块含量/% | | 0 | ≤1.0 | ≤2.0 |
| 5 | 坚固性/% | | ≤8 | | ≤10 |
| 6 | 单级最大压碎值（机制砂）/% | | ≤20 | ≤25 | ≤30 |
| 7 | 硫化物及硫酸盐（按 $SO_3$ 质量计）/% | | ≤0.5 | | |
| 8 | 氯化物（以氯离子质量计）/% | | ≤0.01 | ≤0.02 | ≤0.06 |
| 9 | 轻物质含量/% | | ≤1.0 | | |
| 10 | 有机物 | | 合格 | | |
| 11 | 云母含量/% | | ≤1.0 | ≤2.0 | |
| 12 | 贝壳含量（海砂）/% | | ≤3.0 | ≤5.0 | ≤8.0 |
| 13 | 表观密度/（$kg/m^3$） | | ≮2500 | | |
| 14 | 松散堆积密度/（$kg/m^3$） | | ≮1400 | | |
| 15 | 空隙率/% | | ≯44 | | |
| 16 | 放射性 | | 符合 GB 6566 的规定 | | |

**表 3-4 细骨料的累计筛余（GB/T 14684）**

| 砂的分类 | 天然砂 | | | 机制砂、混合砂 | | |
|---|---|---|---|---|---|---|
| 级配区 | Ⅰ区 | Ⅱ区 | Ⅲ区 | Ⅰ区 | Ⅱ区 | Ⅲ区 |
| 方孔筛尺寸/mm | 累计筛余/% | | | | | |
| 4.75 | 0～10 | 0～10 | 0～10 | 0～5 | 0～5 | 0～5 |
| 2.36 | 5～35 | 0～25 | 0～15 | 5～35 | 0～25 | 0～15 |

续表

| 砂的分类 | 天然砂 | | | 机制砂、混合砂 | | |
|---|---|---|---|---|---|---|
| 级配区 | Ⅰ区 | Ⅱ区 | Ⅲ区 | Ⅰ区 | Ⅱ区 | Ⅲ区 |
| 方孔筛尺寸/mm | 累计筛余/% | | | | | |
| 1.18 | 35～65 | 10～50 | 0～25 | 35～65 | 10～50 | 0～25 |
| 0.60 | 71～85 | 41～70 | 16～40 | 71～85 | 41～70 | 16～40 |
| 0.30 | 80～95 | 80～92 | 55～85 | 80～95 | 70～92 | 55～85 |
| 0.15 | 90～100 | 90～100 | 90～100 | 85～97 | 80～94 | 75～94 |

**表 3-5 细骨料的分计筛余（GB/T 14684）**

| 方孔筛尺寸/mm | 4.75 | 2.36 | 1.18 | 0.60 | 0.30 | 0.15 | 筛底 |
|---|---|---|---|---|---|---|---|
| 分计筛余/% | 0～10 | 10～15 | 10～25 | 20～31 | 20～30 | 5～15 | 0～20 |

注：① 对于机制砂，4.75 mm 筛的分计筛余不应大于 5%；
② 对于 MB 值＞1.4 的机制砂，0.15 mm 筛和筛底的分计筛余之和不应大于 25%；
③ 对于天然砂，筛底的分计筛余不应大于 10%。

## 3.1.1 细骨料筛分析试验

### 3.1.1.1 环境要求

实验室环境：温度为（20±5）℃。

### 3.1.1.2 主要仪器设备

试验筛：公称直径分别为 10.0 mm、5.00 mm、2.50 mm、1.25 mm、630 μm、315 μm、160 μm、80 μm 的方孔筛各一个，筛的底盘和盖各一个；筛框直径为 300 mm 或 200 mm。其产品质量要求应符合现行国家标准《试验筛 技术要求和检验 第 1 部分：金属丝编织网试验筛》（GB/T 6003.1）和《试验筛 技术要求和检验 第 2 部分：金属穿孔板试验筛》（GB/T 6003.2）的规定。

天平：最大称量不小于 1 000 g，分度值不大于 1 g。

摇筛机。

烘箱：温度控制范围为（105±5）℃。

浅盘、硬、软毛刷等。

### 3.1.1.3 样品制备

（1）用于筛分析试样的颗粒的公称粒径不应大于 10.0 mm，所以试验前应先将样品通过孔径为 10.0 mm 的方孔筛，并计算筛余。称取经缩分后的两份不少于 550 g 的样品，分别装入两个浅盘，在（105±5）℃的温度下烘干至恒重，冷却至室温备用。

注：恒重是指相邻两次称量间隔时间不大于 3 h 的情况下，前后两次称量之差小于该试验所要求的称量精度。

（2）准确称取烘干试样 500 g（特细砂可称 250 g）。

#### 3.1.1.4 试验步骤

（1）将称量好的样品置于大孔在上、小孔在下顺序排列的套筛的最上一个筛（公称直径为 5 mm 的方孔筛）上；将套筛装入摇筛机内固紧，筛分 10 min；然后取出套筛，再按筛孔由大到小的顺序，在清洁的浅盘上逐个手筛，直至每分钟的筛出量不超过试样总量的 0.1%时为止；通过的颗粒并入下一只筛，并和下一只筛中试样一起进行干筛。按此顺序依次进行，直至每个筛全部筛完为止。

注：仅在试样为特细砂时，增加 80 μm 的方孔筛一只；若试样含泥量超过 5%，则应先水洗，然后烘干至恒重，再进行筛分；无摇筛机时，可用手筛。

（2）试样在各只筛上的筛余量均不得超过式（3-1）计算得出的剩留量：

$$m_{\mathrm{r}}=\frac{A\sqrt{D}}{300} \tag{3-1}$$

式中：$m_{\mathrm{r}}$——某一筛上的剩留量，g；

$D$——筛孔边长，mm；

$A$——筛的面积，$\mathrm{mm}^2$。

注：现行国家标准《建设用砂》（GB/T 14684）公式中分母为 200。

否则应将该筛余试样分成两份或数份，再次进行筛分，并以其筛余量之和作为筛余量。

（3）称取各筛筛余试样的质量（精确至 1 g）。所有各筛的分计筛余量和底盘中剩余量之和与筛分前的试样总量相比，其相差不得超过 1%。

#### 3.1.1.5 试验结果

（1）计算分计筛余（各筛上的筛余量除以试样总量的百分率），精确至 0.1%。

（2）计算累计筛余（该筛的分计筛余与筛孔大于该筛的各筛的分计筛余之和），精确至 0.1%。

（3）以各筛两次试验累计筛余的平均值评定该试样的颗粒级配分布情况，精确至 1%。

（4）按式（3-2）计算砂的细度模数 $\mu_{\mathrm{f}}$（精确至 0.01）：

$$\mu_{\mathrm{f}}=\frac{(\beta_2+\beta_3+\beta_4+\beta_5+\beta_6)-5\beta_1}{100-\beta_1} \tag{3-2}$$

式中：$\beta_1$、$\beta_2$、$\beta_3$、$\beta_4$、$\beta_5$ 和 $\beta_6$——公称直径分别为 5.00 mm、2.50 mm、1.25 mm、630 μm、315 μm 和 160 μm 方孔筛上的累计筛余。

以两次试验结果的算术平均值作为测定值（精确至 0.1）。当两次试验所得的细度模数之差大于 0.20 时，应重新取样进行试验。

### 3.1.2 细骨料含泥量（石粉含量）检测

#### 3.1.2.1 环境要求

实验室环境：温度为（20±5）℃。

#### 3.1.2.2 主要仪器设备

天平：称量1 000 g，感量1 g。

烘箱：温度控制范围为（105±5）℃。

试验筛：筛孔公称直径为80 μm及1.25 mm的方孔筛各一个。

洗砂用的容器及烘干用的浅盘等。

虹吸管（用于测定特细砂含泥量）：玻璃管的直径不大于5 mm，后接胶皮弯管。

玻璃或其他容器（用于测定特细砂含泥量）：高度不小于300 mm，直径不小于200 mm。

#### 3.1.2.3 样品制备

1）标准法

将样品缩分至约1 100 g，置于温度为（105±5）℃的烘箱中烘干至恒重，冷却至室温，立即称取各为400 g（$m_0$）的试样两份备用。

2）虹吸管法

将样品缩分至约1 100 g，置于温度为（105±5）℃的烘箱中烘干至恒重，冷却至室温，称取烘干的试样约500 g（$m_0$）两份备用。

#### 3.1.2.4 试验步骤

1）标准法

（1）取烘干的试样一份置于容器中，并注入饮用水，使水面高出砂面约150 mm充分拌混均匀后，浸泡2 h，然后用手在水中掏洗试样，使尘屑、淤泥和黏土与砂粒分离，悬浮或溶入水中。缓缓地将浑浊液倒入1.25 mm及80 μm的方孔套筛（1.25 mm筛置于上面）上，滤去小于80 μm的颗粒。试验前筛子的两面应先用水润湿，在整个过程中应避免砂粒丢失。

（2）再次加水于容器中，重复上述过程，直至容器内洗出的水清澈为止。

（3）用水淋洗剩留在筛上的细粒，并将80 μm筛放在水中（使水面略高出筛中砂粒的上表面）来回摇动，以充分洗除小于80 μm的颗粒。然后将两只筛上剩留的颗粒和容器中已洗净的试样一并装入浅盘，置于温度为（105±5）℃的烘箱中烘干至恒重。冷却至室温后，称试样的质量（$m_1$）。

2）虹吸管法

（1）将称好的试样一份置于容器中，并注入饮用水，使水面高出砂表面约为150 mm，浸泡2 h，浸泡过程中每隔一段时间搅拌一次，使尘屑、淤泥和黏土与砂分离。

（2）用搅拌棒约均匀搅拌1 min（单方向旋转），以适当宽度和高度的闸板闸水，使水停止旋转。经20～25 s后取出闸板，然后从上到下用虹吸管细心地将浑浊液吸出。虹吸管吸口的最低位置应距离砂面不少于30 mm。

（3）再次倒入清水，重复上述过程，直至吸出的水与清水的颜色基本一致。

（4）将容器中的清水吸出，把洗净的试样倒入浅盘并在（105±5）℃的烘箱中烘干至恒重，取出后冷却至室温后称砂质量（$m_1$）。

3.1.2.5 试验结果

砂的含泥量 $w_c$ 按式（3-3）计算（精确至0.1%）：

$$w_c = \frac{m_0 - m_1}{m_0} \times 100\% \tag{3-3}$$

式中：$m_0$——试验前的烘干试样质量，g；

$m_1$——试验后的烘干试样质量，g。

以两个试样试验结果的算术平均值作为测定值。当两次结果的差值超过0.5%时，应重新取样进行试验。

注：现行国家标准《建设用砂》（GB/T 14684）中规定两次试验结果的差值超过0.2%时，应重新取样进行试验。

### 3.1.3 细骨料泥块含量检测

3.1.3.1 环境要求

实验室环境：温度为（20±5）℃。

3.1.3.2 主要仪器设备

天平：称量1 000 g，感量1 g；

烘箱：温度控制范围为（105±5）℃；

试验筛：筛孔公称直径为630 μm及1.25 mm的方孔筛各一个；

洗砂用的容器及烘干用的浅盘等。

3.1.3.3 样品制备

将样品缩分至约5 000 g，置于温度为（105±5）℃的烘箱中烘干至恒重，冷却至室温后，用1.25 mm的方孔筛筛分，取筛上的砂不少于400 g分为两份备用。特细砂按实际筛分量。

3.1.3.4 试验步骤

（1）称取试样200 g（$m_1$）置于容器中，并注入饮用水，使水面高出砂面约150 mm。充分拌匀后，浸泡24 h，然后用手在水中碾碎泥块，再把试样放在630 μm方孔筛上，用水淘洗，直至水清澈为止。

（2）保留下来的试样应小心地从筛里取出，装入浅盘后，置于温度为（105±5）℃的烘箱中烘干至恒重，冷却后称重（$m_2$）。

3.1.3.5 试验结果

砂中泥块含量 $w_{c,L}$ 按式（3-4）计算（精确至0.1%）：

$$w_{c,L} = \frac{m_1 - m_2}{m_1} \times 100\% \tag{3-4}$$

式中：$w_{c,L}$——泥块含量，%；

$m_1$——试验前的烘干试样质量，g；

$m_2$——试验后的烘干试样质量，g。

取两次试样试验结果的算术平均值作为测定值。

### 3.1.4　细骨料表观密度检测

#### 3.1.4.1　环境要求

实验室环境：温度为（20±5）℃。

#### 3.1.4.2　主要仪器设备

天平：最大称量不小于1 000 g，分度值不大于1 g。

容量瓶：容量为500 mL。

李氏瓶：容量为250 mL。

烘箱：温度控制范围为（105±5）℃。

干燥器、浅盘、铝制料勺、温度计等。

#### 3.1.4.3　样品制备

1）标准法

将缩分至650 g左右的试样在温度（105±5）℃的烘箱中烘干至恒重，并在干燥器内冷却至室温。

2）简易法

将样品缩分至不少于120 g，在（105±5）℃的烘箱中烘干至恒重，并在干燥器中冷却至室温，分为大致相等的两份备用。

#### 3.1.4.4　试验步骤

1）标准法

（1）称取烘干的试样300 g（$m_0$），精确至0.1 g，装入盛有半瓶冷开水的容量瓶中；

（2）摇转容量瓶，使试样在水中充分搅动以排除气泡，塞紧瓶塞，静置24 h；然后用滴管加水至与瓶颈刻度线平齐，塞紧瓶塞，擦干瓶外壁的水分，称其质量（$m_1$）；

（3）倒出容量瓶中的水和试样，将瓶的内外壁洗净，向瓶内注入与（1）、（2）步骤所用水的温度相差不超过2℃的冷开水至瓶颈刻度线，塞紧瓶塞，擦干瓶外壁水分，称其质量（$m_2$）。

注：在砂的表观密度试验过程中应测量并控制水的温度，试验的各项称量可在15～25℃的温度下进行。从试样加水静置的最后2 h起直至试验结束，其温差不应超过2℃。

2）简易法

（1）向李氏瓶中注入冷开水至一定刻度处，擦干瓶颈内部附着水，记录水的体积

（$V_1$）；

（2）称取烘干试样 50 g（$m_0$），徐徐装入盛水的李氏瓶中；

（3）试样全部倒入瓶中后，用瓶内的水将黏附在瓶颈和瓶壁的试样洗入水中，摇转李氏瓶以排除气泡，约静置 24 h 后，记录瓶中水面升高后的体积（$V_2$）。

注：在试验过程中应测量并控制水的温度，允许在 15～25℃温度范围内进行体积测定，但两次体积测定（指 $V_1$ 和 $V_2$）的温差不得大于 2℃。从试样加水静置的最后 2 h 起，直至记录完瓶中水面高度时，其温差不应超过 2℃。

#### 3.1.4.5　试验结果

标准法测定表观密度 $\rho$ 按式（3-5）计算（精确至 10 kg/m³）：

$$\rho=\frac{m_0}{m_0+m_2-m_1}-\alpha_t\times 1\,000 \tag{3-5}$$

式中：$m_0$——试样的烘干质量，g；

$m_1$——试样、水及容量瓶总质量，g；

$m_2$——水及容量瓶总质量，g；

$\alpha_t$——水温对砂的表观密度影响的修正系数，见表 3-6。

**表 3-6　不同水温对砂的表观密度影响的修正系数**

| 水温/℃ | 15 | 16 | 17 | 18 | 19 | 20 |
|---|---|---|---|---|---|---|
| $\alpha_t$ | 0.002 | 0.003 | 0.003 | 0.004 | 0.004 | 0.005 |
| 水温/℃ | 21 | 22 | 23 | 24 | 25 | — |
| $\alpha_t$ | 0.005 | 0.006 | 0.006 | 0.007 | 0.008 | — |

以两次试验结果的算术平均值作为测定值，当两次结果之差大于 20 kg/m³ 时，应重新取样进行试验。

简易法测定表观密度 $\rho$ 按式（3-6）计算（精确至 10 kg/m³）：

$$\rho=\left(\frac{m_0}{V_2-V_1}-\alpha_t\right)\times 1\,000 \tag{3-6}$$

式中：$m_0$——试样的烘干质量，g；

$V_1$——水的原有体积，mL；

$V_2$——倒入试样后的水和试样的体积，mL；

$\alpha_t$——考虑称量时的水温对砂的表现密度影响的修正系数，见表 3-6。

以两次试验结果的算术平均值作为测定值，当两次结果之差大于 20 kg/m³ 时，应重新取样进行试验。

注：现行国家标准《建设用砂》（GB/T 14684）中无简易法。

### 3.1.5　细骨料堆积密度检测

#### 3.1.5.1　环境要求

实验室环境：温度为（20±5）℃。

#### 3.1.5.2 主要仪器设备

容量筒：金属制、圆柱形，内径为108 mm，净高为109 mm，筒壁厚为2 mm，容积约为1 L，筒底厚为5 mm。

漏斗或铝制料勺。

天平：最大称量不小于5 kg，分度值不大于5 g。

烘箱：温度控制范围为（105±5）℃。

直尺、浅盘等。

#### 3.1.5.3 样品制备

先用公称直径为5.00 mm的筛子过筛，然后取经缩分后的样品不少于3 L，装入浅盘，在温度为（105±5）℃的烘箱中烘干至恒重，取出并冷却至室温，分成大致相等的两份备用。试样烘干后若有结块，应在试验前捏碎。

#### 3.1.5.4 试验步骤

（1）堆积密度：取试样一份，用漏斗或铝制料勺，将它徐徐装入容量筒（漏斗出料口或料勺距容量筒筒口不应超过50 mm）直至试样装满并超出容量筒筒口。然后用直尺将多余的试样沿筒口中心线向两个相反方向刮平，称其质量（$m_2$）。

（2）紧密密度：取试样一份，分两层装入容量筒。装完一层后，在筒底垫放一根直径为10 mm的钢筋，将筒按住，左右交替颠击地面各25下，然后再装入第二层；第二层装满后用同样的方法颠实（筒底所垫钢筋的方向应与第一层放置方向垂直）；第二层装完并颠实后，加料直至试样超出容量筒筒口，用直尺将多余的试样沿筒口中心线向两个相反方向刮平，称其重量（$m_2$）。

#### 3.1.5.5 试验结果

堆积密度$\rho_L$和紧密密度$\rho_c$按式（3-7）计算（精确至10 kg/m³）：

$$\rho_L(\rho_c)=\frac{m_2-m_1}{V}\times 1\,000 \tag{3-7}$$

式中：$m_1$——容量筒的质量，kg；

$m_2$——容量筒和砂的总质量，kg；

$V$——容量筒容积，L。

以两次试验结果的算术平均值作为测定值。

堆积密度的空隙率按式（3-8）、紧密密度的空隙率按式（3-9）计算（精确至1%）：

$$v_L=\left(1-\frac{\rho_L}{\rho}\right)\times 100\% \tag{3-8}$$

$$v_C=\left(1-\frac{\rho_c}{\rho}\right)\times 100\% \tag{3-9}$$

式中：$v_L$——堆积密度的空隙率；

$v_C$——紧密密度的空隙率；

$\rho_L$——砂的堆积密度，kg/m³；

$\rho$——砂的表观密度，kg/m³；

$\rho_c$——砂的紧密密度，kg/m³。

容量筒容积的校正方法：

以温度为（20±2）℃的饮用水装满容量筒，用玻璃板沿筒口滑移，使其紧贴水面。擦干筒外壁水分，然后称其质量。用式（3-10）计算筒的容积（$V$）：

$$V=m_2'-m_1' \tag{3-10}$$

式中：$m_1'$——容量筒和玻璃板的质量，kg；

$m_2'$——容量筒、玻璃板和水的总质量，kg。

## 3.1.6 细骨料压碎指标检测

### 3.1.6.1 环境要求

成型环境：温度为（20±5）℃。

### 3.1.6.2 主要仪器设备

（1）受压钢模：由钢筒、底盘和加压压块组成，其尺寸如图 3-1 所示。

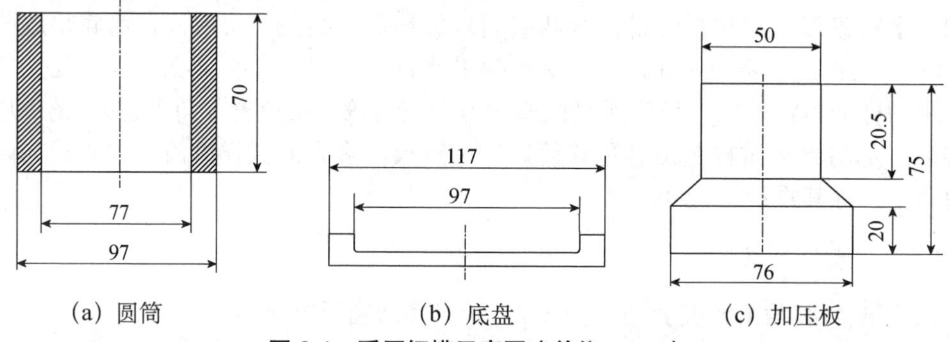


图 3-1　受压钢模示意图（单位：mm）

（2）压力试验机：量程为 300 kN。

（3）天平：称量 1 000 g，感量 1 g。

（4）试验筛：筛孔公称直径分别为 5.00 mm、2.50 mm、1.25 mm、630 μm、315 μm、160 μm、80 μm。

（5）烘箱：温度控制范围为（105±5）℃。

### 3.1.6.3 样品制备

将缩分后的样品置于（105±5）℃的烘箱内烘干至恒量，待冷却至室温后，筛分成 2.50～5.00 mm、1.25～2.50 mm、630 μm～1.25 mm、315～630 μm 4 个粒级，每级试样质量不得小于 1 000 g。

#### 3.1.6.4 试验步骤

（1）置圆筒于底盘上，组成受压模，将单粒级砂样 300 g（精确至 1 g）倒入受压钢模内，使试样距底盘面的高度约为 50 mm。平整钢模内试样的表面，将加压块放入圆筒内，并转动一周使之与试样均匀接触。

（2）将装好砂样的受压钢模置于压力机的支承板上，对准压板中心后，开动机器，以 500 N/s 的速度加荷，加荷至 25 kN 时持荷 5 s，然后以同样速度卸荷。

（3）取下受压模，移去加压块，倒出压过的试样并称其质量（$m_0$），然后用该粒级的下限筛（当砂样粒级为 2.50～5.00 mm 时，其下限筛是指孔径为 2.50 mm 的方孔筛）进行筛分，称出该粒级试样的筛余量（$m_1$），均精确到 1 g。

#### 3.1.6.5 试验结果

（1）第 $i$ 单级砂样的压碎指标按式（3-11）计算（精确至 0.1%）：

$$\delta_i = \frac{m_0 - m_1}{m_0} \times 100\% \tag{3-11}$$

式中：$\delta_i$——第 $i$ 单级砂样的压碎指标值，%；

$m_0$——第 $i$ 单级砂样的质量，g；

$m_1$——第 $i$ 单级砂样的压碎试验后筛余的试样质量，g。

以 3 份试样试验结果的算术平均值作为各单粒级试样的测定值，取最大单粒级压碎指标值作为其压碎指标值。

（2）四级砂样总的压碎指标 $\delta$ 按式（3-12）计算（精确至 0.1%）：

$$\delta = \frac{a_1\delta_1 + a_2\delta_2 + a_3\delta_3 + a_4\delta_4}{a_1 + a_2 + a_3 + a_4} \times 100\% \tag{3-12}$$

式中：$a_1$、$a_2$、$a_3$、$a_4$——公称直径分别为 2.50 mm、1.25 mm、630 mm、315 mm 各方孔筛的分计筛余，%；

$\delta_1$、$\delta_2$、$\delta_3$、$\delta_4$——公称分别为 2.50～5.00 mm、1.25～2.50 mm、630 μm～1.25 mm、315～630 μm 单级试样压碎指标，%。

### 3.1.7 细骨料亚甲蓝值检测

#### 3.1.7.1 环境要求

实验室环境：温度为（20±5）℃。

#### 3.1.7.2 主要仪器设备

三片或四片式叶轮搅拌器：转速可调［最高达（600±60）r/min］，直径为（75±10）mm。

亚甲蓝：$C_{16}H_{18}C_lN_3S \cdot 3H_2O$。

烘箱：温度控制范围为（105±5）℃。

天平：最大称量不小于 1 000 g，分度值不大于 1 g；最大称量不大于 100 g，分度值不大于 0.01 g。

试验筛：公称直径为 80 μm、1.25 mm 的方孔筛各一个。

容器：要求淘洗试样不溅出深度大于 250 mm。

移液管：5 mL、2 mL 的移液管各一支。

定时装置：精度为 1 s。

玻璃容量瓶：容量为 1 L。

温度计：精度为 1℃。

玻璃棒：2 支，直径为 8 mm，长 300 mm。

滤纸：快速。

搪瓷盘、毛刷、容量为 1 000 mL 的烧杯等。

注：现行国家标准《建设用砂》（GB/T 14684）中规定亚甲蓝纯度≥98.5%；使用的滤纸为快速定量滤纸，天平最大称量不小于 1 000 g，分度值不大于 0.1 g；试验筛孔径分别为 75 μm、1.18 mm 和 2.36 mm。

### 3.1.7.3 样品制备

亚甲蓝溶液：将亚甲蓝粉末在（105±5）℃的烘箱中烘干至恒重，称取烘干亚甲蓝粉末 10 g，精确至 0.01 g，倒入盛有约 600 mL 蒸馏水（水温加热至 35～40℃）的烧杯中，用玻璃棒持续搅拌 40 min，直至亚甲蓝粉末完全溶解，冷却至 20℃。将溶液倒入 1 L 容量瓶中，用蒸馏水淋洗烧杯等，使所有亚甲蓝溶液全部移入容量瓶，容量瓶和溶液的温度应保持在（20±1）℃，加蒸馏水至容量瓶 1 L 刻度。振荡容量瓶以保证亚甲蓝粉末完全溶解。将容量瓶中溶液移入深色储藏瓶中，标明制备日期和失效日期（亚甲蓝溶液保质期应不超过 28 d），并置于阴暗处保存。

试验砂样：将试样缩分至约 400 g，在（105±5）℃的烘箱中烘干至恒重，待冷却至室温后，筛除公称直径大于 5.0 mm 的颗粒备用。

注：在配制亚甲蓝溶液时，现行国家标准《建设用砂》（GB/T 14684）中规定先称量亚甲蓝约 5 g，精确到 0.01 g，在（100±5）℃的烘箱中烘干至恒重，置于干燥器中冷却，从干燥器中取出后立即称重，精确到 0.01 g，进行亚甲蓝含水率测定，按 10.00 g 干燥的亚甲蓝计算称取未烘干的亚甲蓝进行溶液配制，现行国家标准《建设用砂》（GB/T 14684）中没有规定配制时的搅拌时间，其规定试验砂样为筛除粒径大于 2.36 mm 的颗粒备用。

### 3.1.7.4 试验步骤

1）标准法

（1）称取试样 200 g，精确至 1 g。将试样倒入盛有（500±5）mL 蒸馏水的烧杯中，用叶轮搅拌机以（600±60）r/min 的转速搅拌 5 min，形成悬浮液，然后以（400±40）r/min 的转速持续搅拌，直至试验结束。

（2）悬浮液中加入 5 mL 亚甲蓝溶液，以（400±40）r/min 的转速搅拌至少 1 min 后，用玻璃棒蘸取一滴悬浮液（所取悬浮液滴应使沉淀物直径为 8～12 mm），滴于滤纸（置于空烧杯或其他合适的支撑物上，以使滤纸表面不与任何固体或液体接触）上。若沉淀物周围未出现色晕，再加入 5 mL 亚甲蓝溶液，继续搅拌 1 min，再用玻璃棒蘸取一滴悬浮液，滴于滤纸上；若沉淀物周围仍未出现色晕，重复上述步骤，直至沉淀物周围出现约 1 mm 宽的稳定浅蓝色色晕。此时，应继续搅拌，不加亚甲蓝溶液，每 1 min 进行一次蘸染试验。若色晕在 4 min 内消失，再加入 5 mL 亚甲蓝溶液；若色晕在第 5 min 消失，再加入 2 mL 亚甲蓝溶液。在这两种情况下，均应继续进行搅拌和蘸染试验，直至色晕可持续 5 min。

（3）记录色晕持续 5 min 时所加入的亚甲蓝溶液总体积，精确至 1 mL。

2）快速法

（1）称取试样 200 g，精确至 1 g。将试样倒入盛有（500±5）mL 蒸馏水的烧杯中，用叶轮搅拌机以（600±60）r/min 的转速搅拌 5 min，形成悬浮液，然后以（400±40）r/min 的转速持续搅拌，直至试验结束。

（2）一次性向烧杯中加入 30 mL 亚甲蓝溶液，以（400±40）r/min 的转速持续搅拌 8 min，然后用玻璃棒蘸取一滴悬浮液，滴于滤纸上，观察沉淀物周围是否出现明显色晕。

注：现行国家标准《建设用砂》（GB/T 14684）中规定称取的试样 200 g，应精确至 0.1 g。

#### 3.1.7.5 试验结果

亚甲蓝（MB）值按式（3-13）计算（精确至 0.01，国家标准精确至 0.1）：

$$MB = \frac{V}{G} \times 10 \tag{3-13}$$

式中：MB——亚甲蓝值，g/kg，表示每千克 0～2.36 mm 粒级试样所消耗的亚甲蓝克数；

$G$——试样质量，g；

$V$——所加入的亚甲蓝溶液的总量，mL。

注：公式中的系数 10 用于将每千克试样消耗的亚甲蓝溶液体积换算成亚甲蓝质量。

当 MB＜1.4 时，则判定是以石粉为主；当 MB≥1.4 时，则判定是以泥粉为主的石粉。

若沉淀物周围出现明显色晕，则判定亚甲蓝快速试验为合格；若沉淀物周围未出现明显色晕，则判定亚甲蓝快速试验为不合格。人工砂或混合砂中石粉含量限制见表 3-7。

**表 3-7 人工砂或混合砂中石粉含量限制**

| 混凝土强度等级 | | ≥C60 | C30～C55 | ≤C25 |
|---|---|---|---|---|
| 石粉含量/% | MB＜1.4（合格） | ≤5.0 | ≤7.0 | ≤10.0 |
| | MB≥1.4（不合格） | ≤2.0 | ≤3.0 | ≤5.0 |

注：亚甲蓝 MB 值计算结果，现行国家标准《建设用砂》（GB/T 14684）中规定精确至 0.1。

### 3.1.8 细骨料氯离子含量检测

#### 3.1.8.1 环境要求

实验室环境：温度为（20±5）℃。

#### 3.1.8.2 主要仪器设备

天平：称量 1 000 g，感量为 1 g；

带塞磨口瓶：容量为 1 L；

三角瓶：容量为 300 mL；

滴定管：容量为 10 mL 或 25 mL；

移液管：容量为 50 mL 或 2 mL。

注：现行国家标准《建设用砂》（GB/T 14684）中天平量程为 1 000 g，精度为 0.1 g；使用 1 L 烧杯和蒸发皿代替带塞磨口瓶。

#### 3.1.8.3 样品制备

1）试剂

5%（$W/V$）铬酸钾指示剂溶液；

0.01 mol/L 氯化钠标准溶液；

0.01 mol/L 硝酸银标准溶液。

2）试样

取经缩分后的试样 2 kg，在（105±5）℃的烘箱中烘干至恒重，冷却至室温后备用。

注：现行国家标准《建设用砂》（GB/T 14684）中规定了试剂和材料应符合以下规定：

0.01 mol/L 硝酸银标准溶液：按现行国家标准《化学试剂　标准滴定溶液的制备》（GB/T 601）配制 0.1 mo1/L 硝酸银并标定，储藏于棕色试剂瓶中。临用前取 10 mL 置于 100 mL 的容量瓶中，用煮沸并冷却的蒸馏水稀释至刻度线。

铬酸钾指示剂溶液：称取 5 g 铬酸钾溶于 50 mL 蒸馏水中，滴加 0.01 mol/L 硝酸银标准溶液至有红色沉淀生成，摇匀，静置 12 h，然后过滤并用蒸馏水将滤液稀释至 100 mL。

现行国家标准《建设用砂》（GB/T 14684）中规定缩分后的样品质量为 1 100 g。

#### 3.1.8.4 试验步骤

（1）称取试样 500 g（$m$），装入容量为 1 L 的带塞磨口瓶中，用容量瓶取 500 mL 蒸馏水，注入磨口瓶内，加上塞子，摇动一次后静置 2 h，然后每隔 5 min 摇动一次，共摇动 3 次，使氯盐充分溶解。将磨口瓶上部已经澄清的溶液过滤，然后用移液管吸取 50 mL 滤液，注入容量为 300 mL 的三角瓶中，再加入浓度为 5%的（$W/V$）铬酸钾指示剂 1 mL，用 0.01 mol/L 硝酸银标准溶液滴定至呈现砖红色为终点，记录消耗的硝酸银标准溶液的毫升数（$V_1$）。

（2）空白试验：用移液管准确吸取 50 mL 蒸馏水到三角瓶内。加入 5%铬酸钾指示剂 1 mL，并用 0.01 mol/L 硝酸银标准溶液滴定至溶液呈现砖红色为止，记录消耗的硝酸银溶液的毫升数（$V_2$）。

注：现行国家标准《建设用砂》（GB/T 14684）中规定称取试样 500 g，装入容量为 1 L 的玻璃烧杯中，用容量瓶量取 500 mL 蒸馏水，注入烧杯，用玻璃棒搅拌砂水混合物后，用表面皿覆盖烧杯并将其置于水浴锅中加热，待其从室温加热至 80℃并且持续 1 h 后停止加热。然后，每隔 5 min 搅拌一次，共搅拌 3 次，使氯盐充分溶解。从水浴锅中将烧杯取出，静置溶液待其冷却至室温，再进行后续试验。

#### 3.1.8.5 试验结果

砂中氯离子含量$\omega_{Cl^-}$按式（3-14）计算（精确至0.001%）：

$$\omega_{Cl^-}=\frac{C_{AgNO_3}(V_1-V_2)\times 0.0355\times 10}{m}\times 100\% \tag{3-14}$$

式中：$C_{AgNO_3}$——硝酸银标准溶液的浓度，mol/L；

$V_1$——样品滴定时消耗的硝酸银标准溶液的体积，mL；

$V_2$——空白试验时消耗的硝酸银标准溶液的体积，mL；

$m$——试样质量，g。

### 3.1.9 细骨料坚固性检测

#### 3.1.9.1 环境要求

实验室环境：温度为（20±5）℃。

#### 3.1.9.2 主要仪器设备

骨料坚固性试验仪：符合《普通混凝土用砂、石质量及检验方法标准》（JGJ 52）规定的试验要求。

三脚网篮：内径及高均为70 mm，用铜丝或镀锌铁丝制成，网孔的孔径不应大于所盛试样粒级下限尺寸的一半。

#### 3.1.9.3 样品制备

（1）硫酸钠溶液的配制：取一定数量的蒸馏水（取决于试样及容器大小），加温至30～50℃，每1 000 mL蒸馏水加入无水硫酸钠（$Na_2SO_4$）300～350 g，用玻璃棒搅拌，使其溶解并饱和，然后冷却至20～25℃，在此温度下静置两昼夜，其相对密度应为1 151～1 174 kg/m$^3$；

（2）将缩分后的试样用水冲洗干净，在（105±5）℃的温度下烘干冷却至室温备用。

#### 3.1.9.4 试验步骤

（1）称取粒级分别为315～630 μm、630 μm～1.25 mm、1.25～2.50 mm和2.50～5.00 mm的试样各100 g。若是特细砂应筛去粒径160 μm以下和2.50 mm以上的颗粒，称取粒级分别为160～315 μm、315～630 μm、630 μm～1.25 mm和1.25～2.50 mm的试样各100 g，分别装入网篮并浸入盛有硫酸钠溶液的容器中，溶液体积应不小于试样总体积的5倍，其温度应保持在20～25℃。三脚网篮浸入溶液时，应先上下升降25次以排除试样中的气泡，然后静置于该容器中。此时，网篮底面距容器底面约为30 mm（由网篮脚高控制），网篮之间的间距应不小于30 mm，试样表面至少应在液面以下30 mm。

（2）浸泡20 h后，从溶液中提出网篮，放在温度为（105±5）℃的烘箱中烘烤4 h，至此，完成了第1次循环。待试样冷却至20～25℃后，即开始第2次循环，从第2次循环开始，浸泡及烘烤时间均为4 h。

（3）第5次循环完成后，将试样置于温度为20～25℃的清水中洗净硫酸钠，再在

（105±5）℃的烘箱中烘干至恒重，取出并冷却至室温后，用孔径为试样粒级下限的筛，过筛并称量各粒级试样试验后的筛余量。

注：试样中硫酸钠是否洗净，可按以下方法检验：取冲洗过试样的水若干毫升，滴入少量氯化钡（$BaCl_2$）溶液，如无白色沉淀，则说明硫酸钠已洗净。

#### 3.1.9.5 试验结果

（1）试样中各粒级颗粒的分计质量损失百分率$\delta_{ji}$按式（3-15）计算：

$$\delta_{ji}=\frac{m_i-m_i'}{m_i}\times 100\% \tag{3-15}$$

式中：$m_i$——每一粒级试样试验前的质量，g；

$m_i'$——经硫酸钠溶液试验后，每一粒级筛余颗试验粒的烘干质量，g。

（2）315 μm～5.00 mm 粒级试样的总质量损失百分率$\delta_j$按式（3-16）计算（精确至1%）：

$$\delta_j=\frac{\alpha_1\delta_{j1}+\alpha_2\delta_{j2}+\alpha_3\delta_{j3}+\alpha_4\delta_{j4}}{\alpha_1+\alpha_2+\alpha_3+\alpha_4}\times 100\% \tag{3-16}$$

式中：$\alpha_1$、$\alpha_2$、$\alpha_3$、$\alpha_4$——315～630 μm、630 μm～1.25 mm、1.25～2.50 mm、2.50～5.00 mm 粒级在筛除小于 315 μm 及大于 5.00 mm 颗粒后的原试样中所占的百分率，%；

$\delta_{j1}$、$\delta_{j2}$、$\delta_{j3}$、$\delta_{j4}$——315～630 μm、630 μm～1.25 mm、1.25～2.50 mm、2.50～5.00 mm 各粒级的分计质量损失百分率，%。

（3）特细砂按式（3-17）计算（精确至1%）：

$$\delta_j=\frac{\alpha_0\delta_{j0}+\alpha_1\delta_{j1}+\alpha_2\delta_{j2}+\alpha_3\delta_{j3}}{\alpha_0+\alpha_1+\alpha_2+\alpha_3}\times 100\% \tag{3-17}$$

式中：$\alpha_0$、$\alpha_1$、$\alpha_2$、$\alpha_3$——160～315 μm、315～630 μm、630 μm～1.25 mm、1.25～2.50 mm 粒级在筛除小于 160 μm 及大于 2.50 mm 颗粒后的原试样中所占的百分率，%；

$\delta_{j0}$、$\delta_{j1}$、$\delta_{j2}$、$\delta_{j3}$——160～315 μm、315～630 μm、630 μm～1.25 mm、1.25～2.50 mm 各粒级的分计质量损失百分率，%。

### 3.1.10 细骨料含水率检测

#### 3.1.10.1 环境要求

实验室环境：温度为（20±5）℃。

#### 3.1.10.2 主要仪器设备

天平：最大称量不小于 1 000 g，分度值不大于 1 g。

烘箱：温度控制范围为（105±5）℃。

电炉（或火炉）。

浅盘、炒盘、油灰铲、干刷等。

#### 3.1.10.3 样品制备

1）标准法

从样品中取重约500 g的试样两份。

2）快速法

从密封样品中取500 g试样。

注：本方法适用于快速测定砂的含水率。对含泥量过大及有机杂质含量较多的砂不宜采用。

#### 3.1.10.4 试验步骤

1）标准法

（1）将样品分别放入已知质量的干燥容器（$m_1$）中称重，记下每盘试样与容器的总重（$m_2$）；

（2）将容器连同试样放入温度为（105±5）℃的烘箱中烘干至恒重，称量烘干后的试样与容器的总重（$m_3$）。

2）快速法

（1）将样品放入干净的铁制或铝制炒盘（$m_1$）中，称取试样与炒盘的总重（$m_2$）；

（2）置炒盘于电炉（或火炉）上，用小铲不断地翻拌试样，待试样表面全部干燥后，切断电源（或移出火外）再继续翻拌1 min，稍予冷却（以免损坏天平）后，称干样与炒盘的总重（$m_3$）。

#### 3.1.10.5 试验结果

标准法测砂的含水率$\omega_{wc}$按式（3-18）计算（精确至0.1%）：

$$\omega_{wc}=\frac{m_2-m_3}{m_3-m_1}\times 100\% \tag{3-18}$$

式中：$m_1$——炒盘质量，g；

$m_2$——未烘干的试样与炒盘的总质量，g；

$m_3$——烘干后的试样与炒盘的总质量，g。

以两次试验结果的算术平均值作为测定值。

注：国家标准含水率两次试验结果之差大于0.2%时，应重新试验。

快速法测砂的含水率$\omega_{wc}$按式（3-19）计算（精确至0.1%）：

$$\omega_{wc}=\frac{m_2-m_3}{m_3-m_1}\times 100\% \tag{3-19}$$

式中：$m_1$——炒盘质量，g；

$m_2$——未烘干的试样与炒盘的总质量，g；

$m_3$——烘干后的试样与炒盘的总质量，g。

以两次试验结果的算术平均值作为测定值。

注：国家标准无快速法。

### 3.1.11 细骨料碱活性检测

#### 3.1.11.1 环境要求

成型环境：温度为（20±2）℃。

试件养护环境：温度为（80±2）℃的烘箱或水浴箱。

#### 3.1.11.2 主要仪器设备

烘箱：温度控制范围为（105±5）℃。

天平：最大称量不小于 1 000 g，感量为 1 g。

试验筛：筛孔公称直径分别为 5.00 mm、2.50 mm、1.25 mm、630 μm、315 μm、160 μm 的方孔筛各一个。

测长仪：测量范围为 280～300 mm，精度为 0.01 mm。

水泥胶砂搅拌机：应符合现行行业标准《行星式水泥胶砂搅拌机》（JC/T 681）的规定。

镘刀及截面为 14 mm×13 mm、长 120～150 mm 的钢制捣棒（砂浆长度法时使用）。

恒温养护箱或水浴：温度控制范围为（80±2）℃（快速法时使用）。

养护环境：室温为（40±2）℃（砂浆长度法时使用）。

养护筒（砂浆长度法）：用耐蚀材料制成，应不漏水、不透气，加盖后放在养护室中能确保筒内空气相对湿度为95%以上，筒内设有试件架，架下盛有水，试件垂直立于架上并不与水接触（砂浆长度法时使用）。

养护筒（快速法）：由耐碱耐高温的材料制成，不漏水，密封，防止容器内湿度下降，筒内设有试件架，试件垂直于试件架放置，筒的容积以保证试件全部分离地浸没在水中且不能与容器壁接触为宜。

试模：金属试模，尺寸为 25 mm×25 mm×280 mm，试模两端正中有小孔，装有不锈钢质膨胀测头。

#### 3.1.11.3 样品制备

1）快速法

（1）将砂样缩分至约为 5 kg，按表 3-8 所示级配及比例组合成试验用料，并将试样洗净烘干或晾干备用。

表 3-8 砂级配表

| 公称粒级 | 2.50～5.00 mm | 1.25～2.50 mm | 630 μm～1.25 mm | 315～630 μm | 160～315 μm |
|---|---|---|---|---|---|
| 分级质量分数/% | 10 | 25 | 25 | 25 | 15 |

注：对特细砂分级质量分数不作规定。

（2）水泥应采用符合现行国家标准《通用硅酸盐水泥》（GB 175）要求的普通硅酸盐水泥。水泥与砂的质量比为 1∶2.25，水灰比为 0.47。试件规格为 25 mm×25 mm×280 mm，每组3条试件共需水泥440 g，砂990 g。

（3）成型前24 h，将试验所用材料（水泥、砂、拌和用水等）放入（20±2）℃的恒温室内。

2）砂浆长度法

（1）水泥应使用高碱水泥，含碱量为1.2%。低于此值时，掺浓度为10%的氢氧化钠溶液，将碱含量调至水泥量的1.2%，对于具体工程拟用水泥的含碱量高于此值时，则用工程所使用的水泥。

注：水泥含碱量以氧化钠（$Na_2O$）计，氧化钾（$K_2O$）换算为氧化钠时乘以换算系数0.658。

（2）将砂样品缩分成约为5 kg，按表3-8所示级配及比例组合成试验用料，并将试样洗净晾干。

（3）水泥与砂的质量比为1∶2.25。每组3个试件，共需水泥440 g，砂990 g，砂浆用水量按现行国家标准《水泥胶砂流动度测定方法》（GB/T 2419）确定，但跳桌跳动次数改为6 s跳动10次，以流动度在105～120 mm为准。

（4）成型前24 h，将试验所用材料（水泥、砂、拌和水等）放入（20±2）℃的恒温室中待用。

#### 3.1.11.4　试验步骤

1）快速法

（1）将称好的水泥与砂倒入搅拌锅内，加入水，立即开动机器，先低速搅拌（30±1）s后，在第二个（30±1）s开始的同时均匀地将砂子加入，把搅拌机调至高速再搅拌（30±1）s。停止搅拌90 s，在停拌开始的（15±1）s内，将搅拌锅放下，用刮刀将叶片、锅壁和锅底上的胶砂刮入锅中，再在高速下继续搅拌（60±1）s。

（2）搅拌完成后，立即将砂浆分两层装入已装有膨胀测头的试模中，每层捣40次，注意膨胀测头周围应小心填实，浇捣完毕后用镘刀刮除多余砂浆，抹平表面，编号并标明测长方向。

（3）试件成型完毕后，立即带模放入标准养护室，养护（24±4）h后脱模。

（4）脱模后，将试件浸没于养护筒内的水中，并将养护筒放入温度为（80±2）℃的烘箱或水浴箱中养护24 h。同种骨料制成的试件放在同一个养护筒中。

（5）将养护筒逐个取出，每次从养护筒内取出一个试件，用抹布擦干表面，立即用测长仪测试件的基长（$L_0$）（精确至0.01 mm），每个试件至少重复测试两次，取差值在仪器精度范围内的两个读数的平均值作为长度测定值（精确至0.02 mm），每次每个试件的测量方向应一致，待测的试件须用湿布覆盖，防止水分蒸发；从取出试件擦干到读数完成应在（15±5）s内完成，读完数后的试件应用湿布覆盖。全部试件测完基准长度后，将试件浸没于养护筒内的1 mol/L氢氧化钠溶液中，溶液温度保持在（80±2）℃，将养护筒加盖放回烘箱或水浴箱中。

注：用测长仪测定任一组试件的长度时，均应先调整测长仪的零点。

（6）自测定基准长度之日起，第3 d、第7 d、第10 d、第14 d再分别测长（$L_t$）。测长度方法与测基长方法相同。每次测长完毕后，应将试件调头放入原养护筒中，加盖后放回（80±2）℃的高温养护箱或水浴箱中，继续养护至下一个测试龄期。

（7）操作时防止氢氧化钠溶液溢溅，避免烧伤皮肤；在测量时应观察试件的变形、裂缝、渗出物等，特别应观察有无胶体物质，并作详细记录。

2）砂浆长度法

（1）先将称好的水泥与砂倒入搅拌锅内，开动搅拌机，拌合 5 s 后徐徐加水，20～30 s 加完，自开机起搅拌（180±5）s 停机，将黏在叶上的砂浆刮下，取下搅拌锅。

（2）砂浆分两层装入试模内，每层捣 40 次；测头周围应填实，浇捣完毕后用镘刀刮除多余砂浆，抹平表面，编号并标明测长方向。

（3）试件成型完毕后，带模放入标准养护室，养护（24±4）h 后脱模（当试件强度较低时，可延至 48 h 脱模）。脱模后立即测试件的基长（$L_0$）。测长应在（20±2）℃的恒温室中进行，每个试件至少重复测试两次，取差值在仪器精度范围内的两个读数的平均值作为长度测定值（精确至 0.02 mm）。待测的试件须用湿布覆盖，以防止水分蒸发。

（4）测量后将试件放入养护筒内，盖严后放入温度为（40±2）℃的养护室内养护（一个筒内的品种应相同）。

（5）自测基长之日起，14 d、1 个月、2 个月、3 个月、6 个月再分别测其长度（$L_t$），如有必要还可适当延长。在测长前一天，应把养护筒从温度为（40±2）℃的养护室内取出，放入（20±2）℃的恒温室。测长方法与测基长相同，测量完毕后，应将试件调头放入养护筒中，盖好筒盖，放回温度（40±2）℃的养护室继续养护到下一个测龄期。

（6）在测量时应观察试件的变形、裂缝和渗出物，特别应观察有无胶体物质，并作详细记录。

#### 3.1.11.5 试验结果

1）快速法

试件在 td 龄期的膨胀率 $\varepsilon_t$ 按式（3-20）计算（精确至 0.01%）：

$$\varepsilon_t = \frac{L_t - L_0}{L_0 - 2\varDelta} \times 100\% \tag{3-20}$$

式中：$L_t$——试件在 td 龄期的长度，mm；

$L_0$——试件的基长，mm；

$\varDelta$——测头的长度，mm。

以 3 个试件膨胀率的算术平均值作为某一龄期膨胀率的测定值。任一试件膨胀率与平均值均应符合下列规定：

（1）当平均值小于等于 0.05%时，其差值均应小于 0.01%；

（2）当平均值大于 0.05%时，其差值均应小于平均值的 20%；

（3）当 3 个试件的膨胀率均大于 0.10%时，无精度要求；

（4）当不符合上述要求时，去掉膨胀率最小的，用其余两个试件的平均值作为该龄期的膨胀率。

结果判定：

当 14 d 膨胀率小于 0.10%时，可判定为无潜在危害；

当 14 d 膨胀率大于 0.20%时，可判定为有潜在危害；

当 14 d 膨胀率在 0.10%～0.20%时，应按砂浆长度法进行试验判定。

2）砂浆长度法

试件的膨胀率应按式（3-21）计算（精确至 0.001%）：

$$\varepsilon_t = \frac{L_t - L_0}{L_0 - 2\Delta} \times 100\% \tag{3-21}$$

式中：$\varepsilon_t$——试件在 td 龄期的膨胀率，%；

$L_t$——试件在 td 龄期的长度，mm；

$L_0$——试件的基长，mm；

$\Delta$——测头的长度，mm。

以 3 个试件膨胀率的平均值作为某一龄期的膨胀率的测定值。任一试件膨胀率与平均值均应符合下列规定：

（1）当平均值小于等于 0.05%时，其差值均应小于 0.01%；

（2）当平均值大于 0.05%时，其差值均应小于平均值的 20%；

（3）当 3 个试件的膨胀率均超过 0.10%时，无精度要求；

（4）当不符合上述要求时，去掉膨胀率最小的，用其余两个试件的平均值作为该龄期的膨胀率。

结果评定：当砂浆 6 个月的膨胀率小于 0.10%或 3 个月的膨胀率小于 0.05%（只有在缺少 6 个月膨胀率时才有效）时，则判为无潜在危害；否则，判为有潜在危害。

### 3.1.12　细骨料硫化物和硫酸盐含量检测

#### 3.1.12.1　环境要求

实验室环境：温度为（20±5）℃。

#### 3.1.12.2　主要仪器设备

天平：称量为 1 000 g，感量为 1 g；

分析天平：称量为 100 g，感量为 0.000 1 g；

高温炉：最高温度为 1 000℃；

试验筛：筛孔公称直径为 80 μm 的方孔筛一个；

瓷坩埚；

其他仪器：烧瓶、烧杯等。

注：现行国家标准《建设用砂》（GB/T 14684）中用筛为 75 μm 方孔筛，表述方法不同。

#### 3.1.12.3　样品制备

1）试剂的制备

10%（*W*/*V*）氯化钡溶液：10 g 氯化钡溶于 100 mL 蒸馏水中；

盐酸（1+1）：浓盐酸溶于同体积的蒸馏水中；

1%（*W*/*V*）硝酸银溶液：1 g 硝酸银溶液溶于 100 mL 蒸馏水中，并加入 5～10 mL 硝酸，存于棕色瓶中。

2）试样的制备

取风干砂用四分法缩分至不少于 10 g，置于温度为（105±5）℃的烘箱中烘干至恒重，冷却至室温后，研磨至全部通过 80 μm 的方孔筛，烘干备用。

注：现行国家标准《建设用砂》（GB/T 14684）中规定将试样缩分至约 150 g，放在烘箱中于（105±5）℃温度下烘干至恒重，待冷却至室温后，粉磨全部通过 75 μm 筛，成为粉状试样。再按四分法缩分至 30～40 g，放在烘箱中于（105±5）℃下烘干至恒重，待冷却至室温后备用。

#### 3.1.12.4 试验步骤

（1）用分析天平精确称取砂粉试样 1 g（$m$），放入 300 mL 的烧杯中，加入 30～40 mL 蒸馏水及 10 mL 的盐酸（1+1），加热至微沸，并保持微沸 5 min，试样充分分解后取下，以中速滤纸过滤，用温水洗涤 10～12 次。

（2）调整滤液体积至 200 mL，煮沸，搅拌的同时滴加 10 mL 10%氯化钡溶液，并将溶液煮沸数分钟，然后移至温热处静置至少 4 h（此时溶液体积应保持在 200 mL），用慢速滤纸过滤，用温水洗到无氯根反应（用硝酸银溶液检验）。

（3）将沉淀及滤纸一并移入已灼烧至恒重的瓷坩埚（$m_1$）中，灰化后在 800℃的高温炉内灼烧 30 min。取出坩埚，置于干燥器中冷却至室温，称量，如此反复灼烧，直至恒重（$m_2$）。

注：现行国家标准《建设用砂》（GB/T 14684）中规定将粉状试样倒入 300 mL 烧杯中后加入蒸馏水量为 20～30 mL；现行国家标准《建设用砂》（GB/T 14684）中采用的滤纸均为定量滤纸，注意现行行业标准《普通混凝土用砂、石质量及检验方法标准》（JGJ 52）中对滤纸是否为定量滤纸未做规定，但是步骤（2）的滤纸应该采用定量滤纸较为合理。

#### 3.1.12.5 试验结果

硫化物及硫酸盐含量 $\omega_{SO_3}$（以 $SO_3$ 计）按式（3-22）计算（精确至 0.01%）：

$$\omega_{SO_3} = \frac{(m_2 - m_1) \times 0.343}{m} \times 100\% \qquad (3\text{-}22)$$

式中：$\omega_{SO_3}$——硫酸盐含量，%；

$m$——试样质量，g；

$m_1$——瓷坩埚的质量，g；

$m_2$——瓷坩埚和试样的总质量，g；

0.343——$BaSO_4$ 换算成 $SO_3$ 的系数。

取两次试验的算术平均值作为测定值，当两次试验结果之差大于 0.15%时，须重做试验。

现行行业标准《普通混凝土用砂、石质量及检验方法标准》（JGJ 52）中规定砂中硫化物及硫酸盐含量（折算成 $SO_3$ 按质量计）应小于或等于 1.0%。当砂中含有颗粒状的硫酸盐或硫化物杂质时，应进行专门检验，确认能满足混凝土耐久性要求后，方可采用。

注：现行国家标准《建设用砂》（GB/T 14684）规定硫化物及硫酸盐含量取两次试验结果的算术平均值，精确至 0.1%。当两次试验结果之差大于 0.2%时，应重新试验。

### 3.1.13　细骨料有机物含量检测

#### 3.1.13.1　环境要求

实验室环境：温度为（20±5）℃。

#### 3.1.13.2　主要仪器设备

天平：称量为 100 g、感量为 0.1 g 和称量为 1 000 g、感量为 1 g 的天平各一台；
量筒：容量分别为 250 mL、100 mL 和 10 mL；
烧杯、玻璃棒和筛孔公称直径为 5.00 mm 的方孔筛。

注：现行国家标准《建设用砂》（GB/T 14684）中规定天平称量为 100 g，感量为 0.01 g。

#### 3.1.13.3　样品制备

1）试剂的制备

标准溶液：称取鞣酸粉 2 g，溶解于 98 mL 的 10%酒精溶液中，即得所需的鞣酸溶液；取该溶液 2.5 mL，注入 97.5 mL 浓度为 3%的氢氧化钠溶液中，加塞后剧烈摇动，静置 24 h 即配得标准溶液。

氢氧化钠溶液：氢氧化钠与蒸馏水之质量比为 3∶97。

2）试样的制备

筛去样品中粒径为 5.00 mm 以上的颗粒，用四分法缩分至约 500 g，风干备用。

#### 3.1.13.4　试验步骤

（1）向 250 mL 量筒中倒入试样至 130 mL 刻度处，注入浓度为 3%的氢氧化钠溶液至 200 mL 刻度处，剧烈摇动后静置 24 h；

（2）比较试样上部溶液和新配制标准溶液的颜色，盛装标准溶液与盛装试样的量筒容积应一致。

#### 3.1.13.5　试验结果

（1）试样上部的溶液颜色浅于标准溶液的颜色，则试样的有机质含量判定合格。如果两种溶液的颜色接近，则应将该试样（包括上部溶液）倒入烧杯中放在温度为 60～70℃的水浴锅中加热 2～3 h，然后再与标准溶液比色。

（2）如果溶液的颜色深于标准色，则应按以下方法进一步试验：

取试样一份，用 3%的氢氧化钠溶液洗除有机杂质，再用清水淘洗干净，直至试样上部溶液颜色浅于标准溶液的颜色，然后用洗除有机杂质和未洗除的试样分别按现行国家标准《水泥砂强度检验方法（ISO 法）》（GB/T 17671）配制两种水泥砂浆，测定 28 d 抗压强度。如果未经洗除有机杂质的砂的砂浆强度与经洗除有机杂质后的砂的砂浆强度比不低于 0.95，则此砂可以采用，否则不可采用。

## 3.2 粗 骨 料

混凝土中常用的粗骨料为石，石子是指由天然岩石经人工破碎而成，或经自然条件风化、腐蚀而成的粒径大于 4.75 mm（公称粒径大于 5.00 mm）的岩石颗粒。由人工破碎的称为碎石（或碎卵石），自然条件作用形成的称为卵石。

1）粗骨料的规格与类别

现行行业标准《普通混凝土用砂、石质量及检验方法标准》（JGJ 52）将石分为碎石和卵石。碎石是由天然岩石或卵石经破碎、筛分而得的，公称粒径大于 5.0 mm 的岩石颗粒，即山碎石和卵碎石；卵石是指在自然条件下形成的，公称粒径大于 5.0 mm 的岩石颗粒。

现行国家标准《建设用卵石、碎石》（GB/T 14685）中将粗骨料定义为粒径大于 4.75 mm 的岩石颗粒，分为卵石和碎石两类。卵石是指由自然风化、水流搬运和分选、堆积形成的，粒径大于 4.75 mm 的岩石颗粒；碎石是指由天然岩石、卵石或矿山废石经机械破碎、筛分制成的，粒径大于 4.75 mm 的岩石颗粒。

现行国家标准《建设用卵石、碎石》（GB/T 14685）中将建设用石分为碎石和卵石，并按技术要求分为Ⅰ类、Ⅱ类、Ⅲ类 3 种类别。Ⅰ类宜用于强度等级大于 C60 的混凝土；Ⅱ类宜用于强度等级为 C30～C60 及抗冻、抗渗或其他要求的混凝土；Ⅲ类宜用于强度等级小于 C30 的混凝土。

2）粗骨料主要技术指标

石子中各级粒径颗粒的分配情况称为石子的颗粒级配。石子的级配情况可分为连续粒级和单粒级。级配好坏对节约水泥和保证混凝土具有良好和易性有很大的影响，进而影响混凝土的强度。良好的级配可用较少的加水量配制出流动性好、离析泌水少的拌和物，并能在相应成型的条件下，得到均匀密实的混凝土，同时达到节约水泥的效果。

碎石的强度可用岩石的抗压强度和压碎指标表示。岩石强度首先应由生产单位提供，工程中可采用压碎指标进行质量控制。一般而言，强度和弹性模量高的石子可以制得质量好的混凝土。但是过强、过硬的石子不仅没有必要，相反还可能在混凝土因温度或湿度发生体积变化时，使水泥石受到较大的应力而开裂。岩石的抗压强度应比所配制的混凝土强度至少高 20%。当混凝土强度等级大于或等于 C60 时，应进行岩石抗压强度检验。岩石的抗压强度试验并不能完全反映石子在混凝土中的受力情况。混凝土受压时，大量的石子处于受折、受剪的情况，所以，为了更接近石子的实际受力情况，常用压碎试验表示石子的力学性能。

石子的技术指标包括表观密度、堆积密度、紧密堆积密度、吸水率、含水率、坚固性、压碎值、岩石抗压强度、颗粒级配、含泥量、泥块含量、针片状颗粒含量、贝壳含量（海砂）、石粉含量（人工砂及混合砂）、碱活性（长期处于潮湿环境的重要混凝土结构用砂)、硫化物及硫酸盐含量。

普通混凝土用粗骨料的常用标准有现行国家标准《建设用卵石、碎石》(GB/T 14685)和现行行业标准《普通混凝土用砂、石质量及检验方法标准》(JGJ 52),这两个标准都是现行标准。现行行业标准《普通混凝土用砂、石质量及检验方法标准》(JGJ 52)中规定的粗骨料技术指标见表 3-9,现行国家标准《建设用卵石、碎石》(GB/T 14685)中规定的粗骨料技术指标见表 3-10。

本节试验方法内容以《普通混凝土用砂、石质量及检验方法标准》(JGJ 52)作为依据,国家标准与行业标准的试验方法基本一致,将不再另行介绍国家标准的试验方法。

**表 3-9　粗骨料的技术指标(JGJ 52)**

<table>
<tr><th rowspan="2">编号</th><th rowspan="2" colspan="2">检测项目</th><th colspan="4">技术指标</th></tr>
<tr><th>≥C60</th><th colspan="2">C30～C55</th><th>≤C25</th></tr>
<tr><td>1</td><td colspan="2">针片状颗粒含量/%</td><td>≤8</td><td colspan="2">≤15</td><td>≤25</td></tr>
<tr><td>2</td><td colspan="2">含泥量/%</td><td>≤0.5</td><td colspan="2">≤1.0</td><td>≤2.0</td></tr>
<tr><td>3</td><td colspan="2">泥块含量/%</td><td>≤0.2</td><td colspan="2">≤0.5</td><td>≤0.7</td></tr>
<tr><td>4</td><td colspan="2">坚固性/%</td><td colspan="4">≤8(在严寒及寒冷地区室外使用并经常处于潮湿或干湿交替状态下的混凝土,对于有抗疲劳、耐磨、抗冲击要求的混凝土,有腐蚀介质作用或经常处于水位变化区的地下结构混凝土)</td></tr>
<tr><td rowspan="4">5</td><td rowspan="4">压碎值/%<br>(碎石)</td><td>混凝土强度等级</td><td colspan="2">C40～C60</td><td colspan="2">≤C35</td></tr>
<tr><td>沉积岩</td><td colspan="2">≤10</td><td colspan="2">≤16</td></tr>
<tr><td>变质岩或深成的火成岩</td><td colspan="2">≤12</td><td colspan="2">≤20</td></tr>
<tr><td>喷出的火成岩</td><td colspan="2">≤13</td><td colspan="2">≤30</td></tr>
<tr><td rowspan="2">6</td><td rowspan="2" colspan="2">压碎值/%<br>(卵石)</td><td colspan="2">C40～C60</td><td colspan="2">≤C35</td></tr>
<tr><td colspan="2">≤12</td><td colspan="2">≤16</td></tr>
<tr><td>7</td><td colspan="2">硫化物及硫酸盐含量/%</td><td colspan="4">≤1.0</td></tr>
<tr><td>8</td><td colspan="2">有机物含量/%(卵石)</td><td colspan="4">浅于标准色</td></tr>
<tr><td>9</td><td colspan="2">膨胀率/%</td><td colspan="4"><0.10</td></tr>
</table>

**表 3-10　粗骨料的技术指标(GB/T 14685)**

<table>
<tr><th rowspan="2">编号</th><th rowspan="2" colspan="2">检测项目</th><th colspan="3">技术指标</th></tr>
<tr><th>Ⅰ类</th><th>Ⅱ类</th><th>Ⅲ类</th></tr>
<tr><td>1</td><td colspan="2">针片状颗粒含量/%</td><td>≤5</td><td>≤8</td><td>≤15</td></tr>
<tr><td>2</td><td colspan="2">卵石含泥量/%</td><td>≤0.5</td><td>≤1.0</td><td>≤1.5</td></tr>
<tr><td>3</td><td colspan="2">碎石泥粉含量/%</td><td>≤0.5</td><td>≤1.5</td><td>≤2.0</td></tr>
<tr><td>4</td><td colspan="2">泥块含量/%</td><td>≤0.1</td><td>≤0.2</td><td>≤0.7</td></tr>
<tr><td>5</td><td colspan="2">坚固性/%</td><td>≤5</td><td>≤8</td><td>≤12</td></tr>
<tr><td rowspan="3">6</td><td rowspan="3">岩石抗压强度/MPa</td><td>岩浆岩</td><td colspan="3">≥80</td></tr>
<tr><td>变质岩</td><td colspan="3">≥60</td></tr>
<tr><td>沉积岩</td><td colspan="3">≥45</td></tr>
</table>

续表

| 编号 | 检测项目 | | 技术指标 | | |
|---|---|---|---|---|---|
| | | | Ⅰ类 | Ⅱ类 | Ⅲ类 |
| 7 | 压碎指标/% | 碎石 | ≤10 | ≤20 | ≤30 |
| | | 卵石 | ≤12 | ≤14 | ≤16 |
| 8 | 表观密度/（kg/m³） | | ≥2 600 | | |
| 9 | 空隙率/% | | ≤43 | ≤45 | ≤47 |
| 10 | 吸水率/% | | ≤1.0 | ≤2.0 | ≤2.5 |
| 11 | 不规则颗粒含量/% | | ≤10 | — | — |
| 12 | 硫化物及硫酸盐含量/% | | ≤0.5 | ≤1.0 | ≤1.0 |
| 13 | 有机物含量 | | 合格 | 合格 | 合格 |
| 14 | 放射性 | | 符合GB 6566的规定 | | |

### 3.2.1 粗骨料筛分析试验

#### 3.2.1.1 环境要求

实验室环境：温度为（20±5）℃。

#### 3.2.1.2 主要仪器设备

试验筛：筛孔公称直径分别为100.0 mm、80.0 mm、63.0 mm、50.0 mm、40.0 mm、31.5 mm、25.0 mm、20.0 mm、16.0 mm、10.0 mm、5.00 mm和2.50 mm的方孔筛以及筛的底盘和盖各一个（筛框内径均为300 mm），其规格和质量要求应符合现行国家标准《试验筛 技术要求和检验 第2部分：金属穿孔板试验筛》（GB/T 6003.2）的规定。

天平和秤：天平的最大称量不小于5 kg，分度值不大于5 g；秤的最大称量不小于20 kg，分度值不大于20 g。

烘箱：温度控制范围为（105±5）℃。

#### 3.2.1.3 样品制备

将样品缩分至表3-11规定的试样所需量，烘干或风干后备用。

**表3-11 筛分析所需试样的最少质量**

| 公称粒径/mm | 10.0 | 16.0 | 20.0 | 25.0 | 31.5 | 40.0 | 63.0 | 80.0 |
|---|---|---|---|---|---|---|---|---|
| 试样最少质量/kg | 2.0 | 3.2 | 4.0 | 5.0 | 6.3 | 8.0 | 12.6 | 16.0 |

#### 3.2.1.4 试验步骤

（1）按表3-11的规定称取试样。

（2）将试样按筛孔大小顺序过筛，当每只筛上筛余层厚度大于试样的最大粒径值时，应将该筛上的筛余试样分成两份，再次进行筛分，直至各筛每分钟的通过量不超过试样总量的0.1%。

注：当筛余试样的颗粒的粒径比公称粒径大 20 mm 以上时，在筛分过程中，允许用手指拨动颗粒。

（3）称取各筛筛余的重量，精确至试样总质量的 0.1%。各筛的分计筛余量和筛底剩余的总和与筛分前测定的试样总量相比，相差不得超过 1%。

### 3.2.1.5　试验结果

（1）计算分计筛余（各筛上的筛余量除以试样总量的百分率），精确至 0.1%。

（2）计算累计筛余（该筛的分计筛余与筛孔大于该筛的各筛的分计筛余之和），精确至 1%。

（3）根据各筛的累计筛余，评定该试样的颗粒级配。卵石和碎石的颗粒级配应符合表 3-12 的要求。

**表 3-12　碎石或卵石的颗粒级配范围**

| 公称粒径/mm \ 累计筛余/% \ 筛孔边长/mm | | 2.36 | 4.75 | 9.50 | 16.0 | 19.0 | 26.5 | 31.5 | 37.5 | 53.0 | 63.0 | 75.0 | 90.0 |
|---|---|---|---|---|---|---|---|---|---|---|---|---|---|
| 连续粒级 | 5～10 | 95～100 | 80～100 | 0～15 | 0 | — | — | — | — | — | — | — | — |
| | 5～16 | 95～100 | 85～100 | 30～60 | 0～10 | 0 | — | — | — | — | — | — | — |
| | 5～20 | 95～100 | 90～100 | 40～80 | — | 0～10 | 0 | — | — | — | — | — | — |
| | 5～25 | 95～100 | 90～100 | — | 30～70 | — | 0～5 | 0 | — | — | — | — | — |
| | 5～31.5 | 95～100 | 90～100 | 70～90 | — | 15～45 | — | 0～5 | 0 | — | — | — | — |
| | 5～40 | — | 95～100 | 70～90 | — | 30～65 | — | — | 0～5 | 0 | — | — | — |
| 单粒级 | 10～20 | — | 95～100 | 85～100 | — | 0～15 | 0 | — | — | — | — | — | — |
| | 16～31.5 | — | 95～100 | — | 85～100 | — | — | 0～10 | 0 | — | — | — | — |
| | 20～40 | — | — | 95～100 | — | 80～100 | — | — | 0～10 | 0 | — | — | — |
| | 31.5～63 | — | — | — | 95～100 | — | — | 75～100 | 45～75 | — | 0～10 | 0 | — |
| | 40～80 | — | — | — | — | 95～100 | — | — | 70～100 | — | 30～60 | 0～10 | 0 |

注：混凝土用石应采用连续粒级。单粒级宜用于组合成满足要求的连续粒级，也可与连续粒级混合使用，以改善其级配或配成较大粒度的连续粒级。当卵石的颗粒级配不符合表 3-12 要求时，则采取措施并经试验验证能确保工程质量后，方可允许使用。

### 3.2.2 粗骨料含泥量检测

#### 3.2.2.1 环境要求

实验室环境：温度为（20±5）℃。

#### 3.2.2.2 主要仪器设备

秤：最大称量不小于 20 kg，分度值不大于 20 g。

烘箱：温度控制范围为（105±5）℃。

试验筛：筛孔公称直径为 1.25 mm 及 80 μm 的方孔筛各一个。

#### 3.2.2.3 样品制备

试验前，将样品用四分法缩分至表 3-13 所规定的量（注意防止细粉丢失），并置于温度为（105±5）℃的烘箱内烘干至恒重，冷却至室温后分成两份备用。

**表 3-13 含泥量试验所需试样的最少质量**

| 最大公称粒径/mm | 10.0 | 16.0 | 20.0 | 25 | 31.5 | 40.0 | 63.0 | 80.0 |
| --- | --- | --- | --- | --- | --- | --- | --- | --- |
| 试样最少质量/kg | 2 | 2 | 6 | 6 | 10 | 10 | 20 | 20 |

#### 3.2.2.4 试验步骤

（1）称取试样一份（$m_0$）装入容器中摊平，并注入饮用水，使水面高出石子表面 150 mm；用手在水中淘洗颗粒，使尘屑、淤泥和黏土与较粗颗粒分离，并使之悬浮或溶解于水；缓缓地将浑浊液倒入公称直径为 1.25 mm 及 80 μm 的方孔套筛（1.25 mm 筛放在上面）上，滤去小于 80 μm 的颗粒；试验前筛子的两面应先用水湿润；在整个试验过程中应注意避免大于 80 μm 的颗粒丢失。

（2）再加水于容器中，重复上述过程，直至洗出的水清澈为止。

（3）用水冲洗剩留在筛上的细粒，并将 80 μm 的方孔筛放在水中（使水面略高出筛内颗粒）来回摇动，以充分洗除小于 80 μm 的颗粒。然后，将两只筛上剩留的颗粒和筒中已洗净的试样一并装入浅盘，置于温度为（105±5）℃的烘箱中烘干至恒重。取出冷却至室温后，称其质量（$m_1$）。

#### 3.2.2.5 试验结果

碎石或卵石的含泥量 $\omega_c$ 按式（3-23）计算（精确至 0.1%）：

$$\omega_c = \frac{m_0 - m_1}{m_0} \times 100\% \qquad (3\text{-}23)$$

式中：$m_0$——试验前烘干试样的质量，g；

$m_1$——试验后烘干试样的质量，g。

以两个试样试验结果的算术平均值作为测定值。

当两次结果之差大于 0.2%时，应重新取样进行试验。

### 3.2.3 粗骨料泥块含量检测

#### 3.2.3.1 环境要求

实验室环境：温度为（20±5）℃。

#### 3.2.3.2 主要仪器设备

秤：最大称量不小于20 kg，分度值不大于20 g。

烘箱：温度控制范围为（105±5）℃。

试验筛：筛孔公称直径为2.50 mm及5.00 mm的方孔筛各一个。

#### 3.2.3.3 样品制备

将样品用四分法缩分至略大于表3-13所规定的量，缩分时应防止所含黏土块被压碎。缩分后的试样在（105±5）℃的烘箱内烘干至恒重，冷却至室温后分成两份备用。

#### 3.2.3.4 试验步骤

（1）筛去公称粒径为5.00 mm以下的颗粒，称其质量（$m_1$）。

（2）将试样在容器中摊平，加入饮用水使水面高出试样表面，24 h后把水放出，用手碾压泥块，然后把试样放在公称直径为2.50 mm的方孔筛上摇动淘洗，直至洗出的水清澈为止。

（3）将筛上的试样小心地从筛里取出，置于温度为（105±5）℃的烘箱中烘干至恒重，取出冷却至室温后称其质量（$m_2$）。

#### 3.2.3.5 试验结果

泥块含量$\omega_{c,L}$按式（3-24）计算（精确至0.1%）：

$$\omega_{c,L}=\frac{m_1-m_2}{m_1}\times 100\% \tag{3-24}$$

式中：$m_1$——公称直径为5.00 mm的筛上筛余量，g；

$m_2$——试验后烘干试样的质量，g。

以两个试样试验结果的算术平均值作为测定值。

### 3.2.4 粗骨料压碎指标检测

#### 3.2.4.1 环境要求

实验室环境：温度为（20±5）℃。

#### 3.2.4.2 主要仪器设备

压碎值指标测定仪（图3-2）。

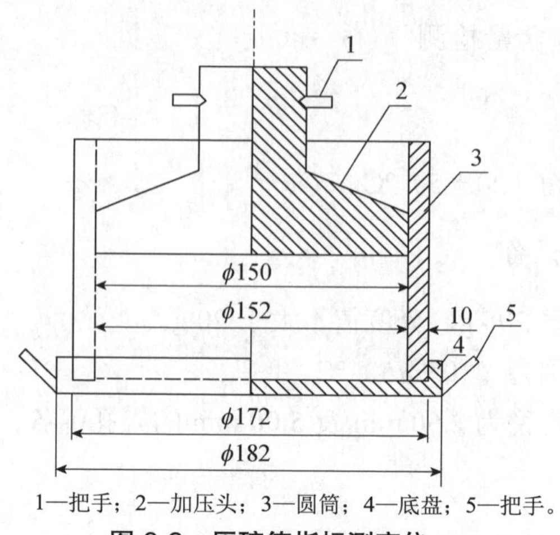


1—把手；2—加压头；3—圆筒；4—底盘；5—把手。

**图 3-2　压碎值指标测定仪**

压力试验机：量程为 300 kN。

电子天平：称量为 5 000 g，感量为 5 g。

试验筛：筛孔公称直径分别为 2.50 mm、10 mm、20 mm。

烘箱：温度控制范围为（105±5）℃。

3.2.4.3　样品制备

（1）标准试样一律采用公称粒级为 10.0～20.0 mm 的颗粒，并在风干状态下进行试验。

（2）对于多种岩石组成的卵石，当公称粒径大于 20.0 mm 颗粒的岩石矿物成分与 10.0～20.0 mm 粒级有显著差异时，应将大于 20.0 mm 的颗粒经人工破碎后，筛取 10.0～20.0 mm 的标准粒级进行压碎值指标试验。

（3）将缩分后的试样先筛除公称粒径为 10.0 mm 以下及 20.0 mm 以上的颗粒，再用针状和片状规准仪剔除针状和片状颗粒，然后称取每份 3 kg 的试样 3 份备用。

3.2.4.4　试验步骤

（1）置圆筒于底盘上，取试样一份，分两层装入圆筒，每装完一层试样后，在底盘下面垫放一直径为 10 mm 的圆钢筋，将筒按住，左右交替颠击地面各 25 下。第二层颠实后，试样表面距底盘的高度控制在 100 mm 左右。

（2）整平筒内试样表面，把加压头装好（注意应使加压头保持平正），放到压力试验机上在 160～300 s 内均匀地加荷到 200 kN，稳定 5 s。然后卸荷，取出测定筒，倒出筒内的试样并称其质量（$m_0$）。用公称直径为 2.50 mm 的方孔筛筛除被压碎的细粒，称量剩留在筛上的试样质量（$m_1$）。

3.2.4.5　为验结果

（1）碎石或卵石的压碎值指标 $\delta_a$ 按式（3-25）计算（精确至 0.1%）：

$$\delta_a = \frac{m_0 - m_1}{m_0} \times 100\% \tag{3-25}$$

式中：$m_0$——试样的质量，g；

$m_1$——压碎试验后筛余的试样质量，g。

（2）对于多种岩石组成的卵石，应对公称粒径为 20.0 mm 以下及 20.0 mm 以上的标准粒级（10.0～20.0 mm）分别进行检验，则其总的压碎值指标 $\delta_a$ 按式（3-26）计算：

$$\delta_a = \frac{\alpha_1 \delta_{\alpha_1} + \alpha_2 \delta_{\alpha_2}}{\alpha_1 + \alpha_2} \times 100\% \tag{3-26}$$

式中：$\alpha_1$、$\alpha_2$——公称粒径分别为 20.0 mm 以下及 20.0 mm 以上两粒级的颗粒含量百分率，%；

$\delta_{\alpha_1}$、$\delta_{\alpha_2}$——两粒级以标准粒级试验的分计压碎值指标，%。

以 3 次试验结果的算术平均值作为压碎指标测定值。

注：国家标准和行业标准的主要区别如下：

（1）行业标准中指出了对于多种岩石组成的卵石，如对 20.0 mm 以下及 20.0 mm 以上的标准粒径（10.0～20.0 mm）分别进行检验，并给出了其计算方法；国家标准未特别指出。

（2）国家标准中压力试验机按 1 kN/s 速度均匀加荷至 200 kN 并稳荷 5 s。

## 3.2.5　粗骨料针状、片状颗粒含量检测

### 3.2.5.1　环境要求

实验室环境：温度为（20±5）℃。

### 3.2.5.2　主要仪器设备

针状规准仪（图 3-3）和片状规准仪（图 3-4），游标卡尺。

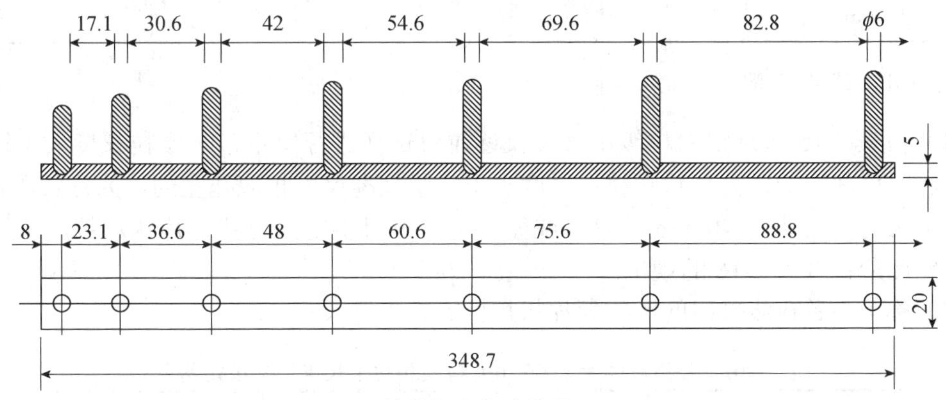


**图 3-3　针状规准仪（单位：mm）**

### 3.2.5.3　样品制备

将样品在室内风干至表面干燥，并用四分法缩分至表 3-14 规定的量，称量（$m_0$），

然后筛分成表 3-15 所规定的粒级备用。

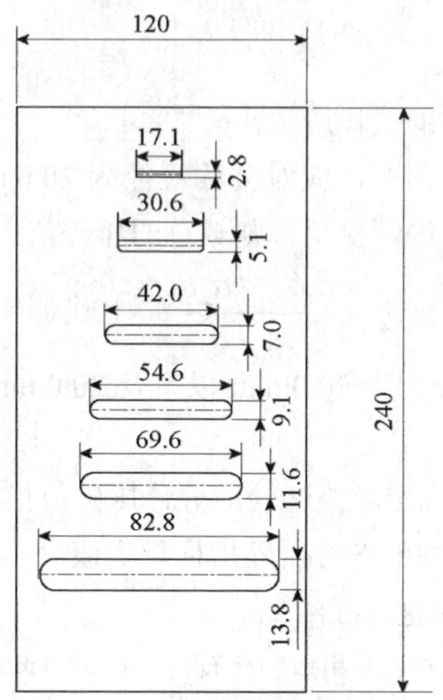


图 3-4 片状规准仪（单位：mm）

表 3-14 针状、片状总含量试验所需试样的最少质量

| 最大公称粒径/mm | 10.0 | 16.0 | 20.0 | 25.0 | 31.5 | ≥40.0 |
|---|---|---|---|---|---|---|
| 试样最少质量/kg | 0.3 | 1 | 2 | 3 | 5 | 10 |

表 3-15 针状、片状总含量试验的粒级划分及其相应的规准仪孔宽或间距

| 公称粒级/mm | 5.00～10.0 | 10.0～16.0 | 16.0～20.0 | 20.0～25.0 | 25.0～31.5 | 31.5～40.0 |
|---|---|---|---|---|---|---|
| 片状规准仪上相对应的孔宽/mm | 2.8 | 5.1 | 7.0 | 9.1 | 11.6 | 13.8 |
| 针状规准仪上相对应的间距/mm | 17.1 | 30.6 | 42.0 | 54.6 | 69.6 | 82.8 |

3.2.5.4 试验步骤

（1）按表 3-15 所规定的粒级用规准仪逐粒对试样进行鉴定，凡颗粒长度大于针状规准仪上相对应间距的，为针状颗粒。厚度小于片状规准仪上相应孔宽的，为片状颗粒。

（2）公称粒径大于 40 mm 的碎石或卵石可用卡尺鉴定其针状、片状颗粒，卡尺卡口的设定宽度应符合表 3-16 的规定。

（3）称量由各粒级挑出的针状和片状颗粒的总质量（$m_1$）。

表 3-16 公称粒径大于 40 mm 粒级颗粒卡尺卡口的设定宽度

| 公称粒级/mm | 40.0～63.0 | 63.0～80.0 |
|---|---|---|
| 片状颗粒的卡口宽度/mm | 18.1 | 27.6 |
| 针状颗粒的卡口宽度/mm | 108.6 | 165.6 |

3.2.5.5 试验结果

碎石或卵石中针状、片状颗粒总含量 $\omega_p$ 按式（3-27）计算（精确至1%）：

$$\omega_p = \frac{m_1}{m_0} \times 100\% \tag{3-27}$$

式中：$m_1$——试样中所含针状、片状颗粒的总质量，g；

$m_0$——试样总质量，g。

### 3.2.6 粗骨料表观密度检测

3.2.6.1 环境要求

实验室环境：温度为（20±5）℃。

3.2.6.2 主要仪器设备

液体天平：称量为5 kg，感量为5 g；其型号及尺寸能允许在臂上悬挂盛试样的吊篮，并在水中称量（图3-5）。

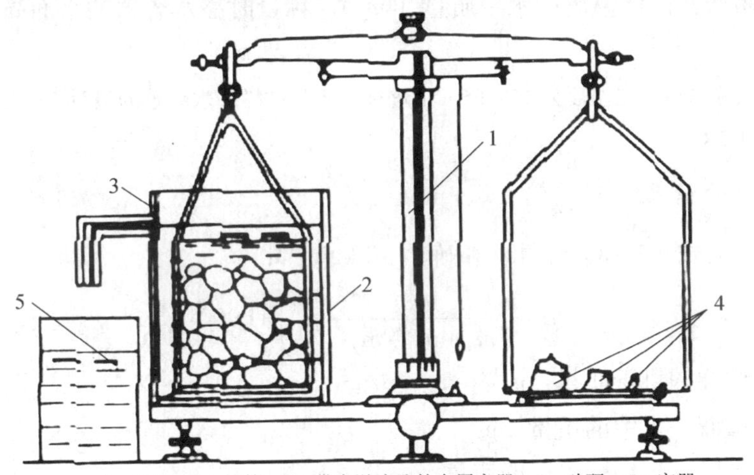


1—天平；2—吊篮；3—带有溢液孔的金属容器；4—砝码；5—容器。

**图3-5 液体天平**

吊篮：直径和高度均为150 mm，由孔径为1～2 mm的筛网或钻有孔径为2～3 mm孔洞的耐锈蚀金属板制成。

盛水容器：有溢流孔；

试验筛：筛孔公称直径为5.00 mm的方孔筛一个；

温度计：0～100℃。

3.2.6.3 样品制备

试验前，将样品筛除公称粒径为5.00 mm以下的颗粒，并缩分至略重于表3-17所规定的数量，冲洗干净后分成两份备用。

表 3-17　表观密度试验所需试样的最少质量

| 最大公称粒径/mm | 10.0 | 16.0 | 20.0 | 25.0 | 31.5 | 40.0 | 63.0 | 80.0 |
|---|---|---|---|---|---|---|---|---|
| 试样最少质量/kg | 2.0 | 2.0 | 2.0 | 2.0 | 3.0 | 4.0 | 6.0 | 6.0 |

#### 3.2.6.4　试验步骤

（1）按表 3-17 的规定称取试样。

（2）取试样一份装入吊篮，并浸入盛水的容器中，水面至少高出试样 50 mm。

（3）浸水 24 h 后，移放到称量用的盛水容器中，并用上下升降吊篮的方法排除气泡（试样不得露出水面），吊篮每升降一次约为 1 s，升降高度为 30～50 mm。

（4）测定水温后（此时吊篮应全浸入水中），用天平称取吊篮及试样在水中的质量（$m_2$），称量时盛水容器中水面高度由容器的溢流孔控制。

（5）提起吊篮，将试样置于浅盘中，放入（105±5）℃的烘箱中烘干至恒重；取出来放在带盖的容器中冷却至室温后，称重（$m_0$）。

注：恒重是指相邻两次称量间隔时间大于 3 h 的情况下，其前后两次称量之差小于该项试验所要求的称量精度。

（6）称取吊篮在同样温度的水中质量（$m_1$），称量时盛水容器的水面高度仍应由溢流口控制。

注：试验各项称重可以在温度为 15～25℃下进行，但从试样加水静置的最后 2 h 直至试验结束，其温度相差不应超过 2℃。

#### 3.2.6.5　试验结果

表观密度 $\rho$ 按式（3-28）计算（精确至 10 kg/m³）：

$$\rho=\left(\frac{m_0}{m_0+m_1-\mathrm{m}_2}-\alpha_t\right)\times 1\,000 \tag{3-28}$$

式中：$m_0$——试样的烘干质量，g；

$m_1$——吊篮在水中的质量，g；

$m_2$——吊篮及试样在水中的质量，g；

$\alpha_t$——水温对砂的表观密度影响的修正系数，如表 3-6 所示。

以两次试验结果的算术平均值作为测定值，如果两次结果之差大于 20 kg/m³，应重新取样进行试验。对颗粒材质不均匀的试样，当两次试验结果之差大于 20 kg/m³ 时，可取 4 次测定结果的算术平均值作为测定值。

### 3.2.7　粗骨料堆积密度检测

#### 3.2.7.1　环境要求

实验室环境：温度为（20±5）℃。

#### 3.2.7.2　主要仪器设备

秤：最大称量不小于 100 kg，分度值不大于 100 g。

烘箱：温度控制范围为（105±5）℃。

容量筒：金属制，其规格见表 3-18。

表 3-18 容量筒的规格要求

| 碎石或卵石的最大公称粒径/mm | 容量筒容积/L | 容量筒规格/mm | | 筒壁厚度/mm |
|---|---|---|---|---|
| | | 内径 | 净高 | |
| 10.0；16.0；20.0；25.0 | 10 | 208 | 294 | 2 |
| 31.5；40.0 | 20 | 294 | 294 | 3 |
| 63.0；80.0 | 30 | 360 | 294 | 4 |

注：测定紧密密度时，对最大公称粒径分别为 31.5 mm、40.0 mm 的骨料，可采用 10 L 的容量筒，对最大公称粒径分别为 63.0 mm、80.0 mm 的骨料，可采用 20 L 的容量筒。

### 3.2.7.3 样品制备

按表 3-19 规定称取试样，放入浅盘，在（105±5）℃的烘箱中烘干，也可摊在清洁的地面上风干，拌匀后分成两份备用。

表 3-19 堆积密度和紧密密度试验所需试样的最少质量

| 公称粒径/mm | 10.0 | 16.0 | 20.0 | 25.0 | 31.5 | 40.0 | 63.0 | 80.0 |
|---|---|---|---|---|---|---|---|---|
| 试样最少质量/kg | 40 | 40 | 40 | 40 | 80 | 80 | 120 | 120 |

### 3.2.7.4 试验步骤

1）堆积密度

（1）取试样一份，置于平整干净的地板（或铁板）上，用平头铁锹铲起试样，使石子自由落入容量筒内。

（2）铁锹的齐口至容量筒上口的距离应保持在 50 mm 左右。

（3）装满容量筒并除去凸出筒口表面的颗粒，并以合适的颗粒填入凹陷部分，使表面稍凸起部分和凹陷部分的体积大致相等，称取试样和容量筒的总质量（$m_2$）。

2）紧密密度

（1）取试样一份，分三层装入容量筒，装完一层后，在筒底垫放一根直径为 25 mm 的钢筋，将筒按住并左右交替颠击地面各 25 下，然后再装入第二层。

（2）第二层装满后用同样的方法颠实（筒底所垫钢筋的方向应与第一层放置方向垂直）；然后再装入第三层，用同样的方法颠实。

（3）待第三层试样装填完毕后，加料直到试样超出容量筒筒口，用钢筋沿筒口边缘滚转，刮下高出筒口的颗粒，用合适的颗粒填平凹处，使表面稍凸起部分和凹陷部分的体积大致相等，称取试样和容量筒的总质量（$m_2$）。

### 3.2.7.5 试验结果

堆积密度 $\rho_L$ 和紧密密度 $\rho_c$ 按式（3-29）计算（精确至 10 kg/m³）：

$$\rho_L(\rho_c)=\frac{m_2-m_1}{V}\times 1000 \tag{3-29}$$

式中：$m_1$——容量筒的质量，kg；

$m_2$——容量筒和试样的总质量，kg；

$V$——容量筒容积，L。

以两次试验结果的算术平均值作为测定值。

堆积密度的空隙率$\nu_L$和紧密密度的空隙率$\nu_C$分别按式（3-30）、式（3-31）计算（精确至1%）：

$$\nu_L=\left(1-\frac{\rho_L}{\rho}\right)\times 100\% \tag{3-30}$$

$$\nu_C=\left(1-\frac{\rho_c}{\rho}\right)\times 100\% \tag{3-31}$$

式中：$\nu_L$——堆积密度的空隙率，%；

$\nu_C$——紧密密度的空隙率，%；

$\rho_L$——碎石或卵石的堆积密度，kg/m³；

$\rho$——碎石或卵石的表观密度，kg/m³；

$\rho_c$——碎石或卵石的紧密密度，kg/m³。

容量筒容积的校正应以（20±5）℃的饮用水装满容量筒，用玻璃板沿筒口滑移，使其紧贴水面，擦干筒外壁水分后称其质量。用式（3-32）计算筒的容积$V$：

$$V=m_2'-m_1'\ (\text{L}) \tag{3-32}$$

式中：$m_1'$——容量筒和玻璃板的质量，kg；

$m_2'$——容量筒、玻璃板和水的总质量，kg。

## 3.3 轻　集　料

轻集料相对于普通集料而言最明显的特征就是堆积密度较普通集料小，《轻集料及其试验方法　第1部分：轻集料》（GB/T 17431.1）将堆积密度不大于1 200 kg/m³的粗、细集料总称为轻集料。

1）轻集料的规格与类别

轻集料按照不同形成方式可分为人造轻集料、天然轻集料、工业废渣轻集料。人造轻集料是指采用无机材料经加工制粒，高温焙烧而制成的轻粗集料（如陶粒等）及粗集料（如陶砂等）；天然轻集料是指由火山爆发形成的多孔岩石经破碎、筛分而制成的轻集料（如浮石、火山渣等）；工业废渣轻骨料是指由工业副产品或固体废物经破碎、筛分而制成的轻集料。按粒径大小可分为轻粗集料、轻细集料，粒径小于4.75 mm的轻集料称为轻细集料，粒径大于4.75 mm的轻集料称为轻粗集料。

2）轻集料主要技术指标

轻集料的技术指标包括颗粒级配、堆积密度、筒压强度、吸水率、软化系数、粒型系数、含泥量、泥块含量、煮沸质量损失、烧失量、硫化物和硫酸盐含量、有机物含量、氯化物含量、放射性。现行国家标准《轻集料及其试验方法　第1部分：轻集料》

（GB/T 17431.1）中规定的技术指标见表 3-20～表 3-27，试验方法依据现行国家标准《轻集料及其试验方法　第 2 部分：轻集料试验方法》（GB/T 17431.2）进行。

**表 3-20　轻集料的颗粒级配**

| 轻集料 | 级配类别 | 公称粒径/mm | 各号筛的累计筛余（按质量计）/% | | | | | | | | | | | |
|---|---|---|---|---|---|---|---|---|---|---|---|---|---|---|
| | | | 方孔筛孔径 | | | | | | | | | | | |
| | | | 37.5 mm | 31.5 mm | 26.5 mm | 19.0 mm | 16.0 mm | 9.50 mm | 4.75 mm | 2.36 mm | 1.18 mm | 600 μm | 300 μm | 150 μm |
| 轻细集料 | — | 0～5 | — | — | — | — | — | 0 | 0～10 | 0～35 | 20～60 | 30～80 | 65～90 | 75～100 |
| 轻粗集料 | 连续粒级 | 5～40 | 0～10 | — | — | 40～60 | — | 50～85 | 90～100 | 95～100 | — | — | — | — |
| | | 5～31.5 | 0～5 | 0～10 | — | — | 40～75 | — | 90～100 | 95～100 | — | — | — | — |
| | | 5～25 | 0 | 0～5 | 0～10 | — | 30～70 | — | 90～100 | 95～100 | — | — | — | — |
| | | 5～20 | 0 | 0～5 | — | 0～10 | — | 40～80 | 90～100 | 95～100 | — | — | — | — |
| | | 5～16 | — | — | 0 | 0～5 | 0～10 | 20～60 | 85～100 | 95～100 | — | — | — | — |
| | | 5～10 | — | — | — | — | 0 | 0～15 | 80～100 | 95～100 | — | — | — | — |
| | 单粒级 | 10～16 | — | — | — | 0 | 0～15 | 85～100 | 90～100 | — | — | — | — | — |

**表 3-21　轻集料的密度等级**

| 轻集料种类 | 密度等级 | | 堆积密度范围/（kg/m³） |
|---|---|---|---|
| | 轻粗集料 | 轻细集料 | |
| 人造轻集料、天然轻集料、工业废渣轻集料 | 200 | — | ＞100，≤200 |
| | 300 | — | ＞200，≤300 |
| | 400 | — | ＞300，≤400 |
| | 500 | 500 | ＞400，≤500 |
| | 600 | 600 | ＞500，≤600 |
| | 700 | 700 | ＞600，≤700 |
| | 800 | 800 | ＞700，≤800 |
| | 900 | 900 | ＞800，≤900 |
| | 1 000 | 1 000 | ＞900，≤1 000 |
| | 1 100 | 1 100 | ＞1 000，≤1 100 |
| | 1 200 | 1 200 | ＞1 100，≤1 200 |

**表 3-22　轻粗集料的筒压强度**

| 轻集料种类 | 密度等级 | 筒压强度/MPa |
|---|---|---|
| 人造轻集料 | 200 | ≥0.2 |
| | 300 | ≥0.5 |
| | 400 | ≥1.0 |
| | 500 | ≥1.5 |
| | 600 | ≥2.0 |

续表

| 轻集料种类 | 密度等级 | 筒压强度/MPa |
|---|---|---|
| 人造轻集料 | 700 | ≥3.0 |
| | 800 | ≥4.0 |
| | 900 | ≥5.0 |
| 天然轻集料、工业废渣轻集料 | 600 | ≥0.8 |
| | 700 | ≥1.0 |
| | 800 | ≥1.2 |
| | 900 | ≥1.5 |
| | 1 000 | ≥1.5 |
| 工业废渣轻集料中的自燃煤矸石 | 900 | ≥3.0 |
| | 1 000 | ≥3.5 |
| | 1 000～1 200 | ≥4.0 |

**表 3-23　高强轻粗集料的筒压强度与强度标号**

| 轻粗集料种类 | 密度等级 | 筒压强度/MPa | 强度标号 |
|---|---|---|---|
| 人造轻集料 | 600 | ≥4.0 | 25 |
| | 700 | ≥5.0 | 30 |
| | 800 | ≥6.0 | 35 |
| | 900 | ≥6.5 | 40 |

**表 3-24　轻粗集料的吸水率**

| 轻粗集料种类 | 密度等级 | 1 h 吸水率/% |
|---|---|---|
| 人造轻集料、工业废渣轻集料 | 200 | ≤30 |
| | 300 | ≤25 |
| | 400 | ≤30 |
| | 500 | ≤15 |
| | 600～1 200 | ≤10 |
| 人造轻集料中的粉煤灰陶粒 | 600～900 | ≤20 |
| 天然轻集料 | 600～1 200 | — |

注：人造轻集料中的粉煤灰陶粒是指采用烧结工艺生产的粉煤灰陶粒。

**表 3-25　轻粗集料的软化系数**

| 轻粗集料种类 | 软化系数 |
|---|---|
| 人造轻集料、工业废渣轻集料 | ≥0.8 |
| 天然轻集料 | ≥0.7 |

**表 3-26　轻粗集料的粒型系数**

| 轻粗集料种类 | 平均粒型系数 |
|---|---|
| 人造轻集料 | ≤2.0 |
| 天然轻集料、工业废渣轻集料 | 不作规定 |

表 3-27　轻集料中有害物质规定

| 项目名称 | 技术指标 |
| --- | --- |
| 含泥量/% | ≤3.0 |
| | 结构混凝土用轻集料≤2.0 |
| 泥块含量/% | ≤1.0 |
| | 结构混凝土用轻集料≤0.5 |
| 煮沸质量损失/% | ≤5.0 |
| 烧失量/% | ≤5.0 |
| | 天然轻集料不作规定，用于无筋混凝土的煤渣允许≤18 |
| 硫化物和硫酸盐含量（按 $SO_3$ 计）/% | ≤1.0 |
| | 用于无筋混凝土的自燃煤矸石允许含量≤1.5 |
| 有机物含量 | 不深于标准色；如果深于标准色，按现行国家标准《轻集料及其试验方法　第 2 部分：轻集料试验方法》（GB/T 17431.2）中 18.6.3 的规定操作，且试验结果不低于 95% |
| 氯化物含量（以氯离子含量计）/% | ≤0.02 |
| 放射性 | 符合现行国家标准《建筑材料放射性核素限量》（GB 6566）的规定 |

### 3.3.1　轻集料筒压强度检测

#### 3.3.1.1　环境要求

实验室环境：温度为（20±5）℃。

#### 3.3.1.2　主要仪器设备

（1）承压筒：由圆柱形筒体另带筒底、导向筒和冲压模 3 部分组成（图 3-6）；筒体可用无缝钢管制作，有足够刚度，筒体内表面和冲压模底面须经渗碳处理。筒体可拆，并装有把手。冲压模外表面有刻度线，以控制装料高度和压入深度。导向筒用于导向和防止偏心。

（2）压力机：根据筒压强度的大小选择合适吨位的压力机，测定值的范围宜为所选压力机表盘最大读数的 20%～80%。

（3）托盘天平：最大称量为 5 kg（感量为 5 g）。

（4）干燥箱：可控制恒温温度为 105～110℃。

（5）套筛：符合现行国家标准《试验筛　技术要求和检验　第 1 部分：金属丝编织网试验筛》（GB/T 6003.1）和《试验筛　技术要求和检验　第 2 部分：金属穿孔板试验筛》（GB/T 6003.2）要求的方孔筛，孔径分别为 37.5 mm、31.5 mm、26.5 mm、19.0 mm、16.0 mm、9.50 mm 和 4.75 mm 共计 7 种，并附有筛底和筛盖，套筛直径应均为 300 mm。

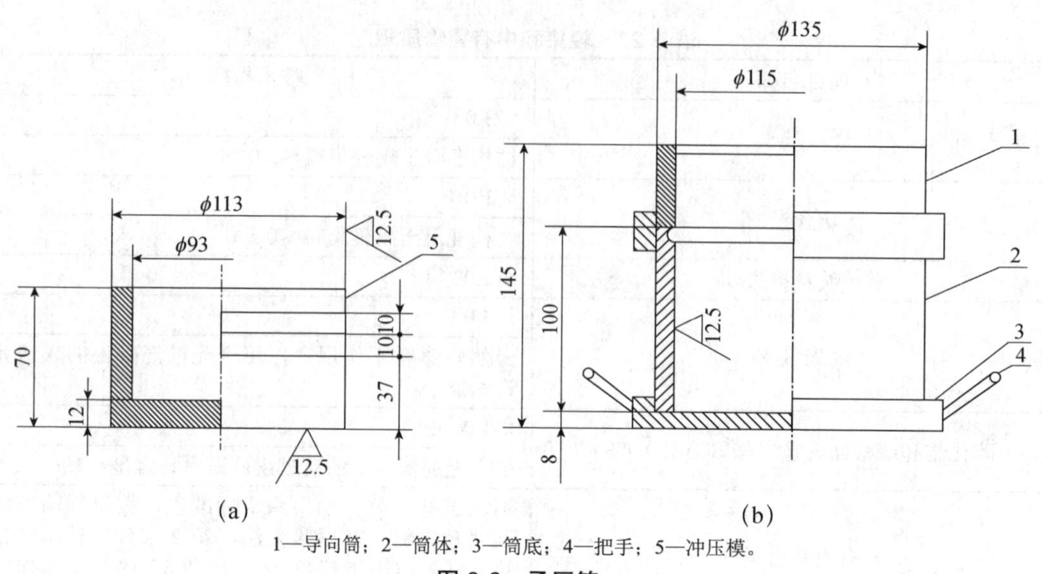


1—导向筒；2—筒体；3—筒底；4—把手；5—冲压模。

**图 3-6　承压筒**

### 3.3.1.3　样品制备

初次抽取不少于表 3-28 试验项目两倍的数量，按四分法缩减到试验所需的试验用料量（表 3-28），在温度为 105～110℃的条件下干燥至恒重备用。

**表 3-28　轻集料试验取样数量**

| 序号 | 试验项目 | 用料量/L | | |
|---|---|---|---|---|
| | | 细集料 | 粗集料 | |
| | | | $D_{max}$≤19.0 mm | $D_{max}$＞19.0 mm |
| 1 | 颗粒级配（筛分析） | 2 | 10 | 20 |
| 2 | 堆积密度 | 15 | 30 | 40 |
| 3 | 表观密度 | — | 4 | 4 |
| 4 | 筒压强度 | — | 5 | 5 |
| 5 | 强度标号 | — | 20 | 20 |
| 6 | 吸水率 | — | 4 | 4 |
| 7 | 软化系数 | — | 10 | 10 |
| 8 | 粒型系数 | — | 2 | 2 |
| 9 | 含泥量及泥块含量 | — | 5～7 | 5～7 |
| 10 | 煮沸质量损失 | — | 2 | 4 |
| 11 | 烧失量 | 1 | 1 | 1 |
| 12 | 硫化物和硫酸盐含量 | 1 | 1 | 1 |
| 13 | 有机物含量 | 6 | 3～8 | 4～10 |
| 14 | 氯化物含量 | 1 | 1 | 1 |
| 15 | 放射性 | 3 | 3 | 3 |

#### 3.3.1.4 试验步骤

（1）筛取 10～20 mm 公称粒级（粉煤灰陶粒允许按 10～15 mm 公称粒级；超轻陶粒按 5～10 mm 或 5～20 mm 公称粒级）的试样 5 L，其中 10～15 mm 公称粒级试样的体积含量应占 50%～70%。

（2）用取样勺或料铲将试样从离带筒底的承压筒上方 50 mm 处（或采用标准漏斗）均匀倒入，让试样自然落下，不得碰撞承压筒。装满后使承压筒口上部试样呈锥体，然后用直尺沿承压筒边缘从中心向两边刮平，表面凹陷处用粒径较小的集料填平使承压筒装试样至高出筒口，放在混凝土试验振动台上振动 3 s，再装试样至高出筒口，放在振动台上振动 5 s，齐筒口刮（或补）平试样。

（3）装上导向筒和冲压模。使冲压模的下刻度线与导向筒的上缘对齐。把承压筒放在压力机的下压板上，对准压板中心，以每秒 300～500 N 的速度匀速加荷。当冲压模压入深度为 20 mm 时，记下压力值。

#### 3.3.1.5 试验结果

轻集料的筒压强度按式（3-33）计算（精确至 0.1 MPa）：

$$f_a = \frac{p_1 + p_2}{F} \tag{3-33}$$

式中：$f_a$——轻集料的筒压强度，MPa；

$p_1$——压入深度为 20 mm 时的压力值，N；

$p_2$——冲压模压力值，N；

$F$——承压面积（冲压模面积 $F$=10 000 mm²）。

轻集料的筒压强度以 3 次测定值的算术平均值作为试验结果。当 3 次测定值中最大值和最小值之差大于平均值的 15%时，应重新取样进行试验。

### 3.3.2 轻集料堆积密度检测

#### 3.3.2.1 环境要求

实验室环境：温度为（20±5）℃。

#### 3.3.2.2 主要仪器设备

（1）电子秤：最大称量为 30 kg（感量为 1 g），或最大称量为 60 kg（感量为 2 g）。

（2）容量筒：金属制，容积分别为 10 L、5 L，内部尺寸可根据容积大小取直径与高度相等。粗集料用 10 L 的容量筒；细集料用 5 L 的容量筒。

（3）干燥箱：可控制温度为 105～110℃。

（4）直尺、取样勺或料铲等。

#### 3.3.2.3 样品制备

按表 3-28 取粗集料 30～40 L 或细集料 15～20 L，放入干燥箱内干燥至恒量。分成两份，备用。

#### 3.3.2.4 试验步骤

用取样勺或料铲将试样从离容器口上方 50 mm 处（或采用标准漏斗）均匀倒入，让试样自然落下，不得碰撞容量筒。装满后使容量筒口上部试样呈锥体，然后用直尺沿容量筒边缘从中心向两边刮平，表面凹陷处用粒径较小的集料填平后，称量。

#### 3.3.2.5 试验结果

堆积密度按式（3-34）计算（精确至 1 kg/m$^3$）：

$$\rho_{\mathrm{bu}} = \frac{(m_t - m_V)}{V} \times 1\,000 \tag{3-34}$$

式中：$\rho_{\mathrm{bu}}$——堆积密度，kg/m$^3$，计算精确至 1 kg/m$^3$；

$m_t$——试样和容量筒的总质量，kg；

$m_V$——容量筒的质量，kg；

$V$——容量筒的容积，L。

以两次测定值的算术平均值作为试验结果。

### 3.3.3 轻集料吸水率检测

#### 3.3.3.1 环境要求

实验室环境：温度为（20±5）℃。

#### 3.3.3.2 主要仪器设备

（1）托盘天平：最大称量为 1 kg，感量为 1 g。

（2）干燥箱：可控制温度为 105～110℃。

（3）筛子：筛孔为 2.36 mm。

（4）容器、搪瓷盘及毛巾等。

#### 3.3.3.3 样品制备

按表 3-28 取试样 4 L，用筛孔为 2.36 mm 的筛子过筛。取筛余物干燥至恒量，备用。

#### 3.3.3.4 试验步骤

把试样拌和均匀，分成三等份，分别称重，然后放入盛水的容器中。如有颗粒漂浮于水上，应将其压入水中。

试样浸水 1 h 或 24 h 后，倒入 2.36 mm 的筛子上，滤水 1～2 min。然后倒在拧干的湿毛巾上，用手握住毛巾两端，使其成为槽形，让集料在毛巾上来回滚动 8～10 次后，倒入搪瓷盘中。将试样制成饱和面干，然后称量。

#### 3.3.3.5 试验结果

轻集料吸水率按式（3-35）计算（精确至 0.1%）：

$$\omega_a = \frac{m_0 - m_1}{m_1} \times 100\% \tag{3-35}$$

式中：$\omega_a$——轻集料 1 h 或 24 h 吸水率，%；

$m_0$——浸水试样质量，g；

$m_1$——烘干试样质量，g。

以 3 次测定值的算术平均值作为试验结果。

# 第 4 章　混凝土外加剂及拌和用水

## 4.1　混凝土减水剂

混凝土外加剂是指一种在混凝土搅拌之前或拌制过程中加入的，用于改善新拌混凝土和（或）硬化混凝土性能的材料。混凝土外加剂的产生促进了混凝土新技术的发展，自 20 世纪 30 年代从纸浆废液中发现并研制出减水剂以来，减水剂的发展经历了普通减水剂（以木质素系减水剂为代表）、高效减水剂（以萘系减水剂为代表）和高性能减水剂（以聚羧酸系减水剂为代表）3 个阶段。国外从 20 世纪 90 年代开始使用高性能减水剂，日本现在用量占减水剂总量的 60%～70%，欧美占减水剂总量的 20%左右。高性能减水剂包括聚羧酸系减水剂、氨基羧酸系减水剂以及其他能够达到标准指标要求的减水剂。我国从 2000 年前后开始对高性能减水剂进行研究，目前商品混凝土及大多工程中主要应用的是聚羧酸系减水剂。

1）外加剂的分类

混凝土外加剂的种类很多，根据不同的分类方法归纳如下。

（1）按化合物不同可分为无机外加剂和有机外加剂两大类。

（2）按主要使用功能可分为改善混凝土拌合物流变性能的外加剂，包括各种减水剂和泵送剂等；调节混凝土凝结时间、硬化性能的外加剂，包括缓凝剂、促凝剂和速凝剂等；改善混凝土耐久性的外加剂，包括引气剂、防水剂、阻锈剂等；改善混凝土其他性能的外加剂，包括膨胀剂、防冻剂、着色剂等。

2）减水剂的作用机理

关于减水剂的作用机理，目前得到普遍认可的主要有静电斥力理论、空间位阻效应理论和反应性高分子缓慢释放理论 3 种理论。本书主要介绍前两种常用的机理理论。

（1）静电斥力理论。水泥加水拌和后，水泥颗粒有相互靠近黏结成团的自发趋向，一部分水被水泥颗粒包围，对混凝土的流动性贡献减少。在水泥颗粒分子引力的作用下，水泥浆形成絮凝结构，一部分水泥失去与水接触的机会，从而不能参与早期水化。10%～30%的拌和水被包裹在水泥颗粒中，不能参与自由流动和润滑作用，从而影响了混凝土拌和物的流动性。

减水剂大多属于阴离子型表面活性剂，水化初期的水泥颗粒表面带正电荷。减水剂的表面活性作用使憎水基团（负离子，带负电荷）定向吸附于水泥颗粒表面，亲水基团指向水溶液。水泥颗粒表面带有相同的电荷，形成吸附双电层，在静电斥力作用下，水泥颗粒互相分开，絮凝结构解体，包裹的游离水被释放。同时，电位绝对值越大，减水效果越好。这就是静电斥力理论，该理论主要适用于萘系、三聚氰胺系及改性木钙系等常用的高效减水剂系统。

此外，当水泥颗粒表面吸附足够的减水剂后，水泥颗粒表面形成一层稳定的溶剂化膜层，增加了水泥颗粒间的滑动作用，起到了润滑作用，也能改善混凝土拌合物的和易性，而且，表面活性剂的存在，降低了减水剂分子定向吸附于水泥颗粒间的界面张力，水泥颗粒被有效分散，颗粒表面被水分充分润湿，增大了水泥颗粒的水化面积，水化更充分。

（2）空间位阻效应理论。这一理论主要适用于聚羧酸系高性能减水剂。聚羧酸系减水剂具有“梳状”的结构特点，由带有游离的羧酸阴离子团的主链和聚氧乙烯基侧链组成。其主链上带有多个活性基团，并且极性较强，依靠这些活性基团，主链可以吸附在水泥颗粒上起“锚固”作用；主链上又有许多较长的支链，支链上有较强的亲水性的基团，可以伸展在液相中，当它们吸附在水泥颗粒表层后，可以在水泥表面上形成较厚的立体包层，形成庞大的立体吸附结构，产生物理的空间阻碍作用，防止水泥颗粒的凝聚，从而达到较好的分散效果。这也是聚羧酸类减水剂具有比其他体系更强的分散能力的一个重要原因。

3）常用外加剂的功能与适用范围

（1）高效减水剂。减水率在 14%以上。在保持混凝土稠度（坍落度或维勃稠度）及水泥用量不变的前提下，可通过减少用水量提高混凝土强度；在保持混凝土用量及水泥用量不增加的前提下，可大幅提高混凝土拌合物的流动性；在不影响混凝土的和易性和强度的前提下，可节约水泥。

高效减水剂适用于日最低气温在 0℃以上的混凝土施工，适用于泵送混凝土、高强混凝土、早强混凝土和大流动性混凝土。

（2）高性能减水剂。减水率在 25%以上。与高效减水剂相比，高性能减水剂是一种在掺量更低的前提下，具有更高减水率、更好坍落度保持性能、较小干燥收缩，且具有一定引气性能的减水剂。适用于日最低气温在−5℃以上的混凝土施工，适用于高强高性能混凝土、高耐久性混凝土、预应力混凝土、自密实混凝土、纤维混凝土等。

（3）早强剂及早强减水剂。有早期功能的外加剂可以提高混凝土的早期强度、缩短混凝土蒸汽养护时间，早强减水剂还具有减水剂的功能。

早强剂适用于日最低气温在−5℃以上，有早强或防冻要求的混凝土，适用于常温或低温下有早强要求的混凝土及蒸养混凝土，不适用于夏季及其他炎热环境下的混凝土施工以及大体积混凝土工程。

（4）缓凝剂及缓凝减水剂。缓凝剂可以延缓混凝土拌合物的凝结时间，降低水泥水化初期的水化热，降低热峰值及推迟热峰出现时间，缓凝型减水剂还具有减水剂的功能。

缓凝剂适用于大体积混凝土、夏季和炎热地区的混凝土施工、日最低气温 5℃以上的混凝土施工，不适用于蒸养混凝土、构件混凝土、低温环境的混凝土施工和有早强要求的混凝土工程。

（5）引气剂及引气减水剂。引气剂能改善混凝土拌合物的和易性，减少混凝土的泌水离析，同时可提高混凝土耐久性和抗渗性能。

引气剂适用于有抗冻融要求的混凝土和大面积易受冻融破坏的混凝土（如公路路面、机场飞机跑道等），适用于有抗渗要求的防水混凝土、抗盐结晶破坏及耐碱混凝土、泵送混凝土、大流动性混凝土，并能改善混凝土的抹光性能。引气剂不适用于蒸养混凝土和预应力混凝土工程，如需使用，应经试验验证。

（6）速凝剂。速凝剂能使砂浆或混凝土在 1～5 min 内达到初凝和在 2～12 min 内达到终凝，并具有早强功能。主要应用于喷射混凝土、喷射砂浆、临时性堵漏用砂浆及混凝土。

现行国家标准《混凝土外加剂》（GB 8076）中规定了高性能减水剂、高效减水剂、普通减水剂、泵送剂、引气减水剂、早强剂、缓凝剂和引气剂的技术参数包括匀质性指标（密度、氯离子含量、总碱量、pH、含固量或含水率、硫酸钠含量、细度等）、减水率、泌水率比、含气量、凝结时间差、1 h 经时变化量（坍落度/含气量）、抗压强度比、收缩率比和相对耐久性（200 次）。减水剂的规格型号、代号及具体指标要求如表 4-1 所示。

**表 4-1　受检混凝土减水剂性能指标**

<table>
<tr><th colspan="2" rowspan="2">项目</th><th colspan="3">高性能减水剂（HPWR）</th><th colspan="2">高效减水剂（HWR）</th><th colspan="3">普通减水剂（WR）</th></tr>
<tr><th>早强型<br>HPWR-A</th><th>标准型<br>HPWR-S</th><th>缓凝型<br>HPWR-R</th><th>标准型<br>HWR-S</th><th>缓凝型<br>HWR-R</th><th>早强型<br>WR-A</th><th>标准型<br>WR-S</th><th>缓凝型<br>WR-R</th></tr>
<tr><td colspan="2">减水率/%</td><td>≥25</td><td>≥25</td><td>≥25</td><td>≥14</td><td>≥14</td><td>≥8</td><td>≥8</td><td>≥8</td></tr>
<tr><td colspan="2">泌水率比/%</td><td>≤50</td><td>≤60</td><td>≤70</td><td>≤90</td><td>≤100</td><td>≤95</td><td>≤100</td><td>≤100</td></tr>
<tr><td colspan="2">含气量/%</td><td>≤6.0</td><td>≤6.0</td><td>≤6.0</td><td>≤3.0</td><td>≤4.5</td><td>≤4.0</td><td>≤4.0</td><td>≤5.5</td></tr>
<tr><td rowspan="2">凝结时间差/min</td><td>初凝</td><td rowspan="2">−90～+90</td><td rowspan="2">−90～+120</td><td>＞+90</td><td rowspan="2">−90～+120</td><td>＞+90</td><td rowspan="2">−90～+90</td><td rowspan="2">−90～+120</td><td>＞+90</td></tr>
<tr><td>终凝</td><td>—</td><td>—</td><td>—</td></tr>
<tr><td rowspan="2">1 h 经时变化量</td><td>坍落度/mm</td><td>–</td><td>≤80</td><td>≤60</td><td rowspan="2">–</td><td rowspan="2">–</td><td rowspan="2">–</td><td rowspan="2">–</td><td rowspan="2">–</td></tr>
<tr><td>含气量/%</td><td>–</td><td>–</td><td>–</td></tr>
<tr><td rowspan="4">抗压强度比/%，≥</td><td>1 d</td><td>180</td><td>170</td><td>—</td><td>140</td><td>—</td><td>135</td><td>—</td><td>—</td></tr>
<tr><td>3 d</td><td>170</td><td>160</td><td>—</td><td>130</td><td>—</td><td>130</td><td>115</td><td>—</td></tr>
<tr><td>7 d</td><td>145</td><td>150</td><td>140</td><td>125</td><td>125</td><td>110</td><td>115</td><td>110</td></tr>
<tr><td>28 d</td><td>130</td><td>140</td><td>130</td><td>120</td><td>120</td><td>100</td><td>110</td><td>110</td></tr>
<tr><td>收缩率比/%，≤</td><td>28 d</td><td>110</td><td>110</td><td>110</td><td>135</td><td>135</td><td>135</td><td>135</td><td>135</td></tr>
</table>

注：① 表中所列数据为掺外加剂混凝土与基准混凝土的差值或比值。

② 凝结时间差性能指标中的“－”表示提前，“＋”表示延缓。

③ 1 h 经时变化量指标中的“－”表示含气量增加，“＋”表示含气量减少。

### 4.1.1　减水剂减水率检测

#### 4.1.1.1　试验依据及环境要求

1）试验依据

现行国家标准《混凝土外加剂》（GB 8076）；

现行国家标准《普通混凝土拌合物性能试验方法标准》（GB/T 50080）。

2）环境要求

混凝土成型实验室环境温度：（20±3）℃。

原材料温度：与制备拌合物的环境温度一致。

#### 4.1.1.2　主要仪器设备

混凝土搅拌机：应符合现行行业标准《混凝土试验用搅拌机》（JG/T 244）要求的公称容量为 60 L 的强制式搅拌机。

坍落度筒：应符合现行行业标准《混凝土坍落度仪》（JG/T 248）中有关技术要求的规定，底部直径 （200±2）mm，顶部直径为（100±2）mm，高度为（300±2）mm，筒壁厚度不小于 1.5 mm。

捣棒：直径为（16±0.2）mm，长度为（600±5）mm，端部应呈圆形。

钢直尺：量程为 500 mm 和量程为 300 mm 各一把。

电子秤：精度不小于 0.01 kg。

电子天平：分度值不大于 0.1 g。

小铲、拌板、镘刀、下料斗等。

#### 4.1.1.3　样品制备

（1）基准混凝土：基准水泥应符合现行国家标准《混凝土外加剂》（GB 8076）中附录 A 的规定；砂应符合现行国家标准《建筑用砂》（GB/T 14684）中Ⅱ区要求的中砂，但细度模数为 2.6～2.9，含泥量小于 1%；石子应符合现行国家标准《建设用卵石、碎石》（GB/T 14685）中要求的公称粒径为 5～20 mm 的碎石或卵石，采用二级配，其中 5～10 mm 占 40%，10～20 mm 占 60%，满足连续级配要求，针状、片状颗粒含量小于 10%，孔隙率小于 47%，含泥量小于 0.5%；水应符合现行行业标准《混凝土用水标准》（JGJ 63）的要求；并由这些材料拌和而成。

（2）受检混凝土：由基准水泥，符合国家标准技术要求的砂、石、水及待测外加剂拌和而成。

（3）按照以下要求确定基准/受检混凝土配合比。

用水量：掺高性能减水剂或泵送剂的基准混凝土和受检混凝土的单位水泥用量为 360 kg/m$^3$；掺其他外加剂的基准混凝土和受检混凝土的单位水泥用量为 330 kg/m$^3$。砂率：掺高性能减水剂或泵送剂的基准混凝土和受检混凝土的砂率均为 43%～47%；掺其他外加剂的基准混凝土和受检混凝土的砂率为 36%～40%；但掺引气减水剂或引气剂的受检混凝土的砂率应比基准混凝土的砂率低 1%～3%。外加剂掺量按生产厂家指定掺量而定。坍落度：掺高性能减水剂或泵送剂的基准混凝土和受检混凝土的坍落度控制在（210±10）mm，用水量为坍落度在（210±10）mm 时的最小用水量；掺其他外加剂的基准混凝土和受检混凝土的坍落度控制在（80±10）mm。

#### 4.1.1.4　试验步骤

（1）根据基准混凝土配合比称量 25 L（标准规定拌合量不应少于 20 L）混凝土所用

原材料，外加剂为粉状时，将水泥、砂、石、外加剂一次性投入搅拌机，干拌均匀，再加入拌和水，一起搅拌 2 min。外加剂为液体时，将水泥、砂、石一次性投入搅拌机，干拌均匀，再加入掺有外加剂的拌和水一起搅拌 2 min。

（2）测定混凝土拌合物的坍落度，拌合物分两层装筒，每层装入高度为筒高的一半，每层用捣棒插捣 15 次，当基准混凝土和受检混凝土拌合物的坍落度达（210±10）mm 时，记录基准混凝土和受检混凝土的用水量。

#### 4.1.1.5 试验结果

减水率为坍落度基本相同时，基准混凝土和受检混凝土单位用水量之差与基准混凝土单位用水量之比。

减水率按式（4-1）计算（精确至 0.1%）。

$$W_R=(W_0-W_1)\times 100/W_0 \tag{4-1}$$

式中：$W_R$——减水率，%；

$W_0$——基准混凝土单位用水量，$kg/m^3$；

$W_1$——受检混凝土单位用水量，$kg/m^3$。

$W_R$ 以 3 批试验的算术平均值计，精确至 1%。当 3 批试验的最大值或最小值中有一个与中间值之差超过中间值的 15%时，则把最大值与最小值一并舍去，取中间值作为该组试验的减水率。当有两个测值与中间值之差均超过 15%时，则该批试验结果无效，应重做试验。

### 4.1.2 减水剂含气量（经时变化量）检测

#### 4.1.2.1 试验依据及环境要求

1）试验依据

现行国家标准《混凝土外加剂》（GB 8076）；

现行国家标准《普通混凝土拌合物性能试验方法标准》（GB/T 50080）。

2）环境要求

试验环境温度为（20±5）℃。

#### 4.1.2.2 主要仪器设备

含气量测定仪。

捣棒：直径为（16±0.2）mm，长度为（600±5）mm，端部应呈圆形。

电子天平：最大量程应为 50 kg，感量不大于 10 g。

#### 4.1.2.3 样品制备

由基准水泥，符合国家标准技术要求的砂、石、水及待测外加剂拌和而成。

在进行混凝土拌合物含气量测定之前，先测定所用骨料的含气量。

#### 4.1.2.4 试验步骤

（1）应用湿布擦净混凝土含气量测定仪容器内壁和盖的内表面，装入混凝土拌合物试样。

（2）混凝土拌合物的装料及密实方法根据拌合物的坍落度而定，并应符合下列规定：

① 坍落度不大于 90 mm 时，混凝土拌合物宜用振动台振实；振动台振实时，应一次性将混凝土拌合物装填至高出含气量测定仪容器口；振实过程中混凝土拌合物低于容器口时，应随时添加；振动直至表面出浆为止，并应避免过振。

② 坍落度大于 90 mm 时，混凝土拌合物宜用捣棒插捣密实。插捣时，混凝土拌合物应分 3 层装入，每层捣实后高度约为 1/3 容器高度；每层装料后由边缘向中心均匀地插捣 25 次，捣棒应插透本层至下一层的表面；每一层捣完后用橡皮锤沿容器外壁敲击 5～10 次，进行振实，直至拌合物表面插捣孔消失。

③ 自密实混凝土应一次性填满，且不应进行振动和插捣。

（3）刮去表面多余的混凝土拌合物，用抹刀刮平，表面有凹陷应填平抹光。

（4）擦净容器口及边缘，加盖并拧紧螺栓，应保持密封不透气。

（5）关闭操作阀和排气阀，打开排水阀和加水阀，应通过加水阀向容器内注入水；当排水阀流出的水流中不出现气泡时，应在注水的状态下，关闭加水阀和排水阀。关闭排气阀，向气室内打气，应加压至大于 0.1 MPa，且压力表显示值稳定；应打开排气阀调压至 0.1 MPa，同时关闭排气阀。开启操作阀，使气室里的压缩空气进入容器，待压力表显示值稳定后记录压力值，然后开启排气阀，压力表显示值应回零；应根据含气量与压力值之间的关系曲线确定压力值对应的骨料的含气量，精确至 0.1%。

（6）混凝土拌合物未校正的含气量 $A_0$ 应以两次测量结果的平均值作为试验结果；两次测量结果的含气量相差大于 0.5%时，应重新试验。

#### 4.1.2.5 试验结果

混凝土拌合物含气量按式（4-2）计算（精确至 0.1%）：

$$A=A_0-A_g \tag{4-2}$$

式中：$A$——混凝土拌合物含气量，%；

$A_0$——混凝土拌合物的未校正含气量，%；

$A_g$——骨料的含气量，%。

含气量 1 h 经时变化量的测定：

当要求测定此项时，留下足够一次含气量试验的数量，并装入用湿布擦过的试样筒内，容器加盖，静置 1 h（从加水搅拌时开始计算），然后倒出，在铁板上用铁锹翻拌均匀后，再按照含气量测定方法测定含气量。计算出机时和 1 h 之后的含气量的差值，即得到含气量 1 h 经时变化量。

含气量 1 h 经时变化量按式（4-3）计算（精确至 0.1%）：

$$\Delta A=A-A_{1\,h} \tag{4-3}$$

式中：$\Delta A$——含气量 1 h 经时变化量，%；

$A$——混凝土拌合物含气量，%；

$A_{1\,h}$——混凝土拌合物 1 h 后测得的含气量，%。

### 4.1.3 减水剂常压泌水率比检测

#### 4.1.3.1 试验依据及环境要求

1）试验依据

现行国家标准《混凝土外加剂》（GB 8076）；

现行国家标准《普通混凝土拌合物性能试验方法标准》（GB/T 50080）。

2）环境要求

混凝土成型实验室环境温度：（20±3）℃。

原材料温度：与制备拌合物的环境温度一致。

#### 4.1.3.2 主要仪器设备

混凝土搅拌机：应符合现行行业标准《混凝土试验用搅拌机》（JG/T 244）要求的公称容量为60 L的强制式搅拌机。

振动台：应符合现行国家标准《混凝土振动台》（GB/T 25650）中技术要求的规定。

试样筒：容量筒配盖，容积为5 L，内径为185 mm，高度为200 mm。

台秤：最大称量50 kg，感量为50 g。

量筒：容量分别为10 mL、50 mL、100 mL的量筒及吸液管。

钢直尺：量程为500 mm和量程为300 mm各一把。

捣棒、小铲等。

#### 4.1.3.3 样品制备

（1）基准混凝土：基准水泥应符合现行国家标准《混凝土外加剂》（GB 8076）中附录A的规定；砂应符合现行国家标准《建筑用砂》（GB/T 14684）中Ⅱ区要求的中砂，但细度模数为2.6～2.9，含泥量小于1%；石子应符合现行国家标准《建设用卵石、碎石》（GB/T 14685）中要求的公称粒径为5～20 mm的碎石或卵石，采用二级配，其中5～10 mm占40%，10～20 mm占60%，满足连续级配要求，针状、片状颗粒含量小于10%，孔隙率小于47%，含泥量小于0.5%；水应符合现行行业标准《混凝土用水标准》（JGJ 63）的要求；并由这些材料拌和而成。

（2）受检混凝土：由基准水泥，符合国家标准技术要求的砂、石、水及待测外加剂拌和而成。

（3）按照以下要求确定基准/受检混凝土配合比。

用水量：掺高性能减水剂或泵送剂的基准混凝土和受检混凝土的单位水泥用量为360 kg/m$^3$；掺其他外加剂的基准混凝土和受检混凝土的单位水泥用量为330 kg/m$^3$。砂率：掺高性能减水剂或泵送剂的基准混凝土和受检混凝土的砂率均为43%～47%；掺其他外加剂的基准混凝土和受检混凝土的砂率为36%～40%；但掺引气减水剂或引气剂的受检混凝土的砂率应比基准混凝土的砂率低1%～3%。外加剂掺量按生产厂家指定掺量而定。坍落度：掺高性能减水剂或泵送剂的基准混凝土和受检混凝土的坍落度控制在（210±10）mm，用水量为坍落度在（210±10）mm时的最小用水量；掺其他外加剂的基准混凝土和受检混凝土的坍落度控制在（80±10）mm。

#### 4.1.3.4　试验步骤

（1）根据基准混凝土配合比称量 25 L（标准规定拌和量不应少于 20 L）混凝土所用原材料，外加剂为粉状时，将水泥、砂、石、外加剂一次性投入搅拌机，干拌均匀，再加入拌和水，一起搅拌 2 min。外加剂为液体时，将水泥、砂、石一次性投入搅拌机，干拌均匀，再加入掺有外加剂的拌和水一起搅拌 2 min。

（2）测定混凝土拌合物的坍落度，当基准混凝土和受检混凝土拌合物达（210±10）mm 时，对基准混凝土和受检混凝土取样进行泌水率试验。

（3）先用湿布润湿装料筒，将混凝土拌合物一次性装入，在振动台上振动 20 s，然后用抹刀轻轻抹平，加盖以防水分蒸发。试样表面应比筒口边低约 20 mm。

（4）从抹面开始计算时间，在前 60 min，每隔 10 min 用吸液管吸出泌水一次，以后每隔 20 min 吸水一次，直至连续 3 次无泌水为止。每次吸水前 5 min，应将筒底一侧垫高约 20 mm，使筒倾斜，以便吸水。吸水后，将筒轻轻放平盖好。将每次吸出的水都注入带塞量筒，最后记录总的泌水量，精确至 1 g。

#### 4.1.3.5　试验步骤

泌水率按式（4-4）、式（4-5）计算：

$$B=\frac{V_W}{\frac{W}{G}\times G_W}\times 100\% \tag{4-4}$$

$$G_W=G_1-G_0 \tag{4-5}$$

式中：$B$——泌水率，%；

$V_W$——泌水总质量，g；

$W$——混凝土拌合物的用水量，g；

$G$——混凝土拌合物的总质量，g；

$G_W$——试样质量，g；

$G_1$——筒及试样质量，g；

$G_0$——筒质量，g。

每批混凝土拌合物中应取一个试样，泌水率应取 3 个试样的算术平均值，精确至 0.1%。若 3 个试样的最大值或最小值中有一个与中间值之差大于中间值的 15%，则把最大值与最小值一并舍去，取中间值作为该组试验的泌水率；如果最大值和最小值与中间值之差均大于中间值的 15%，则应重做试验。

泌水率比按式（4-6）计算（精确至 1%）：

$$R_B=\frac{B_t}{B_c}\times 100\% \tag{4-6}$$

式中：$R_B$——泌水率比，%；

$B_t$——受检混凝土泌水率，%；

$B_c$——基准混凝土泌水率，%。

### 4.1.4 减水剂凝结时间差检测

#### 4.1.4.1 试验依据及环境要求

1）试验依据

现行国家标准《混凝土外加剂》（GB 8076）；

现行国家标准《普通混凝土拌合物性能试验方法标准》（GB/T 50080）。

2）环境要求

混凝土成型实验室环境温度：（20±3）℃。

原材料温度：与制备拌合物的环境温度一致。

凝结时间测试温度：（20±2）℃。

#### 4.1.4.2 主要仪器设备

混凝土搅拌机：应符合现行行业标准《混凝土试验用搅拌机》（JG/T 244）要求的公称容量为 60 L 的强制式搅拌机。

振动台：应符合现行国家标准《混凝土振动台》（GB/T 25650）中技术要求的规定。

贯入阻力仪：由加荷装置、测针、砂浆试样筒组成。其中，加荷装置的最大测量值应不少于 1 000 N，精度为±10 N。

测针：长为 100 mm，承压面积分别为 100 mm$^2$、50 mm$^2$ 和 20 mm$^2$ 3 种，在距贯入端 25 mm 处刻有一圈标记。

砂浆试样筒：刚性不透水的金属圆筒带盖，筒圆上口径为 160 mm，下口径为 150 mm，净高为 150 mm。

电子秤：精度不小于 0.01 kg。

电子天平：分度值不大于 0.1 g。

标准筛：筛孔直径为 5 mm。

小铲、拌板、镘刀等。

#### 4.1.4.3 样品制备

（1）基准混凝土：基准水泥应符合现行国家标准《混凝土外加剂》（GB 8076）中附录 A 的规定；砂应符合现行国家标准《建筑用砂》（GB/T 14684）中Ⅱ区要求的中砂，但细度模数为 2.6～2.9，含泥量小于 1%；石子应符合现行国家标准《建设用卵石、碎石》（GB/T 14685）中要求的公称粒径为 5～20 mm 的碎石或卵石，采用二级配，其中 5～10 mm 占 40%，10～20 mm 占 60%，满足连续级配要求，针状、片状颗粒含量小于 10%，孔隙率小于 47%，含泥量小于 0.5%；水应符合现行行业标准《混凝土用水标准》（JGJ 63）的要求；并由这些材料拌和而成。

（2）受检混凝土：由基准水泥，符合国家标准技术要求的砂、石、水及待测外加剂拌和而成。

（3）按照以下要求确定基准/受检混凝土配合比。

用水量：掺高性能减水剂或泵送剂的基准混凝土和受检混凝土的单位水泥用量

为 360 kg/m³；掺其他外加剂的基准混凝土和受检混凝土的单位水泥用量为 330 kg/m³。砂率：掺高性能减水剂或泵送剂的基准混凝土和受检混凝土的砂率均为 43%～47%；掺其他外加剂的基准混凝土和受检混凝土的砂率为 36%～40%；但掺引气减水剂或引气剂的受检混凝土的砂率应比基准混凝土的砂率低 1%～3%。外加剂掺量按生产厂家指定掺量而定。坍落度：掺高性能减水剂或泵送剂的基准混凝土和受检混凝土的坍落度控制在（210±10）mm，用水量为坍落度在（210±10）mm 时的最小用水量；掺其他外加剂的基准混凝土和受检混凝土的坍落度控制在（80±10）mm。

#### 4.1.4.4　试验步骤

根据基准混凝土配合比称量 25 L（标准规定拌合量不应少于 20 L）混凝土所用原材料，外加剂为粉状时，将水泥、砂、石、外加剂一次性投入搅拌机，干拌均匀，再加入拌和水，一起搅拌 2 min。外加剂为液体时，将水泥、砂、石一次性投入搅拌机，干拌均匀，再加入掺有外加剂的拌和水一起搅拌 2 min。

（1）测定混凝土拌合物的坍落度，当基准混凝土和受检混凝土拌合物达（210±10）mm 时，对基准混凝土和受检混凝土取样测定凝结时间。

（2）将混凝土拌合物用 5 mm（圆孔筛）振动筛筛出砂浆，拌匀后装入金属圆筒，试样表面应略低于筒口约 10 mm，用振动台振实 3～5 s，置于（20±2）℃的环境中，容器加盖。

（3）成型后 3～4 h 开始测定，以后每 0.5 h 或 1 h 测定一次，但在临近初凝、终凝时，可以缩短测定间隔时间。每次测点应避开前一次测孔，其净距为试针直径的 2 倍，但至少不小于 15 mm，试针与容器边缘的距离不小于 25 mm。

（4）测定初凝时间用截面积为 100 mm² 的试针，测定终凝时间用 20 mm² 的试针。

（5）测试时，将砂浆试样筒置于贯入阻力仪上，测针端部与砂浆表面接触，然后在（10±2）s 内均匀地使测针贯入砂浆（25±2）mm 深度。记录贯入阻力，精确至 10 N，记录测量时间，精确至 1 min。

#### 4.1.4.5　试验结果

贯入阻力按式（4-7）计算（精确至 0.1 MPa）：

$$R = \frac{P}{A} \tag{4-7}$$

式中：$R$——贯入阻力值，MPa；

　　$P$——贯入深度达 25 mm 时所需的净压力，N；

　　$A$——贯入阻力仪试针的截面积，mm²。

根据计算结果，以贯入阻力值为纵坐标，测试时间为横坐标，绘制贯入阻力值与时间关系曲线，求出贯入阻力值达 3.5 MPa 时，对应的时间作为初凝时间；贯入阻力值达 28 MPa 时，对应的时间作为终凝时间。从水泥与水接触时开始计算凝结时间。

试验时，每批混凝土拌合物取一个试样，凝结时间取 3 个试样的平均值。若 3 批试验的最大值或最小值之中有一个与中间值之差超过 30 min，把最大值与最小值一并舍去，取中间值作为该组试验的凝结时间。若两测值与中间值之差均超过 30 min，则该批试验结果无效，应该重做试验。凝结时间以“min”表示，并修约到 5 min。

凝结时间差按式（4-8）计算：

$$\Delta T = T_t - T_c \tag{4-8}$$

式中：$\Delta T$——凝结时间之差，min；

$T_t$——受检混凝土的初凝或终凝时间，min；

$T_c$——基准混凝土的初凝或终凝时间，min。

### 4.1.5 减水剂抗压强度比检测

#### 4.1.5.1 环境要求及试验依据

1）环境要求

混凝土成型实验室环境温度：（20±3）℃。

原材料温度：与制备拌合物的环境温度一致。

试件养护环境：拆模前，温度为（20±3）℃；拆模后，温度为（20±2）℃，相对湿度为95%以上。

2）试验依据

现行国家标准《混凝土外加剂》（GB 8076）；

现行国家标准《混凝土物理力学性能试验方法标准》（GB/T 50081）。

#### 4.1.5.2 主要仪器设备

混凝土搅拌机：应符合现行行业标准《混凝土试验用搅拌机》（JG/T 244）要求的公称容量为 60 L 的强制式搅拌机。

振动台：应符合现行国家标准《混凝土振动台》（GB/T 25650）中技术要求的规定。

游标量角器：分度值为 0.1°。

游标卡尺：量程不应小于 200 mm，分度值宜为 0.02 mm。

塞尺：最小叶片厚度不应大于 0.02 mm，同时应配置直板尺。

压力试验机：应符合现行国家标准《液压式万能试验机》（GB/T 3159）和《试验机通用技术要求》（GB/T 2611）中的技术要求，测量精度为±1%，同时，试件破坏荷载应大于压力机全量程的 20%且小于压力机全量程的 80%。

#### 4.1.5.3 样品制备

（1）基准混凝土：基准水泥应符合现行国家标准《混凝土外加剂》（GB 8076）中附录 A 的规定；砂应符合现行国家标准《建筑用砂》（GB/T 14684）中Ⅱ区要求的中砂，但细度模数为 2.6～2.9，含泥量小于 1%；石子应符合现行国家标准《建设用卵石、碎石》（GB/T 14685）中要求的公称粒径为 5～20 mm 的碎石或卵石，采用二级配，其中 5～10 mm 占 40%，10～20 mm 占 60%，满足连续级配要求，针状、片状颗粒含量小于 10%，孔隙率小于 47%，含泥量小于 0.5%；水应符合现行行业标准《混凝土用水标准》（JGJ 63）的要求；并由这些材料拌和而成。

（2）受检混凝土：由基准水泥，符合国家标准技术要求的砂、石、水及待测外加剂拌和而成。

（3）按照以下要求确定基准/受检混凝土配合比。

用水量：掺高性能减水剂或泵送剂的基准混凝土和受检混凝土的单位水泥用量为 360 kg/m$^3$；掺其他外加剂的基准混凝土和受检混凝土的单位水泥用量为 330 kg/m$^3$。砂率：掺高性能减水剂或泵送剂的基准混凝土和受检混凝土的砂率均为 43%～47%；掺其他外加剂的基准混凝土和受检混凝土的砂率为 36%～40%；但掺引气减水剂或引气剂的受检混凝土的砂率应比基准混凝土的砂率低 1%～3%。外加剂掺量按生产厂家指定掺量而定。坍落度：掺高性能减水剂或泵送剂的基准混凝土和受检混凝土的坍落度控制在（210±10）mm，用水量为坍落度在（210±10）mm 时的最小用水量；掺其他外加剂的基准混凝土和受检混凝土的坍落度控制在（80±10）mm。

#### 4.1.5.4　试验步骤

（1）根据上述混凝土配合比成型用于测试混凝土抗压强度的立方体试件。

（2）试件制作时，用振动台振动 15～20 s。

（3）成型 24 h 后拆模，放在标准养护室养护至相应龄期测试基准混凝土和受检混凝土的抗压强度。

（4）抗压强度的测试方式如下：

在试验时将试件从养护地点取出，把试件表面与上下承压板面擦干净。

试件取出后检查其形状和尺寸，安放在试验机的下压板或垫板上，试件的承压面应与成型时的顶面垂直。试件的中心应与试验机下压板中心对准；开动试验机，当上压板与试件或钢垫板接近时，调整球座，使接触均衡；在试验过程中应连续均匀地加荷，混凝土强度等级小于 30 MPa 时，加荷速度取 0.3～0.5 MPa/s；混凝土强度等级大于或等于 30 MPa 且小于 60 MPa 时，取 0.5～0.8 MPa/s；混凝土强度等级大于或等于 60 MPa 时，取 0.8～1.0 MPa/s。当试件接近破坏开始急剧变形时，应停止调整试验机油门，直至破坏。记录破坏荷载。

#### 4.1.5.5　试验结果

立方体试件抗压强度值的确定应符合下列规定：

（1）取 3 个试件测值的算术平均值作为该组试件的强度值，应精确至 0.1 MPa。

（2）当 3 个测值中的最大值或最小值中有一个与中间值的差值超过中间值的 15%时，则应把最大值及最小值一并舍去，取中间值作为该组试件的抗压强度值。

（3）当最大值和最小值与中间值的差值均超过中间值的 15%时，该组试件的试验结果无效。

抗压强度比用掺外加剂混凝土与基准混凝土同龄期抗压强度之比表示，按式（4-9）计算（精确至 1%）：

$$R_f = \frac{f_t}{f_c} \times 100\% \tag{4-9}$$

式中：$R_f$——抗压强度比，%；

$f_t$——受检混凝土的抗压强度，MPa；

$f_c$——基准混凝土的抗压强度，MPa。

### 4.1.6 减水剂细度（手工筛析法）检测

#### 4.1.6.1 试验依据与环境要求

1）试验依据

现行国家标准《混凝土外加剂匀质性试验方法》（GB/T 8077）。

2）环境要求

试验环境要求：室温。

#### 4.1.6.2 主要仪器设备

天平：分度值为 0.001 g。

试验筛：孔径为 0.315 mm、1.180 mm 的试验筛，筛网应符合现行国家标准《试验筛 金属丝编织网、穿孔板和电成型薄板 筛孔的基本尺寸》（GB/T 6005）的要求。筛框有效直径为 150 mm、高 50 为 mm。筛布应紧绷在筛框上，接缝应严密，并附有筛盖。

#### 4.1.6.3 样品制备

外加剂试样应充分拌匀并经 100～105℃温度（特殊品种除外）烘干。

#### 4.1.6.4 为验步骤

称取已于 100～105℃温度下烘干的试样约 10 g（$m_0$），精确至 0.001 g，倒入相应孔径的筛内，用人工筛样，将近筛完时，应一手执筛往复摇动，一手拍打，摇动速度每分钟约 120 次。其间，筛子应向一定方向旋转数次，使试样分散在筛布上，直至每分钟通过质量不超过 0.005 g 时为止。称量筛余物（$m$），称准至 0.001 g。

#### 4.1.6.5 为验结果

细度用 $\omega$ 表示，按式（4-10）计算：

$$\omega = \frac{m_1}{m_0} \times 100\% \tag{4-10}$$

式中：$\omega$——细度，%；

$m_1$——筛余物质量，g；

$m_0$——试样质量，g。

计算结果保留两位小数。

每项测定的试验次数规定为两次，两次结果的绝对差值在重复性限内，用两次试验结果的平均值表示测定结果。如果两次结果的绝对差值超过重复性限，则需要在短时间内进行第三次测定，剔除超出重复性限的数据，其余两个数据取平均值。如果第三次数据在两个值的中间，则取 3 次结果的平均值表示测定结果。如果 3 次测定结果的偏差均超过重复性限，则应重新试验。有特殊规定的除外。

试验重复性限为 0.40%，试验再现性限为 0.60%。

### 4.1.7　减水剂细度（负压筛析法）检测

#### 4.1.7.1　试验依据与环境要求

1）试验依据

现行国家标准《混凝土外加剂匀质性试验方法》（GB/T 8077）。

2）环境要求

试验环境要求：室温。

#### 4.1.7.2　主要仪器设备

负压筛析仪：可调节负压至 4 000～6 000 Pa。

天平：分度值为 0.001 g。

试验筛：孔径为 0.080 mm 的试验筛，筛网应符合现行国家标准《试验筛　金属丝编织网、穿孔板和电成型薄板　筛孔的基本尺寸》（GB/T 6005）的要求。筛框有效直径为 150 mm、高为 50 mm。筛布应紧绷在筛框上，接缝应严密，并附有筛盖。

#### 4.1.7.3　样品制备

外加剂试样应充分拌匀并经 100～105℃温度（特殊品种除外）烘干。

#### 4.1.7.4　试验步骤

筛析试验前应把负压筛放在筛座上，盖上筛盖，接通电源，检查控制系统，调节负压至 4 000～6 000 Pa。称取试样约 10 g（$m_0$），精确至 0.001 g，置于洁净的负压筛中，放在筛座上，盖上筛盖，接通电源，开动筛析仪连续筛析 2 min，在此期间如有试样附着在筛盖上，可轻轻地敲击筛盖使试样落下。筛毕，用天平称量全部筛余物（$m_1$）。

#### 4.1.7.5　试验结果

同 4.1.6.5。

### 4.1.8　减水剂密度（比重瓶法）检测

#### 4.1.8.1　试验依据与环境要求

1）试验依据

现行国家标准《混凝土外加剂匀质性试验方法》（GB/T 8077）。

2）环境要求

试验环境要求：室温。

#### 4.1.8.2　样品制备

被测溶液的温度为（20±1）℃；

被测溶液必须清澈，如有沉淀应滤去。

#### 4.1.8.3 主要仪器设备

比重瓶：25 mL 或 50 mL；
天平：不应低于四级，精确至 0.000 1 g；
干燥器：内盛变色硅胶；
超级恒温器或同等条件的恒温设备。

#### 4.1.8.4 试验步骤

（1）比重瓶容积的校正。比重瓶依次用水、乙醇、丙酮和乙醚洗涤并吹干，塞子连瓶一起放入干燥器内，取出，称量比重瓶质量为 $m_0$，直至恒量。然后将预先煮沸并经冷却的水装入瓶内，塞上塞子，使多余的水分从塞子毛细管流出，用吸水纸吸干瓶外的水。注意不能让吸水纸吸出塞子毛细管里的水，水要保持与毛细管上口相平，立即用天平称出比重瓶装满水后的质量 $m_1$。

比重瓶在（20±1）℃时的容积 $V$ 按式（4-11）计算：

$$V=\frac{m_1-m_0}{\rho_{水}} \tag{4-11}$$

式中：$V$——比重瓶在（20±1）℃时的容积，mL；
$m_0$——干燥的比重瓶质量，g；
$m_1$——比重瓶盛满（20±1）℃水后的质量，g；
$\rho_{水}$——（20±1）℃时纯水的密度，g/mL。

纯水温度和密度对应关系见表 4-2。

**表 4-2 纯水温度和密度对应关系**

| 温度/℃ | 水的密度/（g/cm$^3$） |
|---|---|
| 18.0 | 0.998 6 |
| 18.5 | 0.998 5 |
| 19.0 | 0.998 4 |
| 19.5 | 0.998 3 |
| 20.0 | 0.998 2 |
| 20.5 | 0.998 1 |
| 21.0 | 0.998 0 |

（2）将已校正 $V$ 值的比重瓶洗净、干燥、灌满被测溶液，塞上塞子后浸入（20±1）℃超级恒温器内，恒温 20 min 后取出，用吸水纸吸干瓶外的水及由毛细管溢出的溶液后，在天平上称出比重瓶装满外加剂溶液后的质量为 $m_2$。

#### 4.1.8.5 试验结果

外加剂溶液的密度 $\rho$ 按式（4-12）计算：

$$\rho=\frac{m_2-m_0}{V}=\frac{m_2-m_0}{m_1-m_0}\times\rho_{水} \tag{4-12}$$

式中：$\rho$——（20±1）℃时外加剂溶液的密度，g/mL；

$m_2$——比重瓶装满（20±1）℃外加剂溶液后的质量，g。

计算结果保留三位小数。

每项测定的试验次数规定为两次，两次结果的绝对差值在重复性限内，用两次试验结果的平均值表示测定结果。如果两次结果的绝对差值超过重复性限，则需要在短时间内进行第三次测定，剔除超出重复性限的数据，其余两个数据取平均值。如果第三次数据在两个值的中间，则取 3 次结果的平均值表示测定结果。如果 3 次测定结果的偏差均超过重复性限，则重新试验。有特殊规定的除外。

试验重复性限为 0.001 g/mL，试验再现性限为 0.002 g/mL。

### 4.1.9　减水剂密度（精密密度计法）检测

先以波美比重计测出溶液的密度，再参考波美比重计所测得的数据，以精密密度计准确测出试样的密度值 $\rho$。

#### 4.1.9.1　试验依据与环境要求

1）试验依据

现行国家标准《混凝土外加剂匀质性试验方法》（GB/T 8077）。

2）环境要求

试验环境要求：室温。

#### 4.1.9.2　样品制备

被测溶液的温度为（20±1）℃；

被测溶液必须清澈，如有沉淀应滤去。

#### 4.1.9.3　主要仪器设备

所需仪器及要求如下：

波美比重计：分度值为 0.001 g/mL；

精密密度计：分度值为 0.001 g/mL；

超级恒温器或同等条件的恒温设备：控温精度为±0.1℃。

#### 4.1.9.4　试验步骤

将已恒温的外加剂倒入 250 mL 玻璃量筒内，以波美比重计插入溶液中测出该溶液的密度。参考波美比重计所测溶液的数据，选择这一刻度范围的精密密度计插入溶液中，精确读出溶液凹液面与精密密度计相齐的刻度即为该溶液的密度 $\rho$。

#### 4.1.9.5　试验结果

测得的数据即为（20±1）℃时外加剂溶液的密度。计算结果保留三位小数。

每项测定的试验次数规定为两次，两次结果的绝对差值在重复性限内，用两次试验结果的平均值表示测定结果。如果两次结果的绝对差值超过重复性限，则需要在短时间内进行第三次测定，剔除超出重复性限的数据，其余两个数据取平均值。如果第三次数据在两个值的中间，则取 3 次结果的平均值表示测定结果。如果 3 次测定结果的偏差均超过重复性限，则应重新试验。有特殊规定的除外。

试验重复性限为 0.001 g/mL，试验再现性限为 0.002 g/mL。

### 4.1.10 减水剂含固量检测

现行国家标准《混凝土外加剂匀质性试验方法》（GB/T 8077）中测试含固量的方法有干燥法、稀释干燥法和真空干燥法。本书主要介绍常用的干燥法。

#### 4.1.10.1 试验依据与环境要求

1）试验依据

现行国家标准《混凝土外加剂匀质性试验方法》（GB/T 8077）。

2）环境要求

试验环境要求：室温。

#### 4.1.10.2 主要仪器设备

天平：分度值为 0.000 1 g；

干燥箱：温度范围为 0～200℃；

带盖称量瓶；

干燥器：内盛变色硅胶。

#### 4.1.10.3 样品制备

试验前将所取样品搅拌均匀。

#### 4.1.10.4 试验步骤

（1）将洁净带盖称量瓶放入烘箱内，在 100～105℃温度下烘 30 min，取出置于干燥器内，冷却 30 min 后称量，重复上述步骤直至恒量，其质量为 $m_0$。

（2）称取样品 5 g，精确至 0.000 1 g，将被测试样装入已经恒量的称量瓶内，盖上盖称出试样及称量瓶的总质量为 $m_1$。

（3）将盛有试样的称量瓶放入烘箱内，开启瓶盖，升温至 100～105℃（特殊品种除外）烘至少 2 h，盖上盖置于干燥器内冷却 30 min 后称量，重复上述步骤直至恒量，其质量为 $m_2$。

#### 4.1.10.5 试验结果

固体含量 $X_{固}$按式（4-13）计算：

$$X_{固} = \frac{m_2 - m_0}{m_1 - m_0} \times 100\% \tag{4-13}$$

式中：$X_{固}$——固体含量，%；

$m_0$——称量瓶的质量，g；

$m_1$——称量瓶加试样的质量，g；

$m_2$——称量瓶加烘干后试样的质量，g。

计算结果保留两位小数。

每项测定的试验次数规定为两次，两次结果的绝对差值在重复性限内，用两次试验结果的平均值表示测定结果。如果两次结果的绝对差值超过重复性限，则需要在短时间内进行第三次测定，剔除超出重复性限的数据，其余两个数据取平均值。如果第三次数据在两个值的中间，则取 3 次结果的平均值表示测定结果。如果 3 次测定结果的偏差均超过重复性限，则应重新试验。有特殊规定的除外。

试验重复性限为 0.30%，再现性限为 0.50%。

### 4.1.11　减水剂含水率检测

粉剂外加剂含有一定的水分。在 100～105℃的温度下使水汽化，从而达到烘干的目的。

现行国家标准《混凝土外加剂匀质性试验方法》（GB/T 8077）中测试含水率的方法有干燥法、稀释干燥法和真空干燥法。本书主要介绍常用的干燥法。

#### 4.1.11.1　试验依据与环境要求

1）试验依据

现行国家标准《混凝土外加剂匀质性试验方法》（GB/T 8077）。

2）环境要求

试验环境要求：室温。

#### 4.1.11.2　主要仪器设备

天平：分度值为 0.000 1 g；

干燥箱：温度范围为室温至 200℃；

带盖称量瓶；

干燥器：内盛变色硅胶。

#### 4.1.11.3　样品制备

试验前将所取样品搅拌均匀。

#### 4.1.11.4　试验步骤

（1）将洁净带盖称量瓶放入烘箱内，在 100～105℃温度下烘 30 min，取出置于干燥器内，冷却至少 30 min 后称量，重复上述步骤直至恒量，其质量为 $m_0$。

（2）在已恒量的称量瓶中称取约 10 g 试样，精确到 0.000 1 g，盖上盖称出粉剂试样及称量瓶的总质量为 $m_1$。

（3）将盛有粉剂试样的称量瓶放入烘箱内，开启瓶盖，在 100～105℃温度下烘至少 2 h，盖上盖置于干燥器内冷却至少 30 min 后称量，重复上述步骤直至恒量，其质

量为 $m_2$。

#### 4.1.11.5 试验结果

含水率 $W$ 按式（4-14）计算：

$$W = \frac{m_2 - m_0}{m_1 - m_0} \times 100\% \tag{4-14}$$

式中：$W$——含水率，%；

$m_0$——称量瓶的质量，g；

$m_1$——称量瓶加试样的质量，g；

$m_2$——称量瓶加烘干后试样的质量，g。

计算结果保留两位小数。

每项测定的试验次数规定为两次，两次结果的绝对差值在重复性限内，用两次试验结果的平均值表示测定结果。如果两次结果的绝对差值超过重复性限，则需要在短时间内进行第三次测定，剔除超出重复性限的数据，其余两个数据取平均值。如果第三次数据在两个值的中间，则取 3 次结果的平均值表示测定结果。如果 3 次测定结果的偏差均超过重复性限，则应重新试验。有特殊规定的除外。

试验重复性限为 0.30%，再现性限为 0.50%。

### 4.1.12 减水剂 pH 检测

根据奈斯特（Nernst）方程 $E=E_0+0.059\ 151\ g\ [H^+]$，$E=E_0-0.059\ 15\ pH$，利用一对电极在不同 pH 溶液中能产生不同电位差，这一对电极由测试电极（玻璃电极）和参比电极（饱和甘汞电极）组成，在 25℃时每相差一个单位 pH 时产生 59.15 mV 的电位差，pH 可在仪器的刻度表上直接读出。

#### 4.1.12.1 试验依据与环境要求

1）试验依据

现行国家标准《混凝土外加剂匀质性试验方法》（GB/T 8077）。

2）环境要求

试验环境要求：室温。

#### 4.1.12.2 主要仪器设备

酸度计：pH 测量范围为 0～14.00，精度为±0.01；

甘汞电极；

玻璃电极；

复合电极；

天平：分度值为 0.000 1 g；

超级恒温器或同等条件的恒温设备：分度值为±0.1℃。

#### 4.1.12.3　样品制备

试验前将所取样品搅拌均匀；
液体样品直接测试；
固体样品溶液的浓度为 10 g/L；
测溶液的温度为（20±3）℃。

#### 4.1.12.4　试验步骤

1）校正
按仪器的出厂说明书校正仪器。
2）测量
当仪器校正好后，先用纯水再用测试溶液冲洗电极，然后将电极浸入被测溶液中轻轻摇动试杯，使溶液均匀。待到酸度计的读数稳定 1 min，记录读数。测量结束后，用纯水冲洗电极，以待下次测量。

#### 4.1.12.5　试验结果

酸度计测出的结果即为溶液的 pH，结果保留一位小数。

每项测定的试验次数规定为两次，两次结果的绝对差值在重复性限内，用两次试验结果的平均值表示测定结果。如果两次结果的绝对差值超过重复性限，则需要在短时间内进行第三次测定，剔除超出重复性限的数据，其余两个数据取平均值。如果第三次数据在两个值的中间，则取 3 次结果的平均值表示测定结果。如果 3 次测定结果的偏差均超过重复性限，则重新试验。有特殊规定的除外。

试验重复性限为 0.2，试验再现性限为 0.5%。

### 4.1.13　减水剂氯离子含量（离子色谱法）检测

氯离子含量按现行国家标准《混凝土外加剂匀质性试验方法》（GB/T 8077）进行测定或按现行国家标准《混凝土外加剂》（GB 8076）附录 B 的方法测定，仲裁时采用现行国家标准《混凝土外加剂》（GB 8076）附录 B 的方法。现行国家标准《混凝土外加剂匀质性试验方法》（GB/T 8077）规定的氯离子测试方法有电位滴定法和离子色谱法两种方法，其中离子色谱法与现行国家标准《混凝土外加剂》（GB 8076）附录 B 相近。

离子色谱法适用于混凝土外加剂中氯离子的测定。离子色谱法是液相色谱分析方法的一种，样品溶液经阴离子色谱柱分离，溶液中的阴离子 $F^-$、$Cl^-$、$SO_4^{2-}$、$NO_3^-$ 被分离，同时被电导池检测出来。

#### 4.1.13.1　试验依据与环境要求

1）试验依据
现行国家标准《混凝土外加剂》（GB 8076）。
2）环境要求
试验环境要求：室温。

### 4.1.13.2 主要仪器设备

离子色谱仪：包括电导检测器、抑制器、阴离子分离柱、进样定量环（25 μL、50 μL、100 μL）。

0.22 μm 水性针头微孔滤器。

On Guard RP 柱：功能基为聚二乙烯基苯。

注射器：1.0 mL、2.5 mL。

淋洗液体系选择：

① 碳酸盐淋洗液体系：阴离子柱填料为聚苯乙烯、有机硅、聚乙烯醇或聚丙烯酸酯阴离子交换树脂。

② 氢氧化钾淋洗液体系：阴离子色谱柱 $IonPacAs_{18}$ 型分离柱（250 mm×4 mm）和 $IonPacAG_{18}$ 型保护柱（50 mm×4 mm），或性能相当的离子色谱柱。

抑制器：连续自动再生膜阴离子抑制器或微填充床抑制器。

检出限：0.01 μg/mL。

### 4.1.13.3 样品制备

（1）试剂和材料。

氮气：纯度不小于 99.8%。

硝酸：优级纯。

实验室用水：一级水（电导率小于 18 mΩ · cm，0.2 μm 超滤膜过滤）。

氯离子标准溶液（1 mg/mL）：准确称取预先在 550～600℃下加热 40～50 min 后，并在干燥器中冷却至室温的氯化钠（标准试剂）1.648 g，用水溶解，移入 1 000 mL 容量瓶中，用水稀释至刻度。

氯离子标准溶液（100 μg/mL）：准确移取上述标准溶液 100 mL 至 1 000 mL 容量瓶中，用水稀释至刻度。

氯离子标准溶液系列：分别准确移取 1 mL、5 mL、10 mL、15 mL、20 mL、25 mL（100 μg/mL 的氯离子标准溶液）至 100 mL 容量瓶中，稀释至刻度。此标准溶液系列浓度分别为 1 μg/mL、5 μg/mL、10 μg/mL、15 μg/mL、20 μg/mL、25 μg/mL。

（2）试验前将所取样品搅拌均匀。

### 4.1.13.4 试验步骤

1）称量和溶解

准确称取 1 g 外加剂试样，精确至 0.1 mg。放入 100 mL 烧杯中，加 50 mL 水和 5 滴硝酸溶解试样。当试样能被水溶解时，直接移入 100 mL 容量瓶，稀释至刻度；当试样不能被水溶解时，采用超声和加热的方法溶解试样，再用快速滤纸过滤，滤液用 100 mL 容量瓶承接，用水稀释至刻度。

2）去除样品中的有机物

混凝土外加剂中的可溶性有机物可以用 On Guard RP 柱去除。

3）测定色谱图

将上述处理好的溶液注入离子色谱中分离，得到色谱图，测定所得色谱峰的峰面积或峰高。

4）氯离子含量标准曲线的绘制

在重复性条件下进行空白试验。将氯离子标准溶液系列分别在离子色谱中分离，得到色谱图，测定所得色谱峰的峰面积或峰高。以氯离子浓度为横坐标，峰面积或峰高为纵坐标绘制标准曲线。

#### 4.1.13.5　试验结果

1）测定次数

在重复性条件下测定两次。

2）空白试验

在重复性条件下做空白试验。

3）结果表述

所得结果应按现行国家标准《数值修约规则与极限数值的表示和判定》（GB/T 8170）修约，保留两位小数；当含量小于 0.10%时，结果保留两位有效数字；如果委托方供货合同或有关标准另有要求时，可按要求的位数修约。

4）分析结果的采用

当所得试样的两个有效分析值之差不大于表 4-3 所规定的允许差时，以其算术平均值作为最终分析结果；否则，应重新进行试验。

**表 4-3　试样允许差**

| $Cl^-$含量范围/% | ＜0.01 | 0.01～0.1 | 0.1～1 | 1～10 | ＞10 |
|---|---|---|---|---|---|
| 允许差/% | 0.001 | 0.02 | 0.1 | 0.2 | 0.25 |

5）计算及数据处理

将样品的氯离子峰面积或峰高对照标准曲线，求出样品溶液的氯离子浓度值，并按照式（4-15）计算出试样中氯离子含量。

$$X_{Cl^-} = \frac{C \times V \times 10^{-6}}{m} \times 100\% \qquad (4\text{-}15)$$

式中：$X_{Cl^-}$——样品中氯离子含量，%；

$C$——由标准曲线求得的试样溶液中氯离子的浓度，μg/mL；

$V$——样品溶液的体积，数值为 100 mL；

$m$——外加剂样品质量，g。

### 4.1.14　减水剂氯离子含量（电位滴定法）检测

电位滴定法以银电极或氯电极为指示电极，其电势随银离子浓度而变化。以甘汞电极为参比电极，用电位计或酸度计测定两电极在溶液中组成原电池的电势，银离子与氯离子反应生成溶解度很小的氯化银白色沉淀。在等当点前滴入硝酸银生成氯化银沉淀，两电极间电势变化缓慢，等当点时氯离子全部生成氯化银沉淀，这时滴入少量硝酸银即引起电势急剧变化，指示出滴定终点。

#### 4.1.14.1 试验依据与环境要求

1）试验依据

现行国家标准《混凝土外加剂匀质性试验方法》（GB/T 8077）。

2）环境要求

试验环境要求：室温。

#### 4.1.14.2 主要仪器设备

电位测定仪、酸度仪或者全自动氯离子测定仪；

银电极或氯电极；

甘汞电极；

电磁搅拌器；

滴定管（25 mL）；

移液管（10 mL）；

天平：分度值为 0.000 1 g。

#### 4.1.14.3 样品制备

1）试剂的制备

硝酸（1+1）。

硝酸银溶液（1.7 g/L）：准确称取约 1.7 g 硝酸银（$AgNO_3$），用水溶解，放入 1 L 棕色容量瓶中稀释至刻度，摇匀，用 0.010 0 mol/L 氯化钠标准溶液对硝酸银溶液进行标定。

硝酸银溶液（17 g/L）：准确称取约 17 g 硝酸银（$AgNO_3$），用水溶解，放入 1 L 棕色容量瓶中稀释至刻度，摇匀，用 0.100 0 mol/L 氯化钠标准溶液对硝酸银溶液进行标定。

氯化钠标准溶液（0.010 0 mol/L）：称取约 5 g 氯化钠（基准试剂），盛在称量瓶中，于 130～150℃烘干 2 h，在干燥器内冷却后精确称取 0.584 4 g，用水溶解并稀释至 1 L，摇匀。

氯化钠标准溶液（0.100 0 mol/L）：称取约 10 g 氯化钠（基准试剂），盛在称量瓶中，于 130～150℃烘干 2 h，在干燥器内冷却后精确称取 5.844 3 g，用水溶解并稀释至 1 L，摇匀。

标定硝酸银溶液（1.7 g/L 或 17 g/L）：用移液管吸取 0.010 0 mol/L 或 0.100 0 mol/L 的氯化钠标准溶液 10 mL 于烧杯中，加水稀释至 200 mL，加 4 mL 硝酸（1+1），在电磁搅拌下，用硝酸银溶液以电位滴定法测定终点，过等当点后，在同一溶液中再加入 0.010 0 mol/L 或 0.100 0 mol/L 氯化钠标准溶液 10 mL，继续用硝酸银溶液滴定至第二个终点，用二次微商法计算出硝酸银溶液消耗的体积 $V_{01}$ 和 $V_{02}$。

体积 $V_0$ 按式（4-16）计算：

$$V_0=V_{02}-V_{01} \tag{4-16}$$

式中：$V_0$——10 mL 0.010 0 mol/L 或 0.100 0 mol/L 氯化钠标准溶液消耗硝酸银溶液的体积，mL；

$V_{02}$——空白试验中 200 mL 水，加 4 mL 硝酸（1+1）和加 20 mL 0.010 0 mol/L 或 0.100 0 mol/L 氯化钠标准溶液所消耗硝酸银溶液的体积，mL；

$V_{01}$——空白试验中 200 mL 水，加 4 mL 硝酸（1+1）和加 10 mL 0.010 0 mol/L 或 0.100 0 mol/L 氯化钠标准溶液所消耗硝酸银溶液的体积，mL。

硝酸银溶液的浓度 $c$ 按式（4-17）计算：

$$c=\frac{c'V'}{V_0} \tag{4-17}$$

式中：$c$——硝酸银溶液的浓度，mol/L；

$c'$——氯化钠标准溶液的浓度，mol/L；

$V'$——氯化钠标准溶液的体积，mL。

以上计算示例见表 4-4。

**表 4-4　空白试验记录格式**

| 加 10 mL 0.010 0 mol/L 氯化钠 | | | | 加 20 mL 0.010 0 mol/L 氯化钠 | | | |
|---|---|---|---|---|---|---|---|
| 滴加硝酸银体积 $V_{01}$/mL | 电势 $E$/mV | $\Delta E/\Delta V$/（mV/mL） | $\Delta^2E/\Delta V^2$/（mV/mL²） | 滴加硝酸银体积 $V_{02}$/mL | 电势 $E$/mV | $\Delta E/\Delta V$/（mV/mL） | $\Delta^2E/\Delta V^2$/（mV/mL²） |
| 10.30 | 242 | 110 | | 20.20 | 240 | 110 | |
| 10.40 | 253 | 140 | 300 | 20.30 | 251 | 130 | 200 |
| 10.50 | 267 | 130 | −100 | 20.40 | 264 | 120 | −100 |
| 10.60 | 280 | | | 20.50 | 276 | | |

计算：

$$V_{01}=10.40+0.10\times\frac{300}{300+100}\approx10.48(\text{mL})$$

$$V_{02}=20.30+0.10\times\frac{200}{200+100}\approx20.37(\text{mL})$$

$$C_{AgNO_3}=\frac{10.00\times0.010\,0}{20.37-10.48}\approx0.010\,1(\text{mol/L})$$

2）试验前将所取样品搅拌均匀

#### 4.1.14.4　试验步骤

对于可溶性试样，准确称取试样 0.500 0～5.000 0 g（$m_0$），放入烧杯中，加入 200 mL 水和 4 mL 硝酸（1+1），使溶液呈酸性，搅拌至完全溶解。

对于不溶性试样，准确称取试样 0.500 0～5.000 0 g（$m$），放入烧杯中，加入 20 mL 水，搅拌使试样分散，然后在搅拌下加入 20 mL 硝酸（1+1），加水稀释至 200 mL，加入 2 mL 过氧化氢，盖上表面皿，加热煮沸 1～2 min，冷却至室温。

用移液管加入 0.010 0 mol/L 或 0.100 0 mol/L 的氯化钠标准溶液 10 mL，将烧杯放在电磁搅拌器上，开动电磁搅拌器并插入银电极（或氯电极）及甘汞电极，两电极与电位计或酸度计相连接用硝酸银溶液缓慢滴定，记录电势和对应的滴定管读数。

接近等当点时，应缓慢滴加硝酸银溶液，每次定量加入 0.10 mL，当电势发生突变时，表示等当点已过，此时继续滴入硝酸银溶液，直至电势趋向变化平缓。得到第一个终点时硝酸银溶液消耗的体积$V_1$。

在同一溶液中，用移液管再加入 0.010 0 mol/L 或 0.100 0 mol/L 氯化钠标准溶液 10 mL（此时溶液电势降低），继续用硝酸银溶液滴定，直至第二个等当点出现，记录电势和对应的 0.01 mol/L 硝酸银溶液消耗的体积$V_2$。

空白试验在干净的烧杯中加入 200 mL 水和 4 mL 硝酸（1+1）。用移液管加入 0.010 0 mol/L 或 0.100 0 mol/L 氯化钠标准溶液 10 mL，在不加入试样的情况下，在电磁搅拌下，缓慢滴加硝酸银溶液，记录电势和对应的滴定管读数，直至第一个终点出现。过等当点后，在同一溶液中，再用移液管加入 0.010 0 mol/L 或 0.100 0 mol/L 氯化钠标准溶液 10 mL，继续用硝酸银溶液滴定至第二个终点，用二次微商法计算出硝酸银溶液消耗的体积$V_{01}$及$V_{02}$。

4.1.14.5　试验结果

用二次微商法计算结果。通过电压对体积二次导数（$\Delta^2E/\Delta V^2$）变成零的办法来求出滴定终点。

假如在邻近等当点时，每次加入的硝酸银溶液是相等的，此函数（$\Delta^2E/\Delta V^2$）必定会在正负两个符号发生变化的体积之间的某一点变成零，对应这一点的体积即为终点体积，可用内插法求得。

外加剂中氯离子所消耗的硝酸银体积$V$按式（4-18）计算：

$$V=\frac{(V_1-V_{01})+(V_2-V_{02})}{2} \tag{4-18}$$

式中：$V_1$——试样溶液加 10 mL 0.010 0 mol/L 或 0.100 0 mol/L 氯化钠标准溶液所消耗的硝酸银溶液体积，mL；

$V_2$——试样溶液加 20 mL 0.010 0 mol/L 或 0.100 0 mol/L 氯化钠标准溶液所消耗的硝酸银溶液体积，mL。

外加剂中氯离子含量$\omega_{Cl^-}$按式（4-19）计算：

$$\omega_{Cl^-}=\frac{c\times V\times 35.45}{m_{11}\times 1\,000}\times 100\% \tag{4-19}$$

式中：$\omega_{Cl^-}$——氯离子含量；

$c$——硝酸银溶液的浓度，mol/L；

$V$——外加剂中氯离子所消耗的硝酸银溶液体积，mL；

$m_{11}$——外加剂样品质量，g。

计算实例：

称取外加剂样品 0.769 6 g，加入 200 mL 蒸馏水，溶解后加 4 mL 硝酸（1+1），用硝酸银溶液滴定，外加剂样品试验记录见表 4-5。

**表 4-5　样品试验记录示例**

| 加 10 mL 0.010 0 mol/L 氯化钠 | | | | 加 20 mL 0.010 0 mol/L 氯化钠 | | | |
|---|---|---|---|---|---|---|---|
| 滴加硝酸银体积 $V_1$/mL | 电势 $E$/mV | $\Delta E/\Delta V$/（mV/mL） | $\Delta^2 E/\Delta V^2$/（mV/mL²） | 滴加硝酸银体积 $V_2$/mL | 电势 $E$/mV | $\Delta E/\Delta V$/（mV/mL） | $\Delta^2 E/\Delta V^2$/（mV/mL²） |
| 13.20<br>13.30<br>13.40<br>13.50 | 244<br>256<br>269<br>280 | 120<br>130<br>110 | 100<br>−200 | 23.20<br>23.30<br>23.40<br>23.50 | 241<br>252<br>264<br>275 | 110<br>120<br>110 | 100<br>−100 |

计算：

$$V_1 = 13.30 + 0.1 \times \frac{100}{100+200} \approx 13.33\text{（mL）}$$

$$V_2 = 23.30 + 0.1 \times \frac{100}{100+100} \approx 23.35\text{（mL）}$$

$$V = \frac{(13.33-10.48)+(23.35-20.37)}{2} \approx 2.92\text{（mol/L）}$$

$$\omega_{\text{Cl}^-} = \frac{35.45 \times 0.010\,1 \times 2.92}{0.769\,6 \times 1\,000} \times 100\% \approx 0.136\%$$

计算结果保留三位小数。

每项测定的试验次数规定为两次，两次结果的绝对差值在重复性限内，用两次试验结果的平均值表示测定结果。如果两次结果的绝对差值超过重复性限，则需要在短时间内进行第三次测定，剔除超出重复性限的数据，其余两个数据取平均值。如果第三次数据在两个值的中间，则取 3 次结果的平均值表示测定结果。如果 3 次测定结果的偏差均超过重复性限，则重新试验。有特殊规定的除外。

外加剂中氯离子含量的重复性限和再现性限见表 4-6。

**表 4-6　氯离子重复性限和再现性限**

| $Cl^-$含量范围 | ≤0.500% | ＞0.500% |
|---|---|---|
| 重复性限 | 0.010% | 0.025% |
| 再现性限 | 0.020% | 0.030% |

### 4.1.15　减水剂碱含量检测

对于易溶于水的试样用水温约 80℃的热水溶解，对于不溶于水的样品使用氢氟酸溶样，以氨水分离铁、铝；以碳酸铵分离钙、镁。滤液中的碱（钾和钠），采用相应的滤光片，用火焰光度计进行测定。

#### 4.1.15.1　试验依据与环境要求

1）试验依据

现行国家标准《混凝土外加剂匀质性试验方法》（GB/T 8077）。

2）环境要求

试验环境要求：室温。

#### 4.1.15.2 主要仪器设备

火焰光度计；

天平：分度值为 0.000 1 g。

#### 4.1.15.3 样品制备

1）试剂的制备

盐酸（1+1）。

氨水（1+1）。

碳酸铵溶液（100 g/L）：在烧杯中称取 10 g 碳酸铵，加水溶解，转移至 100 mL 容量瓶，定容，摇匀。

氧化钾、氧化钠标准溶液：精确称取已在 130～150℃温度下烘过 2 h 的氯化钾（KCl 光谱纯）0.792 0 g 及氯化钠（NaCl 光谱纯）0.943 0 g，置于烧杯中，加水溶解后，移入 1 000 mL 容量瓶中，用水稀释至标线，摇匀，转移至干燥的带盖的塑料瓶中。此标准溶液每毫升相当于氧化钾及氧化钠 0.5 mg。

甲基红指示剂（2 g /L 乙醇溶液）。

氢氟酸。

2）试验前将所取样品搅拌均匀

#### 4.1.15.4 试验步骤

1）标准曲线的绘制

分别向 100 mL 容量瓶中注入 0.00 mL、1.00 mL、2.00 mL、4.00 mL、8.00 mL、12.00 mL 的氧化钾、氧化钠标准溶液（分别相当于氧化钾、氧化钠各 0.00 mg、0.50 mg、1.00 mg、2.00 mg、4.00 mg、6.00 mg），用水稀释至标线，摇匀，然后分别于火焰光度计上按仪器使用规程进行测定，根据测得的检流计读数与溶液的浓度关系，分别绘制氧化钾及氧化钠的工作曲线。

2）样品的测定

（1）对于溶于水的试样，按照表 4-7 于 150 mL 的瓷蒸发皿中准确称取一定量的试样 $m$，用 80℃左右的热水润湿并稀释至 30 mL，置于电热板上加热蒸发，保持微沸 5 min 后取下，冷却。

（2）对于不溶于水的试样，按照表 4-7 于铂金皿（或聚四氟乙烯器皿）中准确称取一定量的试样 $m$，精确至 0.000 1 g，加少量水润湿。加入 10 mL 氢氟酸和 15～20 滴硫酸（1+1），放入通风处的电热板上低温加热，近干时摇动铂金皿，以防溅失，待氢氟酸趋尽后升高温度继续加热至三氧化硫白烟冒尽，取下冷却。加入 50 mL 热水，用胶头扫棒压碎残渣使其分散加 1 滴甲基红指示剂，滴加氨水（1+1），使溶液呈黄色；加入 10 mL 碳酸铵溶液，搅拌，置于电热板上加热并保持微沸 10 min，用中速滤纸过滤，以热水充分洗涤，滤液及洗液盛于容量瓶中，冷却至室温，以盐酸（1+1）中和至溶液呈红色，然后用水稀释至标线，摇匀，以火焰光度计按仪器使用规程进行测定。称样量及稀释倍数见表 4-7。同时进行空白试验。在标准曲线上查得氧化钾质量 $c_1$，氧化钠质量 $c_2$。

表 4-7　称样量及稀释倍数

| 碱含量 | 称样量/g | 稀释体积/mL | 稀释倍数/倍 |
| --- | --- | --- | --- |
| $X$≤1.00% | 0.20 | 100 | 1 |
| 1.00%<$X$≤5.00% | 0.10 | 250 | 2.5 |
| 5.00%<$X$≤10.00% | 0.05 | 250 或 500 | 2.5 或 5.0 |
| $X$>10.00% | 0.05 | 500 或 1 000 | 5.0 或 10.0 |

#### 4.1.15.5　试验结果

1）氧化钾与氧化钠含量计量

氧化钾含量 $X_{K_2O}$ 按式（4-20）计算：

$$X_{K_2O}=\frac{C_1\times n}{m\times 1\,000}\times 100\% \tag{4-20}$$

式中：$X_{K_2O}$——外加剂中的氧化钾含量，%；

$C_1$——在工作曲线上查得每 100 mL 被测溶液中氧化钾的含量，mg；

$n$——被测溶液的稀释倍数；

$m$——试样质量，g。

氧化钠含量 $X_{Na_2O}$ 按式（4-21）计算：

$$X_{Na_2O}=\frac{C_2\times n}{m\times 1\,000}\times 100\% \tag{4-21}$$

式中：$X_{Na_2O}$——外加剂中的氧化钠含量，%；

$C_2$——在工作曲线上查得每 100 mL 被测溶液中氧化钠的含量，mg。

2）碱量计算

碱量按式（4-22）计算：

$$X=0.658\times X_{K_2O}+X_{Na_2O} \tag{4-22}$$

式中：$X$——外加剂中的碱含量，%。

计算结果保留两位小数。

每项测定的试验次数规定为两次，两次结果的绝对差值在重复性限内，用两次试验结果的平均值表示测定结果。如果两次结果的绝对差值超过重复性限，则需要在短时间内进行第三次测定，剔除超出重复性限的数据，其余两个数据取平均值。如果第三次数据在两个值的中间，则取 3 次结果的平均值表示测定结果。如果 3 次测定结果的偏差均超过重复性限，则重新试验。有特殊规定的除外。

不同浓度碱含量的重复性限和再现性限见表 4-8。

表 4-8　不同浓度碱含量的重复性限和再现性限　　单位：%

| 碱含量 | 重复性限 | 再现性限 |
| --- | --- | --- |
| $X$≤1.00% | 0.10 | 0.15 |
| 1.00%<$X$≤5.00% | 0.20 | 0.30 |
| 5.00%<$X$≤10.00% | 0.30 | 0.50 |
| $X$>10.00% | 0.50 | 0.80 |

## 4.2 混凝土膨胀剂

膨胀剂是指与水泥、水拌和后经水化反应生成钙矾石、氢氧化钙等膨胀性产物，引起混凝土膨胀，产生一定预应力，进而提高混凝土抗裂性的外加剂。按膨胀源不同可分为硫铝酸钙类（钙矾石系）、氧化钙类（石灰系）、硫铝酸钙-氧化钙类和氧化镁类（多用于灌浆材料或水工混凝土中）4 种。主要应用于有较高抗渗和抗裂要求的地下工程、结构自防水、超长结构无缝施工、钢管混凝土等领域，如建造地下车库、水池、游泳池、水塔、贮罐、大型容器、粮仓、油罐、山洞内贮存库等工程。

膨胀剂是一类较为特殊的外加剂，表现在其掺量通常为胶凝材料质量的 8%～12%（而不是≤5%），每立方米混凝土掺加 35～55 kg。因为膨胀性产物的生成依赖充足的水分供给，掺加膨胀剂的混凝土应在浇筑前 7 d 内加强湿养护。

混凝土膨胀剂的技术指标包括细度、凝结时间、限制膨胀率、抗压强度（表 4-9）。

表 4-9　混凝土膨胀剂性能指标

| 项目 | | 指标值 | |
|---|---|---|---|
| | | I 型 | II 型 |
| 细度 | 比表面积/（$m^2$/kg） | ≥200 | |
| | 1.18 mm 孔筛筛余/% | ≤0.5 | |
| 凝结时间 | 初凝/min | ≥45 | |
| | 终凝/min | ≤600 | |
| 限制膨胀率/% | 水中 7 d | ≥0.035 | ≥0.050 |
| | 空气中 21 d | ≥−0.015 | ≥−0.010 |
| 抗压强度/MPa | 7 d | 22.5 | |
| | 28 d | 42.5 | |

抗压强度材料及用量见表 4-10、限制膨胀率材料及用量见表 4-11。

表 4-10　抗压强度材料及用量

| 材料 | 代号 | 材料质量/g |
|---|---|---|
| 水泥 | C | 427.5±2.0 |
| 膨胀剂 | E | 22.5±0.1 |
| 标准砂 | S | 1 350.0±5.0 |
| 拌合水 | W | 225.0±1.0 |

表 4-11　限制膨胀率材料及用量

| 材料 | 代号 | 材料质量/g |
|---|---|---|
| 水泥 | C | 607.5±2.0 |
| 膨胀剂 | E | 67.5±0.2 |

续表

| 材料 | 代号 | 材料质量/g |
|---|---|---|
| 标准砂 | S | 1 350.0±5.0 |
| 拌和水 | W | 270.0±1.0 |

## 4.2.1　膨胀剂细度检测

### 4.2.1.1　试验依据及环境要求

1）试验依据

现行国家标准《水泥细度检验方法筛析法》（GB/T 1345）。

2）环境要求

室温。

### 4.2.1.2　主要仪器设备

试验筛：金属筛，筛孔直径为 1.18 mm。

电子天平：量程 2 kg，分度值 0.01 g。

磁盘、毛刷等。

### 4.2.1.3　样品制备

称取试样 25 g，精确至 0.01 g。

### 4.2.1.4　试验步骤

（1）将称取的试样置于洁净的手工筛中。

（2）用一只手持筛往复摇动，另一只手轻轻拍打，往复摇动和拍打过程应保持近于水平。

（3）拍打速度约 120 次/min，每 40 次向同一方向转动 60°，使试样均匀分布在筛网上，直至每分钟通过的试样数量不超过 0.03 g 为止，称量全部筛余物。

### 4.2.1.5　试验结果

膨胀剂试样筛余百分数按式（4-23）计算（精确至 0.1%）：

$$F=\frac{G_1}{G}\times 100\% \tag{4-23}$$

式中：$F$——试样的筛余百分数，%；

$G_1$——筛余物的质量，g；

$G$——试样的质量，g。

## 4.2.2　膨胀剂凝结时间检测

### 4.2.2.1　试验依据及环境要求

1）试验依据

现行国家标准《混凝土膨胀剂》（GB/T 23439）。

现行国家标准《水泥标准稠度用水量、凝结时间、安定性检验方法》(GB/T 1346)。

2）环境要求

实验室环境温度（20±2）℃，相对湿度不低于 50%。

水泥试样、膨胀剂样品、拌合水、仪器和用具：温度应与实验室温度一致。

湿气养护箱：温度（20±1）℃，相对湿度不低于 90%。

#### 4.2.2.2 主要仪器设备

水泥净浆搅拌机：应符合现行行业标准《水泥净浆搅拌机》(JC/T 729）的要求。

标准法维卡仪：标准稠度测定用试杆有效长度为（50±1）mm、由直径为（10±0.05）mm 的圆柱体耐腐蚀金属制成。测定凝结时间时取下试杆，用试针代替试杆。试针由钢制成，其有效长度初凝为（50±1）mm，终凝针为（30±1）mm、直径为（1.13±0.5）mm 的圆柱体。滑动部分的总质量为（300±1）g。与试杆、试针连接的滑动杆表面光滑，靠重力自由下落。

试模：盛装水泥净浆，由耐腐蚀的、有足够硬度的金属制成。试模为深（40±0.2）mm、顶内径（65±0.5）mm、底内径（75±0.5）mm 的截顶圆锥体。

金属板或玻璃板：边长或直径约为 100 mm，厚度为 4～5 mm。

#### 4.2.2.3 样品制备

称取 450 g 水泥、50 g 膨胀剂，按照标准稠度用水量制成标准稠度水泥净浆。

#### 4.2.2.4 试验步骤

（1）用湿布擦拭搅拌锅和搅拌叶后，将称好的水倒入搅拌锅内，然后在 5～10 s 将水泥、膨胀剂加入水中，并防止水和水泥溅出。

（2）将搅拌锅放在搅拌机的锅座上，升至搅拌位置，启动搅拌机，低速搅拌 120 s，停 15 s，同时将叶片和锅壁上的水泥浆刮入锅中间，接着高速搅拌 120 s 后停机。

（3）立即将拌制好的水泥净浆一次性装入已置于玻璃底板上的试模中，浆体超过试模上端，用宽约 25 mm 的直边轻轻拍打超出试模部分的浆体 5 次以排除浆体中的气孔，然后在试模上表面约 1/3 处，略倾斜于试模分别向外轻轻锯掉多余净浆，再从试模边沿轻抹顶部一次，使净浆表面光滑。

（4）在锯掉多余净浆和抹平的操作过程中，注意不要压实净浆。将刮平后的净浆试模及玻璃板立即放入湿气养护箱中。记录水泥全部加入水中的时间作为凝结时间的起始时间。

（5）调整凝结时间测定仪的试针接触玻璃板时，指针对准零点。

（6）试件在湿气养护箱中养护至加水后 30 min 时进行第一次测定：测定时，将维卡仪装上凝结时间测定用初凝针，从湿气养护箱中取出试模放到试针下，降低试针直至与水泥净浆表面接触，拧紧螺丝 1～2 s 后，突然放松，使试针垂直自由地沉入水泥净浆中。观察试针停止下沉或释放试针 30 s 时指针的读数。

（7）当试针沉至距底板（4±1）mm 时，水泥达到初凝状态。在进行最初测定的操作时应轻轻扶持金属柱，使其徐徐下降，以防试针被撞弯，但结果以自由下落为准，临近初凝时，每隔 5 min（或更短时间）测定一次。

（8）在完成初凝时间的测定后，立即将试模连同浆体以平移的方式从玻璃板上取下，翻转 180 °，直径大端向上、小端向下放在玻璃板上，再放入湿气养护箱继续养护，并将维卡仪换上终凝时间测试针。测试时，当试针沉入试件 0.5 mm 时，即环形附件开始不能在试件上留下痕迹时，水泥达到终凝状态。临近终凝时间时每隔 15 min（或更短时间）测定一次。

（9）初凝、终凝测定时均应注意：到达初凝时应立即重复测一次，当两次结论相同时才能定为达到初凝状态。达到终凝时，需要在试件另外两个不同点测试，确认结论相同才能确定达到终凝状态。

（10）在整个测试过程中试针沉入的位置至少要距试模内壁 10 mm，且不能让试针落入原针孔。每次测试完毕须将试针擦净，并将试模放回湿气养护箱内，整个测试过程要防止试模受振。

#### 4.2.2.5 试验结果

样品全部加入水中至初凝状态的时间为水泥的初凝时间，用“min”表示；水泥全部加入水中至终凝状态的时间为水泥的终凝时间，用“min”表示。

### 4.2.3 膨胀剂限制膨胀率检测

#### 4.2.3.1 环境要求及试验依据

1）环境要求

实验室环境温度（20±2）℃，相对湿度不低于 50%。

水泥试样、膨胀剂样品、拌合水、仪器和用具：温度应与实验室内温度一致。

湿气养护箱：温度（20±1）℃，相对湿度不低于 90%。

恒温恒湿（箱）室：温度（20±2）℃，湿度为（60±5）%。

试件养护水池：温度（20±1）℃。

2）试验依据

现行国家标准《混凝土膨胀剂》（GB/T 23439）。

#### 4.2.3.2 主要仪器设备

水泥胶砂搅拌机：应符合现行行业标准《行星式水泥胶砂搅拌机》（JC/T 681）的要求。

胶砂振实台：应符合现行行业标准《水泥胶砂试体成型振实台》（JC/T 682）的要求，振实台应安装在高度约为 400 mm 的混凝土基座上，混凝土体积约为 0.25 $m^3$，重约 500 kg。

试模：由 3 个水平试模槽组成，可同时成型 3 条截面为 40 mm×40 mm×160 mm 的棱形试体，其材质和尺寸应符合现行行业标准《水泥胶砂试模》（JC/T 726）的要求。在组装备用的干净模型时，应用黄干油等密封材料涂覆模型的外接缝。试模的内表面应涂上一薄层模型油或机油。成型操作时，应在试模上面加一个壁高 20 mm 的金属模套。

测量仪：由千分表、支架和标准杆组成，千分表的分辨率为 0.001 mm。

纵向限制器：由纵向钢丝与钢板焊接制成。检验使用次数不应超过 5 次，第三方检测机构检验时不应超过 1 次。

电子天平：量程不小于 500 g，分度值为 0.5 g。

#### 4.2.3.3 样品制备

按表 4-10 称取各材料，同条件下的测长试件为 3 个，试件全长 158 mm，其中胶砂部分尺寸为 40 mm×40 mm×140 mm。当试件抗压强度达到（10±2）MPa 时进行脱模。

#### 4.2.3.4 试验步骤

（1）测量试件的长度时，应提前 3 h 将测量仪、标准杆放在标准养护室内。

（2）用标准杆校正测量仪并调整千分表零点。

（3）测量前，将试件及测量仪测头擦净。

（4）每次测量时，试件记有标志的一面与测量仪的相对位置必须一致，纵向限制器测头与测量仪测头应正确接触，读数应精确至 0.001 mm，不同龄期的试件应在规定时间±1 h 内测量。

（5）试件脱模后在 1 h 内测量试件的初始长度。

（6）测量完初始长度的试件立即放入水中养护，到龄期时测量第 7 d 的长度。

（7）试件测完 7 d 长度后放入恒温恒湿（箱）室养护，测量第 21 天的长度。也可以根据需要测量不同龄期的长度，观察膨胀收缩变化趋势。

（8）养护时，应注意不损伤试件测头。试件之间应保持 15 mm 以上间隔，试件支点距限制钢板两端约 30 mm。

#### 4.2.3.5 试验结果

各龄期限制膨胀率按式（4-24）计算（精确至 0.001%）：

$$\varepsilon=\frac{L_1-L}{L_0}\times 100\% \tag{4-24}$$

式中：$\varepsilon$——所测龄期的限制膨胀率，%；

$L_0$——试件基准长度，140 mm；

$L$——试件的初始长度测量值，mm；

$L_1$——所测龄期试件长度测量值，mm。

取相近的 2 个试件测定值的平均值作为限制膨胀率的测量结果。

### 4.2.4 膨胀剂抗压强度检测

#### 4.2.4.1 环境要求及试验依据

1）环境要求

实验室环境温度（20±2）℃，相对湿度应不低于 50%。

原材料、仪器和用具：温度与实验室温度一致。

湿气养护箱环境：温度（20±1）℃，相对湿度不低于 90%。

试件标准养护室：温度（20±2）℃，相对湿度 95%以上。

2）试验依据

现行国家标准《混凝土膨胀剂》（GB/T 23439）、《水泥胶砂强度检验方法（ISO 法）》（GB/T 17671）。

#### 4.2.4.2　主要仪器设备

水泥胶砂搅拌机：应符合现行行业标准《行星式水泥胶砂搅拌机》（JC/T 681）的要求。

抗压强度试验机：量程为 200 kN。

水泥抗压夹具：应符合现行行业标准《40 mm×40 mm 水泥抗压夹具》（JC/T 683）的要求，受压面积为 40 mm×40 mm。

胶砂振实台：应符合现行行业标准《水泥胶砂试体成型振实台》（JC/T 682）的要求，振实台应安装在高度约为 400 mm 的混凝土基座上，混凝土体积约为 0.25 $m^3$，重约 500 kg。

试模：由 3 个水平试模槽组成，可同时成型 3 条截面为 40 mm×40 mm×160 mm 的棱形试体，其材质和尺寸应符合现行行业标准《水泥胶砂试模》（JC/T 726）的要求。在组装备用的干净模型时，应用黄干油等密封材料涂覆模型的外接缝。试模的内表面应涂上一薄层模型油或机油。成型操作时，应在试模上面加一个壁高 20 mm 的金属模套。

电子天平：量程不小于 500 g，分度值为 0.5 g。

播料器、金属刮平尺、搅拌铲等。

#### 4.2.4.3　样品制备

按表 4-10 称取各材料。

#### 4.2.4.4　试验步骤

（1）试验前先检查水泥胶砂搅拌机、水泥胶砂振实台是否正常运转。用湿抹布擦拭搅拌锅及叶片。根据胶砂配比称量水、对比水泥、膨胀剂及标准砂。将水加入锅中，再加入对比水泥（混合均匀的水泥与膨胀剂），把锅放在固定架上，上升至固定位置。立即开动机器，低速搅拌 30 s 后，在第二个 30 s 开始的同时均匀地将砂子加入（当各级砂是分装时，从最粗粒级开始，依次加完），机器转至高速再搅拌 30 s。停止搅拌 90 s，在第一个 15 s 内用一胶皮刮具将叶片和锅壁上的胶砂刮入锅中间。在高速下继续搅拌 60 s 后成型。各个搅拌阶段，时间误差应在±1 s 以内。

（2）试验胶砂与对比胶砂制备完毕后，立即进行试件的成型。将空试模和模套固定在振实台上，用一个适当的勺子直接将胶砂分两层装入试模，在装第一层时，每个槽里约放入 300 g 胶砂，用大播料器垂直架在模套顶部沿每个模槽来回一次将料层播平，接着振实 60 次。再装入第二层胶砂，用小播料器播平，再振实 60 次，移走模套，从振实台上取下试模，用一把金属直尺以近似 90°的角度架在试模模顶的一端，然后沿试模长度方向以横向锯割动作慢慢向另一端移动，一次将超过试模部分的胶砂刮去，并用同一把直尺在近乎水平的情况下将试体表面抹平。

（3）在试模上做标记或加字条标明试件编号、各试件相对于振实台的位置。

（4）去掉留在模子四周的胶砂。立即将做好标记的试模放入湿气养护箱的水平架子上养护，湿空气应能与试模的各边接触。一直养护到规定的脱模时间时取出脱模。脱模前，用防水墨汁对试体进行编号和做其他标记。

（5）脱模。在成型后 20～24 h 脱模。若经 24 h 养护，会因脱模对强度造成损害时，可以延迟至 24 h 以后脱模，但在试验报告中应予以说明。

（6）将做好标记的试件立即竖直放在（20±1）℃水中的篦子上养护，彼此之间保持一定间距，以使水与试件的 6 个面接触。养护期间试件之间间隔或试件上表面的水深不得小于 5 mm。养护期间只许加水保持适当水位，不允许全部换水。每个养护池只养护同类型的水泥试件。任何到龄期的试体应在破型前 15 min 从水中取出，擦去试体表面沉积物，并用湿布覆盖至试验为止。

（7）养护至规定龄期进行抗压强度测定，将经抗折试验折断的半截棱柱体放入抗压夹具，并保证半截棱柱体中心与试验机压板的中心差应在±0.5 mm 内，棱柱体露出抗压夹具压板的部分约有 10 mm。在整个加荷过程中，以（2 400±200）N/s 的速率均匀地加荷直至破坏。

#### 4.2.4.5 试验结果

抗压强度 $R_c$ 以牛顿每平方毫米（MPa）表示，按式（4-25）计算：

$$R_c = \frac{F_c}{A} \tag{4-25}$$

式中：$R_c$——胶砂试件的抗压强度值，MPa；

$F_c$——破坏时的最大荷载，N；

$A$——受压部分面积，$mm^2$。

以一组 3 个棱柱体上得到的 6 个抗压强度测定值的平均值为试验结果。当 6 个测定值中有一个超出 6 个平均值的±10%时，剔除这个结果，再以剩下 5 个的平均值为结果。当 5 个测定值中再有超过它们平均值的±10%时，则此组结果作废。当 6 个测定值中同时有两个或两个以上超出平均值的±10%时，则此组结果作废。单个抗压强度结果精确至 0.1 MPa，算术平均值精确至 0.1 MPa。

## 4.3 混凝土拌和用水

水是混凝土不可缺少、不可替代的主要组分之一，直接影响混凝土的性能。混凝土用水是混凝土拌合物用水和养护用水的总称，包括饮用水、地表水、地下水、再生水、混凝土企业设备洗刷水和海水等。饮用水是指供人生活的饮水和生活用水，符合现行国家标准《生活饮用水卫生标准》（GB 5749）；地表水是存在于江、河、湖、塘、沼泽和冰川等中的水，大气降水为地表水体的主要补给源，需要注意的是，在现行行业标准《混凝土用水标准》（JGJ 63）中，海水未纳入地表水范畴；地下水是存在于岩石缝隙或土壤孔隙中可以流动的水，再生水是污水经适当再生工艺处理后具有使用功能的水。

水的取样方法按现行行业标准《混凝土用水标准》（JGJ 63）的规定进行。采集水样的容器应无污染，采集前应用待采水样冲洗 3 次再灌装，并应密封待用。地表水宜在水域中间部位、距水面 100 mm 以下采集，并应记载季节、气候、雨量和周边环境的情况；地下水应在放水冲洗管道后接取，或直接用容器采集，但不得将地下水积存于地表后再从中采集；再生水应在取水管道终端接取；混凝土企业设备洗刷水应沉淀后，在池中距水面 100 mm 以下采集。水质检验水样不应少于 5 L；用于测定水泥凝结时间和胶砂强度的水样不应少于 3 L。水的取样批量按照现行国家标准《预拌混凝土》（GB/T 14902）、《混凝土质量控制标准》（GB 50164）和《混凝土用水标准》（JGJ 63）中的规定执行：地表水每 6 个月检验一次；地下水每年检验一次；再生水每 3 个月检验一次；混凝土企业设备洗刷水每 3 个月检验一次；当发现水受污染和对混凝土性能有影响时，应立即检验。当水经产品认证机构认证符合要求；来源稳定且连续 3 次检验合格；同一厂家的同批出厂材料，用于同时施工且属于同一工程项目的多个单位工程时可将检验批次扩大一倍。不同批次或非连续供应的不足一个检验批量的水应作为一个检验批。

按照现行行业标准《混凝土用水标准》（JGJ 63）的规定，拌和用水的技术指标包括 pH、不溶物含量、可溶物含量、硫酸根离子含量、氯离子含量、水泥凝结时间差、水泥胶砂强度比和碱含量（选择性指标）。

按照现行国家标准《预拌混凝土》（GB/T 14902）和《混凝土质量控制标准》（GB 50164）的规定预拌混凝土生产时水质量主要控制项目包括 pH、不溶物含量、可溶物含量、硫酸根离子含量、氯离子含量、水泥凝结时间差和水泥胶砂强度比；当混凝土骨料为碱活性时还应包括碱含量。

混凝土用水的水质要求应符合现行行业标准《混凝土用水标准》（JGJ 63）的规定，具体见表 4-12。

**表 4-12　混凝土用水水质要求**

| 项目 | 预应力钢筋 | 钢筋混凝土 | 素混凝土 |
|---|---|---|---|
| pH | ≥5.0 | ≥4.5 | ≥4.5 |
| 不溶物/（mg/L） | ≤2 000 | ≤2 000 | ≤2 000 |
| 可溶物/（mg/L） | ≤2 000 | ≤5 000 | ≤10 000 |
| 氯化物/（mg/L，以 $Cl^-$ 计） | ≤500 | ≤1 000 | ≤3 500 |
| 硫酸盐/（mg/L，以 $SO_4^{2-}$ 计） | ≤600 | ≤2 000 | ≤2 700 |
| 碱含量/（mg/L） | ≤1 500 | ≤1 500 | ≤1 500 |

地表水、地下水、再生水的放射性应符合现行国家标准《生活饮用水卫生标准》（GB 5749）的要求，被检验水样与饮用水样进行水泥凝结时间对比试验。对比试验的水泥初凝时间差及终凝时间差均不应大于 30 min；被检验水样配制的水泥胶砂 3 d 和 28 d 强度不低于饮用水配制的水泥胶砂 3 d 和 28 d 强度的 90%。当水泥胶砂强度不满足标准要求时，应重新加倍抽样复检一次。

### 4.3.1 拌和用水 pH 检测

pH 由测量电池的电动势所得。该电池通常由饱和甘汞电极为参比电极，玻璃电极为指示电极组成。在 25℃，溶液中每变化 1 个 pH 单位，电位差改变 59.16 mV，据此在仪器上直接以 pH 的读数表示。温度差异在仪器上有补偿装置。

#### 4.3.1.1 试验依据与环境要求

1）试验依据

现行国家标准《水质 pH 值的测定 玻璃电极法》（GB 6920）。

2）环境要求

室温。

#### 4.3.1.2 主要仪器设备

酸度计或者离子浓度计：常规检验使用的仪器，至少应精确至 0.1 个 pH 单位，pH 范围为 0～14。

玻璃电极和甘汞电极。

#### 4.3.1.3 样品制备

1）标准缓冲溶液的配制

pH 标准溶液甲（pH 为 4.003，25℃）：使用成包的邻苯二甲酸氢钾缓冲剂，按说明书配制出 250 mL、pH=4.003 的缓冲溶液；

pH 标准溶液乙（pH 为 6.864，25℃）：使用成包的混合磷酸盐缓冲剂，按说明书配制出 250 mL、pH=6.864 的缓冲溶液；

pH 标准溶液丙（pH 为 9.180，25℃）：使用成包的硼砂缓冲剂，按说明书配制出 250 mL、pH=9.180 的缓冲溶液。

2）试样制备

样品最好现场测定，否则，应在采样后把样品保持在 0～4℃，并在采样后 6 h 之内进行测定。试验前将所取样品搅拌均匀。

#### 4.3.1.4 试验步骤

仪器校准：操作程序按仪器使用说明书进行。先将水样与标准溶液调到同一温度，记录测定温度，并将仪器温度补偿旋钮调至该温度上。

玻璃电极在使用前先放入蒸馏水中浸泡 24 h 以上。测定 pH 时，玻璃电极的球泡应全部浸入溶液中，并使其稍高于甘汞电极的陶瓷芯端，以免搅拌时碰坏。

必须注意玻璃电极的内电极与球泡之间、甘汞电极的内电极和陶瓷芯之间不得有气泡，以防断路。

甘汞电极中的饱和氯化钾溶液的液面必须高出汞体，在室温下应有少许氯化钾晶体存在，以保证氯化钾溶液的饱和，但须注意氯化钾晶体不可过多，以防止堵塞与被测溶液的通路。

用标准溶液校正仪器，该标准溶液与水样 pH 相差不超过 2 个 pH 单位。从标准溶液中取出电极，彻底冲洗并用滤纸吸干。再将电极浸入第二份标准溶液中，其 pH 大约与第一份标准溶液相差 3 个 pH 单位，如果仪器响应的示值与第二份标准溶液的 pH（S）之差大于 0.1 个 pH 单位，就要检查仪器电极或标准溶液是否存在问题。当三者均正常时，方可用于测定样品。

当样品测定时，先用蒸馏水认真冲洗电极，再用水样冲洗，然后将电极浸入样品中，小心摇动或进行搅拌使其均匀，静置，待读数稳定时记下 pH。

#### 4.3.1.5 试验结果

pH 测定的结果应取最接近于 0.1 个 pH 单位，如有特殊要求时，可根据需要及仪器的精确度确定结果的有效数字位数。

### 4.3.2 拌和用水氯离子含量检测

在中性至弱碱性范围内（pH 为 6.5～10.5），以铬酸钾为指示剂，用硝酸银滴定氯化物时，由于氯化银的溶解度小于铬酸银的溶解度，氯离子首先被完全沉淀出来后，铬酸盐以铬酸银的形式被沉淀，产生砖红色，指示滴定终点到达。

#### 4.3.2.1 试验依据与环境要求

1）试验依据

现行国家标准《水质 氯化物的测定 硝酸银滴定法》（GB/T 11896）。

该标准适用于天然水中氯化物的测定，也适用于经过适当稀释的高矿化度水如咸水、海水等，以及经过预处理除去干扰物的生活污水或工业废水。

该标准适用的浓度为 10～500 mg/L 的氯化物。高于此范围的水样经稀释后可以扩大其测定范围。溴化物、碘化物和氰化物能与氯化物一起被滴定。正磷酸盐及聚磷酸盐分别超过 250 mg/L 及 25 mg/L 时有干扰。铁含量超过 10 mg/L 时终点不明显。

2）环境要求

室温。

#### 4.3.2.2 主要仪器设备

锥形瓶：250 mL；

滴定管：25 mL，棕色。

吸管：50 mL 和 25 mL。

#### 4.3.2.3 样品制备

1）试剂的制备

分析中仅使用分析纯试剂及蒸馏水或去离子水。

高锰酸钾：$C$（1/5 $KMnO_4$）=0.01 mol/L。

过氧化氢（$H_2O_2$）：30%。

乙醇（$C_6H_5OH$）：95%。

硫酸溶液：$C$（1/2 $H_2SO_4$）=0.05 mol/L。

氢氧化钠溶液：$C$（NaOH）=0.05 mol/L。

氢氧化铝悬浮液：溶解 125 g 硫酸铝钾[KAl（$SO_4$）$_2$ • 12 $H_2O$]于 1 L 蒸馏水中，加热至 60℃，然后边搅拌边缓缓加入 55 mL 浓氨水放置约 1 h 后，移至大瓶中，用倾泻法反复洗涤沉淀物，直到洗出液不含氯离子为止。用水稀释至约 300 mL。

氯化钠标准溶液：$C$（NaCl）=0.014 1 mo1/L，相当于 500 mg/L。

氯化物含量：将氯化钠（NaCl）置于陶瓷坩埚内，在 500～600℃下灼烧 40～50 min。在干燥器中冷却后称取 8.240 0 g，溶于蒸馏水中，在容量瓶中稀释至 100 0 mL。用吸管吸取 10.0 mL，在容量瓶中准确稀释至 100 mL。1.00 mL 此标准溶液含 0.50 mg 氯化物（$Cl^-$）。

硝酸银标准溶液：$C$（$AgNO_3$）=0.014 1 mol/L，称取 2.395 0 g 于 105℃烘半小时的硝酸银（$AgNO_3$），溶于蒸馏水中，在容量瓶中稀释至 1 000 mL，贮于棕色瓶中。

用氯化钠标准溶液标定其浓度：

用吸管准确吸取 25.00 mL 氯化钠标准溶液于 250 mL 锥形瓶中，加蒸馏水 25 mL。另取一锥形瓶，量取蒸馏水 50 mL 做空白试验。各加入 1 mL 铬酸钾溶液，在不断摇动下用硝酸银标准溶液滴定至砖红色沉淀刚刚出现为终点。计算每毫升硝酸银溶液相当的氯化物量，然后校正其浓度，再做最后标定。1.00 mL 此标准溶液相当于 0.50 mg 氯化物（$Cl^-$）。

铬酸溶液，50 g/L：称取 5 g 铬酸钾（$K_2CrO_4$）溶于少量蒸馏水中，滴加硝酸银溶液至有红色沉淀生成。摇匀，静置 12 h，然后过滤并用蒸馏水将滤液稀释至 100 mL。

酚酞指示剂溶液：称取 0.5 g 酚酞溶于 50 mL 95%乙醇中。加入 50 mL 蒸馏水，再滴加 0.05 mol/L 氢氧化钠溶液使其呈微红色。

2）试样的制备

采集代表性水样，放在干净且化学性质稳定的玻璃瓶或聚乙烯瓶内。保存时不必加入特别的防腐剂。

#### 4.3.2.4 试验步骤

（1）干扰排除（若无以下各种干扰，此步可省去）。

若水样混浊及带有颜色，则取 150 mL 水样或取适量水样稀释至 150 mL，置于 250 mL 锥形瓶中，加入 2 mL 氢氧化铝悬浮液，振荡过滤，弃去最初滤下的 20 mL，用干的清洁锥形瓶接取滤液备用。

如果有机物含量高或色度高，可用马弗炉灰化法预先处理水样。取适量废水样于瓷蒸发皿中，调节 pH 至 8～9，置水浴上蒸干，然后放入马弗炉中在 600℃温度下灼烧 1 h，取出冷却后，加 10 mL 蒸馏水，移入 250 mL 锥形瓶中，并用蒸馏水清洗 3 次，一并转入锥形瓶中，调节 pH 到 7 左右，稀释至 50 mL。

由有机质而产生的较轻色度，可以加入 0.01 mol/L 高锰酸钾 2 mL，煮沸。再滴加乙醇以除去多余的高锰酸钾至水样褪色，过滤，滤液贮于锥形瓶中备用。

如果水样中含有硫化物、亚硫酸盐或硫代硫酸盐，则加氢氧化钠溶液，将水样调至中性或弱碱性，加入 1 mL 30%的过氧化氢摇匀，1 min 后加热至 70～80℃，以除去过量的过氧化氢。

（2）测定。

用吸管吸取 50 mL 水样或经过预处理的水样（若氯化物含量高，可取适量水样用蒸馏水稀释至 50 mL，置于锥形瓶中）。另取一锥形瓶加入 50 mL 蒸馏水做空白试验。

如水样 pH 在 6.5～10.5 时，可直接滴定，超出此范围的水样应以酚酞作指示剂，用稀硫酸溶液（0.05 mol/L）或氢氧化钠溶液（0.05 mol/L）调节至红色刚刚褪去。加入 1 mL 铬酸钾溶液，用硝酸银标准溶液滴定至砖红色沉淀刚刚出现即为滴定终点。

同法做空白试验滴定。

#### 4.3.2.5　试验结果

氯化物含量 $C$（mg/L）按式（4-26）计算：

$$C=\frac{(V_2-V_1)\times M\times 35.45\times 1\,000}{V} \tag{4-26}$$

式中：$V_1$——蒸馏水消耗硝酸银标准溶液量，mL；

$V_2$——试样消耗硝酸银标准溶液量，mL；

$M$——硝酸银标准溶液浓度，mol/L；

$V$——试样体积，mL。

该试验重复性实验室内相对标准偏差为 0.27%；再现性实验室间相对标准偏差为 1.2%。

# 第5章　混　凝　土

## 5.1　混凝土的性能

混凝土是由水泥、粗骨料（碎石、卵石、特殊骨料等）、细骨料（天然砂、机制砂等）、水以及根据需求掺入的化学外加剂、矿物掺合料等组分按一定比例配合、经搅拌振捣成型的复合材料。水泥是混凝土中主要的胶凝材料，起胶结作用；粗、细骨料为粒状松散材料，起骨架或填充作用；水不仅是水泥水化反应的材料，也是提供混凝土工作性能的介质；外加剂具有减水、缓凝、引气、保塑、增强等改善混凝土性能的作用；矿物掺合料具有次要的胶结、填充、减水、提高混凝土耐久性的作用。由于混凝土具有原材料丰富、成本低、制作工艺简单、抗压强度范围宽、耐久性好等优点，其广泛应用于各类工程，如房屋建筑、道路桥梁、码头大坝、核反应堆等。至今，混凝土已成为人类社会用量最多的人造材料。

混凝土可从其组成、特性和功能等不同角度进行分类。按表观密度可分为重混凝土、普通混凝土、轻混凝土。按性能可分为高强混凝土、高性能混凝土、透水混凝土、干硬性混凝土、流动性混凝土等。按用途可分为结构混凝土、道路混凝土、水工混凝土、隔热混凝土、耐火混凝土、装饰混凝土、防水混凝土、防辐射混凝土等。按制备工艺可分为泵送混凝土、自密实混凝土、预拌混凝土等。

混凝土原材料加水拌和形成的混凝土拌合物具有一定的流动性、黏聚性和可塑性。随着时间的推移，胶凝材料不断进行水化反应，水化产物的增加形成凝聚结构，此时混凝土开始凝结硬化，逐步失去流动性和可塑性，最终形成具有一定强度的水泥石。凝结硬化前的混凝土拌合物通常称为新拌混凝土，凝结硬化后的混凝土则称为硬化混凝土。新拌混凝土的性质既影响浇筑施工质量，又影响混凝土性质的发展。因此，新拌混凝土必须具有良好的工作性和合适的凝结时间以便施工，确保获得良好的浇筑质量。凝结硬化后，混凝土应具有一定的强度以满足使用要求，并且在使用过程中应能够抵抗外界环境中有害物质的侵蚀，保持体积稳定，从而保证结构物的使用寿命。因此，混凝土的性能应包括工作性能、力学性能、耐久性能及变形性能。

1）混凝土的工作性能

混凝土的工作性能是指混凝土拌合物易于进行搅拌、运输、浇筑、振捣等施工操作，并能获得质量均匀、成型密实的混凝土的性质。混凝土工作性能主要包括流动性、黏聚性和保水性三方面的含义。

流动性是指混凝土拌合物在本身自重或施工机械振捣的作用下，克服内部阻力及混凝土与模板、钢筋之间的阻力，产生流动或坍落，并均匀密实地填满模板的能力。流动性的大小与混凝土组成材料的比例有关，特别是用水量对拌合物流动性影响较大，直接影响浇筑、振捣施工的难易和硬化后混凝土的质量。若流动性太小，新拌混凝土太干稠，则难以成型与捣实，且容易造成内部或表面孔洞等缺陷；若流动性过大，新拌混凝土过稀，经振捣后容易出现浆体上浮而石子等大颗粒骨料下沉的分层离析现象，影响混凝土质量的均匀性以及成型的密实性。

黏聚性是指混凝土拌合物具有一定的黏聚力，在施工、运输及浇筑过程中，不致出现分层离析，使混凝土保持整体均匀性的能力。黏聚性的好坏与混凝土配合比有关，胶凝材料用量及砂率对拌合物的黏聚性影响较大。黏聚性差的新拌混凝土，容易出现离析现象。离析是指在运输、浇筑、振捣等施工过程中，水泥浆上浮而骨料下沉的现象。离析的危害是导致混凝土不均匀，拌合物泵送时容易堵泵，降低混凝土匀质性，甚至出现蜂窝和麻面，严重影响硬化混凝土性能。石子与砂浆容易分离，振捣后容易出现蜂窝、孔洞等现象，严重影响工程质量。黏聚性过大则容易导致混凝土流动性变差，泵送、振捣与成型困难。

保水性是指混凝土拌合物具有一定的保水能力，在施工中不易产生严重的泌水现象。保水性差的混凝土中一部分水容易从内部析出至表面，泌水通道在混凝土硬化后形成毛细孔渗水通道，从而影响混凝土抗渗、抗冻等耐久性能。

混凝土拌合物的和易性直接影响混凝土施工的难易程度，同时对硬化后的混凝土的强度、耐久性、外观完好性及内部结构都具有重要影响，是混凝土的重要性能之一。进行混凝土性能检验评价时，能表征新拌混凝土性能的技术指标有坍落度、维勃稠度、凝结时间、含气量、泌水率、表观密度等。

2）混凝土的力学性能

作为重要的结构材料，力学性能是硬化混凝土最为重要的性能之一。混凝土的力学性能指标有抗压强度、弹性模量、抗折强度及抗拉强度等。

混凝土强度等级是根据立方体抗压强度标准值来确定的。混凝土立方体抗压强度标准值是按照标准方法制作和养护的边长为150 mm的立方体试件，在28 d或设计规定龄期，用标准试验方法测定的抗压强度总体分布中具有95%保证率的抗压强度值。

强度等级是用符号“C”和“立方体抗压强度标准值”两项内容表示。例如，C30表示混凝土立方体抗压强度标准值 $f_{cu,k}$=30 MPa。现行国家标准《预拌混凝土》（GB/T 14902）将混凝土按立方体抗压强度标准值划分为C10、C15、C20、C25、C30、C35、C40、C45、C50、C55、C60、C65、C70、C75、C80、C85、C90、C95和C100等不同的强度等级。

3）混凝土的耐久性能

混凝土的耐久性能是指混凝土材料在长期使用过程中，能够抵抗因服役环境外部因素和材料内部原因造成的侵蚀和破坏，而保持其原有性能不变的能力。评定混凝土的耐久性能的检验项目包括抗冻性能、抗水渗透性能、抗硫酸盐侵蚀性能、抗氯离子渗透性能、抗碳化性能和早期抗裂性能等。

混凝土抗冻性是指在吸水饱和状态下，混凝土能够经受多次冻融循环而不被破坏，也不显著降低其强度的性能。现行国家标准《普通混凝土长期性能和耐久性能试验方法标准》（GB/T 50082）中混凝土抗冻性能试验方法有快冻法、慢冻法和单面冻融法（或盐冻法）3 种。慢冻法试验结果采用抗冻标号（D）表示，快冻法试验结果采用抗冻等级（F）表示，等级划分见表 5-1。

**表 5-1　混凝土抗冻性能、抗水渗透性能、抗硫酸盐侵蚀性能等级划分**

<table>
<tr><th colspan="2">抗冻等级</th><th>抗冻标号</th><th>抗渗等级</th><th>抗硫酸盐侵蚀等级</th></tr>
<tr><td>F50</td><td>F250</td><td>D50</td><td>P4</td><td>KS30</td></tr>
<tr><td>F100</td><td>F300</td><td>D100</td><td>P6</td><td>KS60</td></tr>
<tr><td>F150</td><td>F350</td><td>D150</td><td>P8</td><td>KS90</td></tr>
<tr><td>F200</td><td>F400</td><td>D200</td><td>P10</td><td>KS120</td></tr>
<tr><td colspan="2" rowspan="2">＞F400</td><td rowspan="2">＞D200</td><td>P12</td><td>KS150</td></tr>
<tr><td>＞P12</td><td>＞KS150</td></tr>
</table>

混凝土的抗水渗透性能是指混凝土抵抗水压力和毛细孔压力共同作用下流体（包括水、油、气）介质渗透进入其内部的能力，其与混凝土密实度及内部孔隙的大小和构造有关。混凝土本质上是一种多孔性材料，其内部相互连通的孔隙和毛细管通路，以及在混凝土施工成型时，由于振捣不密实产生的蜂窝、孔洞都会造成混凝土渗水。

混凝土的抗渗性检测按照现行国家标准《普通混凝土长期性能和耐久性能试验方法标准》（GB/T 50082）中抗水渗透试验进行，一种方法为渗水高度法，用于测定硬化混凝土在恒定水压力下的平均渗水高度表示混凝土的抗水渗透性能；另一种方法为逐级加压法，通过逐级施加水压力测定以抗渗等级表示混凝土的抗水渗透性能，抗渗等级的划分见表 5-1。

混凝土的抗硫酸盐侵蚀性能是指混凝土处于有硫酸盐的潮湿环境中抵抗硫酸盐侵蚀的性能，通常认为，混凝土抗硫酸盐侵蚀性能的优劣主要取决于混凝土原材料性能及配合比、混凝土密实度和环境条件（硫酸盐浓度、环境温湿度变化等）。

混凝土的抗硫酸侵蚀性能通过测定混凝土试件在干湿交替环境中，抗压强度耐蚀系数下降到不低于 75%时的最大干湿循环次数来确定，用 KS 表示，抗硫酸盐侵蚀等级划分见表 5-1。

4）混凝土的变形性能

混凝土在凝结硬化过程中及硬化后，受到荷载、温度、湿度以及大气中 $CO_2$ 的作用发生整体的或局部的体积变化，从而产生变形。

实际使用中的混凝土结构一般会受到基础、钢筋或相邻部件的牵制而处于不同程度的约束状态，即使单一的混凝土试块没有受到外部约束，其内部各组分之间也是互相制约的。混凝土的体积变化会由于约束的作用在混凝土内部产生拉应力，当此拉应力超过混凝土的抗拉强度时，就会引起混凝土的开裂，从而产生裂缝。较严重的开裂不仅影响混凝土承受设计荷载的能力，而且还会损害混凝土的外观和耐久性，因此混凝土的变形也是混凝土的一项重要性能指标。评定混凝土的变形性能通常用的检验项目有早期开裂，徐变、塑性收缩及干燥收缩。

### 5.1.1 混凝土坍落度检测

#### 5.1.1.1 试验依据与环境要求

1）试验依据

现行国家标准《普通混凝土拌合物性能试验方法标准》（GB/T 50080）。

混凝土坍落度检测适用于骨料最大粒径不大于 40 mm、坍落度不小于 10 mm 的混凝土拌合物稠度测定。

2）环境要求

混凝土成型实验室环境温度：（20±5）℃，相对湿度不宜小于 50%。

原材料：温度与制备拌合物的环境温度一致。

坍落度试验测试环境温度：（20±5）℃或与现场环境温度一致。

#### 5.1.1.2 主要仪器设备

混凝土搅拌机：应符合现行行业标准《混凝土试验用搅拌机》（JG/T 244）要求的公称容量至少为 60 L 的强制式搅拌机。

坍落度筒：应符合现行行业标准《混凝土坍落度仪》（JG/T 248）中有关技术要求的规定，底部直径（200±2）mm，顶部直径（100±2）mm，高度（300±2）mm，筒壁厚度不小于 1.5 mm。

底板：应采用平面尺寸不小于 1 500 mm×1 500 mm，厚度不小于 3 mm 的钢板，其最大挠度不应大于 3 mm。

捣棒：直径（16±0.2）mm，长度（600±5）mm，端部应呈圆形。

钢直尺：量程 500 mm 和量程 300 mm 各一把。

电子秤：精度不小于 0.01 kg。

电子天平：分度值不大于 0.1 g。

小铲、拌板、镘刀、下料斗等。

#### 5.1.1.3 样品制备

（1）按照混凝土配合比称取材料，称量精度：骨料为±0.5%；水、水泥、掺合料、外加剂均为±0.2%。

（2）将水泥、掺合料、粗细骨料倒入搅拌机，干拌均匀后加水和外加剂，搅拌时间不少于 2 min。

#### 5.1.1.4 试验步骤

（1）将坍落度筒及底板润湿，确保坍落度筒内壁和底板上无明水。底板应放置在坚实水平面上，并把筒放在底板中心，然后用脚踩住两边的脚踏板，坍落度筒在装料时应保持固定的位置。

（2）将新拌混凝土用小铲分三层均匀地装入筒内，使捣实后每层高度约为筒高的 1/3。每层用捣棒插捣 25 次。插捣应沿螺旋方向由外向中心进行，各次插捣应在截面上均匀分布。插捣筒边混凝土时，捣棒可以稍稍倾斜。插捣底层时，捣棒应贯穿整个深度，插捣第二层和顶层时，捣棒应插透本层至下一层的表面；浇灌顶层时，混凝土应灌到高出筒口。在插捣过程中，如混凝土沉落到低于筒口，则应随时添加。顶层插捣完后，刮去多余的混凝土，并用抹刀抹平。

（3）清除筒边底板上的混凝土拌合物，垂直平稳地提起坍落度筒。坍落度筒的提离过程应在 3～7 s 完成；从开始装料到提坍落度筒的整个过程应不间断地进行，并应在 150 s 内完成。

（4）提起坍落度筒后，当试样不再继续坍落或坍落达 30 s 时，测量筒高与坍落后混凝土试体最高点之间的高度差，即为该混凝土拌合物的坍落度值；坍落度筒提离后，若混凝土发生崩坍或一边剪坏现象，则应重新取样另行测定；若第二次试验仍出现上述现象，则表示该混凝土和易性不好，应做记录。

（5）当混凝土拌合物的坍落度不小于 160 mm 时，应测定混凝土拌合物的坍落扩展度值。当拌合物不再扩散或扩散时间已达 50 s 时，用钢尺测量混凝土扩展面的最大直径以及与最大直径呈垂直方向的直径。在这两个直径之差小于 50 mm 的条件下，用其算术平均值作为坍落扩展度值；否则，此次试验无效。

（6）如果发现粗骨料在中央挤堆或边缘有水泥浆析出，表示此混凝土拌合物抗离析性不好，应做记录。

#### 5.1.1.5 试验结果

混凝土拌合物坍落度和坍落扩展度值以“mm”为单位，测量精确至 1 mm，结果表达修约至 5 mm。

### 5.1.2 混凝土表观密度检测

#### 5.1.2.1 试验依据与环境要求

1）试验依据

现行国家标准《普通混凝土拌合物性能试验方法标准》（GB/T 50080）。

2）环境要求

混凝土成型实验室环境温度为（20±5）℃，相对湿度不宜小于 50%。

原材料：温度与制备拌合物的环境温度一致。

表观密度测试环境温度为（20±5）℃。

#### 5.1.2.2 主要仪器设备

混凝土搅拌机：应符合现行行业标准《混凝土试验用搅拌机》（JG/T 244）要求的公称容量至少为 60 L 的强制式搅拌机。

容量筒：金属制圆筒，两旁装有提手，容积 5 L（适用于最大公称粒径不大于 40 mm 的混凝土拌合物）。容量筒容积应采用以下方法标定：

用一块能盖住容量筒顶面的玻璃板，先称出玻璃板和空筒的质量，然后向容器中灌入清水，当水接近上口时，一边不断加水，一边把玻璃板沿筒口徐徐推入盖严，应注意使玻璃板下不带入任何气泡；然后擦净玻璃板面及筒壁外的水分，将容量筒连同玻璃板放在台秤上称其质量，两次质量之差（kg）即为容量筒的容积（L）。

台秤：称量 50 kg，感量不应大于 10 g。

振动台，捣棒等。

#### 5.1.2.3 样品制备

（1）按照混凝土配合比称取材料，称量精度：骨料为±0.5%；水、水泥、掺合料、外加剂均为±0.2%。

（2）将水泥、掺合料、粗细骨料倒入搅拌机中，干拌均匀后加水和外加剂，搅拌时间不少于 2 min。

#### 5.1.2.4 试验步骤

（1）用湿布将容量筒内外擦干净，称出容量筒质量，精确至 10 g。

（2）装料后，坍落度不大于 90 mm 的混凝土，用振动台振实为宜；坍落度大于 90 mm 的用捣棒捣实为宜。采用捣棒捣实时，应根据容量筒的大小决定分层和插捣次数，采用 5 L 容量筒时，拌合物应分两层装入，每层的插捣次数应为 25 次。采用振动台振实时，应一次性将混凝土拌合物灌到高出容量筒筒口。装料时可用捣棒稍加插捣，振动过程中如果混凝土低于筒口，应随时添加混凝土，振动直至表面出浆为止；自密实混凝土应一次性填满，且不应进行振动和插捣。

（3）用刮尺将筒口多余的混凝土拌合物刮去，表面如果有凹陷应填平。

（4）将容量筒外壁擦净，称出混凝土试样与容量筒总质量，精确至 10 g。

#### 5.1.2.5 试验结果

混凝土拌合物的湿表观密度用式（5-1）计算，试验结果精确至 10 kg/m³。

$$\gamma_h = \frac{W_2 - W_1}{V} \times 1\,000 \tag{5-1}$$

式中：$\gamma_h$——表观密度，kg/m³；

$W_1$——容量筒质量，kg；

$W_2$——容量筒和试样总质量，kg；

$V$——容量筒容积，L。

### 5.1.3 混凝土凝结时间检测

#### 5.1.3.1 试验依据与环境要求

1）试验依据

现行国家标准《普通混凝土拌合物性能试验方法标准》（GB/T 50080）。

混凝土凝结时间检测适用于从混凝土拌合物中筛出的砂浆用贯入阻力法测定坍落度值不为零的混凝土拌合物的初凝时间和终凝时间。

2）环境要求

混凝土成型实验室环境：温度为（20±5）℃，相对湿度不宜小于 50%。

原材料：温度与制备拌合物的环境温度一致。

凝结时间测试环境：温度为（20±2）℃或与现场同一条件。

#### 5.1.3.2 主要仪器设备

混凝土搅拌机：应符合现行行业标准《混凝土试验用搅拌机》（JG/T 244）要求的公称容量至少为 60 L 的强制式搅拌机。

振动台：应符合现行国家标准《混凝土振动台》（GB/T 25650）中技术要求的规定。

贯入阻力仪：由加荷装置、测针、砂浆试样筒组成。其中，加荷装置的最大测量值应不少于 1 000 N，精度为±10 N。

测针：长 100 mm，承压面积分为 100 mm$^2$、50 mm$^2$ 和 20 mm$^2$ 3 种，在距贯入端 25 mm 处刻有一圈标记。

砂浆试样筒：刚性不透水的金属圆筒带盖，圆筒上口径 160 mm，下口径 150 mm，净高 150 mm。

电子秤：精度不小于 0.01 kg。

电子天平：分度值不大于 0.1 g。

标准筛：筛孔直径为 5.00 mm 的方孔筛。

小铲、拌板、镘刀等。

#### 5.1.3.3 样品制备

（1）按照混凝土配合比称取材料，称量精度：骨料为±0.5%；水、水泥、掺合料、外加剂均为±0.2%。

（2）将水泥、掺合料、粗细骨料倒入搅拌机，干拌均匀后加水和外加剂，搅拌时间不少于 2 min。

（3）用 5 mm 标准筛将混凝土拌合物中的石子筛除，并将筛出的砂浆拌和均匀。

（4）将砂浆一次分别装入 3 个试样筒中并编号。混凝土拌合物坍落度不大于 90 mm 的混凝土宜用振动台振实砂浆；混凝土拌合物坍落度大于 90 mm 的宜用捣棒人工捣实。用振动台振实砂浆时，振动应持续到表面出浆为止，不得过振；用捣棒人工捣实时，应沿螺旋方向由外向中心均匀插捣 25 次，然后用橡皮锤轻轻敲打筒壁，直至插捣孔消失为止。振实或插捣后，砂浆表面应低于砂浆试样筒口约 10 mm；完成装料后，砂浆试样筒应立即加盖。

#### 5.1.3.4 试验步骤

（1）砂浆制备完毕后，应置于温度为（20±2）℃的环境中待测，并在整个测试过程中控制环境温度不变。凝结时间测定从水泥与水接触瞬间开始计时。根据混凝土拌合物的性能，确定测针试验时间，以后每隔 0.5 h 测试一次，在临近初凝、终凝时可增加测定次数。

（2）在每次测试前 2 min，将一片（20±5）mm 厚的垫块垫入筒底一侧使其倾斜，用吸管吸去表面的泌水，吸水后平稳地复原。应注意，在整个测试过程中，除在吸取泌水或进行贯入试验外，试样筒应始终加盖。

（3）测试时，将砂浆试样筒置于贯入阻力仪上，测针端部与砂浆表面接触，然后在（10±2）s 内均匀地使测针贯入砂浆（25±2）mm 深度，记录贯入压力，精确至 10 N；记录测试时间，精确至 1 min；记录环境温度，精确至 0.5℃。

（4）每个砂浆筒每次测 1～2 个点，各测点的间距不应小于 15 mm，测点与试样筒壁的距离应不小于 25 mm。

（5）每个试样的贯入阻力测试在 0.2～28 MPa 应至少进行 6 次，直至单位面积贯入阻力大于 28 MPa 为止。

（6）在测试过程中应根据砂浆凝结状况，适时更换测针，更换测针宜按表 5-2 进行。

**表 5-2 测针选用规定表**

| 贯入阻力/MPa | 0.2～3.5 | 3.5～20 | 20～28 |
|---|---|---|---|
| 测针面积/mm$^2$ | 100 | 50 | 20 |

5.1.3.5 试验结果

贯入阻力的结果计算以及初凝时间和终凝时间的确定按下述方法进行。

贯入阻力应按式（5-2）计算，结果精确至 0.1 MPa。

$$f_{PR}=\frac{P}{A} \tag{5-2}$$

式中：$f_{PR}$——贯入阻力，MPa；

$P$——贯入压力，N；

$A$——测针面积，mm$^2$。

凝结时间宜通过线性回归方法确定，是将贯入阻力 $f_{PR}$ 和时间 $t$ 分别取自然对数 $\ln(f_{PR})$ 和 $\ln t$，然后把 $\ln(f_{PR})$ 当作自变量，$\ln t$ 当作因变量作线性回归得到回归方程式：

$$\ln t=A+B\ln(f_{PR}) \tag{5-3}$$

式中：$t$——时间，min；

$f_{PR}$——贯入阻力，MPa；

$A$、$B$——线性回归系数。

根据式（5-3）求得当贯入阻力为 3.5 MPa 时的时间即为初凝时间 $t_s$，贯入阻力为 28 MPa 时的时间即为终凝时间 $t_e$。

凝结时间也可用绘图拟合方法确定，以贯入阻力为纵坐标，经过的时间为横坐标（精确至 1 min），绘制出贯入阻力与时间之间的关系曲线，以 3.5 MPa 和 28 MPa 画两条平行于横坐标的直线，分别与曲线相交的两个交点的横坐标即为混凝土拌合物的初凝时间和终凝时间。

3 个试验结果的初凝/终凝时间的算术平均值作为此次试验的初凝/终凝时间。如果 3 个测值的最大值或最小值中有一个与中间值之差超过中间值的 10%，则以中间值为试验结果；如果最大值和最小值与中间值之差均超过中间值的 10%时，则此次试验无效。

凝结时间用“h：min”表示，并修约至 5 min。

### 5.1.4 混凝土抗压强度检测

#### 5.1.4.1 试验依据与环境要求

1）试验依据

现行国家标准《混凝土物理力学性能试验方法标准》（GB/T 50081）。

2）环境要求

试件成型及测试环境：温度为（20±5）℃，相对湿度不宜小于 50%。

原材料：温度与制备拌合物的环境温度一致。

试件养护环境：拆模前，温度为（20±5）℃，相对湿度不小于 50%；拆模后，养护温度为（20±2）℃，相对湿度达 95%以上。

#### 5.1.4.2 主要仪器设备

混凝土搅拌机：应符合现行行业标准《混凝土试验用搅拌机》（JG/T 244）要求的公称容量至少为 60 L 的强制式搅拌机。

振动台：应符合现行国家标准《混凝土振动台》（GB/T 25650）中技术要求的规定。

压力试验机：应符合现行国家标准《液压式万能试验机》（GB/T 3159）和《试验机通用技术要求》（GB/T 2611）中的技术要求，测量精度为±1%，试验机上、下承压板的平面度公差不应大于 0.04 mm，平行度公差不应大于 0.05 mm。同时，试件破坏荷载应大于压力机全量程的 20%且小于压力机全量程的 80%。

游标卡尺：量程不宜小于 200 mm，分度值宜为 0.02 mm。

塞尺：最小叶片厚度不应大于 0.02 mm。

游标量角器：分度值应为 0.1°。

#### 5.1.4.3 样品制备

（1）按照混凝土配合比称取材料，称量精度：骨料为±0.5%；水、水泥、掺合料、外加剂均为±0.2%。将所有原材料倒入搅拌机，干拌均匀后加水搅拌。

（2）将试模（试模尺寸为 100 mm×100 mm×100 mm、150 mm×150 mm×150 mm，200 mm×200 mm×200 mm）刷一层脱模剂后，装入混凝土拌合物并根据拌合物稠度采用人工或机械方式振捣均匀，刮除试模上口多余的混凝土，待混凝土临近初凝时，用抹刀抹平，试件表面与试模边缘的高度差不得超过 0.5 mm。

（3）带模试件在温度为（20±5）℃的环境中静置 1～2 昼夜，编号后拆模。放入温度为（20±2）℃、相对湿度为 95%以上的标准养护室中养护。

#### 5.1.4.4 试验步骤

（1）在试验时将试件从养护地点取出，检查其尺寸及形状，尺寸测量及公差应符合表 5-3 的要求；将试件放置于试验机前，并将试件表面与上下承压板面擦干净。

表 5-3　试件尺寸测量及公差要求

| 名称 | 尺寸公差 | 测量方法 |
| --- | --- | --- |
| 边长、高度 | ≤1 mm | 采用游标卡尺进行测量，精确至 0.1 mm |
| 平面度 | ≤0.000 5 *d*，*d* 为试件边长 | 采用钢板尺和塞尺进行测量，测量时，应将钢板尺立起横放在试件承压面上，慢慢旋转 360°，用塞尺测量的最大间隙作为平面度值，也可采用其他专用设备测量，结果应精确至 0.01 mm |
| 垂直度 | 试件相邻面间的夹角应为 90°，公差≤0.5° | 采用游标量角器进行测量，应精确至 0.1° |

（2）将试件安放在试验机的下压板或垫板上，试件的承压面应与成型时的顶面垂直。试件的中心应与试验机下压板中心对准。

（3）开动试验机，当上压板与试件或钢垫板接近时，调整球座，使接触均衡。

（4）在试验过程中应连续均匀地加荷，加荷速度应取 0.3～1.0 MPa/s。当立方体抗压强度小于 30 MPa 时，加荷速度宜取 0.3～0.5 MPa/s；立方体抗压强度 30～60 MPa 时，加荷速度宜取 0.5～0.8 MPa/s；立方体抗压强度不小于 60 MPa 时，加荷速度宜取 0.8～1.0 MPa/s。

（5）手动控制压力机加荷速度时，当试件接近破坏开始急剧变形时，应停止调整试验机油门，直至破坏，并记录破坏荷载。

#### 5.1.4.5　试验结果

混凝土立方体抗压强度应按式（5-4）计算，结果精确至 0.1 MPa。

$$f_{cc} = K \times \frac{F}{A} \tag{5-4}$$

式中：$f_{cc}$——混凝土立方体试件抗压强度，MPa。

$K$——尺寸换算系数，混凝土强度等级小于 C60 时，用非标准试件测得的强度值均应乘以尺寸换算系数，其值为：对 200 mm×200 mm×200 mm 试件为 1.05；对 100 mm×100 mm×100 mm 试件为 0.95。当混凝土强度等级大于或等于 C60 时，宜采用标准试件；使用非标准试件时，尺寸换算系数宜由试验确定。

$F$——试件破坏荷载，N。

$A$——试件承压面积，$mm^2$。

3 个试件测值的算术平均值作为该组试件的强度值；3 个测值中的最大值或最小值中如有一个与中间值的差值超过中间值的 15%时，则把最大值及最小值一并舍去，取中间值作为该组试件的抗压强度值；若最大值和最小值与中间值的差均超过中间值的 15%，则该组试件的试验结果无效。

### 5.1.5　混凝土抗折强度检测

#### 5.1.5.1　试验依据与环境要求

1）试验依据

现行国家标准《混凝土物理力学性能试验方法标准》（GB/T 50081）。

2）环境要求

试件成型及测试环境：温度为（20±5）℃，相对湿度不宜小于 50%。

原材料：温度与制备拌合物的环境温度一致。

试件养护环境：拆模前，温度为（20±5）℃，相对湿度不小于 50%；拆模后，养护温度为（20±2）℃，相对湿度达 95%以上。

#### 5.1.5.2 主要仪器设备

混凝土搅拌机：应符合现行行业标准《混凝土试验用搅拌机》（JG/T 244）要求的公称容量至少为 60 L 的强制式搅拌机。

振动台：应符合现行国家标准《混凝土振动台》（GB/T 25650）中技术要求的规定。

压力试验机：应符合现行国家标准《液压式万能试验机》（GB/T 3159）和《试验机通用技术要求》（GB/T 2611）中的技术要求，测量精度为±1%，试验机上、下承压板的平面度公差不应大于 0.04 mm，平行度公差不应大于 0.05 mm。同时，试件破坏荷载应大于压力机全量程的 20%且小于压力机全量程的 80%。

#### 5.1.5.3 样品制备

（1）按照混凝土配合比称取材料，称量精度：骨料为±0.5%；水、水泥、掺合料、外加剂均为±0.2%。将所有原材料倒入搅拌机，干拌均匀后加水搅拌。

（2）将试模（试模尺寸为 150 mm×150 mm×600 mm、150 mm×150 mm×550 mm、100 mm×100 mm×400 mm）刷一层脱模剂后，装入混凝土拌合物并根据拌合物稠度采用人工或机械方式振捣均匀，刮除试模上口多余的混凝土，待混凝土临近初凝时，用抹刀抹平，试件表面与试模边缘的高度差不得超过 0.5 mm。

（3）带模试件在温度为（20±5）℃的环境中静置 1～2 昼夜，编号后拆模。放入温度为（20±2）℃、相对湿度为 95%以上的标准养护室中养护。

#### 5.1.5.4 试验步骤

（1）在试验时将试件从养护地点取出，应检查其尺寸及形状，尺寸测量及公差应符合表 5-3 的要求；将试件放置在试验机前，并将试件表面与上下承压板面擦干净。

（2）装置试件，安装尺寸偏差不得大于 1 mm。试件的承压面应为试件成型时的侧面。支座及承压面与圆柱的接触面应平稳、均匀，否则应垫平。

（3）在试验过程中应连续均匀地加荷。当对应的立方体抗压强度小于 30 MPa 时，加荷速度宜取 0.02～0.05 MPa/s；当对应的立方体抗压强度 30～60 MPa 时，加荷速度宜取 0.05～0.08 MPa/s；当对应的立方体抗压强度不小于 60 MPa 时，加荷速度宜取 0.08～0.10 MPa/s。

（4）手动控制压力机加荷速度时，当试件接近破坏时，应停止调整试验机油门，直至试件破坏，并记录破坏荷载。

（5）记录试件下边缘断裂位置。

#### 5.1.5.5　试验结果

若试件下边缘断裂位置处于两个集中荷载作用线之间，则试件的抗折强度按式（5-5）计算，结果精确至 0.1 MPa。

$$f_f = \frac{Fl}{bh^2} \tag{5-5}$$

式中：$f_f$——混凝土抗折强度，MPa；

$F$——试件破坏荷载，N；

$l$——支座间跨度，mm；

$h$——试件截面高度，mm；

$b$——试件截面宽度，mm。

3 个试件中若有一个折断面位于两个集中荷载之外，则混凝土抗折强度值按另两个试件的试验结果计算。若这两个测值的差值不大于这两个测值的较小值的 15%时，则该组试件的抗折强度值按这两个测值的平均值计算，否则该组试件的试验无效。若有两个试件的下边缘断裂位置位于两个集中荷载作用线之外，则该组试件试验无效。

当试件尺寸为 100 mm×100 mm×400 mm 非标准试件时，应乘以尺寸换算系数 0.85；当混凝土强度等级大于或等于 C60 时，宜采用标准试件；当使用非标准试件时，尺寸换算系数应由试验确定。

### 5.1.6　混凝土抗渗性能（逐级加压法）检测

#### 5.1.6.1　试验依据与环境要求

1）试验依据

现行国家标准《普通混凝土长期性能和耐久性能试验方法标准》（GB/T 50082）。

混凝土抗渗性能（逐级加压法）检测适用于通过逐级施加水压来测定抗渗等级来表示的混凝土抗水渗透性能。

2）环境要求

试件成型及测试环境：温度为（20±5）℃，相对湿度不宜小于 50%。

原材料：温度与制备拌合物的环境温度一致。

试件养护环境：拆模前，温度为（20±5）℃，相对湿度不小于 50%；拆模后，养护温度为（20±2）℃，相对湿度达 95%以上。

#### 5.1.6.2　主要仪器设备

混凝土搅拌机：应符合现行行业标准《混凝土试验用搅拌机》（JG/T 244）要求的公称容量至少为 60 L 的强制式搅拌机。

振动台：应符合现行国家标准《混凝土振动台》（GB/T 25650）中技术要求的规定。

混凝土抗渗仪：应符合现行行业标准《混凝土抗渗仪》（JG/T 249）的规定，并应能使水压按规定的制度稳定地作用在试件上。

#### 5.1.6.3 样品制备

（1）按照混凝土配合比称取材料，称量精度：骨料为±0.5%；水、水泥、掺合料、外加剂均为±0.2%。将所有原材料倒入搅拌机，干拌均匀后加水搅拌。

（2）将试模（试模为上口直径 175 mm、下口直径 185 mm 和高度为 175 mm 的圆台体）刷一层脱模剂后，装入混凝土拌合物并振捣均匀，刮除试模上口多余的混凝土，待混凝土临近初凝时，用抹刀抹平。

（3）带模试件在温度为（20±5）℃的环境中静置 1～2 昼夜，编号后拆模。试件拆模后，应用钢丝刷刷去两端面的水泥浆膜，并立即将试件送入温度为（20±2）℃、相对湿度为 95%以上的标准养护室中养护。

#### 5.1.6.4 试验步骤

（1）将试件于到达龄期（试验龄期宜为 28 d）的前一天从养护地点取出，并擦拭干净，待试件表面晾干后采用石蜡或水泥加黄油密封，抗水渗透试件应以 6 个试件为一组。

（2）试件准备好后，启动抗渗仪，并开通试件下方的阀门，使水从 6 个孔中渗出，水应充满试位坑，关闭阀门并将密封好的试件安装在抗渗仪上。

（3）试验时，水压从 0.1 MPa 开始，每隔 8 h 增加 0.1 MPa 水压，随时观察试件端面渗水情况。当 6 个试件中有 3 个试件表面出现渗水时，或加至规定压力在 8 h 内 6 个试件中表面渗水试件少于 3 个时，停止试验，记下此时的水压力。试验过程发现水从试件周边渗出时，应重新密封试件。

#### 5.1.6.5 试验结果

混凝土的抗渗等级以每组 6 个试件中有 4 个试件未出现渗水时的最大水压力乘以 10 来确定。抗渗等级按式（5-6）计算：

$$P=10H-1 \tag{5-6}$$

式中：$P$——混凝土抗渗等级；

$H$——6 个试件中有 3 个试件渗水时的水压力，MPa。

### 5.1.7 混凝土限制膨胀率检测

#### 5.1.7.1 试验依据与环境要求

1）试验依据

现行国家标准《混凝土外加剂应用技术规范》（GB 50119）。

2）环境要求

试件成型及测试环境：温度为（20±2）℃。

原材料：温度与制备拌合物的环境温度一致。

试件养护环境：在水中养护时，水温为（20±2）℃；在空气中养护时，环境温度为（20±2）℃，相对湿度为（60±5）%。

### 5.1.7.2 主要仪器设备

测量仪由电子千分表、支架和标准杆组成（图5-1），千分表分辨率应为0.001 mm。

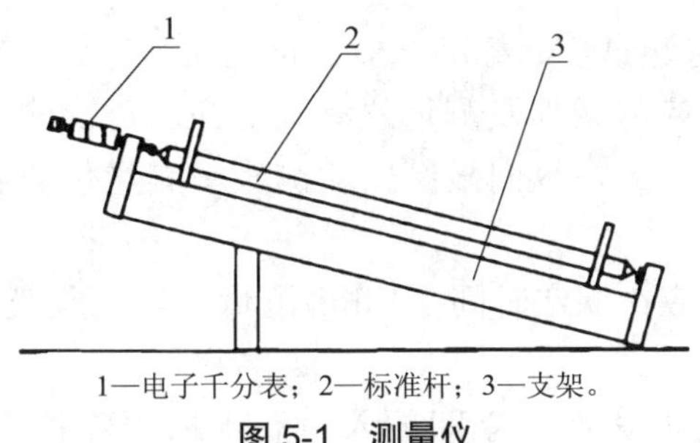


1—电子千分表；2—标准杆；3—支架。

**图5-1 测量仪**

纵向限制器应符合下列规定：

（1）纵向限制器应由纵向限制钢筋与钢板焊接制成（图5-2）。

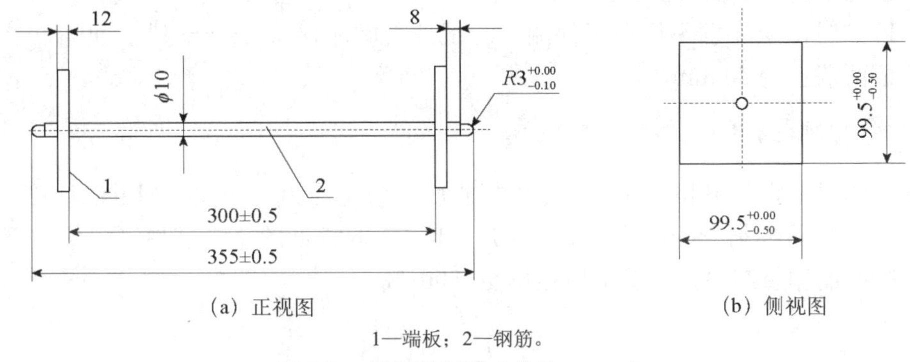


1—端板；2—钢筋。

**图5-2 纵向限制器（单位：mm）**

（2）纵向限制钢筋应采用直径为10 mm、横截面面积为78.54 mm²，且符合现行国家标准《钢筋混凝土用钢　第2部分：热轧带肋钢筋》（GB/T 1499.2）规定的钢筋。钢筋两侧应焊接12 mm厚的钢板，钢筋两端点各7.5 mm范围内为黄铜或不锈钢，测头呈球面状，半径为3 mm。钢板与钢筋焊接处的焊接强度不应低于260 MPa。

（3）纵向限制器不应变形，一般检验可重复使用3次，仲裁检验只允许使用1次。

（4）该纵向限制器的配筋率为0.79%。

### 5.1.7.3 样品制备

（1）按照混凝土配合比称取材料，称量精度：骨料为±0.5%；水、水泥、掺合料、外加剂均为±0.2%。将所有原材料倒入搅拌机，干拌均匀后加水搅拌。

（2）准备用于成型试件的试模，试模宽度和高度均应为100 mm，长度应大于360 mm。同一条件应有3条试件供测长用，试件全长应为355 mm，混凝土部分尺寸100 mm×100 mm×300 mm。

（3）把纵向限制器具放入试模中，然后将混凝土一次装入试模，把试模放在振动台上振动至表面呈现水泥浆，不泛气泡为止，刮去多余的混凝土并抹平；然后把试件置于温度为（20±2）℃的标准养护室内养护，试件表面用塑料布或湿布覆盖。

（4）在成型 12～16 h 且抗压强度达到 3～5 MPa 后再拆模。

5.1.7.4　试验步骤

（1）测长前 3 h，应将测量仪、标准杆放在标准实验室内，用标准杆校正测量仪并调整千分表零点。测量前，应将试件及测量仪测头擦净。每次测量时，试件记有标志的一面与测量仪的相对位置应一致，纵向限制器的测头与测量仪的测头应正确接触，读数应精确至 0.001 mm。

（2）不同龄期的试件应在规定时间±1 h 内测量。试件脱模后应在 1 h 内测量试件的初始长度。

（3）测量完初始长度的试件应立即放入恒温水槽中养护，应在规定龄期时进行测长。测长的龄期应从成型日算起，宜测量 3 d、7 d 和 14 d 的长度变化。

（4）14 d 后，应将试件移入恒温恒湿室中养护，并分别测量空气中 28 d、42 d 的长度变化，也可根据需要安排测量龄期。

（5）养护时，应注意不损伤试件测头。试件之间应保持 25 mm 以上间隔，试件支点距限制钢板两端宜为 70 mm。

5.1.7.5　试验结果

各龄期的限制膨胀率和导入混凝土中的膨胀或收缩应力，应按下列方法计算。

（1）各龄期的限制膨胀率应按式（5-7）计算，取相近的 2 个试件测定值的平均值作为限制膨胀率的测量结果，计算值应精确至 0.001%。

$$\varepsilon=\frac{L_1-L}{L_0}\times 100\% \tag{5-7}$$

式中：$\varepsilon$——所测龄期的限制膨胀率，%；

$L_1$——所测龄期的试件长度测量值，mm；

$L$——初始长度测量值，mm；

$L_0$——试件的基准长度，300 mm。

（2）导入混凝土中的膨胀或收缩应力应按式（5-8）计算，计算值应精确至 0.01 MPa。

$$\sigma=\mu\cdot E\cdot e \tag{5-8}$$

式中：$\sigma$——膨胀或收缩应力，MPa；

$\mu$——配筋率，%；

$E$——限制钢筋的弹性模量，取 2.0×10 MPa；

$e$——所测龄期的限制膨胀率，%。

## 5.1.8　混凝土静力受压弹性模量检测

5.1.8.1　试验依据与环境要求

1）试验依据

现行国家标准《混凝土物理力学性能试验方法标准》（GB/T 50081）。

2）环境要求

试件成型及测试环境：温度为（20±5）℃，相对湿度不宜小于50%。

原材料：温度与制备拌合物的环境温度一致。

试件养护环境：拆模前，温度为（20±5）℃，相对湿度不小于50%；拆模后，养护温度为（20±2）℃，相对湿度达95%以上。

#### 5.1.8.2 主要仪器设备

混凝土搅拌机：应符合现行行业标准《混凝土试验用搅拌机》（JG/T 244）要求的公称容量至少为60 L的强制式搅拌机。

振动台：应符合现行国家标准《混凝土振动台》（GB/T 25650）中技术要求的规定。

压力试验机：应符合现行国家标准《液压式万能试验机》（GB/T 3159）和《试验机通用技术要求》（GB/T 2611）中的技术要求，测量精度为±1%，试验机上、下承压板的平面度公差不应大于0.04 mm，平行度公差不应大于0.05 mm。同时，试件破坏荷载应大于压力机全量程的20%且小于压力机全量程的80%。

微变形测量仪：固定架标距为150 mm，测量精度不低于0.001 mm。

#### 5.1.8.3 样品制备

（1）按照混凝土配合比称取材料，称量精度：骨料为±0.5%；水、水泥、掺合料、外加剂均为±0.2%。将所有原材料倒入搅拌机，干拌均匀后加水搅拌。

（2）将试模（试模尺寸为150 mm×150 mm×300 mm、100 mm×100 mm×300 mm、200 mm×200 mm×400 mm）刷一层脱模剂后，装入混凝土拌合物并根据拌合物稠度采用人工或机械方式振捣均匀，刮除试模上口多余的混凝土，待混凝土临近初凝时，用抹刀抹平，试件表面与试模边缘的高度差不得超过0.5 mm。

（3）带模试件在温度为（20±5）℃的环境中静置1～2昼夜，编号后拆模。放入温度为（20±2）℃、相对湿度为95%以上的标准养护室中养护。

#### 5.1.8.4 试验步骤

（1）在试验时将试件从养护地点取出，应检查其尺寸及形状，尺寸测量及公差应符合表5-3的要求；将试件放置在试验机前，并将试件表面与上下承压板面擦干净。

（2）取3个试件测定混凝土的轴心抗压强度。另3个试件用于测定混凝土的弹性模量。

（3）在测定混凝土弹性模量时，微变形测量仪应安装在试件两侧的中线上并对称于试件的两端。

（4）仔细调整试件在压力试验机上的位置，使其轴心与下压板的中心线对准。

（5）开动压力试验机，当上压板与试件接近时调整球座，使其接触匀衡。

（6）加荷至基准应力为0.5 MPa的初始载值$F_0$，保持恒载60 s并在以后的30 s内记录每测点的变形读数$\varepsilon_0$。应立即连续均匀地加荷至应力为轴心抗压强度$f_{cp}$的1/3的荷载值$F_a$，保持恒载60 s并在以后的30 s内记录每一测点的变形读数$\varepsilon_a$。

（7）当以上这些变形值之差与它们平均值之比大于20%时，应重新对中试件后重复上述步骤。如果无法使其减少到低于20%时，则此次试验无效。

（8）确认试件满足第（7）条所述条件后，以与加荷速度相同的速度卸荷至基准应力0.5 MPa（$F_0$），恒载60 s；用同样的加荷速度加荷至$F_a$，恒载60 s；重复该步骤，反复加荷，卸荷至少两次；在最后一次卸荷至$F_0$时，持荷60 s，并在以后的30 s（仍保持恒载状态）记录每一测点的变形读数$\varepsilon_0$；再用同样的加荷速度加荷至$F_a$，持荷60 s并在以后的30 s内记录每一测点的变形读数$\varepsilon_a$。

（9）卸除变形测量仪，以同样的速度加荷至破坏，记录破坏荷载。

#### 5.1.8.5 试验结果

混凝土弹性模量值应按式（5-9）计算：

$$E_a = \frac{F_a - F_0}{A} \times \frac{L}{\Delta n} \tag{5-9}$$

式中：$E_a$——混凝土弹性模量，MPa；

$F_a$——应力为1/3轴心抗压强度时的荷载，N；

$F_0$——应力为0.5 MPa时的初始荷载，N；

$A$——试件承压面积，mm²；

$L$——测量标距，mm。

$$\Delta n = \varepsilon_a - \varepsilon_0 \tag{5-10}$$

式中：$\Delta n$——最后一次从$F_0$加荷至$F_a$时试件两侧变形的平均值，mm；

$\varepsilon_a$——$F_a$时试件两侧变形的平均值，mm；

$\varepsilon_0$——$F_0$时试件两侧变形的平均值，mm。

混凝土受压弹性模量计算精确至100 MPa。弹性模量按3个试件测值的算术平均值计算。如果其中有一个试件的轴心抗压强度值与用于确定检验控制荷载的轴心抗压强度值相差超过后者的20%时，则弹性模量值按另外两个试件测值的算术平均值计算；如有两个试件超过上述规定时，则此次试验无效。

### 5.1.9 混凝土抗冻性能（快冻法）检测

#### 5.1.9.1 试验依据与环境要求

1）试验依据

现行国家标准《普通混凝土长期性能和耐久性能试验方法标准》（GB/T 50082）。

混凝土抗冻性能（快冻法）检测适用于测定混凝土试件在水冻水融的条件下，以经受的快速冻融循环次数来表示的混凝土抗冻性能。

2）环境要求

混凝土成型实验室环境：温度为（20±5）℃，相对湿度不宜小于50%。

原材料：温度与制备拌合物的环境温度一致。

试件养护环境：拆模前，温度为（20±5）℃，相对湿度不小于50%；拆模后，养护温度为（20±2）℃，相对湿度达95%以上。

#### 5.1.9.2 主要仪器设备

混凝土搅拌机：应符合现行行业标准《混凝土试验用搅拌机》（JG/T 244）要求的公称容量至少为60 L的强制式搅拌机。

振动台：应符合现行国家标准《混凝土振动台》（GB/T 25650）中技术要求的规定。

快速冻融装置：应符合现行行业标准《混凝土抗冻试验设备》（JG/T 243）要求的温度可调节范围−20～10℃，控温精度不大于1℃的快速冻融箱，运转时冻融箱内防冻液各点温度的极差不超过2℃。

试件盒：采用具有弹性的橡胶材料制作，其内表面底部应有半径为3 mm橡胶凸起部分。盒内加水后水面应至少高出试件顶面5 mm。试件盒横截面尺寸宜为115 mm×115 mm，试件盒长度宜为500 mm。

称量设备：最大量程为20 kg，感量不超过5 g。

动弹性模量测量仪：输出频率可调范围应为100～20 000 Hz，输出功率应能使试件产生受迫振动。

温度传感器：测量精度为±5℃。

#### 5.1.9.3 样品制备

（1）按照混凝土配合比称取材料，称量精度：骨料为±0.5%；水、水泥、掺合料、外加剂均为±0.2%。将所有原材料倒入搅拌机，干拌均匀后加水搅拌。

（2）将试模（试模尺寸为100 mm×100 mm×400 mm）刷一层脱模剂（不得采用憎水性脱模剂）后，装入混凝土拌合物并振捣均匀，刮除试模上口多余的混凝土，待混凝土临近初凝时，用抹刀抹平。

（3）带模试件在温度为（20±5）℃的环境中静置1～2昼夜，编号后拆模。放入温度为（20±2）℃、相对湿度为95%以上的标准养护室中养护。

#### 5.1.9.4 试验步骤

（1）进行抗冻试验的一组3个试件应在24 d时从养护地点取出，随后放在（20±2）℃水中浸泡4 d，浸泡时水面应高出试件顶面20～30 mm，浸泡时间为4 d，试件在28 d龄期时进行冻融试验。始终在水中养护的试件，龄期达到28 d时，直接进行后续试验。

（2）试件从水中取出后，用湿布擦除外部水分并测量外观尺寸，编号、称量试件初始质量$W_{0i}$；然后测定其横向基频的初始值$f_{0i}$。

（3）将试件放入试件盒内，试件应位于试件盒中心，然后向试件盒中注入清水。在整个试验过程中，盒内水位高度应始终保持至少高出试件顶面5 mm。

（4）将试件盒放入冻融箱内的试件架中，测温试件盒放在冻融箱的中心位置。

（5）冻融循环过程应符合下列规定：

① 每次冻融循环应在2～4 h，融化时间不得少于整个冻融循环时间的1/4。

② 冷冻和融化过程，试件中心最低温度和最高温度分别控制在（−18±2）℃和（5±2）℃内。在任意时刻，试件中心温度不得高于7℃，且不得低于−20℃。

③ 每块试件从 3℃降至−16℃所用的时间不得少于冷冻时间的 1/2。每块试件从−16℃升至 3℃所用时间不得少于整个融化时间的 1/2，试件内外的温差不宜超过 28℃。

④ 冷冻和融化之间的转换时间不宜超过 10 min。

（6）每隔 25 次冻融循环测量试件的横向基频 $f_{ni}$。测量前先将试件表面浮渣清洗干净并擦干表面水分，然后检查其外部损伤并称量试件的质量 $W_{ni}$。随后测量横向基频。测完后，迅速将试件调头重新装入试件盒内并加入清水，继续试验。

（7）当有试件停止试验被取出时，应另用其他试件填充空位。当试件在冷冻状态下因故中断时，试件应保持在冷冻状态，直至恢复冻融试验为止，并应将故障原因及暂停时间在试验结果中注明。试件在非冷冻状态下发生故障的时间不宜超过两个冻融循环的时间。在整个试验过程中，超过两个冻融循环时间的中断故障次数不得超过 2 次。

（8）当冻融循环出现下列情况之一时，可停止试验：

① 达到规定的冻融循环次数。

② 试件的相对动弹性模量下降到 60%以下。

③ 试件的质量损失率达 5%。

#### 5.1.9.5 试验结果

试验结果计算及处理应符合下列规定：

（1）相对动弹性模量应按式（5-11）计算：

$$P_i = \frac{f_{ni}^2}{f_{0i}^2} \times 100 \tag{5-11}$$

式中：$P_i$——经 $N$ 次冻融循环后第 $i$ 个混凝土试件的相对动弹性模量，%，精确至 0.1；

$f_{ni}$——经 $N$ 次冻融循环后第 $i$ 个混凝土试件的横向基频，Hz；

$f_{0i}$——冻融循环试验前第 $i$ 个混凝土试件横向基频初始值，Hz。

$$P = \frac{1}{3}\sum_{i=1}^{3} P_i \tag{5-12}$$

式中：$P$——经 $N$ 次冻融循环后一组混凝土试件的相对动弹性模量，%，精确至 0.1。

相对动弹性模量 $P$ 应以 3 个试件试验结果的算术平均值作为测定值。当最大值或最小值与中间值之差超过中间值的 15%时，应舍去此值，并取其余两值的算术平均值作为测定值；当最大值和最小值与中间值之差均超过中间值的 15%时，应取中间值作为测定值。

（2）单个试件的质量损失率应按式（5-13）计算：

$$\Delta W_{ni} = \frac{W_{\text{oi}} - W_{ni}}{W_{\text{oi}}} \times 100 \tag{5-13}$$

式中：$\Delta W_{ni}$——经 $N$ 次冻融循环后第 $i$ 个混凝土试件的质量损失率，%，精确至 0.01；

$W_{\text{oi}}$——冻融循环试验前第 $i$ 个混凝土试件的质量，g；

$W_{ni}$——经 $N$ 次冻融循环后第 $i$ 个混凝土试件的质量，g。

（3）一组试件的平均质量损失率应按式（5-14）计算：

$$\Delta W_n = \frac{\sum_{i=1}^{3} \Delta W_{ni}}{3} \times 100 \tag{5-14}$$

式中：$\Delta W_n$——经 $N$ 次冻融循环后一组混凝土试件的平均质量损失率，%，精确至 0.1。

（4）每组试件的平均质量损失率应以 3 个试件的质量损失率试验结果的算术平均值作为测定值。当某个试验结果出现负值，应取 0，再取 3 个试件的平均值。当 3 个值中的最大值或最小值与中间值之差超过 1%时，应舍去此值，并取其余两值的算术平均值作为测定值；当最大值和最小值与中间值之差均超过 1%时，应取中间值作为测定值。

（5）混凝土抗冻等级应以相对动弹性模量下降至 60%或者质量损失率达 5%时的最大冻融循环次数来确定，并用符号 $F$ 表示。

### 5.1.10 混凝土抗冻性能（慢冻法）检测

#### 5.1.10.1 试验依据与环境要求

1）试验依据

现行国家标准《普通混凝土长期性能和耐久性能试验方法标准》（GB/T 50082）。

混凝土抗冻性能（慢冻法）检测适用于测定混凝土试件在气冻水融条件下，以经受的冻融循环次数来表示的混凝土抗冻性能。

2）环境要求

混凝土成型实验室环境：温度为（20±5）℃，相对湿度不宜小于 50%。

原材料：温度与制备拌合物的环境温度一致。

试件养护环境：拆模前，温度为（20±5）℃，相对湿度不小于 50%；拆模后，养护温度为（20±2）℃，相对湿度达 95%以上。

#### 5.1.10.2 主要仪器设备

混凝土搅拌机：应符合现行行业标准《混凝土试验用搅拌机》（JG/T 244）要求的公称容量至少为 60 L 的强制式搅拌机。

振动台：应符合现行国家标准《混凝土振动台》（GB/T 25650）中技术要求的规定。

冻融试验箱：应符合现行行业标准《混凝土抗冻试验设备》（JG/T 243）的要求，冻融试验箱应能使试件静止不动，并应通过气冻水融进行冻融循环。在满载运转的条件下，冷冻期间冻融试验箱内空气的温度应能保持在−20～−18℃；融化期间冻融试验箱内浸泡混凝土试件的水温应能保持在 18～20℃；满载时冻融试验箱内各点温度极差不应超过 2℃。

压力试验机：应符合现行国家标准《液压式万能试验机》（GB/T 3159）和《试验机通用技术要求》（GB/T 2611）中的技术要求，测量精度为±1%，试验机上、下承压板的平面度公差不应大于 0.04 mm，平行度公差不应大于 0.05 mm。同时，试件破坏荷载应大于压力机全量程的 20%且小于压力机全量程的 80%。

称量设备：最大量程为 20 kg，感量不超过 5 g。

温度传感器：测量精度为±5℃。

5.1.10.3　样品制备

（1）按照混凝土配合比称取材料，称量精度：骨料为±0.5%；水、水泥、掺合料、外加剂均为±0.2%。将所有原材料倒入搅拌机，干拌均匀后加水搅拌。

（2）将试模（试模尺寸为100 mm×100 mm×100 mm）刷一层脱模剂（不得采用憎水性脱模剂）后，装入混凝土拌合物并振捣均匀，刮除试模上口多余的混凝土，待混凝土临近初凝时，用抹刀抹平。

（3）带模试件在温度为（20±5）℃的环境中静置1～2昼夜，编号后拆模。放入温度为（20±2）℃、相对湿度为95%以上的标准养护室中养护。

（4）慢冻法试验所需要的试件组数应符合标准规定，每组试件应为3块。

5.1.10.4　试验步骤

（1）将试件于成型24 d时从养护地点取出，随后放在（20±2）℃水中浸泡4 d，浸泡时水面应高出试件顶面20～30 mm，试件在28 d龄期时进行冻融试验。始终在水中养护的试件，龄期达到28 d时，直接进行后续试验。

（2）试件从水中取出后，用湿布擦除外部水分并测量外观尺寸、编号、称重，置入试件架。

（3）计时，冷冻时间在冻融试验箱内空气温度降至−18℃时开始计算。

（4）每次冻融循环，试件的冷冻时间不应小于4 h。

（5）冷冻结束，立即加入温度为18～20℃的水，使试件转入融化状态。融化时间不小于4 h。融化完毕视为该次冻融循环结束，可进入下一次冻融循环。

（6）每25次循环，对冻融试件进行一次外观检查。当出现严重破坏时，立即进行称重。当试件的质量损失率超过5%，停止冻融循环试验。

（7）试件在达到规定或要求的冻融循环次数后，试件应称重并进行外观检查，并详细记录试件表面破损、裂缝及边角缺损情况。当试件表面破损严重时，应先用高强石膏找平，再进行抗压强度试验。

（8）当冻融循环因故中断且试件处于冷冻状态时，试件应继续保持冷冻状态，直至恢复冻融试验，并应将故障原因及暂停时间在试验结果中注明。当试件处在融化状态下因故中断时，中断时间不应超过两个冻融循环的时间。在整个试验过程中，超过两个冻融循环时间的中断故障次数不得超过两次。

（9）当部分试件由于失效破坏或者停止试验被取出时，应用空白试件填充空位。

（10）对比试件继续保持原有的养护条件，直至完成冻融循环后，与冻融试验的试件同时进行抗压强度试验。

（11）当冻融循环出现下列3种情况之一时，可停止试验：

① 已达到规定的循环次数；

② 抗压强度损失率已达到25%；

③ 质量损失率已达到5%。

5.1.10.5 试验结果

（1）强度损失率应按式（5-15）进行计算：

$$\Delta f_c = \frac{f_{c0} - f_{cn}}{f_{c0}} \times 100 \tag{5-15}$$

式中：$\Delta f_c$——经 $N$ 次冻融循环后的混凝土抗压强度损失率，%，精确至 0.1；

$f_{c0}$——对比用的一组标准养护混凝土试件的抗压强度测定值，MPa，精确至 0.1 MPa；

$f_{cn}$——经 $N$ 次冻融循环后的一组混凝土试件抗压强度测定值，MPa，精确至 0.1 MPa。

（2）$f_{c0}$ 和 $f_{cn}$ 应以 3 个试件抗压强度试验结果的算术平均值作为测定值。当 3 个试件抗压强度最大值或最小值与中间值之差超过中间值的 15%时，应舍去此值，再取其余两值的算术平均值作为测定值；当最大值和最小值与中间值之差均超过中间值的 15%时，应取中间值作为测定值。

（3）单个试件的质量损失率应按式（5-16）计算：

$$\Delta W_{ni} = \frac{W_{\mathrm{oi}} - W_{ni}}{W_{\mathrm{oi}}} \times 100 \tag{5-16}$$

式中：$\Delta W_{ni}$——经 $N$ 次冻融循环后第 $i$ 个混凝土试件的质量损失率，%，精确至 0.01；

$W_{\mathrm{oi}}$——冻融循环试验前第 $i$ 个混凝土试件的质量，g；

$W_{ni}$——经 $N$ 次冻融循环后第 $i$ 个混凝土试件的质量，g。

（4）一组试件的平均质量损失率应按式（5-17）计算：

$$\Delta W_n = \frac{\sum_{i=1}^{3} \Delta W_{ni}}{3} \times 100 \tag{5-17}$$

式中：$\Delta W_n$——经 $N$ 次冻融循环后一组混凝土试件的平均质量损失率，%，精确至 0.1。

（5）每组试件的平均质量损失率应以 3 个试件的质量损失率试验结果的算术平均值作为测定值。当某个试验结果出现负值，应取 0，再取 3 个试件的算术平均值。当 3 个值中的最大值或最小值与中间值之差超过 1%时，应舍去此值，再取其余两值的算术平均值作为测定值；当最大值和最小值与中间值之差均超过 1%时，应取中间值作为测定值。

（6）抗冻标号应以抗压强度损失率达到 25%或者质量损失率达到 5%时的最大冻融循环次数进行确定。

## 5.2 混凝土配合比设计

混凝土配合比是指单位体积的混凝土中各组成材料的质量比例。设计混凝土配合比，就是确定 1 m³ 混凝土中各组成材料的质量比例，实质上就是确定胶凝材料、水、砂和石4项基本组成材料用量之间的3个比例关系。即：水与胶凝材料之间的比例关系，用水胶比表示；砂与石子之间的比例关系，用砂率表示；浆体与骨料之间的比例关系，常用单位用水量来反映（1 $m^3$混凝土的用水量）。这3个比例关系是混凝土配合比设计的3个重要参数。正确地确定这3个参数，能使混凝土满足各项技术与经济要求。

配合比设计过程需结合工程要求、设计要求、结构特点和施工要求，根据原材料性能指标选取合适的原材料及用量比例，以满足必需的强度、工作性和耐久性要求。科学合理的设计方法和快速有效的调整技术，对混凝土质量控制有着重要的意义。

进行配合比设计时，首先按原材料性能及对混凝土的技术要求进行初步计算，得出计算配合比（理论配合比），经实验室试拌调整，得出工作性能满足要求的试拌配合比，然后经强度复核定出满足设计和施工要求并且比较经济合理的实验室配合比。再根据现场工地砂、石的含水情况对实验室配合比进行修正，修正后的配合比称为施工配合比。现场材料的实际称量应按施工配合比进行。所以，混凝土配合比设计一般要经过计算配合比、试拌配合比、实验室配合比、施工配合比4个环节。

高性能混凝土是指以建设工程设计、施工和使用对混凝土性能特定要求为总体目标，选用优质常规原材料，合理掺加外加剂和矿物掺合料，采用较低水胶比并优化配合比，通过绿色预拌生产方式及严格的施工措施，制成具有优异的拌合物性能、力学性能、长期性能和耐久性能的混凝土。

一般来说，配制高性能混凝土的技术路线并不复杂，但其要求的综合技术指标不易达到，高性能混凝土的配合比设计与传统混凝土的不同之处在于设计理念，传统的设计理念是满足工作性和强度，而高性能混凝土不仅要考虑强度，而且要与在严酷使用环境下的耐久性结合起来，即将强度和使用寿命共同考虑。目前，高性能混凝土配合比通常用的设计路线是低水胶比、优质活性矿物掺合料与高性能外加剂的复合技术。

相较于普通混凝土，高性能混凝土配合比设计不仅应满足强度要求，还应满足施工性能、其他力学性能、长期性能和耐久性能的要求。现行行业标准《高性能混凝土评价标准》（JGJ/T 385）规定，常规品高性能混凝土的强度等级不应低于C30。现行行业标准《高性能混凝土应用技术规程》（CECS 207）根据混凝土结构所处的环境条件，提出了水胶比、电通量、抗冻性能和胶凝材料抗硫酸盐腐蚀要求。现行行业标准《高性能混凝土评价标准》（JGJ/T 385）中将抗渗等级、抗碳化性能、抗冻性能、抗氯离子性能和混凝土抗硫酸侵蚀性能列为高性能混凝土的评分项目。因此，设计高性能混凝土配合比时，不仅要按照强度进行设计，还应结合相关标准规定和高性能混凝土自身特点，对混凝土的早期抗裂性、抗碳化性能、抗氯离子渗透性能和抗硫酸盐侵蚀性能等耐久性能进行设计。

### 5.2.1 混凝土配合比设计原则

配合比设计应根据混凝土强度等级、施工性能、长期性能和耐久性能等要求，在满足工程设计和施工要求的条件下，遵循低水泥用量、低用水量和低收缩性能的原则进行设计。

普通混凝土配合比设计原则是以强度为基准，并根据设计要求的强度等级、强度保证率和混凝土的工作性能、强度、耐久性以及施工要求，合理选用原材料，按现行行业标准《普通混凝土配合比设计规程》（JGJ 55）的规定进行。现行行业标准《普通混凝土配合比设计规程》（JGJ 55）规定了混凝土的最小胶凝材料用量应满足表 5-4 的规定，用于钢筋矿物掺合料的最大掺量应满足表 5-5 的规定。

**表 5-4　混凝土的最小胶凝材料用量**

| 最大水胶比 | 最小胶凝材料用量/（kg/m³） | | |
|---|---|---|---|
| | 素混凝土 | 钢筋混凝土 | 预应力混凝土 |
| 0.60 | 250 | 280 | 300 |
| 0.55 | 280 | 300 | 300 |
| 0.50 | 320 | | |
| ≤0.45 | 330 | | |

注：配制 C15 及其以下强度等级的混凝土，可不受表 5-4 限制。

**表 5-5　钢筋混凝土中矿物掺合料最大掺量**

| 矿物掺合料种类 | 水胶比 | 最大掺量/% | |
|---|---|---|---|
| | | 硅酸盐水泥 | 普通硅酸盐水泥 |
| 粉煤灰 | ≤0.40 | ≤45 | ≤35 |
| | ＞0.40 | ≤40 | ≤30 |
| 粒化高炉矿渣粉 | ≤0.40 | ≤65 | ≤55 |
| | ＞0.40 | ≤55 | ≤45 |
| 钢渣粉 | — | ≤30 | ≤20 |
| 磷渣粉 | — | ≤30 | ≤20 |
| 硅灰 | — | ≤10 | ≤10 |
| 复合掺合料 | ≤0.40 | ≤65 | ≤55 |
| | ＞0.40 | ≤55 | ≤45 |

注：① 采用硅酸盐水泥和普通硅酸盐水泥之外的通用硅酸盐水泥时，混凝土中水泥混合材料和矿物掺合料用量之和应不大于按普通硅酸盐水泥用量 20%计算的混合材料和矿物掺合料用量之和；

② 对基础大体积混凝土，粉煤灰、粒化高炉矿渣粉和复合掺合料的最大掺量可增加 5%；

③ 复合掺合料中各组分的掺量不宜超过任一组分单掺时的最大掺量。

当混凝土有多项性能要求时，应采取措施确保主要技术要求，并兼顾其他性能要求。冬季配合比的设计还应符合现行行业标准《建筑工程冬期施工规程》（JGJ/T 104）的要求，耐久性设计还应符合现行国家标准《混凝土结构耐久性设计标准》（GB/T 50476）的规定，选用矿物掺合料时还应符合现行国家标准《矿物掺合料应用技术规范》（GB/T 51003）的规定。

设计高性能混凝土配合比时，除满足以上设计原则外，原材料的选用应满足以下条件：

（1）硅酸盐水泥和普通硅酸盐水泥的比表面积不宜大于 380 $m^2$/kg，水泥熟料中的 $C_3A$ 含量不宜大于 8%。

（2）高性能混凝土宜掺加粉煤灰、粒化高炉矿渣粉、硅灰、石灰石粉、复合掺合料等矿物掺合料。粉煤灰等级不应低于Ⅱ级，其质量应满足现行国家标准《用于水泥和混凝土中的粉煤灰》（GB/T 1596）的规定。粒化高炉矿渣粉等级不应低于 S95 级，其质量应满足现行国家标准《用于水泥、砂浆和混凝土中的粒化高炉矿渣粉》（GB/T 18046）的规定。

（3）高性能混凝土用细骨料的细度模数应为 2.3～3.2，粗骨料应选用级配良好的碎石。

### 5.2.2 混凝土配制强度的确定

#### 5.2.2.1 混凝土配制强度的确定

（1）当混凝土的设计强度等级小于 C60 时，配制强度应按式（5-18）计算：

$$f_{cu,0} \geqslant f_{cu,k} + 1.645\sigma \tag{5-18}$$

式中：$f_{cu,0}$——混凝土配制强度，MPa；

$f_{cu,k}$——混凝土立方体抗压强度标准值，这里取设计混凝土强度等级值，MPa；

$\sigma$——混凝土强度标准差，MPa。

（2）当设计强度等级大于或等于 C60 时，配制强度应按式（5-19）计算：

$$f_{cu,0} \geqslant 1.15 f_{cu,k} \tag{5-19}$$

#### 5.2.2.2 混凝土强度标准差的确定

（1）当具有近 1～3 个月的同一品种、同一强度等级混凝土的强度资料时，其混凝土强度标准差 $\sigma$ 应按式（5-20）计算：

$$\sigma = \sqrt{\frac{\sum_{i=1}^{n} f_{cu,i}^2 - nm_{f_{cu}}^2}{n-1}} \tag{5-20}$$

式中：$f_{cu,i}$——第 $i$ 组的试件强度，MPa；

$m_{f_{cu}}$——$n$ 组试件的强度平均值，MPa；

$n$——试件组数，$n$ 值应大于或等于 30。

对于强度等级不大于 C30 的混凝土：当 $\sigma$ 计算值不小于 3.0 MPa 时，应按照计算结果取值；当 $\sigma$ 计算值小于 3.0 MPa 时，$\sigma$ 应取 3.0 MPa。对于强度等级大于 C30 且不大于 C60 的混凝土：当 $\sigma$ 计算值不小于 4.0 MPa 时，应按照计算结果取值；当 $\sigma$ 计算值小于 4.0 MPa 时，$\sigma$ 应取 4.0 MPa。

（2）当没有近期的同一品种、同一强度等级混凝土强度资料时，其强度标准差 $\sigma$ 可按表 5-6 取值。

**表 5-6 标准差 $\sigma$ 值**

| 混凝土强度标准值 | ≤C20 | C25～C45 | C50～C55 |
|---|---|---|---|
| $\sigma$ | 4.0 | 5.0 | 6.0 |

### 5.2.3 混凝土配合比计算

#### 5.2.3.1 水胶比

混凝土强度等级不大于 C60 等级时，混凝土水胶比宜按式（5-21）计算：

$$\frac{W}{B}=\frac{\alpha_a f_b}{f_{cu,0}+\alpha_a\alpha_b f_b} \tag{5-21}$$

式中：$\alpha_a$、$\alpha_b$——回归系数，取值应根据工程所使用的原材料，通过试验建立的水胶比与混凝土强度关系式来确定，当不具备试验统计资料时，可按表 5-7 确定。

**表 5-7 回归系数 $\alpha_a$、$\alpha_b$ 选用**

| 系数 \ 粗骨料品种 | 碎石 | 卵石 |
|---|---|---|
| $\alpha_a$ | 0.53 | 0.49 |
| $\alpha_b$ | 0.20 | 0.13 |

$f_b$——胶凝材料 28 d 胶砂强度（MPa），试验方法应按现行国家标准《水泥胶砂强度检验方法（ISO 法）》（GB/T 17671）执行；当无实测值时，可按下列规定确定：

（1）根据 3 d 胶砂强度或快测强度推定 28 d 胶砂强度关系式推定 $f_b$ 值；

（2）当矿物掺合料为粉煤灰和粒化高炉矿渣粉时，可按式（5-22）推算 $f_b$ 值。

$$f_b=\gamma_f\gamma_s\gamma_c f_{ce,g} \tag{5-22}$$

式中：$\gamma_f$、$\gamma_s$——粉煤灰影响系数和粒化高炉矿渣粉影响系数，可按表 5-8 选用。

$\gamma_c$——水泥强度等级值的富余系数，可按实际统计资料确定，也可以根据水泥强度等级确定。水泥强度等级为 32.5 时，富余系数为 1.12；水泥强度等级为 42.5 时，富余系数为 1.16；水泥强度等级为 52.5 时，富余系数为 1.10。

$f_{ce,g}$——水泥强度等级值，MPa。

**表 5-8 粉煤灰影响系数 $\gamma_f$ 和粒化高炉矿渣粉影响系数 $\gamma_s$** 单位：%

| 种类 \ 掺量 | 粉煤灰影响系数 $\gamma_f$ | 粒化高炉矿渣粉影响系数 $\gamma_s$ |
|---|---|---|
| 0 | 1.00 | 1.00 |
| 10 | 0.90～0.95 | 1.00 |
| 20 | 0.80～0.85 | 0.95～1.00 |
| 30 | 0.70～0.75 | 0.90～1.00 |
| 40 | 0.60～0.65 | 0.80～0.90 |
| 50 | — | 0.70～0.85 |

注：① 本表应以 P·O 42.5 水泥为准；若采用普通硅酸盐水泥以外的通用硅酸盐水泥，可将水泥混合材料掺量 20%以上部分计入矿物掺合料。

② 宜采用Ⅰ级或Ⅱ级粉煤灰；采用Ⅰ级或Ⅱ级粉煤灰宜取上限值。

③ 采用 S75 级粒化高炉矿渣粉宜取下限值，采用 S95 级粒化高炉矿渣粉宜取上限值，采用 S105 级粒化高炉矿渣粉可取上限值加 0.05。

④ 当超出表中的掺量时，粉煤灰和粒化高炉矿渣粉影响系数应经试验确定。

### 5.2.3.2 用水量和外加剂用量

（1）当水胶比在 0.40～0.80 时，干硬性混凝土或塑性混凝土的单位用水量可按表 5-9 和表 5-10 选取，若混凝土水胶比小于 0.40，可通过试验确定单位用水量。

表 5-9　干硬性混凝土的用水量

| 拌合物稠度 | | 卵石最大公称粒径/mm | | | 碎石最大粒径/mm | | |
|---|---|---|---|---|---|---|---|
| 项目 | 指标 | 10.0 | 20.0 | 40.0 | 16.0 | 20.0 | 40.0 |
| 维勃稠度/s | 16～20 | 175 | 160 | 145 | 180 | 170 | 155 |
| | 11～15 | 180 | 165 | 150 | 185 | 175 | 160 |
| | 5～10 | 185 | 170 | 155 | 190 | 180 | 165 |

表 5-10　塑性混凝土的用水量

| 拌合物稠度 | | 卵石最大粒径/mm | | | | 碎石最大粒径/mm | | | |
|---|---|---|---|---|---|---|---|---|---|
| 项目 | 指标 | 10.0 | 20.0 | 31.5 | 40.0 | 16.0 | 20.0 | 31.5 | 40.0 |
| 坍落度/mm | 10～30 | 190 | 170 | 160 | 150 | 200 | 185 | 175 | 165 |
| | 35～50 | 200 | 180 | 170 | 160 | 210 | 195 | 185 | 175 |
| | 55～70 | 210 | 190 | 180 | 170 | 220 | 205 | 195 | 185 |
| | 75～90 | 215 | 195 | 185 | 175 | 230 | 215 | 205 | 195 |

注：① 本表用水量是采用中砂时的取值。采用细砂时，每立方米混凝土用水量可增加 5～10 kg；采用粗砂时，每立方米混凝土用水量可减少 5～10 kg；

② 掺用矿物掺合料和外加剂时，用水量应相应调整。

设计流动性或大流动性混凝土配合比时，单位用水量（$m_{w0}$）可按式（5-23）计算：

$$m_{w0} = {}_{w0'}(1-\beta) \tag{5-23}$$

式中：$m_{w0'}$——满足实际坍落度要求的每立方米混凝土用水量，kg/m³，以表 5-10 中 90 mm 坍落度的用水量为基础，按每增大 20 mm 坍落度相应增加 5 kg/m³ 用水量来计算；

$\beta$——外加剂的减水率，%，应经混凝土试验确定。

（2）每立方米混凝土中外加剂用量应按式（5-24）计算：

$$m_{a0} = m_{b0}\beta_a \tag{5-24}$$

式中：$m_{a0}$——每立方米混凝土中的外加剂用量，kg/m³；

$m_{b0}$——每立方米混凝土中的胶凝材料用量，kg/m³；

$\beta_a$——外加剂掺量，%，应经混凝土试验确定。

5.2.3.3　胶凝材料用量

每立方米混凝土的胶凝材料用量（$m_{b0}$）按式（5-25）计算：

$$m_{b0} = \frac{m_{w0}}{W/B} \tag{5-25}$$

根据矿物掺合料掺量（$\beta_f$）计算矿物掺合料用量（$m_{f0}$），如式（5-26）所示：

$$m_{f0} = m_{b0}\beta_f \tag{5-26}$$

式中：$m_{f0}$——每立方米混凝土中的矿物掺合料用量，kg/m³；

$m_{b0}$——每立方米混凝土中的胶凝材料用量，kg/m³；

$\beta_f$——计算水胶比过程中确定的矿物掺合料掺量，%。

每立方米混凝土的水泥用量（$m_{c0}$）应按式（5-27）计算：

$$m_{c0} = m_{b0} - m_{f0} \tag{5-27}$$

式中：$m_{c0}$——每立方米混凝土中的水泥用量，kg/m$^3$。

#### 5.2.3.4　确定合理砂率

当无历史资料可参考时，混凝土砂率的确定应符合下列规定：

（1）坍落度小于 10 mm 的混凝土，其砂率应经试验确定。

（2）坍落度为 10～60 mm 的混凝土，砂率可根据粗骨料品种、最大公称粒径及水灰比按表 5-11 选取。

（3）坍落度大于 60 mm 的混凝土，砂率可经试验确定，也可在表 5-11 的基础上，按坍落度每增大 20 mm、砂率增大 1%的幅度予以调整。

**表 5-11　混凝土的砂率**

| 水胶比（$W/B$） | 卵石最大公称粒径/mm | | | 碎石最大公称粒径/mm | | |
|---|---|---|---|---|---|---|
| | 10.0 | 20.0 | 40.0 | 16.0 | 20.0 | 40.0 |
| 0.40 | 26～32 | 25～31 | 24～30 | 30～35 | 29～34 | 27～32 |
| 0.50 | 30～35 | 29～34 | 28～33 | 33～38 | 32～37 | 30～35 |
| 0.60 | 33～38 | 32～37 | 31～36 | 36～41 | 35～40 | 33～38 |
| 0.70 | 36～41 | 35～40 | 34～39 | 39～44 | 38～43 | 36～41 |

注：① 本表数值是中砂的选用砂率，对细砂或粗砂，可相应地减小或增大砂率；
② 采用人工砂配制混凝土时，砂率可适当增大；
③ 只用一个单粒级粗骨料配制混凝土时，砂率应适当增大；
④ 对薄壁构件，砂率宜取偏大值。

#### 5.2.3.5　粗、细骨料用量

计算粗、细骨料用量可采用质量法或体积法。

1）质量法

采用质量法计算粗、细骨料用量时，应按式（5-28）、式（5-29）计算：

$$m_{f0} + m_{c0} + m_{g0} + m_{s0} + m_{w0} = m_{cp} \tag{5-28}$$

$$\beta_s = \frac{m_{s0}}{m_{g0} + m_{s0}} \times 100\% \tag{5-29}$$

式中：$m_{f0}$——每立方米混凝土中的矿物掺合料用量，kg/m$^3$；

$m_{b0}$——每立方米混凝土中的水泥用量，kg/m$^3$；

$m_{g0}$——每立方米混凝土中的粗骨料用量，kg/m$^3$；

$m_{s0}$——每立方米混凝土中的细骨料用量，kg/m$^3$；

$m_{w0}$——每立方米混凝土中的用水量，kg/m$^3$；

$\beta_s$——砂率，%；

$m_{cp}$——每立方米混凝土拌合物的假定质量，kg/m$^3$，可取 2 350～2 450 kg/m$^3$。

2）体积法

采用体积法计算粗、细骨料用量时，应按式（5-30）～（5-31）计算：

$$\frac{m_{c0}}{\rho_c}+\frac{m_{f0}}{\rho_f}+\frac{m_{g0}}{\rho_g}+\frac{m_{s0}}{\rho_s}+\frac{m_{w0}}{\rho_w}+0.01\alpha=1 \quad (5\text{-}30)$$

$$\beta_s=\frac{m_{s0}}{m_{g0}+m_{s0}}\times 100\% \quad (5\text{-}31)$$

式中：$\rho_c$——水泥密度，kg/m³，应按现行国家标准《水泥密度测定方法》（GB/T 208）测定，也可取 2 900～3 100 kg/m³；

$\rho_f$——矿物掺合料密度，kg/m³，应按现行国家标准《水泥密度测定方法》（GB/T 208）测定；

$\rho_g$——粗骨料的表观密度，kg/m³，应按现行行业标准《普通混凝土用砂、石质量及检验方法标准》（JGJ 52）测定；

$\rho_s$——细骨料的表观密度，kg/m³，应按现行行业标准《普通混凝土用砂、石质量及检验方法标准》（JGJ 52）测定；

$\rho_w$——水的密度，kg/m³，可取 1 000 kg/m³；

$\alpha$——混凝土的含气量百分数，在不使用引气型外加剂时，$\alpha$ 可取 1。

### 5.2.4 配合比试配与调整

#### 5.2.4.1 配合比试配

混凝土试配应采用强制式搅拌机，搅拌机应符合现行行业标准《混凝土试验用搅拌机》（JG 244）的规定，并宜与施工采用的搅拌方法相同。

实验室成型条件应符合现行国家标准《普通混凝土拌合物性能试验方法标准》（GB/T 50080）的规定。

每盘混凝土试配的最小搅拌量应符合表 5-12 的规定，并不应小于搅拌机额定搅拌量的 1/4。

**表 5-12 混凝土试配的最小搅拌量**

| 粗骨料最大公称粒径/mm | 最小搅拌的拌合物量/L |
|---|---|
| ≤31.5 | 20 |
| 40.0 | 25 |

应在计算配合比的基础上进行试拌。宜在水胶比不变、胶凝材料用量和外加剂用量合理的原则下调整胶凝材料用量、外加剂用量和砂率等，直到混凝土拌合物性能符合设计和施工要求，然后提出试拌配合比。

应在试拌配合比的基础上，进行混凝土强度试验，并应符合下列规定：

（1）应至少采用 3 个不同的配合比。当采用 3 个不同的配合比时，其中一个应为前文确定的试拌配合比，另外两个配合比的水胶比宜较试拌配合比分别增加和减少 0.01～0.05，用水量应与试拌配合比相同，砂率可分别增加和减少不超过 1%。

（2）进行混凝土强度试验时，应继续保持拌合物性能符合设计和施工要求，并检验其坍落度或维勃稠度、坍落度损失、凝结时间、表观密度等，作为相应配合比的混凝土拌合物性能指标。

（3）进行混凝土强度试验时，每种配合比至少应制作一组试件，标准养护到 28 d 或设计强度要求的龄期时试压；也可同时多制作几组试件，按现行行业标准《早期推定混凝土强度试验方法标准》（JGJ/T 15）早期推定混凝土强度，用于配合比调整，但最终应满足标准养护 28 d 或设计规定龄期的强度要求。

### 5.2.4.2　配合比的调整与确定

配合比调整应符合下述规定：

（1）根据试配混凝土强度试验结果，绘制强度和水胶比的线性关系图，用图解法或插值法求出与略大于配制强度的强度对应的水胶比，包括混凝土强度试验中的一个满足配制强度的水胶比。

（2）实际用水量（$m_w$）应在试拌配合比用水量的基础上，根据混凝土强度试验时实测的拌合物性能情况做适当调整。

（3）胶凝材料用量（$m_b$）应以用水量乘以图解法或插值法求出的水胶比计算得出。

（4）粗骨料和细骨料用量（$m_g$ 和 $m_s$）应在用水量和胶凝材料用量调整的基础上，进行相应调整。

配合比应按以下规定进行校正：

（1）应根据试配调整后的配合比按式（5-32）计算混凝土拌合物的表观密度理论值 $\rho_{c,c}$。

$$\rho_{c,c} = m_c + m_f + m_g + m_s + m_w \tag{5-32}$$

（2）按式（5-33）计算混凝土配合比校正系数 $\delta$。

$$\delta = \frac{\rho_{c,t}}{\rho_{c,c}} \tag{5-33}$$

式中：$\rho_{c,t}$——混凝土拌合物表观密度实测值，kg/m$^3$；

$\rho_{c,c}$——混凝土拌合物表观密度理论值，kg/m$^3$。

（3）当混凝土拌合物表观密度实测值与计算值之差的绝对值不超过计算值的 2%时，配合比可维持不变；当二者之差超过 2%时，应将配合比中每项材料用量均乘以校正系数 $\delta$。

配合比调整后，应测定拌合物水溶性氯离子含量，对耐久性有设计要求的混凝土应进行耐久性能试验，符合设计规定的氯离子含量和耐久性能要求的配合比方可确定为设计配合比。

# 第6章 砂　　浆

## 6.1 砂浆性能

砂浆是建筑施工中常用的材料之一，广泛应用于墙体、地面等建筑工程中。砂浆与混凝土的区别在于没有粗骨料，它是由水泥、矿物掺合料、细骨料、水，以及根据性能确定的其他组分按适当比例配合、拌制并经硬化而成的工程材料。

不同种类的砂浆具有不同的特点和应用场景。砂浆按所用胶凝材料可分为水泥砂浆、石灰砂浆、石膏砂浆和聚合物砂浆等；按用途分为砌筑砂浆、抹灰砂浆、地面砂浆、防水砂浆和特种砂浆；按生产方式可分为工程施工现场拌制砂浆和专业生产厂生产的预拌砂浆。

预拌砂浆是由专业生产厂家生产的，经过预先搅拌、质量检验和标准化生产的砂浆，可以直接运输到施工现场使用，与施工现场拌制的砂浆相比，具有质量稳定、性能优良、使用便利、绿色环保等特点，因此预拌砂浆在现代建筑行业中得到了广泛的应用。预拌砂浆根据生产工艺和使用方式不同可分为湿拌砂浆和干混砂浆。

湿拌砂浆是指水泥、细集料、外加剂和水以及根据性能确定的各种组分，按一定比例，在搅拌站经计量拌制后，采用搅拌运输车运至使用地点，放入专用容器储存，并在规定时间内使用完毕的湿拌拌合物。按用途分为湿拌砌筑砂浆、湿拌抹灰砂浆、湿拌地面砂浆和湿拌防水砂浆，砂浆代号、强度等级、保塑时间稠度及抗渗等级划分应符合表6-1的规定。

表6-1　预拌湿砂浆的分类

<table>
<tr><th rowspan="2">项　目</th><th rowspan="2">湿拌砌筑砂浆</th><th colspan="2">湿拌抹灰砂浆</th><th rowspan="2">湿拌地面砂浆</th><th rowspan="2">湿拌防水砂浆</th></tr>
<tr><th>普通抹灰砂浆（O）</th><th>机喷抹灰砂浆（S）</th></tr>
<tr><td>代号</td><td>WM</td><td colspan="2">WP</td><td>WS</td><td>WW</td></tr>
<tr><td>强度等级</td><td>M5、M7.5、M10、M15、M20、M25、M30</td><td colspan="2">M5、M7.5、M10、M15、M20</td><td>M15、M20、M25</td><td>M15、M20</td></tr>
<tr><td>抗渗等级</td><td>—</td><td colspan="2">—</td><td>—</td><td>P6、P8、P10</td></tr>
<tr><td>稠度[a]/mm</td><td>50、70、90</td><td>70、90、100</td><td>90、100</td><td>50</td><td>50、70、90</td></tr>
<tr><td>保塑时间/h</td><td>6、8、12、24</td><td colspan="2">6、8、12、24</td><td>4、6、8</td><td>6、8、12、24</td></tr>
</table>

注：a. 可根据现场气候条件或施工要求确定。

干混砂浆是指经干燥筛分处理的细集料与水泥、保水增稠材料，以及根据需要掺入的外加剂、矿物掺合料等组分按一定比例在专业生产厂混合而成的固态混合物，在使用地点按规定比例加水或配套液体拌和使用。按用途主要分为干混砌筑砂浆、干混抹灰砂浆、干混地面砂浆、干混普通防水砂浆、干混陶瓷砖黏结砂浆、干混界面砂浆、干混聚合物水泥防水砂浆、干混自流平砂浆、干混耐磨地坪砂浆、干混填缝砂浆、干混饰面砂浆和干混修补砂浆。其中，干混砌筑砂浆、干混抹灰砂浆、干混地面砂浆和干混普通防水砂浆按强度等级、抗渗等级的分类如表 6-2 所示。

**表 6-2　干混砂浆分类**

| 项目 | 干混砌筑砂浆（DM） | | 干混抹灰砂浆（DP） | | | 干混地面砂浆（DS） | 干混普通防水砂浆（DW） |
|---|---|---|---|---|---|---|---|
| | 普通砌筑砂浆（O） | 薄层砌筑砂浆（T） | 普通抹灰砂浆（O） | 薄层抹灰砂浆（T） | 机喷抹灰砂浆（S） | | |
| 强度等级 | M5、M7.5、M10、M15、M20、M25、M30 | M5、M10 | M5、M7.5、M10、M15、M20 | M5、M7.5、M10 | M5、M7.5、M10、M15、M20 | M15、M20、M25 | M15、M20 |
| 抗渗等级 | — | — | — | — | — | — | P6、P8、P10 |

预拌砂浆技术指标包括稠度、凝结时间、保水性、强度、拉伸黏结强度、收缩率、含气量、吸水率、抗渗性及抗冻性能等。根据现行国家标准《预拌砂浆》（GB/T 25181）的规定，湿拌砂浆性能应符合表 6-3～表 6-7 的规定，干混普通砂浆的性能应符合表 6-4～表 6-6、表 6-8 的规定。

**表 6-3　湿拌砂浆性能指标**

| 项　目 | | 湿拌砌筑砂浆 | 湿拌抹灰砂浆 | | 湿拌地面砂浆 | 湿拌防水砂浆 |
|---|---|---|---|---|---|---|
| | | | 普通抹灰砂浆 | 机喷抹灰砂浆 | | |
| 保水率/% | | ≥88.0 | ≥88.0 | ≥90.0 | ≥88.0 | ≥88.0 |
| 压力泌水率/% | | — | — | ＜40 | — | — |
| 14 d 拉伸黏结强度/MPa | | — | M5：≥0.15<br>＞M5：≥0.20 | ≥0.20 | — | ≥0.20 |
| 28 d 收缩率/% | | — | ≤0.20 | | — | ≤0.15 |
| 抗冻性[a] | 强度损失率/% | ≤25 | | | | |
| | 质量损失率/% | ≤5 | | | | |

注：a. 有抗冻性要求时，应进行抗冻性试验。

**表 6-4　预拌砂浆抗压强度**

| 强度等级 | M5 | M7.5 | M10 | M15 | M20 | M25 | M30 |
|---|---|---|---|---|---|---|---|
| 28 d 抗压强度/MPa | ≥5.0 | ≥7.5 | ≥10.0 | ≥15.0 | ≥20.0 | ≥25.0 | ≥30.0 |

**表 6-5　预拌砂浆抗渗压力**

| 抗渗等级 | P6 | P8 | P10 |
|---|---|---|---|
| 28 d 抗渗压力/MPa | ≥0.6 | ≥0.8 | ≥1.0 |

表 6-6　湿拌砂浆稠度允许偏差　　单位：mm

| 规定稠度 | 允许偏差 |
|---|---|
| ＜100 | ±10 |
| ≥100 | −10～+5 |

表 6-7　湿拌砂浆保塑时间　　单位：mm

| 保塑时间 | 4 | 6 | 8 | 12 | 24 |
|---|---|---|---|---|---|
| 保塑时间 | ≥4 | ≥6 | ≥8 | ≥12 | ≥24 |

表 6-8　干混砂浆性能指标　　单位：mm

<table>
<tr><th colspan="2" rowspan="2">项　目</th><th colspan="2">干混砌筑砂浆</th><th colspan="3">干混抹灰砂浆</th><th rowspan="2">干混地面砂浆</th><th rowspan="2">干混普通防水砂浆</th></tr>
<tr><th>普通砌筑砂浆</th><th>薄层砌筑砂浆</th><th>普通抹灰砂浆</th><th>薄层抹灰砂浆</th><th>机喷抹灰砂浆</th></tr>
<tr><td colspan="2">外观</td><td colspan="7">粉状产品应均匀、无结块。<br>双组分产品，液料组分经搅拌后应呈均匀状态、无沉淀；粉料组分应均匀、无结块</td></tr>
<tr><td colspan="2">保水率/%</td><td>≥88.0</td><td>≥99.0</td><td>≥88.0</td><td>≥99.0</td><td>≥92.0</td><td>≥88.0</td><td>≥88.0</td></tr>
<tr><td colspan="2">凝结时间/h</td><td>3～12</td><td>—</td><td>3～12</td><td>—</td><td>—</td><td>3～9</td><td>3～12</td></tr>
<tr><td colspan="2">2 h 稠度损失率/%</td><td>≤30</td><td>—</td><td>≤30</td><td>—</td><td>≤30</td><td>≤30</td><td>≤30</td></tr>
<tr><td colspan="2">压力泌水率/%</td><td>—</td><td>—</td><td>—</td><td>—</td><td>＜40</td><td>—</td><td>—</td></tr>
<tr><td colspan="2">14 d 拉伸黏结强度/MPa</td><td>—</td><td>—</td><td>M5：≥0.15<br>＞M5：≥0.20</td><td>≥0.30</td><td>≥0.20</td><td>—</td><td>≥0.20</td></tr>
<tr><td colspan="2">28 d 收缩率/%</td><td>—</td><td>—</td><td colspan="3">≤0.20</td><td>—</td><td>≤0.15</td></tr>
<tr><td rowspan="2">抗冻性[a]/%</td><td>强度损失率</td><td colspan="7">≤25</td></tr>
<tr><td>质量损失率</td><td colspan="7">≤5</td></tr>
</table>

注：a. 有抗冻性要求时，应进行抗冻性试验。

## 6.1.1　砂浆稠度与分层度检测

### 6.1.1.1　试验依据与环境要求

1）试验依据

现行行业标准《建筑砂浆基本性能试验方法标准》（JGJ/T 70）。

2）环境要求

砂浆成型实验室环境：温度为（20±5）℃，相对湿度不宜小于 50%。

原材料：所用材料应提前 24 h 运入室内，室内温度与制备拌合物的环境温度一致。

稠度与分层度测试环境：温度为（20±5）℃或与施工现场一致。

#### 6.1.1.2　主要仪器设备

砂浆稠度仪：如图 6-1 所示，由试锥、容器和支座组成。试锥由钢材或铜材制成，试锥高 145 mm，锥底直径为 75 mm，试锥连同滑杆的重量应为（300±2）g；盛浆容器由钢板制成，筒高 180 mm，锥底内径为 150 mm；支座包括底座、支架及刻度显示 3 个部分，由铸铁、钢及其他金属制成。

砂浆分层度测定仪：如图 6-2 所示，由钢板制成，内径为 150 mm，上节高度为 200 mm，下节带底净高为 100 mm，两节连接处应加宽 3～5 mm，并设有橡胶垫圈。

振动台：振幅（0.5±0.05）mm，频率（50±3）Hz。

钢制捣棒：直径为 10 mm，长 350 mm，端部磨圆。

秒表、木锤等。

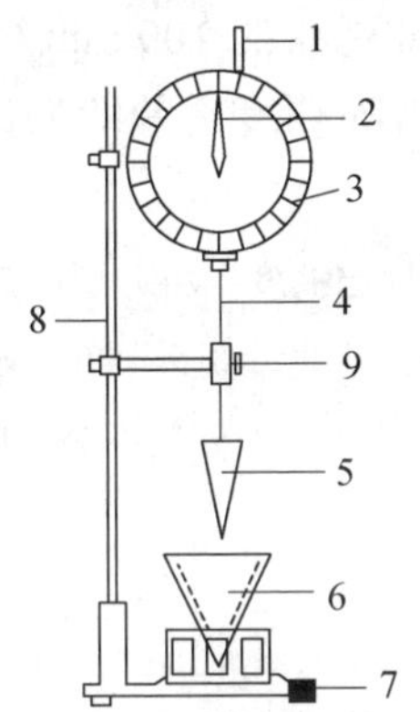


1—测杆；2—指针；3—刻度盘；4—滑动杆；5—锥体；6—锥筒；7—底座；8—支架；9—制动螺丝。

**图 6-1　砂浆稠度测定仪**

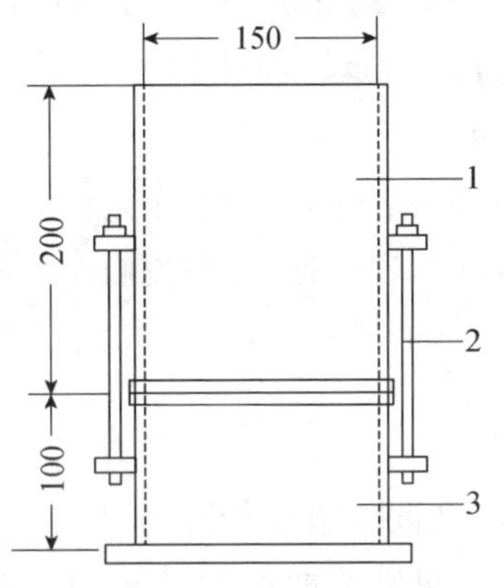


1—无底圆筒；2—螺栓；3—有底圆筒。

**图 6-2　砂浆分层度测定仪（单位：mm）**

#### 6.1.1.3　样品制备

（1）试验所用原材料应与现场使用材料一致，砂应通过 4.75 mm 筛。

（2）实验室拌制砂浆时，材料用量应以质量计。水泥、外加剂、掺合料等称量精度应为±0.5%，细骨料应为±1%。

（3）在实验室搅拌砂浆时应采用机械搅拌，搅拌机应符合现行行业标准《试验用砂浆搅拌机》（JG/T 3033）的规定，搅拌用量宜为搅拌机容量的 30%～70%，搅拌时间不应少于 120 s。掺有掺合料和外加剂的砂浆，其搅拌时间不应少于 180 s。

#### 6.1.1.4　试验步骤

1）稠度试验

（1）先用少量润滑油轻擦滑杆，再将滑杆上多余的油用吸油纸擦净，使滑杆能自由滑动。

（2）先用湿布擦净盛浆容器和试锥表面，将砂浆拌合物一次装入容器，砂浆表面宜低于容器口 10 mm。用捣棒自容器中心向边缘均匀地插捣 25 次，然后轻轻地将容器摇动或敲击五六下，使砂浆表面平整，然后将容器置于稠度测定仪的底座上。

（3）拧开制动螺丝，向下移动滑杆，当试锥尖端与砂浆表面刚接触时，拧紧制动螺丝，使齿条侧杆下端刚接触滑杆上端，并将指针对准零点。

（4）拧开制动螺丝，同时计时间，10 s 时立即拧紧螺丝，将齿条测杆下端接触滑杆上端，从刻度盘上读出下沉深度（精确至 1 mm），即为砂浆的稠度值。

（5）盛浆容器内的砂浆，只允许测定一次稠度，重复测定时，应重新取样测定。

2）分层度试验

（1）测定砂浆拌合物稠度。

（2）将拌合物一次装入分层度筒内，装满后用木锤在容器周围距离大致相等的 4 个不同部位轻轻敲击 1～2 下，当砂浆沉落到低于筒口，应随时添加，然后刮去多余砂浆并用抹刀抹平。

（3）静置 30 min 后，去掉上节 200 mm 砂浆，然后将剩余的 100 mm 砂浆倒出放在拌合锅内拌 2 min，再按稠度试验方法测其稠度。前后测得的稠度之差即为该砂浆的分层度值（mm）。

注：也可采用快速法测定分层度，其步骤是：按稠度试验方法测定稠度；将分层度筒预先固定在振动台上，砂浆一次性装入分层度筒内，振动 20 s；去掉上节 200 mm 砂浆，剩余 100 mm 砂浆倒出放在拌合锅内拌 2 min，再按稠度试验方法测其稠度，前后测得的稠度之差即为该砂浆的分层度值。

#### 6.1.1.5 试验结果

1）稠度试验数据处理

（1）同盘砂浆取两次试验结果的算术平均值为测定值，精确至 1 mm。

（2）当两次试验值之差大于 10 mm 时，应重新取样测定。

2）分层度试验数据处理

（1）取两次试验结果的算术平均值作为该砂浆的分层度值，精确至 1 mm。

（2）当两次分层度试验值之差大于 10 mm 时，应重新取样测定。

（3）分层度测定可采用标准法和快速法，当发生争议时，以标准法测定结果为准。

### 6.1.2 砂浆保水率检测

#### 6.1.2.1 试验依据与环境要求

1）试验依据

现行行业标准《建筑砂浆基本性能试验方法标准》（JGJ/T 70）。

2）环境要求

砂浆成型实验室环境：温度为（20±5）℃，相对湿度不宜小于 50%。

原材料：所用材料应提前 24 h 运入室内，室内温度与制备拌合物的环境温度一致。

保水性测试环境：温度为（20±5）℃或与现场一致。

#### 6.1.2.2 主要仪器设备

金属或硬塑料圆环试模：内径为 100 mm，内部高度为 25 mm。

可密封的取样容器：应清洁、干燥。

2 kg 的重物。

圆形金属滤网：网格尺寸 45 μm，直径（110±1）mm。

超白滤纸：应符合现行国家标准《化学分析滤纸》（GB/T 1914）的中速定性滤纸的要求，直径 110 mm，单位面积质量 200 g/m²。

2 片金属或玻璃的方形或圆形不透水片，边长或直径大于 110 mm。

电子天平：①量程 200 g，感量 0.1 g；②量程 2 000 g，感量 1 g。

电热鼓风干燥箱。

#### 6.1.2.3　样品制备

（1）试验所用原材料应与现场使用材料一致。砂应通过 4.75 mm 筛。

（2）实验室拌制砂浆时，材料用量应以质量计。水泥、外加剂、掺合料等称量精度应为±0.5%，细骨料应为±1%。

（3）在实验室搅拌砂浆时应采用机械搅拌，搅拌机应符合现行行业标准《试验用砂浆搅拌机》（JG/T 3033）的规定，搅拌用量宜为搅拌机容量的 30%～70%，搅拌时间不应少于 120 s。掺有掺合料和外加剂的砂浆，其搅拌时间不应少于 180 s。

#### 6.1.2.4　试验步骤

（1）称量底部不透水片与干燥试模质量 $m_1$ 和 15 片中速定性滤纸质量 $m_2$。

（2）将砂浆拌合物一次性填入试模，并用抹刀插捣数次，当装入砂浆略高于试模边缘时，用抹刀以 45°角一次性将试模表面多余的砂浆刮去，然后再用抹刀以较平的角度在试模表面反方向将砂浆刮平。

（3）抹掉试模边的砂浆，称量试模、底部不透水片与砂浆总质量 $m_3$。

（4）用圆形金属滤网覆盖在砂浆表面，再在滤网表面放上 15 片滤纸，用上部不透水片盖在滤纸表面，以 2 kg 的重物把上部不透水片压住。

（5）静置 2 min 后移走重物及上部不透水片，取出滤纸（不含滤网），迅速称量滤纸质量 $m_4$。

（6）按砂浆配比及加水量计算砂浆含水率，若无法计算，可取（100±10）g 砂浆拌合物试样于烘箱烘干后测定砂浆含水率。

#### 6.1.2.5　试验结果

砂浆保水性应按式（6-1）计算：

$$W=\left[1-\frac{m_4-m_2}{\alpha\times(m_3-m_1)}\right]\times 100\% \tag{6-1}$$

式中：$W$——砂浆保水率，%；

$m_1$——底部不透水片与干燥试模质量，g，精确至 1 g；

$m_2$——15 片滤纸吸水前的质量，g，精确至 0.1 g；

$m_3$——试模、底部不透水片与砂浆总质量，g，精确至 1 g；

$m_4$——15 片滤纸吸水后的质量，g，精确至 0.1 g；

$\alpha$——砂浆含水率，%。

取两次试验结果的平均值作为测试结果，精确至0.1%，且第二次试验应重新取样测定。当两个测定值之差超过2%时，此组试验结果无效。

### 6.1.3 砂浆表观密度检测

#### 6.1.3.1 试验依据与环境要求

1）试验依据

现行行业标准《建筑砂浆基本性能试验方法标准》（JGJ/T 70）。

2）环境要求

砂浆成型实验室环境：温度为（20±5）℃，相对湿度不宜小于50%。

原材料：所用材料应提前24 h运入室内，室内温度与制备拌合物的环境温度一致。

#### 6.1.3.2 主要仪器设备

容量筒：金属制成，内径为108 mm，净高为109 mm，筒壁厚2～5 mm，容积为1 L；

天平：称量5 kg，感量5 g；

钢制捣棒：直径为10 mm，长为350 mm，端部磨圆；

振动台：振幅（0.5±0.05）mm，频率（50±3）Hz；

秒表。

#### 6.1.3.3 样品制备

（1）试验所用原材料应与现场使用材料一致。砂应通过4.75 mm筛。

（2）实验室拌制砂浆时，材料用量应以质量计。水泥、外加剂、掺合料等称量精度应为±0.5%，细骨料应为±1%。

（3）在实验室搅拌砂浆时应采用机械搅拌，搅拌机应符合现行行业标准《试验用砂浆搅拌机》（JG/T 3033）的规定，搅拌用量宜为搅拌机容量的30%～70%，搅拌时间应不少于120 s。掺有掺合料和外加剂的砂浆，其搅拌时间不应少于180 s。

#### 6.1.3.4 试验步骤

（1）按规定测定砂浆拌合物的稠度。

（2）用湿布擦净砂浆密度测定仪的容量筒内表面，称量容量筒质量$m_1$，精确至5 g。

（3）砂浆捣实可采用人工或机械方法。当砂浆稠度大于50 mm时，宜采用人工插捣法，将拌合物一次性装满容量筒并稍有富余，用捣棒由边缘向中心均匀插捣25次，插捣时砂浆沉落到低于筒口，则应随时添加砂浆，再用木槌沿容器外壁敲击五六下。当砂浆稠度不大于50 mm时，宜采用机械振动法，将砂浆拌合物一次性装满容量筒连同漏斗在振动台上振10 s，振动过程中如砂浆沉入低于筒口，应随时添加砂浆。

（4）捣实或振动后将筒口多余的砂浆拌合物刮去，使砂浆表面平整，然后将容量筒外壁擦净，称出砂浆与容量筒总质量$m_2$，精确至5 g。

#### 6.1.3.5　试验结果

砂浆拌合物的表观密度应按式（6-2）计算：

$$\rho = \frac{m_2 - m_1}{V} \times 1\,000 \tag{6-2}$$

式中：$\rho$——砂浆拌合物的表观密度，$kg/m^3$；

$m_1$——容量筒质量，kg；

$m_2$——容量筒及试样质量，kg；

$V$——容量筒容积，L，容量筒容积应按规定进行校正。

### 6.1.4　砂浆立方体抗压强度检测

#### 6.1.4.1　试验依据与环境要求

1）试验依据

现行行业标准《建筑砂浆基本性能试验方法标准》（JGJ/T 70）。

2）环境要求

砂浆成型实验室环境：温度为（20±5）℃，相对湿度不宜小于50%。

原材料：所用材料应提前24 h运入室内，室内温度与制备拌合物的环境温度一致。

试件养护环境：拆模前，温度为（20±5）℃，相对湿度不小于50%；拆模后，养护温度为（20±2）℃，相对湿度达90%以上。

#### 6.1.4.2　主要仪器设备

压力试验机：精度为1%，试件破坏荷载应不小于压力机量程的20%，且不大于全量程的80%。

垫板：试验机上、下承压板及试件之间可以垫钢垫板，垫板的尺寸应大于试件的承压面，其不平度应为每100 mm不超过0.02 mm。

振动台：空载中台面的垂直振幅应为（0.5±0.05）mm，空载频率应为（50±3）Hz，空载台面振幅均匀度不大于10%，一次试验至少能固定3个试模。

试模：尺寸为70.7 mm×70.7 mm×70.7 mm的带底试模，应符合现行行业标准《混凝土试模》（JG 237）的规定，应具有足够的刚度并拆装方便。试模的内表面应机械加工，其不平度应为每100 mm不超过0.05 mm，组装后各相邻面的不垂直度不应超过±0.5°。

钢制捣棒：直径为10 mm，长为350 mm，端部应磨圆。

#### 6.1.4.3　样品制备

（1）应采用立方体试件，每组试件应为3个。

（2）用黄油等密封材料涂抹试模的外接缝，试模内涂刷薄层机油或脱模剂，将拌制好的砂浆一次性装满砂浆试模，成型方法根据稠度而定。当稠度大于或等于50 mm时采用人工振捣成型，当稠度小于50 mm时采用振动台振实成型。

人工振捣：用捣棒均匀地由边缘向中心按螺旋方式插捣25次，插捣过程中如砂浆沉落低于试模口，应随时添加砂浆，可用油灰刀插捣数次，并用手将试模一边抬高5～

10 mm 各振动 5 次，使砂浆高出试模顶面 6～8 mm。

机械振动：将砂浆一次性装满试模，放置到振动台上，振动时试模不得跳动，振动 5～10 s 或持续到表面出浆为止，不得过振。

（3）待表面水分稍干后，将高出试模部分的砂浆沿试模顶面刮去并抹平。

（4）试件制作后应在室温为（20±5）℃的环境下静置（24±2）h，对试件进行编号、拆模。当气温较低时，或者凝结时间大于 24 h 时可适当延长时间，但不应超过 2 d。试件拆模后应立即放入温度为（20±2）℃、相对湿度为 90%以上的标准养护室中养护。养护期间，试件彼此间隔不小于 10 mm，混合砂浆、湿拌砂浆试件上面应覆盖，以防有水滴在试件上；从搅拌加水开始计时，标准养护龄期为 28 d，也可根据相关标准要求增加 7 d 或 14 d。

（5）试件养护至规定龄期，将试件从养护地点取出并及时进行试验。试验前将试件表面擦试干净，检查其外观，测量尺寸并计算试件的承压面积。如实测尺寸与公称尺寸之差不超过 1 mm，可按公称尺寸进行计算。

（6）将试件安放在试验机的下压板或下垫板上，试件的承压面应与成型时的顶面垂直，试件中心应与试验机下压板或下垫板中心对准。开动试验机，当上压板与试件或上垫板接近时，调整球座，使接触面均衡受压。承压试验应连续而均匀地加荷，加荷速度应为 0.25～1.5 kN/s；砂浆强度不大于 2.5 MPa 时，宜取下限。当试件接近破坏而开始迅速变形时，停止调整试验机油门，直至试件破坏，然后记录破坏荷载。

#### 6.1.4.4 试验结果

砂浆立方体抗压强度应按式（6-3）计算：

$$f_{m,cu} = K \times \frac{N_u}{A} \tag{6-3}$$

式中：$f_{m,cu}$——砂浆立方体试件抗压强度，MPa，精确至 0.1 MPa；

$N_u$——试件破坏荷载，N；

$A$——试件承压面积，mm²；

$K$——换算系数，取 1.35。

以 3 个试件测值的算术平均值作为该组试件的砂浆立方体试件抗压强度平均值，精确至 0.1 MPa。当 3 个测值的最大值或最小值中有一个与中间值的差值超过中间值的 15%时，应把最大值及最小值一并舍去，取中间值作为该组试件的抗压强度值；当两个测值与中间值的差值均超过中间值的 15%时，则该组试验结果无效。

### 6.1.5 砂浆拉伸黏结强度检测

#### 6.1.5.1 试验依据与环境要求

1）试验依据

现行行业标准《建筑砂浆基本性能试验方法标准》（JGJ/T 70）。

2）环境要求

砂浆成型室环境：温度为（20±2）℃，相对湿度不小于 50%。

原材料：所用材料应提前24 h运入室内，室内温度与制备拌合物的环境温度一致。

拉伸黏结强度试验条件：温度为（20±5）℃，相对湿度为45%～75%。

### 6.1.5.2 主要仪器设备

拉力试验机：破坏荷载应为其量程的20%～80%，精度1%，最小示值1 N。

拉伸专用夹具：应符合现行行业标准《建筑室内用腻子》（JG/T 298）要求，如图6-3、图6-4所示。

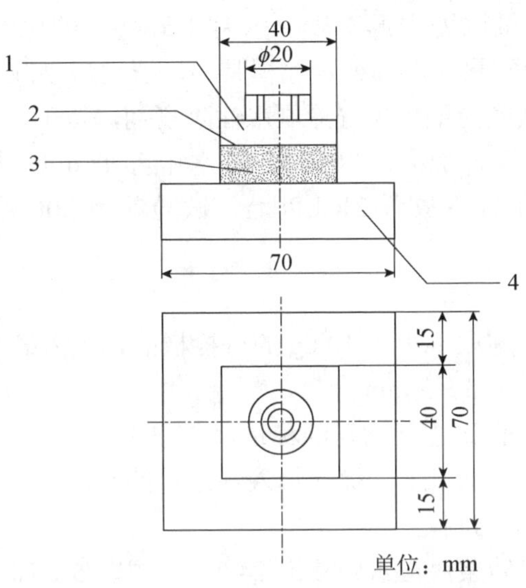


1—拉伸用钢制上夹具；2—黏合剂；3—检验砂浆；4—水泥砂浆块。

**图6-3 拉伸黏结强度用钢制上夹具**

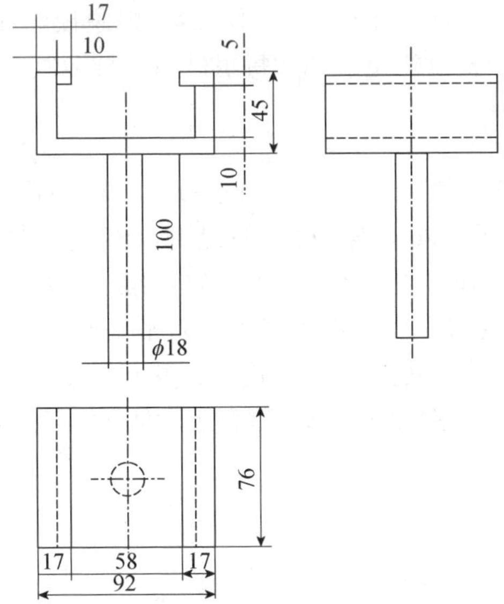


**图6-4 拉伸黏结强度用钢制下夹具**

成型框：外框尺寸70 mm×70 mm，内框尺寸40 mm×40 mm，厚度6 mm，材料为硬聚氯乙烯或金属。

钢制垫板：外框尺寸 70 mm×70 mm，内框尺寸 43 mm×43 mm，厚度 3 mm。

#### 6.1.5.3 样品制备

1）基底水泥砂浆块的制备

将符合现行国家标准《通用硅酸盐水泥》（GB 175）的 42.5 级水泥、符合现行行业标准《普通混凝土用砂、石质量及检验方法标准》（JGJ 52）的中砂及《混凝土用水标准》（JGJ 63）的水按质量比为水泥：砂：水=1：3：0.5 的比例制成水泥砂浆后，倒入 70 mm×70 mm×20 mm 的硬聚氯乙烯或金属模具中，振动成型或按拉伸黏结强度试件制备所用的人工方法成型，试模内壁事先宜涂刷水性隔离剂，待干、备用。

试件成型 24 h 后脱模，放入（20±2）℃水中养护 6 d，再在温度（20±5）℃、相对湿度 45%～75%的条件下放置 21 d 以上。试验前用 200 号砂纸或磨石将试件的成型面磨平备用。

2）砂浆料浆的制备

对于干混砂浆料浆，称取不少于 10 kg 的待检样品，放入砂浆搅拌机中，启动机器，徐徐加入规定量的水，搅拌 3～5 min。

对于湿拌砂浆，按配合比进行物料的称量，称取干物料总量不少于 10 kg，将称好的物料放入砂浆搅拌机中，启动机器，徐徐加入规定量的水，搅拌 3～5 min。

3）拉伸黏结强度试件的制备

将制备好的基底水泥砂浆块在水中浸泡 24 h，并提前 5～10 min 取出，用湿布擦拭其表面；将成型框放在基底水泥砂浆块的成型面上，再将制备好的砂浆料浆或直接从现场取来的砂浆试样倒入成型框中，用抹灰刀均匀插捣 15 次，人工颠实 5 次，转 90°，再颠实 5 次，然后用刮刀以 45°方向抹平砂浆表面，24 h 内脱模，在温度（20±2）℃、相对湿度 60%～80%的环境中养护至规定龄期。每组砂浆试样应制备 10 个试件。

#### 6.1.5.4 试验步骤

（1）将试件在温度（20±2）℃、相对湿度 60%～80%的环境中养护 13 d，再在试件表面以及上夹具表面涂上环氧树脂等高强度胶黏剂，然后将上夹具对正位置放在黏合剂上，并确保上夹具不歪斜，除去周围溢出的胶黏剂，继续养护 24 h。

（2）测定拉伸黏结强度时，先将钢制垫板套入基底砂浆块上，将拉伸黏结强度夹具安装到试验机上，将试件置于夹具中，夹具与试验机的连接宜采用球铰活动连接，以（5±1）mm/min 速度加荷至试件破坏。若破坏型式为拉伸夹具与黏合剂破坏，则试验结果无效。

#### 6.1.5.5 试验结果

拉伸黏结强度应按式（6-4）计算：

$$f_{at}=\frac{F}{A_Z} \tag{6-4}$$

式中：$f_{at}$——砂浆的拉伸黏结强度，MPa；

$F$——试件破坏时的荷载，N；

$A_Z$——黏结面积，$mm^2$。

应以10个试件测值的算术平均值作为拉伸黏结强度的试验结果；当单个试件的强度值与平均值之差大于20%时，则逐次舍弃偏差最大的试验值，直至各试验值与平均值之差不超过20%，当10个试件中有效数据不少于6个时，取有效数据的平均值为试验结果，结果精确至0.01 MPa；当10个试件中有效数据不足6个时，则此组试验结果无效，应重新制备试件进行试验。

对有特殊条件要求的拉伸黏结强度，先按特殊条件要求处理后，再进行试验。

### 6.1.6　砂浆抗渗性能检测

#### 6.1.6.1　试验依据与环境要求

1）试验依据

现行行业标准《建筑砂浆基本性能试验方法标准》（JGJ/T 70）。

2）环境要求

试件成型及测试环境：温度为（20±5）℃，相对湿度不宜小于50%。

原材料：所用材料应提前24 h运入室内，室内温度与制备拌合物的环境温度一致。

试件养护环境：拆模前，温度为（20±5）℃，相对湿度不小于50%；拆模后，养护温度为（20±2）℃，相对湿度达90%以上。

#### 6.1.6.2　主要仪器设备

（1）金属试模：上口直径70 mm，下口直径80 mm，高30 mm的截头圆锥带底金属试模。

（2）砂浆渗透仪。

#### 6.1.6.3　样品制备

（1）试验所用原材料应与现场使用材料一致。砂应通过4.75 mm筛。

（2）实验室拌制砂浆时，材料用量应以质量计。水泥、外加剂、掺合料等称量精度应为±0.5%，细骨料应为±1%。

（3）在实验室搅拌砂浆时应采用机械搅拌，搅拌机应符合现行行业标准《试验用砂浆搅拌机》（JG/T 3033）的规定，搅拌用量宜为搅拌机容量的30%～70%，搅拌时间不应少于120 s。掺有掺合料和外加剂的砂浆，其搅拌时间不应少于180 s。

#### 6.1.6.4　试验步骤

（1）将拌和好的砂浆一次性装入试模中，用抹刀均匀插捣15次，再颠实5次，当填充砂浆略高于试模边缘时，用抹刀以45°角一次性将试模表面多余的砂浆刮去，然后再用抹刀以较平的角度在试模表面反方向将砂浆刮平，共成型6个试件。

（2）试件成型后应在室温（20±5）℃的环境下，静置（24±2）h后脱模并放入温度

(20±2)℃、湿度90%以上的养护室养护至规定龄期，取出待表面干燥后，用密封材料密封装入砂浆渗透仪中进行抗渗试验。

（3）试验从0.2 MPa开始加压，恒压2 h后增至0.3 MPa，以后每隔1 h增加0.1 MPa。当6个试件中有3个试件表面出现渗水现象时，应停止试验，记下当时的水压。在试验过程中，如发现水从试件周边渗出，则应停止试验，重新密封后再继续试验。

6.1.6.5　试验结果

砂浆抗渗压力值以每组6个试件中4个试件未出现渗水时的最大压力计，应按式（6-5）计算：

$$P = H - 0.1 \tag{6-5}$$

式中：$P$——砂浆抗渗压力值，MPa，精确至0.1 MPa；

$H$——6个试件中3个试件出现渗水时的水压力，MPa。

## 6.2　砂浆配合比设计

砂浆配合比设计是指根据施工要求和原材料性能，通过计算或试配等手段确定单位体积的砂浆中各组成材料的质量比例的过程，实质上就是确定砂浆单位体积的水泥、矿物掺合料、水、细骨料等材料的用量。

砂浆在工程中通常为非结构材料或用作次要的结构材料，其性能的优劣一般不会影响建筑物主体的安全，再加上经济利益的驱动，一些工程技术人员存在重构筑物主体工程（如钢筋混凝土基础、柱、梁、板等）而轻非主体工程（如砌体等）的思想。而实际上砂浆性能虽然不会危及整个构筑物的安全，但会对局部的安全、使用的舒适性及耐久性有较大的影响。现行行业标准《砌筑砂浆配合比设计规程》（JGJ/T 98）是针对现场拌制砌筑砂浆的推荐性标准，在修订时对砌筑砂浆的强度等级与耐久性提出了要求，凸显出砌筑砂浆的安全性与耐久性也是十分重要的。因此，与混凝土一样，重视砂浆配合比设计，对保证砌体质量、节约成本具有现实意义。

可根据工程类别及砌体部位的设计要求，确定砂浆的强度等级，然后选定其配合比。目前，我国尚无针对预拌砂浆配合比设计的国家、行业或团体标准，技术人员通常是在参考现行行业标准《砌筑砂浆配合比设计规程》（JGJ/T 98）的前提下，或查阅有关手册和资料，结合经验和试配结果进行配合比优化设计。

### 6.2.1　配合比设计依据

水泥砂浆配合比设计应根据砂浆强度等级、砂浆种类、施工性能、收缩性能和耐久性能等要求，在满足设计和施工要求下，遵循低水泥用量、低用水量和低收缩率原则进行设计，并应经过试配、调整后确定配合比，以保证砂浆的性能质量。

砂浆的配合比设计原则是：不同品种的砂浆配合比应结合集料的颗粒级配应通过试验确定，砂浆在配合比设计时，应充分考虑其使用的环境、满足使用要求，其拌合物的可操作性应满足施工要求，根据砂浆种类和功能的不同尚应符合现行国家标准《预拌砂浆》（GB/T 25181）、现行行业标准《砌筑砂浆配合比设计规程》（JGJ /T 98）、现行行业标准《预拌砂浆应用技术规程》（JGJ/T 223）和现行行业标准《抹灰砂浆技术规程》（JGJ/T 220）等有关标准的规定。

### 6.2.2　配制强度的确定

#### 6.2.2.1　普通砂浆试配强度的确定

$$f_{m,0} \geqslant f_2 + 1.645\sigma \tag{6-6}$$

式中：$f_{m,0}$——预拌砂浆的试配强度，MPa，精确至 0.1 MPa；

$f_2$——预拌砂浆强度等级值，MPa，按表 6-9 取值；

$\sigma$——砂浆抗压强度标准差，MPa，精确至 0.01 MPa。砂浆抗压强度标准差按照表 6-10 确定。

**表 6-9　砂浆强度等级值 $f_2$**

| 预拌砂浆强度等级 | M5 | M7.5 | M10 | M15 | M20 | M25 | M30 |
|---|---|---|---|---|---|---|---|
| 预拌砂浆强度等级值 $f_2$/MPa | 5 | 7.5 | 10 | 15 | 20 | 25 | 30 |

#### 6.2.2.2　砂浆抗压强度标准差的确定

（1）当有统计资料时，预拌砂浆抗压强度标准差应按式（6-7）计算：

$$\sigma = \sqrt{\frac{\sum_{i=1}^{n} f_{m,i}^2 - n\mu_{f_m}^2}{n-1}} \tag{6-7}$$

式中：$f_{m,i}$——统计周期内同一品种预拌砂浆第 $i$ 组试件的抗压强度，MPa；

$\mu_{f_m}$——统计周期内同一品种预拌砂浆 $n$ 组试件抗压强度平均值，MPa；

$n$——统计周期内同一品种预拌砂浆试件的总组数，$n \geqslant 25$；

$\sigma$——统计周期内同一品种砂浆抗压强度标准差，MPa。

（2）当不具有近期统计资料时，砂浆抗压强度标准差 $\sigma$ 可按表 6-10 取值。

**表 6-10　砂浆抗压强度标准差 $\sigma$**

| 施工水平 \ 砂浆强度等级 | 强度标准差 $\sigma$/MPa | | | | | | |
|---|---|---|---|---|---|---|---|
| | M5 | M7.5 | M10 | M15 | M20 | M25 | M30 |
| 优　良 | 1.00 | 1.50 | 2.00 | 3.00 | 4.00 | 5.00 | 6.00 |
| 一　般 | 1.25 | 1.88 | 2.50 | 3.75 | 5.00 | 6.25 | 7.50 |
| 较　差 | 1.50 | 2.25 | 3.00 | 4.50 | 6.00 | 7.50 | 9.00 |

### 6.2.3　砂浆配合比计算

#### 6.2.3.1　每立方米砂浆中的胶凝材料用量（$Q_b$）的确定

（1）单方胶凝材料用量应按式（6-8）计算，并应进行试拌调整，在拌合物工作性能满足的情况下，取合理的胶凝材料用量。

$$Q_b = \frac{1000(f_{m,0} - \beta)}{\alpha \times f_b} \tag{6-8}$$

式中：$Q_b$——每立方米砂浆胶凝材料用量，kg/m³，精确至 1 kg/m³；

$f_{m,0}$——砂浆试配强度，MPa，精确至 0.1 MPa；

$\alpha$、$\beta$——砂浆特征系数，其中 $\alpha$=3.03，$\beta$=−15.09；

$f_b$——胶凝材料的实测 28 d 胶砂抗压强度，MPa，精确至 0.1 MPa，且试验方法应按现行国家标准《水泥胶砂强度检验方法（ISO 法）》（GB/T 17671）执行。

注：各实验室也可用本单位试验资料确定 $\alpha$、$\beta$ 值，统计用的试验组数不得少于 30 组。

（2）当胶凝材料 28 d 胶砂抗压强度值（$f_b$）无实测值时，可按式（6-9）计算：

$$f_b = \gamma_f \gamma_L \gamma_s f_{ce} \tag{6-9}$$

式中：$f_{ce}$——水泥实测 28 d 胶砂抗压强度等值，MPa，精确至 0.1 MPa；

$\gamma_f$、$\gamma_L$、$\gamma_s$——粉煤灰影响系数、石灰石粉影响系数和粒化高炉矿渣粉影响系数，可按表 6-11 选用。

**表 6-11　粉煤灰影响系数、石灰石粉影响系数和粒化高炉矿渣粉影响系数**

| 掺量 / 种类 | 粉煤灰影响系数 $\gamma_f$ | 石灰石粉影响系数 $\gamma_L$ | 粒化高炉矿渣粉影响系数 $\gamma_s$ |
|---|---|---|---|
| 0 | 1.00 | 1.00 | 1.00 |
| 10 | 0.90～0.95 | 0.90 | 1.00 |
| 20 | 0.80～0.85 | 0.85 | 0.95～1.00 |
| 30 | 0.70～0.75 | 0.80 | 0.90～1.00 |
| 40 | 0.60～0.65 | 0.75 | 0.80～0.90 |
| 50 | — | — | 0.70～0.85 |

注：① 本表应以 P·O 42.5 水泥为准；如采用普通硅酸盐水泥以外的通用硅酸盐水泥，可将水泥混合材料掺量 20%以上部分计入矿物掺合料；

② 宜采用Ⅰ级或Ⅱ级粉煤灰；采用Ⅰ级或Ⅱ级粉煤灰可取上限值；

③ 采用 S75 级粒化高炉矿渣粉可取下限值，采用 S95 级粒化高炉矿渣粉可取上限值，采用 S105 级粒化高炉矿渣粉可取上限值加 0.05；

④ 当超出表中的掺量时，粉煤灰、石灰石粉和粒化高炉矿渣粉影响系数应经试验确定。

（3）当水泥 28 d 胶砂抗压强度值（$f_{ce}$）无实测值时，可按式（6-10）计算：

$$f_{ce} = \gamma_c \times f_{ce,g} \tag{6-10}$$

式中：$f_{ce,g}$——水泥强度等级标准值，MPa；

$\gamma_c$——水泥强度富余系数，可按实际统计资料确定。当缺乏实际统计资料时，也可按表 6-12 选用。

**表 6-12　水泥强度的富余系数**

| 水泥强度等级值 | 32.5 | 42.5 | 52.5 |
|---|---|---|---|
| 富余系数 | 1.12 | 1.16 | 1.10 |

#### 6.2.3.2　水泥和矿物掺合料用量计算

（1）每立方米砂浆的矿物掺合料用量（$Q_a$）应按式（6-11）计算：

$$Q_a = Q_b \beta_f \tag{6-11}$$

式中：$Q_a$——每立方米砂浆中的矿物掺合料用量，kg/m$^3$；

$Q_b$——每立方米砂浆中的胶凝材料用量，kg/m$^3$；

$\beta_f$——计算胶凝材料确定的矿物掺合料掺量，%。

（2）每立方米砂浆的水泥用量（$Q_c$）应按式（6-12）计算：

$$Q_c = Q_b - Q_a \tag{6-12}$$

式中：$Q_c$——每立方米砂浆中的水泥用量，kg/m$^3$。

#### 6.2.3.3　砂用量确定

每立方米砂浆中的砂用量应按含水率小于0.5%状态时的堆积密度作为计算值。

#### 6.2.3.4　外加剂和砂浆用水量确定

砂浆用水量和外加剂计算应符合下列规定：

（1）外加剂的品种和掺量应根据试验确定。每立方米砂浆中外加剂的用量应按式（6-13）计算：

$$Q_{a0} = Q_b \beta_a \tag{6-13}$$

式中：$Q_{a0}$——每立方米混凝土中的外加剂用量，kg/m$^3$；

$Q_b$——每立方米砂浆中的胶凝材料用量，kg/m$^3$；

$\beta_a$——外加剂掺量，%，应在生产厂的推荐范围内，并经试验确定。

（2）水用量应根据施工要求的砂浆稠度，砂品种、细度模数、颗粒级配和外加剂性能确定每立方米砂浆的用水量（$Q_w$）。用水量一般根据工程用材料按经验选用，如无使用经验时，可按式（6-14）计算：

$$Q_w = Q_{w0}(1-\beta) \tag{6-14}$$

式中：$Q_w$——每立方米的砂浆用水量，kg/m$^3$；

$Q_{w0}$——表6-13中选取每立方米的砂浆用水量，kg/m$^3$；

$\beta$——外加剂的减水率，%。

**表6-13　砂浆用水量**

| 砂细度模数 | 用水量/（kg/m$^3$） |
|---|---|
| 1.6～2.2 | 300～330 |
| 2.3～3.0 | 280～310 |
| 3.1～3.7 | 260～290 |

注：① 当砂细度模数在上限或下限时，用水量分别取下限或上限；

② 稠度小于90 mm时，用水量可小于下限；

③ 气候炎热或干燥季节，试配时可酌量增加用水量。

### 6.2.4　配合比试配与调整

砂浆进行试配时应采用强制式搅拌机搅拌，搅拌机应符合现行行业标准《试验用砂浆搅拌机》（JG/T 3033）的规定，实验室试验条件应符合现行行业标准《建筑砂浆基本性能试验方法标准》（JGJ/T 70）的规定。

砂浆配合比进行试拌时，应测定预拌砂浆拌合物的稠度和保水率。当稠度和保水率不能满足要求时，应调整材料用量，直到符合要求为止，然后确定为试配砂浆基准配合比。试配时至少应采用 3 个不同配合比，并应根据砂浆品种确定试验内容，其中一个配合比应根据计算配合比确定，其余两个配合比的水泥用量应按基准配合比分别增加及减少 10%。在保证稠度和保水率合格条件下，可将用水量、外加剂或矿物掺合料用量作相应调整。在进行砂浆试配和调整的过程中，当配制湿拌砂浆时，应保证砂浆在稠度、保水率和保塑时间满足要求的前提下，再测定砂浆表观密度和强度是否满足要求；当配制干混砂浆时，应保证砂浆在稠度、保水率和 2 h 稠度损失率满足要求的前提下，再测定砂浆表观密度和强度是否满足要求；对于抹灰砂浆和防水砂浆，还应进行抗压强度和拉伸黏结强度试验；对于防水砂浆还应进行抗渗性试验。

砂浆配合比应选定符合试配强度、表观密度、工作性及对特征指标要求、水泥用量最低的配合比作为试配配合比，试配配合比应按下列步骤进行校正：

应根据已确定预拌砂浆配合比材料用量，按式（6-15）计算预拌砂浆的理论表观密度：

$$\rho_t = Q_c + Q_a + Q_s + Q_w + Q_{a0} \tag{6-15}$$

式中：$\rho_t$——理论表观密度，kg/m$^3$，应精确至 10 kg/m$^3$。

按式（6-16）计算配合比校正系数：

$$\delta = \frac{\rho_c}{\rho_t} \tag{6-16}$$

式中：$\rho_c$——实测表观密度（kg/m$^3$），应精确至 10 kg/m$^3$。

当实测表观密度与理论表观密度之差的绝对值不超过理论值的 2%时，应按本节的规定确定砂浆设计配合比；当超过 2%时，应将试配配合比中每项材料用量均乘以校正系数后，确定为砂浆设计配合比。

# 第 7 章　建筑钢材

## 7.1 钢　筋

热轧钢筋的表面形状有两类：光圆钢筋和带肋钢筋，其中热轧带肋钢筋是由低合金钢轧制而成的带肋钢筋。热轧钢筋共分Ⅰ、Ⅱ、Ⅲ、Ⅳ4 个等级，除Ⅰ级钢筋为光圆钢筋外，Ⅱ、Ⅲ、Ⅳ级均为带肋钢筋。Ⅱ、Ⅲ级钢筋广泛用于大中型钢筋混凝土结构的主筋。其强度较高，塑性和可焊性较好，表面带肋加强了钢筋与混凝土之间的黏结力。Ⅳ级钢筋虽然强度高，但含碳量较高导致焊接性较差，主要用作预应力钢筋。若需焊接，应采用适当的焊接方法和焊后热处理工艺，以保证焊接接头及其热影响区不产生淬硬组织，不发生脆性断裂。

热轧钢筋的技术指标包括化学成分（熔炼分析）、屈服强度、抗拉强度、断后伸长率、最大力总伸长率、弯曲性、反向弯曲、疲劳性、焊接性、晶粒度和表面质量。

热轧光圆钢筋是由 Q235 碳素结构钢轧制而成的光圆钢筋，强度低但塑性好，伸长率高，具有便于弯折成型、容易焊接的特点，可用作中小型钢筋混凝土结构的主要受力钢筋，构件的箍筋，钢、木结构的拉杆等。其主要力学性能及工艺性能技术指标见表 7-1。

**表 7-1　热轧光圆钢筋力学性能及工艺性能技术指标（GB 1499.1）**

| 钢筋牌号 | 屈服强度 $R_{eL}$ /MPa | 抗拉强度 $R_m$/MPa | 断后伸长率 $A$/% | 最大力总延伸率 $A_{gt}$/% | 冷弯试验 180°<br>$d$：弯芯直径<br>$a$：钢筋公称直径 |
|---|---|---|---|---|---|
| | 不小于 | | | | |
| HPB300 | 300 | 420 | 25 | 10.0 | $d=a$ |

混凝土用热轧带肋钢筋是由低合金钢轧制而成的表面带肋钢筋，广泛用于大中型钢筋混凝土结构的主筋。其强度较高，塑性和可焊性均较好，表面有肋加强了钢筋与混凝土之间的黏结力。当钢筋用于有抗震设防要求的框架结构时，其最大力总伸长率不小于 9%，其纵向受力钢筋的强度应满足设计要求；对一、二级抗震等级钢筋实测抗拉强度值与实测屈服强度值之比不应小于 1.25，钢筋实测屈服强度值与屈服强度标准值之比不应大于 1.30。其主要力学性能及工艺性能技术指标见表 7-2。

表 7-2 混凝土用热轧带肋钢筋力学性能及工艺性能技术指标（GB 1499.2）

| 牌号 | 公称直径/mm | 屈服强度 $R_{eL}$ / MPa | 抗拉强度 $R_m$/ MPa | 断后伸长率 $A$/% | 最大力总延伸率 $A_{gt}$/% | 冷弯试验 180°<br>$d$：弯芯直径<br>$a$：钢筋公称直径 |
|---|---|---|---|---|---|---|
| | | 不小于 | | | | |
| HRB400 | 6～25<br>28～40<br>40～50 | 400 | 540 | 16 | 7.5 | $d$=4 $a$<br>$d$=5 $a$<br>$d$=6 $a$ |
| HRB500 | 6～25<br>8～40<br>40～50 | 500 | 630 | 15 | 7.5 | $d$=6 $a$<br>$d$=7 $a$<br>$d$=8 $a$ |
| HRB600 | 6～25<br>28～40<br>40～50 | 500 | 730 | 14 | 7.5 | $d$=6 $a$<br>$d$=7 $a$<br>$d$=8 $a$ |

冷轧带肋钢筋是由热轧圆盘条经冷轧减径后在其表面形成沿长度方向均匀分布的三面或两面横肋的钢筋。其主要力学性能及工艺性能技术指标见表 7-3。

表 7-3 冷轧带肋钢筋力学性能及工艺性能技术指标（GB 13788）

| 分类 | 牌号 | 规定塑性延伸强度 $R_p$0.2/MPa，不小于 | 抗拉强度 $R_m$/MPa，不小于 | 断后伸长率 $A$/%，不小于 | | 最大力总延伸率/%，不小于 | 冷弯试验 180°<br>$d$：弯芯直径<br>$a$：钢筋公称直径 | 反复弯曲次数 |
|---|---|---|---|---|---|---|---|---|
| | | | | $A$ | $A$100 mm | $A_{gt}$ | | |
| 普通钢筋混凝土用 | CRB550 | 500 | 550 | 11.0 | — | 2.5 | $d$=3 $a$ | — |
| | CRB600 H | 540 | 600 | 14.0 | — | 5.0 | $d$=3 $a$ | — |
| | CRB680 H[a] | 600 | 680 | 14.0 | — | 5.0 | $d$=3 $a$ | 4 |
| 预应力混凝土用 | CRB650 | 585 | 650 | — | 4.0 | 2.5 | — | 3 |
| | CRB800 | 720 | 800 | — | 4.0 | 2.5 | — | 3 |
| | CRB800 H | 720 | 800 | — | 7.0 | 4.0 | — | 4 |

注：① a. 当该牌号钢筋作为普通钢筋混凝土用钢筋使用时，对反复弯曲不做要求；当该牌号钢筋作为预应力混凝土用钢筋使用时应进行反复弯曲试验代替 180°弯曲试验。

② $R_m$/$R_p$0.2 不小于 1.05。

### 7.1.1 拉伸性能检测

#### 7.1.1.1 试验依据与环境要求

1）试验依据

现行国家标准《金属材料　拉伸试验　第 1 部分：室温试验方法》（GB/T 228.1）；

现行国家标准《钢筋混凝土用钢材试验方法》（GB/T 28900）。

2）环境要求

试验一般在 10～35℃的室温进行。对于温度要求严格的试验，试验温度应为（23±5）℃。

#### 7.1.1.2　主要仪器设备

试验机：试验机的测力系统应按照现行国家标准《金属材料　静力单轴试验机的检验与校准　第1部分：拉力和（或）压力试验机　测力系统的检验与校准》（GB/T 16825.1）进行校准，并且其准确度应为1级或优于1级。计算机控制拉伸试验应满足现行国家标准《静力单轴试验机用计算机数据采集系统的评定》（GB/T 22066）并参见现行国家标准《金属材料　拉伸试验　第1部分：室温试验方法》（GB/T 228.1）附录C。

引伸计：引伸计的准确度级别应符合现行国家标准《单轴试验用引伸计的标定》GB/T 12160的要求。测定上屈服强度、下屈服强度，应使用不劣于1级准确度的引伸计，测定抗拉强度、最大力总延伸率、最大力塑性延伸率、断裂总延伸率、断后伸长率，应使用不劣于2级准确度的引伸计。

#### 7.1.1.3　样品制备

应按照相关产品标准或现行国家标准《钢及钢产品　力学性能试验取样位置及试样制备》（GB/T 2975）的要求切取样坯和制备试样。

#### 7.1.1.4　试验步骤

1）试样原始横截面积的测定

宜在试样平行长度中心区域以足够的点数测量试样的相关尺寸。原始横截面积 $S_0$ 是平均横截面积，应根据测量的尺寸计算。原始横截面积的计算准确度依赖试样本身特性和类型。现行国家标准《金属材料　拉伸试验　第1部分：室温试验方法》（GB/T 228.1）附录E～附录H给出了不同类型试样横截面积 $S_0$ 的评估方法，并提供了测量准确度的详细说明。

2）原始标距的标记

应用小标记、细划线或细墨标记原始标距，但不得用引起过早断裂的缺口做标记。对于比例试样，如果原始标距的计算值与其标记值之差小于10 $L_0$，可将原始标距的计算值按现行国家标准《数值修约规则与极限数值的表示和判定》（GB/T 8170）修约至最接近5 mm的倍数。原始标距的标记应准确到±1%。若平行长度 $L_c$ 比原始标距长许多，例如，不经机加工的试样，可以标记一系列套叠的原始标距。有时，可以在试样表面画一条平行于试样纵轴的线，并在此线上标记原始标距。

热轧光圆钢筋、热轧带肋钢筋均采用 $k$ 值为5.65的比例试样，原始标距为5倍的钢筋直径；冷轧带肋钢筋均采用非比例试样，固定标距100 mm。

3）试验速率

（1）下屈服强度 $R_{eL}$。

若仅测定下屈服强度，在试样平行长度的屈服期间应变速率应在0.000 25 $s^{-1}$～0.002 5 $s^{-1}$。平行长度内的应变速率应尽可能保持恒定。如果不能直接调节这一应变速率，应通过调节屈服即将开始前的应力速率来调整，在屈服完成之前不再调节试验机的控制。

表 7-4 应变速率

| 材料弹性模量 $E$/（N/mm²） | 应变速率/（MPa/s） | |
|---|---|---|
| | 最小 | 最大 |
| <150 000 | 2 | 20 |
| ≥150 000 | 6 | 60 |

任何情况下，弹性范围内的应变速率不得超过表 7-4 规定的最大速率。

（2）上屈服强度 $R_{eH}$ 和下屈服强度 $R_{eL}$。

如果在同一试验中测定上屈服强度和下屈服强度，测定下屈服强度的条件应符合（1）试验条件要求。

（3）抗拉强度、断后伸长率 $A$、最大力总延伸率 $A_{gt}$。

测定屈服强度或塑性延伸强度后，试验速率可以增加到不大于 0.008 $s^{-1}$ 的应变速率。如果仅仅需要测试定材料的抗拉强度，在整个试验过程中可以选取不超过 0.008 $s^{-1}$ 的单一试验速率。

4）屈服强度的测定

上屈服强度的测定：上屈服点 $R_{eH}$ 可以从力—延伸曲线图或峰值力显示器上测得，定义为力首次下降前的最大力值对应的应力。下屈服点测定：下屈服点 $R_{eL}$ 可以从力—延伸曲线上测得，定义为不计初始瞬时效应时屈服阶段中的最小力所对应的应力（图 7-1）。

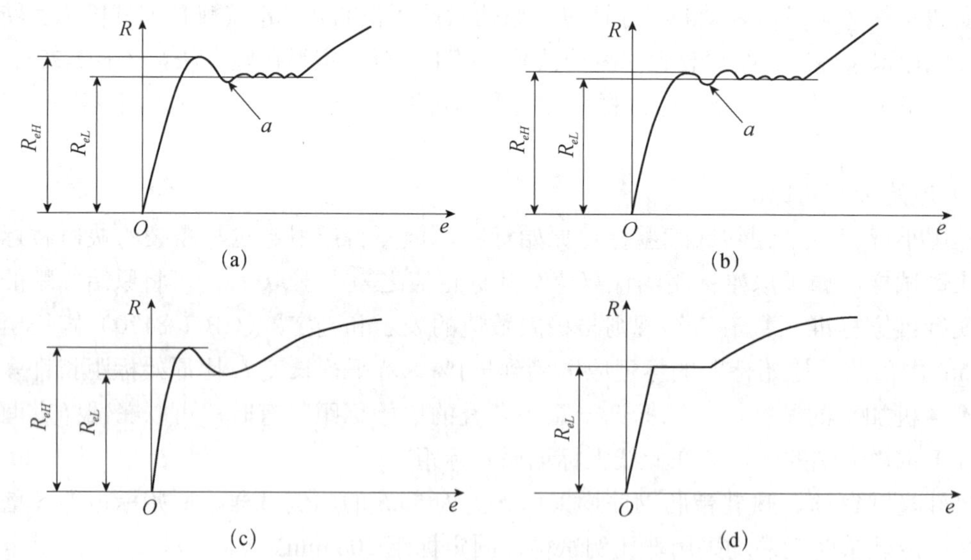


$e$—延伸率；$R$—应力；$R_{eH}$—上屈服强度；$R_{eL}$—下屈服强度。

图 7-1 不同曲线的上屈服强度和下屈服强度

对于上、下屈服强度位置判定的基本原则如下：

屈服前的第 1 个峰值应力（第 1 个极大值应力）判为上屈服强度，无论其后的峰值应力比它大或比它小。

屈服阶段中如果呈现两个或两个以上的谷值应力，舍去第1个谷值应力（第1个极小值应力）不计，取其余谷值应力中之最小者判为下屈服强度。如果只呈现1个下降谷，此谷值应力判为下屈服强度。

屈服阶段中呈现屈服平台，平台应力判为下屈服强度；如果呈现多个而且后者高于前者的屈服平台，则判第1个平台应力为下屈服强度。

正确的判定结果应是下屈服强度一定低于上屈服强度。

5）抗拉强度的测定

试样拉伸至断裂，从拉伸曲线图上确定试验过程中的最大力，或从测力盘上读取最大力。

6）断后伸长率的测定

为了测定断后伸长率，应将试样断裂的部分仔细配接在一起使其轴线处于同一条直线上，并采取特别措施确保试样断裂部分适当接触后测量试样断后标距。应使用分辨力足够的量具或测量装置测定断后伸长量（$L_U$−$L_0$），并准确至±0.25 mm。

如果规定的最小断后伸长率小于5%，建议采取特殊方法进行测定［参见现行国家标准《金属材料　拉伸试验　第1部分：室温试验方式》（GB/T 228.1）附录M］。原则上只有断裂处与最接近的标距标记的距离不小于原始标距的1/3情况方为有效。但断后伸长率大于或等于规定值，不管断裂位置处于何处测量均为有效。如果断裂处与最接近的标距标记的距离小于原始标距的1/3时，可采用现行国家标准《金属材料　拉伸试验　第1部分：室温试验方式》（GB/T 228.1）附录N规定的移位法测定断后伸长率。

试样拉断后，将其断裂部分紧密对接在一起，并尽量使其位于同一条轴线上。如果断裂处形成缝隙，则此缝隙应计入该试样拉断后的标距内。

7）最大力下总延伸率的测定

在用引伸计得到的力—延伸曲线上测定最大力下总延伸率。

#### 7.1.1.5　试验结果

1）屈服强度

钢材的屈服强度按式（7-1）计算：

$$R_{eL}=\frac{F_s}{S_0} \tag{7-1}$$

式中：$R_{eL}$——钢材试样的下屈服强度，MPa；

$F_s$——屈服期间不计初始瞬时效应时的最小力，N；

$S_0$——钢材试样的横截面积，mm²。

2）抗拉强度

抗拉强度按式（7-2）计算：

$$R_m=\frac{F_b}{S_0} \tag{7-2}$$

式中：$R_m$——钢材试样的抗拉强度，MPa；

$F_s$——试样拉伸至断裂过程中的最大力，N；

$S_0$——钢材试样的横截面积，$mm^2$。

3）断后伸长率

断后伸长率按式（7-3）计算：

$$A=\frac{L_1-L_0}{L_0}\times 100\% \tag{7-3}$$

式中：$A$——钢材试样的断后伸长率，%；

$L_0$——试验前的原始标距，mm；

$L_1$——试验后的断后标距，mm。

4）最大力下总延伸率

最大力下总延伸率按照式（7-4）计算：

$$A_{gt}=\frac{\Delta L_m}{L_e}\times 100\% \tag{7-4}$$

式中：$A_{gt}$——钢材试样的最大力总延伸率，%；

$L_e$——平行长度，mm；

$\Delta L_m$——最大力总延伸，mm。

5）数据修约

屈服强度、抗拉强度、断后伸长率、最大力下延伸率检测结果应按相关产品标准规定进行修约。如果产品标准未作具体要求，应按以下要求进行修约。

强度性能值修约至 1 MPa。

断后伸长率修约至 0.5%。

6）复验与判定

钢筋的屈服强度、抗拉强度、断后伸长率、最大力下延伸率检测结果应符合相关产品标准的技术要求，钢筋的复验与判定应符合现行国家标准《钢及钢产品交货一般技术要求》（GB/T 17505）的规定。

### 7.1.2 弯曲性能检测

#### 7.1.2.1 试验依据与环境要求

1）试验依据

现行国家标准《金属材料　弯曲试验方法》（GB/T 232）；

现行国家标准《钢筋混凝土用钢材试验方法》（GB/T 28900）。

2）环境要求

试验一般在 10～35℃的室温进行。对于温度要求严格的试验，试验温度应为（23±5）℃。

#### 7.1.2.2 主要仪器设备

弯曲试验应在配备下列弯曲装置之一的试验机或压力机上完成：

（1）支辊式弯曲装置：配有两个支辊和一个弯曲压头。

（2）V 形模具式弯曲装置：配有一个 V 形模具和一个弯曲压头。

（3）虎钳式弯曲装置。

符合弯曲试验原理的其他弯曲装置（如翻板式弯曲装置等）也可使用。

#### 7.1.2.3 样品制备

试样使用圆形、放形、矩形或多边形横截面的试样。样坯的切取位置和方向应符合相关产品标准的要求。如果未具体规定，对于钢产品，应按照现行国家标准《钢及钢产品 力学性能试验取样位置及试样制备》（GB/T 2975）的要求制备。试样应去除由于剪切或火焰切割或类似的操作而影响材料性能的部分。如果试验结果不受影响，允许不去除试样受影响的部分。试样的长度应根据试样厚度（或直径）和使用的试验设备确定。

#### 7.1.2.4 试验步骤

试样按照图 7-2 的条件进行弯曲试验，弯曲角度和弯芯直径应符合相关产品标准的要求。

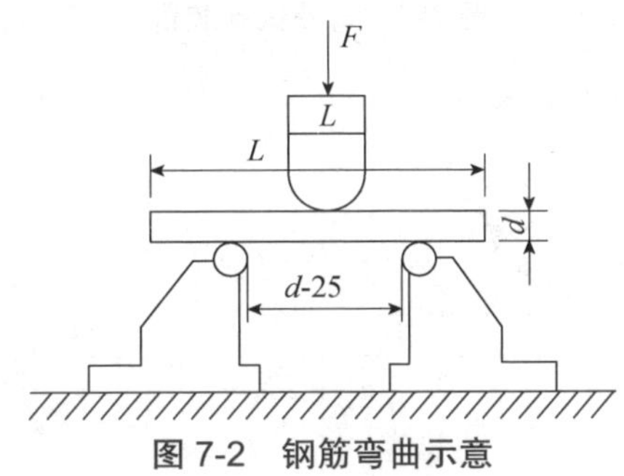


图 7-2 钢筋弯曲示意

将试样放置于两支辊间，试样轴线应与弯曲压头轴线垂直，弯曲压头在两支座之间的中点处对试样连续施加力，使其弯曲直至达到规定的弯曲角度。弯曲角度可以通过测量弯曲压头的位移计算得出。

#### 7.1.2.5 试验结果

（1）应按照相关产品标准的要求评定弯曲试验结果。如果未规定具体要求，弯曲试验后不使用放大仪器观察，试样弯曲外表面未可见裂纹应评定为合格。

（2）以相关产品标准规定的弯曲角度作为最小值；如果规定弯曲压头直径，以规定的弯曲压头直径作为最大值。

### 7.1.3 反向弯曲性能检测

#### 7.1.3.1 试验依据与环境要求

1）试验依据

现行国家标准《钢筋混凝土用钢 第 2 部分：热轧带肋钢筋》（GB/T 1499.2）；

现行国家标准《钢筋混凝土用钢材试验方法》(GB/T 28900)。

2）环境要求

试验一般应在10～35℃的室温进行。对温度要求严格的试验，试验温度应为（23±5）℃。

7.1.3.2 主要仪器设备

（1）弯曲试验装置见图7-3。

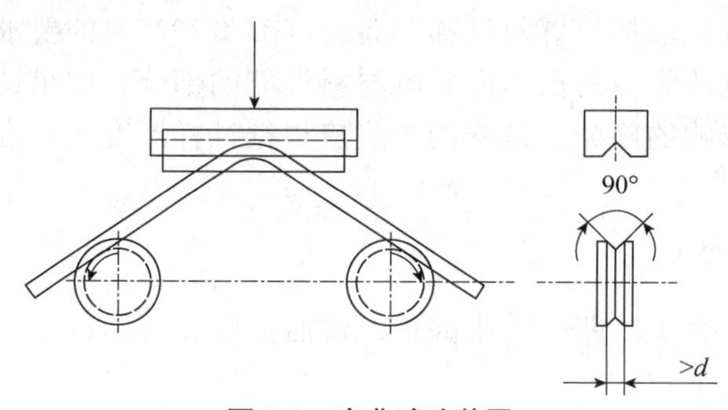


图 7-3 弯曲试验装置

（2）反向弯曲试验装置见图7-4。

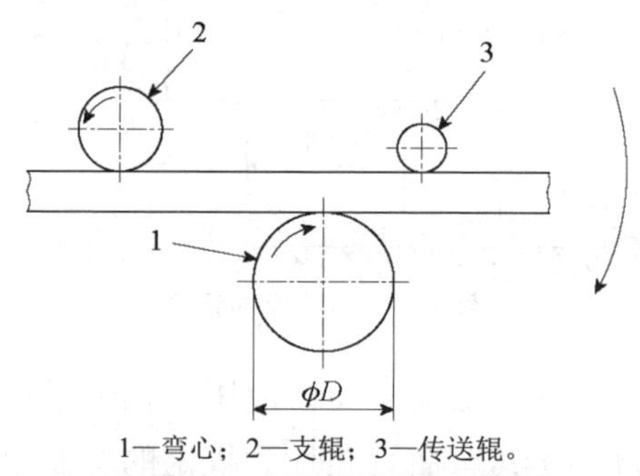


1—弯心；2—支辊；3—传送辊。

图 7-4 反向弯曲试验装置

7.1.3.3 样品制备

试样厚度应为产品的厚度，并保留两侧原表面，试样的长度满足产品规范和仪器设备的要求，试样表面应无裂纹或伤痕。

7.1.3.4 试验步骤

1）弯曲

试样应在弯曲压头上弯曲，弯曲角度和弯芯直径应符合相关产品标准的规定。试样应通过肉眼仔细检查裂纹和裂缝。

2）人工时效

人工时效的温度和时间应满足相关产品标准的要求。如果产品标准没有规定，则采用下列工艺条件：加热试样到100℃。在（100±10）℃下保温60～75 min，然后在静止的空气中自然冷却到室温。

3）反向弯曲

在静止空气中自然冷却到10～35℃后，应在弯曲原点（最大曲率半径圆弧段的中间点）将试样按相关产品标准的定向回弯曲规定角度。

#### 7.1.3.5 试验结果

反向弯曲试验应根据相关产品标准的规定来判定。

当产品标准没有规定时，若反向弯曲试样无肉眼可见的裂纹，则判定该试样合格。

当撕裂深度不大于撕裂宽度时，可视为表面撕裂，表面韧性撕裂可能发生在肋的底部，这种情况不视为裂纹。

### 7.1.4 重量偏差试验

#### 7.1.4.1 试验依据与环境要求

1）试验依据

现行国家标准《钢筋混凝土用钢　第1部分：热轧光圆钢筋》（GB/T 1499.1）；

现行国家标准《钢筋混凝土用钢　第2部分：热轧带肋钢筋》（GB/T 1499.2）；

现行国家标准《钢筋混凝土用钢材试验方法》（GB/T 28900）。

2）环境要求

试验一般在10～35℃的室温进行。对于温度要求严格的试验，试验温度应为（23±5）℃。

#### 7.1.4.2 主要仪器设备

钢直尺：量程100 cm，最小刻度1 mm。

电子天平：最小分度不大于总重量的1%，建议精确至1 g。

#### 7.1.4.3 样品制备

试样应从不同根钢筋上截取，数量不少于5支，每支试样长度不小于500 mm。每根钢筋两端需打磨成与钢筋轴线垂直的平整面。

#### 7.1.4.4 试验步骤

试验前准备：先清理干净钢筋表面附着的异物（混凝土、沙、泥等）；检查钢直尺，检查电子天平并归零；检查钢筋规格是否与接样单及质保书对应，钢筋两端是否平整，初步测量试样长度看是否符合标准要求（不小于500 mm）。

用钢直尺逐支量取钢筋试样长度，并记录。

将钢筋试样放置于已归零的电子天平上，称量总重量并记录；精度到不大于试样总质量的1%。

#### 7.1.4.5 试验结果

（1）钢筋实际重量与理论重量的偏差（%）按式（7-5）计算：

$$重量的偏差 = \frac{试样实际总重量 - (试样总长度 \times 理论重量)}{试样总长度 \times 理论重量} \times 100\% \quad (7\text{-}5)$$

（2）检验结果的数值修约与判定应符合现行行业标准《冶金技术标准的数值修约与检测数值的判定》（YB/T 081）的规定，即修约至1%。

## 7.2　钢筋焊接接头

钢筋焊接接头是建筑领域中常用的一种钢筋连接方式，它通过焊接的方法将两根或者多根钢筋连接在一起，使其形成一个整体，以增强钢筋的稳定性和承载能力。

钢筋焊接接头主要有以下几种：闪光对焊、电弧焊、电渣压力焊、气压焊；能够适应不同结构的连接需求，提高施工的便利性和效率。焊接接头钢筋连接方式在高温环境下不适用，焊接接头容易受到热膨胀和热腐蚀的影响，导致焊接接头的强度下降。

电渣压力焊应用于柱、墙等构筑物现浇混凝土结构中竖向受力钢筋的连接，不得用于梁板等构件中水平钢筋的连接。

两根同牌号、不同直径的钢筋可进行闪光对焊、电渣压力焊或气压焊。闪光对焊时钢筋径差不得超过4 mm，电渣压力焊或气压焊时，钢筋径差不得超过7 mm，对接接头强度的要求，应按照较小直径钢筋计算。

在钢筋工程焊接开工之前，参与该项工程施焊的焊工必须进行现场条件下的焊接工艺试验，经试验合格后，方准焊接生产。

### 7.2.1　抗拉强度检测

#### 7.2.1.1　试验依据与环境要求

1）试验依据

现行行业标准《钢筋焊接及验收规程》（JGJ 18）；

现行行业标准《钢筋焊接接头试验方法标准》（JGJ/T 27）；

现行国家标准《金属材料　拉伸试验　第1部分：室温试验方法》（GB/T 228.1）。

2）环境要求

试验一般在10～35℃的室温进行。对于温度要求严格的试验，试验温度应为（23±5）℃。

#### 7.2.1.2　主要仪器设备

试验机：试验机的测力系统应按照现行国家标准《金属材料　静力单轴试验机的检验与校准　第1部分：拉力和（或）压力试验机　测力系统的检验与校准》（GB/T 16825.1）进行校准，并且其准确度应为1级或优于1级。计算机控制拉伸试验应满足现行国家标准《静力单轴试验机用计算机数据采集系统的评定》（GB/T 22066）并参见现行国家标准《金

属材料　拉伸试验　第1部分：室温试验方法》（GB/T 228.1）附录C。

7.2.1.3　样品制备

应按照相关产品标准或现行国家标准《钢及钢产品　力学性能试验取样位置及试样制备》（GB/T 2975）的要求切取样坯和制备试样。

7.2.1.4　试验步骤

（1）用游标卡尺复核钢筋的直径，并按钢筋公称横截面积计算。

（2）对试样进行轴向拉伸试验时，加载应连续平稳，试验速率应符合现行国家标准《金属材料　拉伸试验　第1部分：室温试验方法》（GB/T 228.1）中的有关规定，将试样拉至断裂（或出现颈缩），自动采集最大力或从测力盘上读取最大力，也可从拉伸曲线图上确定试验过程中的最大力。

（3）记录断口的断裂特征，区分为延性断裂或脆性断裂。如果断口上发现气孔、夹渣、未焊透、烧伤等焊接缺陷时，应进行记录。

7.2.1.5　试验结果

1）抗拉强度

抗拉强度按式（7-6）计算：

$$R_m = \frac{F_b}{S_0} \tag{7-6}$$

式中：$R_m$——抗拉强度，MPa；

$F_b$——最大力，N；

$S_0$——原始试样的钢筋公称横截面积，$mm^2$。

试验结果数值应修约到5 MPa，并应按现行国家标准《数值修约规则与极限数值的表示和判定》（GB/T 8170）执行。

2）复验与判定

闪光对焊接头、电弧焊接头、电渣压力焊接头、气压焊接头、预埋件钢筋T形接头的拉伸试验结果应按下列规定对试验结果进行评定：

（1）符合下列两个要求之一，应评定该检验批接头拉伸试验合格。

① 3个试件均断于钢筋母材，呈延性断裂，其抗拉强度大于或等于钢筋母材抗拉强度标准值。

② 2个试件断于钢筋母材，呈延性断裂，其抗拉强度大于或等于钢筋母材抗拉强度标准值；另一试件断于焊缝，呈脆性断裂，其抗拉强度大于或等于钢筋母材抗拉强度标准值的1.0倍。

注：试件断于热影响区，呈延性断裂，应视作与断于钢筋母材等同；试件断于热影响区，呈脆性断裂，应视作与断于焊缝等同。

（2）符合下列条件之一，应进行复验。

① 2个试件断于钢筋母材，呈延性断裂，其抗拉强度大于或等于钢筋母材抗拉强度

标准值；另一试件断于焊缝或热影响区，呈脆性断裂，其抗拉强度小于钢筋母材抗拉强度标准值的 1.0 倍。

② 1 个试件断于钢筋母材，呈延性断裂，其抗拉强度大于或等于钢筋母材抗拉强度标准值；另外 2 个试件断于焊缝或热影响区，呈脆性断裂。

（3）3 个试件均断于焊缝，呈脆性断裂，其抗拉强度均大于或等于钢筋母材抗拉强度标准值的 1.0 倍，应进行复检。当 3 个试件中有 1 个试件抗拉强度小于钢筋母材抗拉强度标准值的 1.0 倍，应判定该检验批接头拉伸试验不合格。

（4）复验时，应再切取 6 个试件。复验结果，若有 4 个或 4 个以上试件断于钢筋母材，呈延性断裂，其抗拉强度大于或等于钢筋母材抗拉强度标准值，另 2 个或 2 个以下试件断于焊缝，呈脆性断裂，其抗拉强度大于或等于钢筋母材抗拉强度标准值的 1.0 倍，应评定该检验批接头拉伸试验复验合格。

（5）预埋件钢筋 T 形接头拉伸试验结果，3 个试件的抗拉强度均应符合下列要求：

① HPB300 钢筋接头不得小于 400 MPa；

② HRB400 钢筋接头不得小于 520 MPa；

③ HRB500 钢筋接头不得小于 610 MPa。

当试验结果中，3 个试件中有 1 个接头试件抗拉强度小于规定值时，应进行复验。复验时，应再取 6 个试件。其抗拉强度均达到上述要求时，评定该批接头为合格品。

### 7.2.2 弯曲试验

#### 7.2.2.1 试验依据与环境要求

1）试验依据

现行行业标准《钢筋焊接及验收规程》（JGJ 18）；

现行行业标准《钢筋焊接接头试验方法标准》（JGJ/T 27）；

现行国家标准《金属材料　弯曲试验方法》（GB/T 232）。

2）环境要求

试验一般在 10～35℃的室温进行。对于温度要求严格的试验，试验温度应为（23±5）℃。

#### 7.2.2.2 主要仪器设备

弯曲试验宜在配有两个支辊和一个弯曲压头支辊式弯曲装置的试验机或压力机上完成，并应符合现行国家标准《金属材料　弯曲试验方法》（GB/T 232）中的有关规定。

#### 7.2.2.3 样品制备

钢筋焊接接头弯曲试样的长度宜为两支辊内侧距离加 150 mm；两支辊内侧距离应按式（7-7）确定，两支辊内侧距离在试验期间应保持不变。

$$l=(D+3a)\pm\frac{a}{2} \tag{7-7}$$

式中：$l$——两支辊内侧距离，mm；

$D$——弯曲压头直径，mm；

$a$——弯曲试样直径，mm。

7.2.2.4 试验步骤

根据表 7-5 选择相应的弯芯直径和弯曲角度。

**表 7-5 弯芯直径和弯曲角度**

| 钢筋牌号 | 弯芯直径 $D$/mm | | 弯曲角度/（°） |
|---|---|---|---|
| | $a$≤25 | $a$＞25 | |
| HRB300 | 2 $a$ | 3 $a$ | 90 |
| HRB400 | 5 $a$ | 6 $a$ | 90 |
| HRB500 | 7 $a$ | 8 $a$ | 90 |

注：$a$ 为弯曲试样直径。

钢筋焊接接头进行弯曲试验时，试样应放在两支点上，并应使焊缝中心与弯曲压头中心线一致，应缓慢地对试样施加荷载，以使材料能够自由地进行塑性变形；当出现争议时，试验速率应为（1±0.2）mm/s，直至达到规定的弯曲角度或出现裂纹、破断。

7.2.2.5 试验结果

当试验结果弯曲至 90°，有 2 个或 3 个试件外侧（含焊缝和热影响区）未发生宽度达到 0.5 mm 的裂纹，应评定该检验批接头弯曲试验合格。

当有 2 个试件均发生宽度达到 0.5 mm 的裂纹，应进行复验。

当有 3 个试件发生宽度达到 0.5 mm 的裂纹，应评定不合格。

复验时，应切取 6 个试件。复验结果，当不超过 2 个试件发生宽度达到 0.5 mm 的裂纹时，应评定该检验批接头弯曲试验复验合格。

## 7.3 钢筋机械连接

目前，常用的钢筋机械连接接头主要有以下几种类型：套筒挤压接头、锥螺纹接头、镦粗直螺纹接头、滚轧直螺纹接头等。根据抗拉强度、残余变形、最大力下总伸长率以及高应力和大变形条件下反复拉压性能的差异，将接头分为Ⅰ级、Ⅱ级、Ⅲ级三个等级。

Ⅰ级、Ⅱ级、Ⅲ级接头的抗拉强度应符合表 7-6 的规定。

**表 7-6 钢筋机械连接接头抗拉强度指标**

| 接头等级 | Ⅰ级 | Ⅱ级 | Ⅲ级 |
|---|---|---|---|
| 抗拉强度 | $f_{mst}^0 \geq f_{stk}$ 钢筋拉断<br>或 $f_{mst}^0 \geq 1.10 f_{stk}$ 连接件破坏 | $f_{mst}^0 \geq f_{stk}$ | $f_{mst}^0 \geq 1.25 f_{yk}$ |

注：$f_{mst}^0$ 为接头试件实测抗拉强度；$f_{stk}$ 为接头试件中钢筋抗拉强度标准值；$f_{yk}$ 为钢筋屈服强度标准值；钢筋拉断指断于钢筋母材、套筒外钢筋丝头和钢筋镦粗过渡段；连接件破坏指断于套筒、套筒纵向开裂或钢筋从套筒中拔出以及其他连接组件破坏。

Ⅰ级、Ⅱ级、Ⅲ级接头变形性能应符合表 7-7 的规定。

**表 7-7　钢筋机械连接接头抗拉强度指标**

| 接头等级 | | Ⅰ级 | Ⅱ级 | Ⅲ级 |
| --- | --- | --- | --- | --- |
| 单向拉伸 | 残余变形/mm | $U_0 \leqslant 0.10$（$d \leqslant 32$）<br>$U_0 \leqslant 0.14$（$d > 32$） | $U_0 \leqslant 0.14$（$d \leqslant 32$）<br>$U_0 \leqslant 0.16$（$d > 32$） | $U_0 \leqslant 0.14$（$d \leqslant 32$）<br>$U_0 \leqslant 0.16$（$d > 32$） |
| | 最大力下总伸长率/% | $A_{sgt} \geqslant 6.0$ | $A_{sgt} \geqslant 6.0$ | $A_{sgt} \geqslant 3.0$ |

## 单向拉伸检测

### 7.3.1.1　试验依据与环境要求

1）试验依据

现行行业标准《钢筋机械连接技术规程》（JGJ 107）。

2）环境要求

试验一般在 10～35℃的室温范围内进行。对温度要求严格的试验，温度应为（23±5）℃。

### 7.3.1.2　主要仪器设备

试验机：试验机的测力系统应按照现行国家标准《金属材料　静力单轴试验机的检验 第 1 部分：拉力和（或）压力试验机　测力系统的检验与校准》（GB/T 16825.1）进行校准，并且其准确度应为 1 级或优于 1 级。计算机控制拉伸试验应满足现行国家标准《静力单轴试验机用计算机数据采集系统的评定》（GB/T 22066）并参见现行国家标准《金属材料　拉伸试验　第 1 部分：室温试验方法》（GB/T 228.1）附录 C。

### 7.3.1.3　样品制备

单向拉伸试样不少于 3 个，全部试样应在同一根钢筋上截取。

### 7.3.1.4　试验步骤

（1）接头试件型式检验按照 0→0.6 $f_{yk}$ →0（测量残余变形）→最大拉力（记录极限抗拉强度）→破坏（测定最大力下总伸长率）加载制度进行试验（图 7-5）。

（2）试件型式检验的仪表布置和变形测量应符合下列规定：单向拉伸的变形测量仪表应在钢筋两侧对称布置（图 7-6），两侧测点的相对偏差不宜大于 5 mm，且两侧仪表能独立读取各自变形值。应取钢筋两侧仪表读数的平均值计算残余变形值。

（3）型式检验试件最大力下总伸长率的测量方法符合 $A_{sgt}$ 下列规定：

① 试件加载前，应在其套筒两侧的钢筋表面（图 7-7）分别用细划线 $A$、$B$ 和 $C$、$D$ 标出测量标距 $L_{01}$ 的标记线，$L_{01}$ 应不小于 100 mm，标距长度应用最小刻度值不大于 0.1 mm 的量具测量。

② 试件按照本步骤①单向拉伸加载制度并拉断，再次测量 $A$、$B$ 和 $C$、$D$ 间标距长度为 $L_{02}$ 。

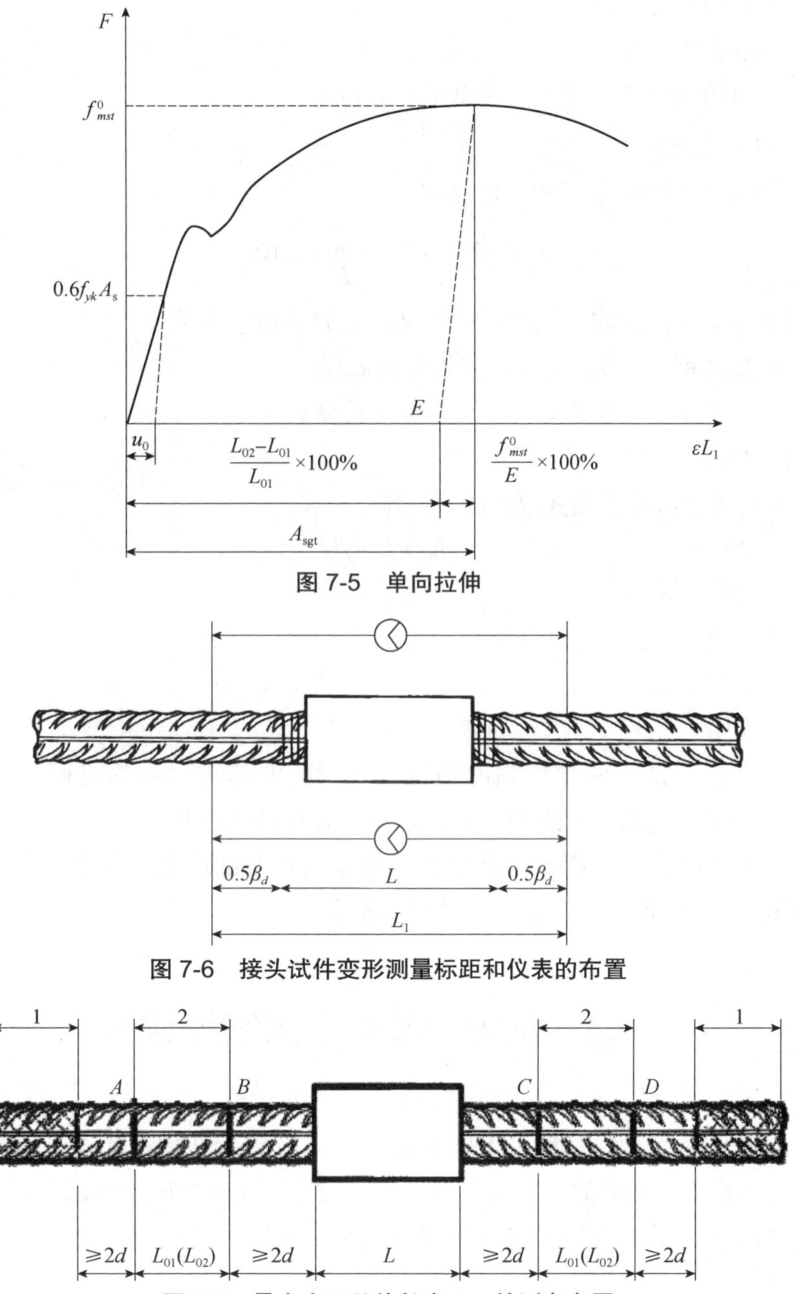


图 7-5 单向拉伸



图 7-6 接头试件变形测量标距和仪表的布置



图 7-7 最大力下总伸长率 $A_{sgt}$ 的测点布置

7.3.1.5 试验结果

1）抗拉强度

抗拉强度按式（7-8）计算：

$$R_m = \frac{F_b}{S_0} \tag{7-8}$$

式中：$R_m$——抗拉强度，MPa；

$F_b$——最大力，N；

$S_0$——原始试样的钢筋公称横截面积，$mm^2$。

2）最大力下总伸长率

最大力下总伸长率按式（7-9）计算：

$$A = \left( \frac{L_{02} - L_{01}}{L_{01}} + \frac{f_{mst}^0}{E} \right) \times 100\% \tag{7-9}$$

式中：$f_{mst}^0$、$E$——试件实测极限抗拉强度和钢筋理论弹性模量；

$L_{01}$——加载前 $A$、$B$ 和 $C$、$D$ 间的实测长度；

$L_{02}$——加载后 $A$、$B$ 和 $C$、$D$ 间的实测长度。

3）残余变形

单向拉伸残余变形测量按式（7-10）计算：

$$L_1 = L + \beta_d \tag{7-10}$$

式中：$L_1$——变形测量标距，mm；

$L$——机械连接接头长度，mm；

$\beta_d$——系数，取 1～6。

4）复验与判定

（1）当 3 个接头试件的抗拉强度均符合现行行业标准《钢筋机械连接技术规程》（JGJ 107）中表 3.0.5 的相应等级的要求时，该验收批评为合格。

（2）如有 1 个试件的强度不符合要求，应再取 6 个试件进行复检。复检中，如仍有 1 个试件的强度不符合要求，则该验收批评为不合格。

## 7.4　预应力混凝土用钢绞线

预应力混凝土用钢绞线是用多根圆形断面的优质碳素结构钢筋经过冷加工、绞捻和热处理消除应力等工艺制成的。它强度高，抗拉强度可达 1 670 MPa 以上，柔性好，无接头，多用于大跨度、重负荷的后张法预应力屋架、桥梁、薄腹梁等结构、岩土锚固等用途的预应力钢绞线。

根据现行国家标准《预应力混凝土用钢绞线》（GB/T 5224）的规定，钢绞线的公称直径为 9.5 mm、11.10 mm、12.20 mm、15.20 mm 4 种。钢绞线的破坏荷载为 108～300 kN，屈服荷载为 86.6～255 kN。每一检验批选 3 根钢绞线用作整根钢绞线最大力、规定非比例延伸力、最大力下总伸长率的检验。

预应力混凝土用钢绞线的技术指标包括：钢的牌号、抗拉强度、整根钢绞线最大力、整根钢绞线最大力的最大值、规定非比例延伸力 $F_{p0.2}$、最大力下总伸长率、应力松弛性能、表面质量、伸直性、疲劳性、偏斜拉伸性能和应力腐蚀性能。

拉伸试验检测

#### 7.4.1.1　试验依据与环境要求

1）试验依据

现行国家标准《预应力混凝土用钢绞线》（GB/T 5224）。

现行国家标准《预应力混凝土用钢材试验方法》（GB/T 21839）。

现行国家标准《金属材料　拉伸试验　第 1 部分：室温试验方法》（GB/T 228.1）。

2）环境要求

试验一般在 10～35℃的室温范围内进行。对温度要求严格的试验，温度应为(23±5)℃。

#### 7.4.1.2　主要仪器设备

试验机：试验机的测力系统应按照现行国家标准《金属材料　静力单轴试验机的检验　第 1 部分：拉力和（或）压力试验机　测力系统的检验与校准》（GB/T 16825.1）进行校准，并且其准确度应为 1 级或优于 1 级。计算机控制拉伸试验应满足现行国家标准《静力单轴试验机用计算机数据采集系统的评定》（GB/T 22066）并参见现行国家标准《金属材料　拉伸试验　第 1 部分：室温试验方法》（GB/T 228.1）附录 C。

引伸计：引伸计的准确度级别应符合现行国家标准《单轴试验用引伸计的标定》（GB/T 12160）的要求。测定上屈服强度、下屈服强度应使用不劣于 1 级准确度的引伸计，测定抗拉强度、最大力下总延伸率、最大力塑性延伸率、断裂总延伸率、断后伸长率，应使用不劣于 2 级准确度的引伸计。

#### 7.4.1.3　样品制备

应按照相关产品标准或现行国家标准《钢及钢产品　力学性能试验取样位置及试样制备》（GB/T 2975）的要求切取样坯和制备试样。试样的切取位置是从每盘的任意一端截取，每个检验批截取 3 根。

#### 7.4.1.4　试验步骤

（1）试样参考横截面积的测定。测量的位置在试样的两端及中间 3 处两个互相垂直的方向。参考横截面积计算公式见式（7-11）：

$$\text{参考横截面积}\ S_0=\frac{1}{4}\pi\times\text{试样直径}^2 \tag{7-11}$$

式中：试样直径——取 3 处测量直径的算术平均值。

（2）调整试验机测力度盘的指针，使之对准零点，并拨动副指针，使其与主指针重叠。

（3）将试件固定在试验机夹头内。将引伸计固定到钢绞线平行长度的中间位置，并记录引伸计起始标距长度 $L_e$，取下引伸计上的插销。

（4）开动试验机进行拉伸，拉伸速度应满足试验条件规定，在塑性范围和直至规定非比例延伸力前应变速率不应超过 0.002 5/s，其后直至抗拉强度应变速率不应超过 0.008/s。

（5）当提示 $X$ 方向由变形转换为位移时轻轻将引伸计取下。测得钢绞线最大力时卸载至零，松开夹头，取下钢绞线。

（6）另换一根钢绞线重复试验，总共完成 3 根取样数量的试验。

#### 7.4.1.5 试验结果

1）整根钢绞线最大力

直接从拉伸曲线图上确定试验过程中的钢绞线最大力 $F_m$，试验结果取 3 次试验结果的算术平均值。数据修约方法参考现行行业标准《冶金技术标准的数值修约与检测数值的判定》（YB/T 081）的相关规定。

如试样在夹头内和距钳口 2 倍钢绞线公称直径内断裂达不到标准性能要求时，试验无效。

计算抗拉强度时取钢绞线的公称横截面积值。

2）0.2%屈服力

直接从拉伸曲线图上确定非比例延伸达到原始标距 0.2%时所受的力 $F_{p0.2}$，试验结果取 3 次试验结果的算术平均值。

3）最大力下总延伸率

最大力下总延伸率 $A_{\mathrm{gt}}$ 可按式（7-12）计算：

$$A_{\mathrm{gt}} = \frac{\Delta L_m}{L_e} \times 100\% \qquad (7\text{-}12)$$

式中：$A_{\mathrm{gt}}$——钢绞线的最大力下总延伸率，%；

$L_e$——引伸计的标距，mm；

$\Delta L_m$——最大力下的延伸，mm。

最后的试验结果取 3 个试样测值的算术平均值。数据修约方法参考现行行业标准《冶金技术标准的数值修约与检测数值的判定》（YB/T 081）的相关规定。

有些材料的最大力时呈现一个平台，当出现这种情况时，取平台中点的最大力对应的总延伸率。

使用计算机采集数据或者使用电子拉伸设备测量延伸率时预加负荷对试样产生的延伸率应加在总延伸内。

当试样在距夹具 3 mm 之内发生断裂时，原则上试验判为无效，应允许重新试验。

# 第 8 章　墙 体 材 料

在建筑工程中用于砌筑墙体的材料称为墙体材料。墙体材料一般以黏土、页岩、工业废渣或其他资源为主要原料，按一定工艺制成。此外，天然石材经加工后也可作为墙体材料。

墙体材料具有承重、围护和分隔的作用，其重量占建筑物总重量的50%以上，合理选用墙体材料对建筑物的结构形式、高度、跨度、安全、使用功能及工程造价等均有重要意义。墙体材料的品种很多，根据外形和尺寸大小分为砌墙砖、砌块和板材三大类，每一类中又分为实心和空心两种，砌墙砖还有烧结砖和非烧结（免烧）砖之分。本章主要介绍常用砌墙砖、砌块、建筑用轻质隔墙条板和瓦。

## 8.1　砌　墙　砖

砌墙砖按生产工艺分为烧结砖和非烧结砖，烧结砖包括烧结普通砖、烧结多孔砖和多孔砌块、烧结空心砖和空心砌块；非烧结砖包括蒸压粉煤灰砖、蒸压灰砂砖、炉渣砖和碳化砖等。

烧结普通砖是以黏土、页岩、煤矸石、粉煤灰、建筑渣土、淤泥（江河湖淤泥）、污泥等为主要原料焙烧而成，主要用于建筑物承重部位的普通砖。

烧结多孔砖和多孔砌块是以黏土、页岩、煤矸石、粉煤灰、淤泥（江河湖淤泥）及其他固体废物等为主要原料焙烧而成，主要用于建筑物承重部位的多孔砖和多孔砌块。

烧结空心砖和空心砌块是以黏土、页岩、煤矸石、粉煤灰、淤泥（江河湖淤泥）、建筑渣土及其他固体废物为主要原料焙烧而成，主要用于建筑物非承重部位的空心砖和空心砌块。

蒸压粉煤灰砖是以粉煤灰、生石灰为主要原料，掺加适量石膏等外加剂和其他集料，经坯料制备、压制成型、高压蒸汽养护而制成的实心砖。

砌墙砖的技术指标包括外观质量、尺寸偏差、强度等级、密度等级、抗冻性能、碳化性能、泛霜性能、石灰爆裂、吸水率、饱和系数、干燥收缩、碳化系数等。烧结普通砖、烧结多孔砖和多孔砌块、烧结空心砖和空心砌块、蒸压粉煤灰砖的外观质量应符合表 8-1～表 8-4 的规定。

表 8-1　烧结普通砖的外观质量

| 外观质量 | 烧结普通砖 |
| --- | --- |
| 两条面高度差/mm | ≤2 |
| 弯曲/mm | ≤2 |
| 杂质凸出高度/mm | ≤2 |
| 缺棱、掉角的 3 个破坏尺寸不得同时大于/mm | 5 |
| 裂纹长度：大面上宽度方向及其延伸至条面的长度/mm | ≤30 |
| 裂纹长度：大面上长度方向及其延伸至顶面的长度或条顶面上水平裂纹的长度/mm | ≤50 |
| 完整面不得少于 | 一条面和一顶面 |

表 8-2　烧结多孔砖和多孔砌块的外观质量

| 外观质量 | 烧结多孔砖和多孔砌块 |
| --- | --- |
| 完整面不得少于 | 一条面和一顶面 |
| 杂质凸出高度/mm | ≤5 |
| 缺棱、掉角的 3 个破坏尺寸不得同时大于/mm | 30 |
| 裂纹长度：大面（有孔面）上深入孔壁 15 mm 以上宽度方向及其延伸至条面的长度/mm | ≤80 |
| 裂纹长度：大面（有孔面）上深入孔壁 15 mm 以上长度方向及其延伸至顶面的长度/mm | ≤100 |
| 裂纹长度：条顶面上的水平裂纹/mm | ≤100 |

表 8-3　烧结空心砖和空心砌块的外观质量

| 外观质量 | 烧结空心砖和空心砌块 |
| --- | --- |
| 弯曲/mm | ≤4 |
| 缺棱、掉角的 3 个破坏尺寸不得同时大于/mm | 30 |
| 垂直度差/mm | ≤4 |
| 未贯穿裂纹长度：大面上宽度方向及其延伸至条面的长度/mm | ≤100 |
| 未贯穿裂纹长度：大面上长度方向或条面上水平面方向的长度/mm | ≤120 |
| 贯穿裂纹长度：大面上宽度方向及其延伸至条面的长度/mm | ≤40 |
| 贯穿裂纹长度：壁、肋沿长度方向、宽度方向及其水平方向的长度/mm | ≤40 |
| 肋、壁内残缺长度/mm | ≤40 |
| 完整面不得少于 | 一条面或一大面 |

表 8-4　蒸压煤灰砖的外观质量

| 外观质量 | 蒸压煤灰砖 |
| --- | --- |
| 缺棱、掉角的个数/个 | ≤2 |
| 缺棱、掉角的 3 个方向投影尺寸的最大值/mm | ≤15 |
| 裂纹延伸的投影尺寸累计/mm | ≤20 |

烧结普通砖、烧结多孔砖和多孔砌块、烧结空心砖和空心砌块、蒸压粉煤灰砖的尺寸偏差应符合表 8-5 的规定。

表 8-5　砖的尺寸允许偏差　　单位：mm

| 砖品种 | 公称尺寸 | 技术指标 | |
|---|---|---|---|
| | | 样本平均偏差 | 样本极差≤ |
| 烧结普通砖 | 240 | ±2.0 | 6 |
| | 115 | ±1.5 | 5 |
| | 53 | ±1.5 | 4 |
| 烧结多孔砖和多孔砌块 | ＞400 | ±3.0 | 10.0 |
| | 300～400 | ±2.5 | 9.0 |
| | 200～300 | ±2.5 | 8.0 |
| | 100～200 | ±2.0 | 7.0 |
| | ＜100 | ±1.5 | 6.0 |
| 烧结空心砖和空心砌块 | ＞300 | ±3.0 | 7.0 |
| | 200～300 | ±2.5 | 6.0 |
| | 100～200 | ±2.0 | 5.0 |
| | ＜100 | ±1.7 | 4.0 |
| 蒸压粉煤灰砖 | 长 | +2，−1 | |
| | 宽 | ±2 | |
| | 高 | +2，−1 | |

烧结普通砖、烧结多孔砖和多孔砌块、烧结空心砖和空心砌块、蒸压粉煤灰砖的强度等级应符合表 8-6～表 8-9 的规定。

表 8-6　烧结普通砖的强度等级　　单位：MPa

| 砖品种 | 强度等级 | 抗压强度平均值 | 强度标准值 $f_k$ | 备　注 |
|---|---|---|---|---|
| 烧结普通砖 | MU30 | ≥30.0 | ≥22.0 | $f_k = \overline{f} - 1.83S$ |
| | MU25 | ≥25.0 | ≥18.0 | |
| | MU20 | ≥20.0 | ≥14.0 | |
| | MU15 | ≥15.0 | ≥10.0 | |
| | MU10 | ≥10.0 | ≥6.5 | |

表 8-7　烧结多孔砖和多孔砌块的强度等级　　单位：MPa

| 砖品种 | 强度等级 | 抗压强度平均值 | 强度标准值 $f_k$ | 备　注 |
|---|---|---|---|---|
| 烧结多孔砖和多孔砌块 | MU30 | ≥30.0 | ≥22.0 | $f_k = \overline{f} - 1.83S$ |
| | MU25 | ≥25.0 | ≥18.0 | |
| | MU20 | ≥20.0 | ≥14.0 | |
| | MU15 | ≥15.0 | ≥10.0 | |
| | MU10 | ≥10.0 | ≥6.5 | |

表 8-8　烧结空心砖和空心砌块的强度等级　　单位：MPa

| 砖品种 | 强度等级 | 抗压强度平均值 | 变异系数 $\delta \leqslant 0.21$ | 变异系数 $\delta > 0.21$ | 备　注 |
|---|---|---|---|---|---|
| | | | 强度标准值 $f_k$ | 单块最小抗压强度值 $f_{min}$ | |
| 烧结空心砖和空心砌块 | MU10 | ≥10.0 | ≥7.0 | ≥8.0 | $f_k = \overline{f} - 1.83S$ |
| | MU7.5 | ≥7.5 | ≥5.0 | ≥5.8 | |
| | MU5.0 | ≥5.0 | ≥3.5 | ≥4.0 | |
| | MU3.5 | ≥3.5 | ≥2.5 | ≥2.8 | |

表 8-9　粉煤灰砖的强度等级　　单位：MPa

| 砖品种 | 强度等级 | 抗压强度 | | 抗折强度 | |
|---|---|---|---|---|---|
| | | 平均值 | 单块最小值 | 平均值 | 单块最小值 |
| 粉煤灰砖 | MU10 | ≥10.0 | ≥8.0 | ≥2.5 | ≥2.0 |
| | MU15 | ≥15.0 | ≥12.0 | ≥3.7 | ≥3.0 |
| | MU20 | ≥20.0 | ≥16.0 | ≥4.0 | ≥3.2 |
| | MU25 | ≥25.0 | ≥20.0 | ≥4.5 | ≥3.6 |
| | MU30 | ≥30.0 | ≥24.0 | ≥4.8 | ≥3.8 |

烧结多孔砖和多孔砌块、烧结空心砖和空心砌块的密度等级应符合表 8-10、表 8-11 的规定。

表 8-10　烧结多孔砖和多孔砌块的密度等级

| 密度等级 | | 3 块砖或砌块干燥表观密度平均值/（$kg/m^3$） |
|---|---|---|
| 砖 | 砌块 | |
| — | 900 | ≤900 |
| 1 000 | 1 000 | 900～1 000 |
| 1 100 | 1 100 | 1 000～1 100 |
| 1 200 | 1 200 | 1 100～1 200 |
| 1 300 | — | 1 200～1 300 |

表 8-11　烧结空心砖和空心砌块的密度等级

| 密度等级 | 5 块砖体积密度平均值/（$kg/m^3$） |
|---|---|
| 800 | ≤800 |
| 900 | 801～900 |
| 1 000 | 901～1 000 |
| 1 100 | 1 001～1 100 |

烧结普通砖、烧结多孔砖和多孔砌块、烧结空心砖和空心砌块的抗冻性能应符合表 8-12 的规定。

表 8-12　烧结普通砖、烧结多孔砖和多孔砌块、烧结空心砖和空心砌块的抗冻性能

| 项目 | 烧结普通砖 | 烧结多孔砖和多孔砌块 | 烧结空心砖和空心砌块 |
|---|---|---|---|
| 抗冻性能 | ① 冻融试验后，每块砖不允许出现裂纹、分层、掉皮、缺棱、掉角等冻坏现象。<br>② 冻后裂纹长度不大于表 8-1 中裂纹长度的规定 | 冻融试验后，每块砖不允许出现裂纹、分层、掉皮、缺棱、掉角等冻坏现象 | ① 冻融试验后，每块砖不允许出现分层、掉皮、缺棱、掉角等冻坏现象。<br>② 冻后裂纹长度不大于表 8-3 中裂纹长度的规定 |

粉煤灰砖的线性干燥收缩值应小于或等于 0.50 mm/m。粉煤灰砖的碳化性能应满足：碳化系数 $K_c \geqslant 0.85$。粉煤灰砖的吸水率应不大于 20%。粉煤灰砖的抗冻性能应符合表 8-13 的规定。

表 8-13　粉煤灰砖的抗冻性能

| 使用地区 | 抗冻指标 | 抗压强度损失率/% | 质量损失率/% |
|---|---|---|---|
| 夏热冬暖地区 | D15 | ≤25 | ≤5 |
| 夏热冬冷地区 | D25 | | |
| 寒冷地区 | D35 | | |
| 严寒地区 | D50 | | |

烧结普通砖、烧结多孔砖和多孔砌块、烧结空心砖和空心砌块的泛霜性能应符合表 8-14 的规定。

表 8-14　烧结普通砖、烧结多孔砖和多孔砌块、烧结空心砖和空心砌块的泛霜性能

| 项目 | 技术指标 |
|---|---|
| 泛霜性能 | 不允许出现严重泛霜 |

烧结普通砖、烧结多孔砖和多孔砌块、烧结空心砖和空心砌块的石灰爆裂允许范围应符合表 8-15 的规定。

表 8-15　烧结普通砖、烧结多孔砖和多孔砌块、烧结空心砖和空心砌块石灰爆裂允许范围

| 项目 | 烧结普通砖 | 烧结多孔砖和多孔砌块 | 烧结空心砖和空心砌块 |
|---|---|---|---|
| 石灰爆裂 | ① 2 mm＜破坏尺寸≤15 mm 的爆裂区域每组砖样不得多于 15 处。其中大于 10 mm 的不得多于 7 处。<br>② 不允许出现最大破坏尺寸小于 15 mm 的爆裂区域。<br>③ 试验后抗压强度损失不得大于 5 MPa | ① 2 mm＜破坏尺寸≤15 mm 的爆裂区域每组砖样不得多于 15 处。其中大于 10 mm 的不得多于 7 处。<br>② 不允许出现最大破坏尺寸大于 15 mm 的爆裂区域 | ① 2 mm＜破坏尺寸≤15 mm 的爆裂区域每组砖样不得多于 15 处。其中大于 10 mm 的不得多于 7 处。<br>② 不允许出现最大破坏尺寸大于 15 mm 的爆裂区域 |

### 8.1.1　砌墙砖抗压强度检测

抗压强度是砌墙砖的一项重要指标，是评定砌墙砖强度等级的依据。本节重点介绍现行国家标准《烧结普通砖》（GB/T 5101）、《烧结多孔砖和多孔砌块》（GB/T 13544）、

《烧结空心砖和空心砌块》（GB/T 13545）中对砌墙砖强度等级的划分与检测要求。烧结普通砖、烧结多孔砖和多孔砌块、烧结空心砖和空心砌块的强度等级试验按现行国家标准《砌墙砖试验方法》（GB/T 2542）规定的方法进行。

#### 8.1.1.1 试验依据与环境要求

1）试验依据

现行国家标准《砌墙砖试验方法》（GB/T 2542）。

2）环境要求

实验室环境：室温。

#### 8.1.1.2 主要仪器设备

材料试验机：示值误差应不大于±1%，其上、下加压板至少有一个球铰支座，预期破坏荷载应在量程的20%～80%。

钢直尺：分度值不应大于1 mm。

切割机。

振动台、制样模具、搅拌机：应符合现行国家标准《砌墙砖抗压强度试样制备设备通用要求》（GB/T 25044）的要求。

抗压强度试验用净浆材料：应符合现行国家标准《砌墙砖抗压强度试验用净浆材料》（GB/T 25183）的要求。

#### 8.1.1.3 样品制备

1）样品数量

试验数量为10块。

2）试样制作

一次成型制样按以下步骤进行：

（1）一次成型制样适用于采用样品中间部位切割，交错叠加灌浆制成强度试验试样的方式。

（2）将试样锯成两个半截砖，两个半截砖用于叠合部分的长度不得小于100 mm，若不足100 mm，应另取备用试样补足。

（3）将已切割开的半截砖放入室温的净水中浸20～30 min后取出，在铁丝网架上滴水20～30 min，断口相反方向装入制样模具中（图8-1）。用插板控制两个半截砖间距不应大于5 mm，砖大面与模具间距不应大于3 mm，砖断面、顶面与模具间垫以橡胶垫或其他密封材料，模具内表面涂油或脱模剂。

（4）将净浆材料按照配制要求，置于搅拌机中搅拌。

（5）将装好试样的模具置于振动台上，加入适量搅拌均匀的净浆材料，振动时间为0.5～1 min，停止振动，静置至净浆材料达到初凝时间（15～19 min）后拆模。

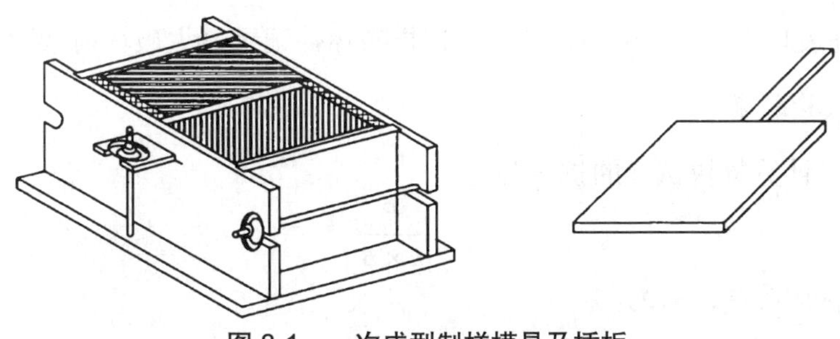

图 8-1 一次成型制样模具及插板

二次成型制样适用于采用整块样品上、下表面灌浆制成强度试验试样的方式，按以下步骤进行：

（1）将整块试样放入室温的净水中浸 20～30 min 后取出，在铁丝网架上滴水 20～30 min。

（2）按照净浆材料配制要求，置于搅拌机中搅拌均匀。

（3）模具内表面涂油或脱模剂，加入适量搅拌均匀的净浆材料，将整块试样一个承压面与净浆接触，装入制样模具中，承压面找平层厚度不大于 3 mm。接通振动电源，振动 0.5～1 min，停止振动，静置至净浆初凝（15～19 min）后拆模。按同样方式完成整块试样另一承压面的找平。二次成型制样模具如图 8-2 所示。

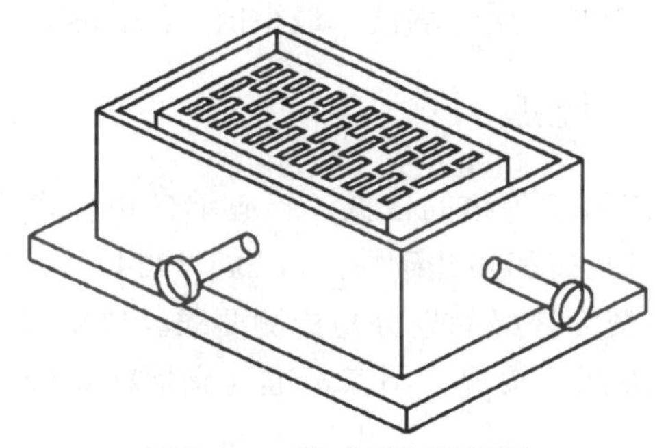

图 8-2 二次成型制样模具

非成型制样适用于试样无须进行表面找平处理制样的方式，按以下步骤进行：

（1）将试样锯成两个半截砖，两个半截砖用于叠合部分的长度不得小于 100 mm，如果不足 100 mm，应另取备用试样补足。

（2）两半截砖切断口相反叠放，叠合部分不得小于 100 mm。

3）试件养护

（1）一次成型制样、二次成型制样在不低于 10℃的不通风室内养护 4 h。

（2）非成型试样不需要养护，试样气干状态直接进行试验。

#### 8.1.1.4 试验步骤

（1）测量每个试样连接面或受压面的长、宽尺寸各两个，分别取其平均值，精确至 1 mm。

（2）将试样平放在加压板的中央，垂直于受压面加荷，应均匀平稳，不得发生冲击或振动。加荷速度以 2～6 kN/s 为宜，直至试样破坏，记录最大破坏荷载 $P$。

#### 8.1.1.5 试验结果

按式（8-1）计算每块试样的抗压强度：

$$R_p = \frac{P}{L \times B} \tag{8-1}$$

式中：$R_p$——抗压强度，MPa；

$P$——最大破坏荷载，N；

$L$——受压面的长度，mm；

$B$——受压面的宽度，mm。

试验结果以试样抗压强度的算术平均值和平均值或单块最小值表示。

具体判定方法要符合相应产品规范的要求。

现行国家标准《烧结普通砖》（GB/T 5101）：加荷速度为（5±0.5）kN/s，抗压强度以平均值和标准值来评定。

现行国家标准《烧结多孔砖和多孔砌块》（GB/T 13544）：抗压强度以平均值和标准值来评定。

现行国家标准《烧结空心砖和空心砌块》（GB/T 13545）：当 $\delta \leqslant 0.21$ 时，用平均值—标准值方法评定；当 $\delta > 0.21$ 时，用平均值—最小值方法评定。

### 8.1.2 砌墙砖体积密度检测

体积密度是评定砌墙砖密度等级的依据，指砌墙砖单位表观体积的质量。本节重点介绍现行国家标准《烧结多孔砖和多孔砌块》（GB/T 13544）、《烧结空心砖和空心砌块》（GB/T 13545）中对砌墙砖密度等级的划分与检测要求。烧结多孔砖和多孔砌块、烧结空心砖和空心砌块的密度等级试验按现行国家标准《砌墙砖试验方法》（GB/T 2542）规定的方法进行。

#### 8.1.2.1 试验依据与环境要求

1）试验依据

现行国家标准《砌墙砖试验方法》（GB/T 2542）。

2）环境要求

实验室环境：室温。

#### 8.1.2.2 主要仪器设备

鼓风干燥箱：最高温度 200℃。

台秤：分度值不大于 5 g。

钢直尺：分度不大于 1 mm。

砖用卡尺：分度值为 0.5 mm。

#### 8.1.2.3　样品制备

试样数量为5块，所取试样应外观完整。

#### 8.1.2.4　试验步骤

清理试样表面，然后将试样置于（105±5）℃鼓风干燥箱至恒量（在干燥过程中，前后两次称量相差不超过0.2%，前后两次称量时间间隔为2 h），称其质量$m$，并检查外观情况，不得有缺棱、掉角等破损。若有破损者，须换取备用试样。将干燥后的试样测量长、宽、高尺寸各两个，分别取其平均值。

#### 8.1.2.5　试验结果

每块试样的体积密度（$\rho$）按式（8-2）计算：

$$\rho = \frac{m}{L \cdot B \cdot H} \times 10^9 \tag{8-2}$$

式中：$\rho$——体积密度，$kg/m^3$；

$m$——试样质量，kg；

$L$——试样长度，mm；

$B$——试样宽度，mm；

$H$——试样高度，mm。

试验结果以试样体积密度的算术平均值表示。

### 8.1.3　砌墙砖抗冻性能检测

冻融试验用于评价砌墙砖抗冻性能，以确定其在寒冷地区或者寒冷条件下使用的适应性和耐久性。本节重点介绍现行国家标准《烧结普通砖》（GB/T 5101）、《烧结多孔砖和多孔砌块》（GB/T 13544）、《烧结空心砖和空心砌块》（GB/T 13545）中对砌墙砖抗冻性能检测的相关要求。烧结普通砖、烧结多孔砖和多孔砌块、烧结空心砖和空心砌块的抗冻性能试验按现行国家标准《砌墙砖试验方法》（GB/T 2542）规定的方法进行。

#### 8.1.3.1　试验依据与环境要求

1）试验依据

现行国家标准《砌墙砖试验方法》（GB/T 2542）。

2）环境要求

实验室环境：室温。

#### 8.1.3.2　主要仪器设备

低温箱或冷冻室：放入试样后，箱（室）内温度可调至−20℃或−20℃以下。

水槽：保持槽中水温10～20℃为宜。

台秤：分度值不大于5 g。

电热鼓风干燥箱：最高温度200℃。

抗压强度试验机：示值误差不大于±1%，其上、下加压板至少有一个球铰支座，预期破坏荷载应为量程的 20%～80%。

8.1.3.3　样品制备

试样数量为 10 块，其中 5 块用于冻融试验，5 块用于未冻融强度对比试验。

8.1.3.4　试验步骤

用毛刷清理试样表面后，将试样放入鼓风干燥箱中，在（105±5）℃下干燥至恒量（在干燥过程中，前后两次称量相差不超过 0.2%，前后两次称量时间间隔为 2 h），称其质量 $m_0$，并检查外观，将缺棱、掉角和裂纹做好标记。

将试样浸在 10～20℃的水中，24 h 后取出，用湿布拭去表面水分，以大于 20 mm 的间距大面侧向立放于预先降温至−15℃以下的冷冻箱中。

当箱内温度再降至−15℃时开始计时，在−15～−20℃下冰冻：烧结砖冻 3 h，非烧结砖冻 5 h。然后取出放入 10～20℃的水中融化：烧结砖 2 h，非烧结砖 3 h。如此为一次冻融循环。

每 5 次冻融循环，检查一次冻融过程中出现的破坏情况，如冻裂、缺棱、掉角、剥落等。

经冻融循环后的试样，放入电热鼓风干燥箱中，在（105±5）℃下干燥至恒量，称其质量 $m_1$。

若试件在冻融过程中，发现试件呈明显破坏状态，应停止本组样品的冻融试验，并记录冻融次数，判定本组样品冻融试验不合格。

干燥后的试样和未经冻融的强度对比试样按 8.1.1 的规定进行抗压强度试验。

8.1.3.5　试验结果

外观结果：15 次冻融循环后，检查并记录试样在冻融过程中的冻裂长度、缺棱、掉角和剥落等破坏情况。

强度损失率（$P_m$）按式（8-3）计算：

$$P_m = \frac{P_0 - P_1}{P_0} \times 100\% \tag{8-3}$$

式中：$P_m$——强度损失率，%；

$P_0$——试样冻融前强度，MPa；

$P_1$——试样冻融后强度，MPa。

质量损失率（$G_m$）按式（8-4）计算：

$$G_m = \frac{m_0 - m_1}{m_0} \times 100\% \tag{8-4}$$

式中：$G_m$——质量损失率，%；

$m_0$——试样冻融前干质量，g；

$m_1$——试样冻融后干质量，g。

试验结果以试样冻融后抗压强度或抗压强度损失率、冻融后质量外观或质量损失率表示与评定。

## 8.2　砌　　块

砌块是指砌筑用的人造块材，外形多为直角六面体，也有各种异形的。砌块按用途分为承重砌块与非承重砌块；按有无空洞分为实心砌块与空心砌块；按使用原材料分为硅酸盐混凝土砌块与轻骨料混凝土砌块；按生产工艺分为烧结砌块与蒸压蒸养砌块；按产品规格分为大、中型砌块和小型砌块。目前，常用的砌块有普通混凝土小型空心砌块、蒸压加气混凝土砌块、粉煤灰混凝土小型空心砌块、轻骨料混凝土小型空心砌块。

普通混凝土砌块是以水泥、矿物掺合料、砂、石、水等为原材料，经搅拌、振动成型、养护等工艺制成的小型砌块，包括空心砌块和实心砌块。

凡以钙质材料和硅质材料为基本原料（如水泥、水淬矿渣、粉煤灰、石灰、石膏等），经磨细，以铝粉为发气材料（发气剂），按一定比例配合，再经过料浆浇注、发气成型、坯体切割、蒸压养护等工艺制成的一种轻质、多孔、块状墙体材料称为蒸压加气混凝土砌块。

粉煤灰混凝土小型空心砌块是以粉煤灰、水泥、各种轻重骨料、水为主要组分（也可以加入外加剂等），拌和制成的小型空心砌块。

轻集料混凝土砌块是用轻粗集料、轻砂（或普通砂）、水泥和水等原材料配制而成的干表观密度不大于 1 950 kg/m$^3$ 的轻集料混凝土制成的砌块。

砌块的技术指标包括外观质量、尺寸偏差、强度等级、密度、抗冻性、吸水率、干燥收缩、碳化系数、软化系数、导热系数、放射性等。普通混凝土小型空心砌块、蒸压加气混凝土砌块、粉煤灰混凝土小型空心砌块、轻集料混凝土小型空心砌块的外观质量应符合表 8-16～表 8-19 的规定。

**表 8-16　普通混凝土小型空心砌块的外观质量**

<table>
<tr><th>产品类别</th><th colspan="2">项目名称</th><th>技术指标</th></tr>
<tr><td rowspan="4">普通混凝土小型空心砌块</td><td rowspan="2">缺棱、掉角</td><td>个数，不多于/个</td><td>1</td></tr>
<tr><td>3 个方向投影的最小值，不大于/mm</td><td>20</td></tr>
<tr><td colspan="2">裂缝延伸段投影的累计尺寸，不大于/mm</td><td>30</td></tr>
<tr><td colspan="2">弯曲，不大于/mm</td><td>2</td></tr>
</table>

**表 8-17　蒸压加气混凝土砌块的外观质量**

<table>
<tr><th>产品类别</th><th colspan="2">项目名称</th><th>Ⅰ型</th><th>Ⅱ型</th></tr>
<tr><td rowspan="3">蒸压加气混凝土砌块</td><td rowspan="3">缺棱、掉角</td><td>最小尺寸，不大于/mm</td><td>10</td><td>30</td></tr>
<tr><td>最大尺寸，不大于/mm</td><td>20</td><td>70</td></tr>
<tr><td>3 个方向尺寸之和不大于 120 mm 的掉角个数，不多于/个</td><td>0</td><td>2</td></tr>
</table>

续表

| 产品类别 | 项目名称 | | Ⅰ型 | Ⅱ型 |
| --- | --- | --- | --- | --- |
| 蒸压加气混凝土砌块 | 裂纹长度 | 裂纹长度/mm | 0 | 70 |
| | | 任意面不大于 70 mm 的裂纹条数/条 | 0 | 1 |
| | | 每块裂纹总数，不多于/条 | 0 | 2 |
| | 损坏深度，不大于/mm | | 0 | 10 |
| | 表面疏松、层裂、表面油污 | | 无 | 无 |
| | 平面弯曲，不大于/mm | | 1 | 2 |
| | 直角度，不大于/mm | | 1 | 2 |

**表 8-18 粉煤灰混凝土小型空心砌块的外观质量**

| 产品类别 | 项目名称 | | 技术指标 |
| --- | --- | --- | --- |
| 粉煤灰混凝土小型空心砌块 | 最小外壁厚，不小于/mm | 用于承重墙体 | 30 |
| | | 用于非承重墙体 | 20 |
| | 肋厚，不小于/mm | 用于承重墙体 | 25 |
| | | 用于非承重墙体 | 15 |
| | 缺棱、掉角 | 个数，不多于/个 | 2 |
| | | 3 个方向投影的最小值，不大于/mm | 20 |
| | 裂缝延伸段投影的累计尺寸，不大于/mm | | 20 |
| | 弯曲，不大于/mm | | 2 |

**表 8-19 轻集料混凝土小型空心砌块的外观质量**

| 产品类别 | 项目名称 | | 技术指标 |
| --- | --- | --- | --- |
| 轻集料混凝土小型空心砌块 | 最小外壁厚，不小于/mm | 用于承重墙体 | 30 |
| | | 用于非承重墙体 | 20 |
| | 肋厚，不小于/mm | 用于承重墙体 | 25 |
| | | 用于非承重墙体 | 20 |
| | 缺棱、掉角 | 个数，不多于/块 | 2 |
| | | 3 个方向投影的最小值，不大于/mm | 20 |
| | 裂缝延伸段投影的累计尺寸，不大于/mm | | 30 |

普通混凝土小型空心砌块、蒸压加气混凝土砌块、粉煤灰混凝土小型空心砌块、轻集料混凝土小型空心砌块的尺寸偏差应符合表 8-20～表 8-23 的规定。

**表 8-20 普通混凝土小型空心砌块尺寸偏差** 单位：mm

| 产品类别 | 项目名称 | 技术指标 |
| --- | --- | --- |
| 普通混凝土小型空心砌块 | 长 | ±2 |
| | 宽 | ±2 |
| | 高 | +3，−2 |

表 8-21　蒸压加气混凝土砌块尺寸偏差　　单位：mm

| 产品类别 | 项目名称 | Ⅰ型 | Ⅱ型 |
| --- | --- | --- | --- |
| 蒸压加气混凝土砌块 | 长 | ±3 | ±4 |
| | 宽 | ±1 | ±2 |
| | 高 | ±1 | ±2 |

表 8-22　粉煤灰混凝土小型空心砌块尺寸偏差　　单位：mm

| 产品类别 | 项目名称 | 技术指标 |
| --- | --- | --- |
| 粉煤灰混凝土小型空心砌块 | 长 | ±2 |
| | 宽 | ±2 |
| | 高 | ±2 |

表 8-23　轻集料混凝土小型空心砌块尺寸偏差　　单位：mm

| 产品类别 | 项目名称 | 技术指标 |
| --- | --- | --- |
| 轻集料混凝土小型空心砌块 | 长 | ±3 |
| | 宽 | ±3 |
| | 高 | ±3 |

普通混凝土小型空心砌块、蒸压加气混凝土砌块、粉煤灰混凝土小型空心砌块、轻集料混凝土小型空心砌块的强度等级应符合表 8-24 的规定。

表 8-24　强度等级　　单位：MPa

| 产品类别 | 强度等级 | 抗压强度平均值 $f$≥ | 单块最小抗压强度值 $f_{min}$≥ |
| --- | --- | --- | --- |
| 普通混凝土小型空心砌块 | MU5.0 | 5.0 | 4.0 |
| | MU7.5 | 7.5 | 6.0 |
| | MU10 | 10.0 | 8.0 |
| | MU15 | 15.0 | 12.0 |
| | MU20 | 20.0 | 16.0 |
| | MU25 | 25.0 | 20.0 |
| | MU30 | 30.0 | 24.0 |
| | MU35 | 35.0 | 28.0 |
| | MU40 | 40.0 | 32.0 |
| 蒸压加气混凝土砌块 | A1.5 | 1.5 | 1.2 |
| | A2.0 | 2.0 | 1.7 |
| | A2.5 | 2.5 | 2.7 |
| | A3.5 | 3.5 | 3.0 |
| | A5.0 | 5.0 | 4.2 |
| 粉煤灰混凝土小型空心砌块 | MU3.5 | 3.5 | 2.8 |
| | MU5.0 | 5.0 | 4.0 |
| | MU7.5 | 7.5 | 6.0 |
| | MU10 | 10.0 | 8.0 |
| | MU15 | 15.0 | 12.0 |
| | MU20 | 20.0 | 16.0 |

续表

| 产品类别 | 强度等级 | 抗压强度平均值 $f$≥ | 单块最小抗压强度值 $f_{min}$≥ |
|---|---|---|---|
| 轻集料混凝土小型空心砌块 | MU2.5 | 2.5 | 2.0 |
| | MU3.5 | 3.5 | 2.8 |
| | MU5.0 | 5.0 | 4.0 |
| | MU7.5 | 7.5 | 6.0 |
| | MU10.0 | 10.0 | 8.0 |

蒸压加气混凝土砌块的干密度、粉煤灰混凝土小型空心砌块的密度等级、轻集料混凝土小型空心砌块的密度等级应符合表 8-25～表 8-27 的规定。

**表 8-25　蒸压加气混凝土砌块的干密度**

| 强度等级 | 抗压强度/MPa | | 干密度级别 | 平均干密度/（kg/m³） |
|---|---|---|---|---|
| | 平均值 | 最小值 | | |
| A1.5 | ≥1.5 | ≥1.2 | B03 | ≤350 |
| A2.0 | ≥2.0 | ≥1.7 | B04 | ≤450 |
| A2.5 | ≥2.5 | ≥2.7 | B04 | ≤450 |
| | | | B05 | ≤550 |
| A3.5 | ≥3.5 | ≥3.0 | B04 | ≤450 |
| | | | B05 | ≤550 |
| | | | B06 | ≤650 |
| A5.0 | ≥5.0 | ≥4.2 | B05 | ≤550 |
| | | | B06 | ≤650 |
| | | | B07 | ≤750 |

**表 8-26　粉煤灰混凝土小型空心砌块的密度等级**

| 密度等级 | 砌块块体密度范围/（kg/m³） |
|---|---|
| 600 | ≤600 |
| 700 | 610～700 |
| 800 | 710～800 |
| 900 | 810～900 |
| 1 000 | 910～1 000 |
| 1 200 | 1 010～1 200 |
| 1 400 | 1 210～1 400 |

**表 8-27　轻集料混凝土小型空心砌块的密度等级**

| 密度等级 | 砌块块体密度范围/（kg/m³） |
|---|---|
| 700 | 610～700 |
| 800 | 710～800 |
| 900 | 810～900 |
| 1 000 | 910～1 000 |
| 1 100 | 1 010～1 100 |

续表

| 密度等级 | 砌块块体密度范围/（$kg/m^3$） |
|---|---|
| 1 200 | 1 110～1 200 |
| 1 300 | 1 210～1 300 |
| 1 400 | 1 310～1 400 |

普通混凝土小型空心砌块的抗冻性、应用于墙体的蒸压加气混凝土砌块、粉煤灰混凝土小型空心砌块、轻集料混凝土小型空心砌块的抗冻性应符合表 8-28～表 8-31 的规定。

**表 8-28　普通混凝土小型空心砌块的抗冻性**

| 使用条件 | 抗冻指标 | 质量损失率/% | 强度损失率/% |
|---|---|---|---|
| 夏热冬暖地区 | D15 | 平均值≤5<br>单块最大值≤10 | 平均值≤20<br>单块最大值≤30 |
| 夏热冬冷地区 | D25 | | |
| 寒冷地区 | D35 | | |
| 严寒地区 | D50 | | |

**表 8-29　蒸压加气混凝土砌块的抗冻性**

| 体积密度等级 | | A2.5 | A3.5 | A5.0 |
|---|---|---|---|---|
| 抗冻性 | 冻后质量平均值损失/% | ≤5.0 | | |
| | 冻后强度平均值损失/% | ≤20 | | |

**表 8-30　粉煤灰混凝土小型空心砌块的抗冻性**

| 使用条件 | 抗冻指标 | 质量损失率/% | 强度损失率/% |
|---|---|---|---|
| 夏热冬暖地区 | F15 | ≤5 | ≤20 |
| 夏热冬冷地区 | F25 | | |
| 寒冷地区 | F35 | | |
| 严寒地区 | F50 | | |

**表 8-31　轻集料混凝土小型空心砌块的抗冻性**

| 使用条件 | 抗冻指标 | 质量损失率/% | 强度损失率/% |
|---|---|---|---|
| 温和与夏热冬暖地区 | D15 | ≤5 | ≤20 |
| 夏热冬冷地区 | D25 | | |
| 寒冷地区 | D35 | | |
| 严寒地区 | D50 | | |

普通混凝土小型空心砌块中 L 类砌块的吸水率应不大于 10%，N 类砌块的吸水率应不大于 14%。轻集料混凝土小型空心砌块的吸水率应不大于 18%。

普通混凝土小型空心砌块中 L 类砌块的线性干燥收缩值应不大于 0.45 mm/m，N 类砌块的线性干燥收缩值应不大于 0.65 mm/m。蒸压加气混凝土砌块的干燥收缩值应不大于 0.50 mm/m。

蒸压加气混凝土砌块的导热系数（干态）应符合表 8-32 的规定。

表 8-32 蒸压加气混凝土砌块的导热系数

| 体积密度等级 | B03 | B04 | B05 | B06 | B07 |
| --- | --- | --- | --- | --- | --- |
| 导热系数（干态），不大于/［W/（m·K）］ | 0.10 | 0.12 | 0.14 | 0.16 | 0.18 |

### 8.2.1 砌块抗压强度检测

普通混凝土小型空心砌块、粉煤灰混凝土小型空心砌块、轻集料混凝土小型空心砌块的抗压强度检测按现行国家标准《混凝土砌块和砖试验方法》（GB/T 4111）执行。

#### 8.2.1.1 试验依据与环境要求

1）试验依据

现行国家标准《混凝土砌块和砖试验方法》（GB/T 4111）。

2）环境要求

实验室环境：温度（20±5）℃、相对湿度（50±15）%。

#### 8.2.1.2 主要仪器设备

材料试验机：示值相对误差不超过±1%，其量程选择应能使试件的预期破坏荷载落在满量程的 20%～80%，试验机的上、下压板应有一端为球铰支座，可随意转动。

辅助压板：长度、宽度分别应至少比试件的长度、宽度大 6 mm，厚度应不小于 20 mm；辅助压板经加热处理后的表面硬度应不小于 60 HRC，平面度公差应小于 0.12 mm。

试件制备平台：应平整、水平，使用前要用水平仪检验找平，其长度方向范围内的平面度应不大于 0.1 mm，可用金属或其他材料制作。

钢直尺：精度 1 mm。

直角靠尺：应有一端长度不小于 120 mm，分度值为 1 mm。

玻璃平板：厚度不小于 6 mm，面积应比试件承压面大。

水平仪：规格为 250～500 mm。

#### 8.2.1.3 样品制备

试件数量为 5 个。

用于制作试件的试样应尺寸完整。若侧面有凸出或不规则的肋，需先做切除处理，以保证制作的抗压强度试件四周侧面平整，块体孔洞四周应被混凝土壁或肋完全封闭。制作出来的抗压强度试件应是由一个或多个孔洞组成的直角六面体，并保证承压面百分之百完整。对于混凝土小型空心砌块，当其端面（砌筑时的竖灰缝位置）带有深度不大于 8 mm 的肋或槽时，可不做切除或磨平处理。试件的长度尺寸仍取砌块的实际长度尺寸。

试件应在温度（20±5）℃、相对湿度（50±15）%的环境下调至恒重后，方可进行抗压强度试件制作。试样散放在实验室时，可叠层码放，孔应平行于地面，试件之间的间隔应不小于 15 mm。若需提前进行抗压强度试验，可使用电风扇加快实验室内空气流动速度。当试样 2 h 后的质量损失不超过前次质量的 0.2%，且在试样表面用肉眼观察不到有水分或潮湿现象时，可认为试样已恒重。不允许采用烘干箱干燥试样。

高宽比（$H/B$）的计算：计算试样在实际使用状态下的承压高度（$H$）与最小水平尺寸（$B$）之比，即试样的高宽比（$H/B$）。当 $H/B \geqslant 0.6$ 时，可直接进行试件制备；当 $H/B \leqslant 0.6$ 时，则需采取叠块方法进行试件制备。

1）当 $H/B \geqslant 0.6$ 时的试件制备

在试件制备平台上先薄薄地涂一层机油或铺一层湿纸，将搅拌好的找平材料均匀摊铺在试件制备平台上，找平材料层的长度和宽度应略大于试件的长度和宽度。

选定试样的铺浆面作为承压面，把试样的承压面压入找平材料层，用直角靠尺来调控试样的垂直度。坐浆后的承压面至少与两个相邻侧面成90°。找平材料层厚度应不大于3 mm。

当承压面的水泥砂浆找平材料终凝后2 h或高强石膏找平材料终凝后20 min，将试样翻身，按上述方法进行另一面的坐浆。试样压入找平材料层后，除坐浆后的承压面至少与两个相邻侧面成90°外，需同时用水平仪调控上表面至水平。

为节省试件制作时间，可在试样承压面处理后立即在向上的一面铺设找平材料。压上事先涂油的玻璃平板，边压边观察试样上承压面的找平材料层，将气泡全部排除，并用直角靠尺使坐浆后的承压面至少与两个相邻侧面成90°，用水平尺将上承压面调至水平。上、下两层找平材料层的厚度应不大于3 mm。

2）当 $H/B \leqslant 0.6$ 时的试件制备

将同批次、同规格尺寸、开孔结构相同的两块试样，先用找平材料将它们重叠黏结在一起。黏结时，需用水平仪和直角靠尺进行调控，以保持试件的4个侧面中至少有两个相邻侧面是平整的。黏结后的试件应满足：

——黏结层厚度不大于3 mm。

——两块试样的开孔基本对齐。

——当试样的壁和肋厚度上下不一致时，重叠黏结时应是壁和肋厚度薄的一端，与另一块壁和肋厚度厚的一端对接。当黏结两块块材试样的找平材料终凝2 h后，再进行试件两个承压面的找平。

制作完成的试件，测量试件的高度，若4个读数的极差大于3 mm，试件需重新制备。

#### 8.2.1.4 试验步骤

（1）将制备好的试件放置在（20±5）℃、相对湿度（50±15）%的实验室内养护。找平和黏结材料采用快硬硫铝酸盐水泥砂浆制备的试件，1 d后方可进行抗压强度试验；找平和黏结材料采用高强石膏粉制备的试件，2 h后可进行抗压强度试验；找平和黏结材料采用普通硅酸盐水泥砂浆制备的试件，3 d后进行抗压强度试验。

（2）测量每个试件承压面的长度 $L$ 和宽度 $B$，分别求出各方向的平均值，精确至1 mm。

（3）将试件置于试验机下承压板上，尽量保证试件的重心与试验机压板的压力中心重合。除需特意将试件的开孔方向置于水平外，试验时块材的开孔方向应与试验机加压方向一致。实心块材测试时，摆放的方向需与实际使用时一致。

（4）试验机加荷应均匀平稳，不应发生冲击或振动。加荷速度以 4～6 kN/s 为宜，均匀加荷至试件破坏，记录最大破坏荷载 $P$。

8.2.1.5　试验结果

单个试件的抗压强度 $f$ 按式（8-5）计算（精确至 0.01 MPa）：

$$f=\frac{P}{L\times B} \tag{8-5}$$

式中：$f$——试件的抗压强度，MPa；

$P$——破坏荷载，N；

$L$——承压面的长度，mm；

$B$——承压面的宽度，mm。

试验结果用 5 个试件抗压强度的算术平均值和单块最小值表示，精确至 0.1 MPa。

蒸压加气混凝土砌块的抗压强度检测按现行国家标准《蒸压加气混凝土性能试验方法》（GB/T 11969）执行。

8.2.1.6　试验依据与环境要求

1）试验依据

现行国家标准《蒸压加气混凝土性能试验方法》（GB/T 11969）。

2）环境要求

试验室环境温度（20±5）℃。

8.2.1.7　主要仪器设备

材料试验机：精度（示值的相对误差）不应低于±2%，量程的选择应能使试件的预期最大破坏荷载处在全量程的 20%～80%。

托盘天平或磅秤：称量 2 000 g，感量 1 g。

电热鼓风干燥箱：最高温度 200℃。

钢板直尺：规格为 300 mm，分度值为 1 mm。

游标卡尺或数显卡尺：规格为 300 mm，分度值为 0.1 mm。

劈裂抗拉钢垫条的直径为 75 mm，如图 8-3 所示。钢垫条与试件之间应垫以木质三合板垫层，垫层宽度应为 15～20 mm，厚 3～4 mm，长度不应短于试件边长，垫层不应重复使用。

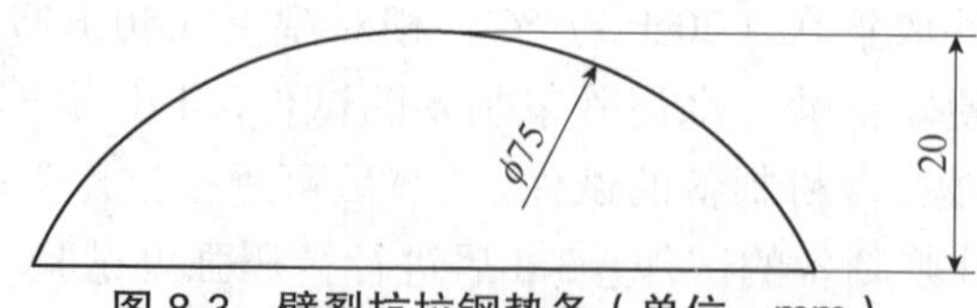

图 8-3　劈裂抗拉钢垫条（单位：mm）

变形测量仪表：精度不应低于 0.001 mm，当使用镜式引伸仪时，允许精度不低于 0.002 mm。

### 8.2.1.8　样品制备

从尺寸允许偏差与外观质量检验合格的砌块中随机抽取砌块，每块制作1组试件，共选择3组进行抗压强度检测。

试件的制备采用机锯，锯切时不应将试件弄湿。

试件应沿制品发气方向中心部分上、中、下顺序锯取一组，“上”块上表面距离制品顶面30 mm，“中”块在制品正中处，“下”块下表面离制品底面30 mm。

试件表面必须平整，不得有裂缝或明显缺陷，尺寸允许偏差为±1 mm，平整度应不大于0.5 mm，垂直度应不大于0.5 mm。试件应逐块编号，从同一块试样中锯切出的试件为同一组试件，用“Ⅰ、Ⅱ、Ⅲ、……”表示组号；当同一组试件有上、中、下位置要求时，以下标“上、中、下”注明试件锯取的位置；当同一组试件没有位置要求，则用下标“1、2、3、……”注明，以区别不同试件；平行试件用“Ⅰ、Ⅱ、Ⅲ、……”加注上标“+”以示区别。试件用“↑”标明发气方向。

以长600 mm、宽250 mm的制品为例，试件锯取部位如图8-4所示。

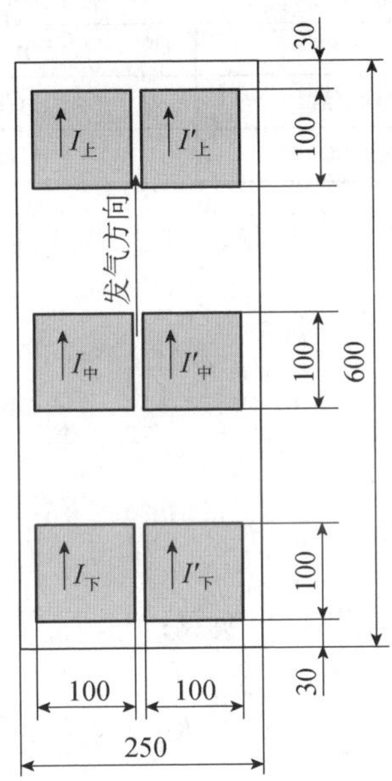


**图8-4　抗压强度试件锯取（单位：mm）**

当一组试件不能在同一块样品中锯取时，可以在同一模的相邻部位采样。

抗压强度试件采用100 mm×100 mm×100 mm立方体试件1组，平行试件1组。

抗压强度在含水率为（10±2）%条件下进行试验。如果含水率超过上述规定范围，宜在（60±5）℃条件下烘至所要求的含水率，并应在室内放置6 h以后进行抗压强度试验。

当受检样品尺寸不能满足抗压强度试验时，允许按以下尺寸制作：

100 mm×100 mm×50 mm，试件的受压面为100 mm×100 mm；

50 mm×50 mm×50 mm，试件的受压面为50 mm×50 mm；

$\phi$100 mm×100 mm，试件的受压面为$\phi$100 mm；

$\phi$100 mm×50 mm，试件的受压面为$\phi$100 mm。

#### 8.2.1.9 试验步骤

检查试件外观，测量试件的尺寸，精确至0.1 m，并计算试件的受压面积（$A_1$）。

将试件放在材料试验机下压板的中心位置，试件的受压方向应垂直于制品的发气方向。开动试验机，当上压板与试件接近时，调整球座，使接触均衡。

以（2.0±0.5）kN/s 的速度连续而均匀地加荷，直至试件破坏，记录破坏荷载（$P_1$）。将试验后的试件全部或部分立即称取质量，然后在（105±5）℃下烘至恒质，计算其含水率。

#### 8.2.1.10 试验结果

蒸压加气混凝土砌块抗压强度尺寸效应系数应符合表8-33的规定。

表8-33 蒸压加气混凝土砌块抗压强度尺寸效应系数

| 试件类型 | 试件几何形状/mm | 试件受压面/mm | 尺寸效应系数 |
|---|---|---|---|
| 标准试件 | 100×100×100 | 100×100 | 1 |
| 立方体替代试件（1） | 100×100×50 | 100×100 | 0.94 |
| 圆柱体替代试件（2） | 50×50×50 | 50×50 | 0.90 |
| 立方体替代试件（1） | $\phi$100×100 | $\phi$100 | 1 |
| 圆柱体替代试件（2） | $\phi$100×50 | $\phi$100 | 0.95 |

立方体抗压强度结果按式（8-6）计算，以3块试件试验值的算术值进行评定，精确至0.1 MPa。

$$f_c = \frac{P_1}{A_1} \tag{8-6}$$

式中：$f_c$——抗压强度值，MPa；

$P_1$——破坏荷载，N；

$A_1$——受压面积，mm²。

不同尺寸试件抗压强度应按式（8-7）换算：

$$f = \frac{f_n}{K_f} \tag{8-7}$$

式中：$f$——抗压强度评定值，MPa；

$f_n$——对比试件抗压强度测试值，MPa；

$K_f$——试件尺寸效应系数，量纲一。

### 8.2.2 砌块抗折强度检测

普通混凝土小型空心砌块、粉煤灰混凝土小型空心砌块、轻集料混凝土小型空心砌块的抗压强度检测按现行国家标准《混凝土砌块和砖试验方法》（GB/T 4111）执行。

#### 8.2.2.1 试验依据与环境要求

1）试验依据

现行国家标准《混凝土砌块和砖试验方法》（GB/T 4111）。

2）环境要求

实验室环境：温度（20±5）℃、相对湿度（50±15）%。

#### 8.2.2.2　主要仪器设备

材料试验机：试验机加荷速度应在 100～1 000 N/s 内可调。试验机的示值误差应不大于 1%，量程选择应能使试件的预期破坏荷载落在满量程的 20%～80%。

支撑棒和加压棒：直径 35～40 mm，长度应满足大于试件抗折断面长度的要求，材料为钢质，数量为 3 根；加压棒应有铰支座。在每次使用前，应在工作台上用水平尺和直角靠尺校正支撑棒和加压棒，满足直线性的要求时方可使用。支撑棒由安放在底板上的两根钢棒组成，其中至少有一根是可以自由滚动（图 8-5）。

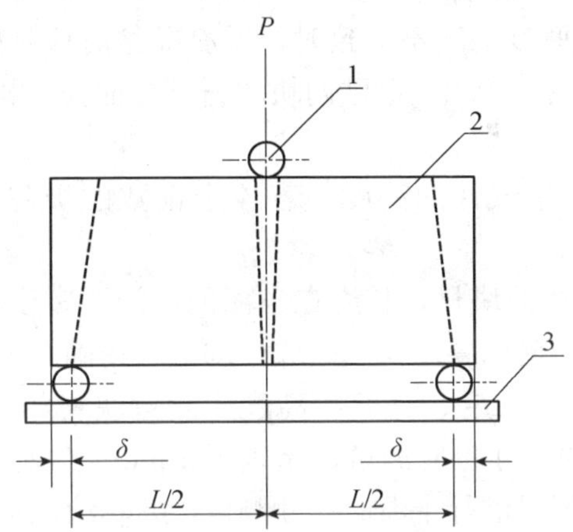


1—钢棒；2—试件；3—承压板。
δ 取值：混凝土空心砌块取 1/2 肋厚，混凝土多孔（空心）砖取 10 mm

**图 8-5　抗折强度试验方法**

#### 8.2.2.3　样品制备

适用于外形为完整直角六面体的块材，可裁切出完整直角六面体的辅助砌块和异形砌块。试件数量为 5 块。计算试样在实际使用状态下的承压高度（$H$）与最小水平尺寸（$B$）之比，即试样的高宽比（$H/B$）。当 $H/B \geqslant 0.6$ 时，可直接进行试件制备；当 $H/B < 0.6$ 时，则需采取叠块方法进行试件制备。

1）当 $H/B \geqslant 0.6$ 时的试件制备

在试件制备平台上先薄薄地涂一层机油或铺一层湿纸，将搅拌好的找平材料均匀地摊铺在试件制备平台上，找平材料层的长度和宽度应略大于试件的长度和宽度。

选定试样的铺浆面作为承压面，把试样的承压面压入找平材料层，用直角靠尺来调控试样的垂直度。坐浆后的承压面至少与两个相邻侧面成 90°。找平材料层厚度应不大于 3 mm。

当承压面的水泥砂浆找平材料终凝后 2 h 或高强石膏找平材料终凝后 20 min，将试样翻身，按上述方法进行另一面的坐浆。试样压入找平材料层后，除坐浆后的承压面至少与两个相邻侧面成 90°外，需同时用水平仪调控上表面至水平。

为节省试件制作时间，可在试样承压面处理后立即在向上的一面铺设找平材料。压上事先涂油的玻璃平板，边压边观察试样上承压面的找平材料层，将气泡全部排除，并用直角靠尺使坐浆后的承压面至少与两个相邻侧面成 90°，用水平尺将上承压面调至水平。上、下两层找平材料层的厚度应不大于 3 mm。

2）当 $H/B<0.6$ 时的试件制备

将同批次、同规格尺寸、开孔结构相同的两块试样，先用找平材料将它们重叠黏结在一起。黏结时，需用水平仪和直角靠尺进行调控，以保持试件的 4 个侧面中至少有两个相邻侧面是平整的。黏结后的试件应满足：

——黏结层厚度不大于 3 mm。

——两块试样的开孔基本对齐。

——当试样的壁和肋厚度上下不一致时，重叠黏结时应是壁和肋厚度薄的一端，与另一块壁和肋厚度厚的一端对接。当黏结两块块材试样的找平材料终凝 2 h 后，再进行试件两个承压面的找平。

制作完成的试件，测量试件的高度，若 4 个读数的极差大于 3 mm，试件需重新制备。

外形为完整直角六面体的块材，长度在条面的中间、宽度在顶面的中间、高度在顶面的中间测量。每项在对应两面各测一次，取平均值，精确至 1 mm。

辅助砌块和异形砌块，长度、宽度和高度应测量块材相应位置的最大尺寸，精确至 1 mm。特殊标注部位的尺寸也应测量，精确至 1 mm；块材外形非完全对称时，至少应在块材对立面的两个位置上进行全面的尺寸测量，并草绘或拍下测量位置的图片。

带孔块材的壁、肋厚应在最小部位测量，选两处各测一次，取平均值，精确至 1 mm。在测量时不考虑凹槽、刻痕及其他类似结构。

测量每个试件的高度和宽度，分别求出各个方向的平均值。混凝土空心砌块试件还需测量块两侧端头的最小肋厚，取平均值，精确至 1 mm。

#### 8.2.2.4 试验步骤

（1）将制备好的试件放置在（20±5）℃、相对湿度（50±15）%的实验室内进行养护。找平和黏结材料采用快硬硫铝酸盐水泥砂浆制备的试件，1 d 后方可进行抗折强度试验；找平和黏结材料采用高强石膏粉制备的试件，2 h 后可进行抗折强度试验；找平和黏结材料采用普通硅酸盐水泥砂浆制备的试件，3 d 后进行抗折强度试验。

（2）在块材试件的两大面上分别画出水平中心线，再在水平中心的中心点引垂线至上、下底部（试件抹浆面），分别连接试件上、下底部中心点形成抹浆面的中心线。沿抹浆面中心线与块材底部（图 8-5）棱边向两边画出 $L/2$ 的位置（支座点），$L$ 为公称长度减一个公称肋厚。

（3）将试件置于材料试验机承压板上，调整位置使试件的上部中心线与试验机中心线重合，在试件的上部中心线处放置一根钢棒。可以用试验机自带抗折压头直接替代加压棒使用。试件底部放上两根钢棒分别对准试件的两个支座线，形成如图 8-5 所示的结构受力图，使其满足 $\delta$ 的取值要求。

（4）使加压棒的中线与试验机的压力中心重合，以 50 N/s 的速度加荷至试验机开始显示读数就立即停止加荷。用量具在试件两侧测量图 8-5 中的 $L$ 值、两侧的 $\delta$ 值，以及加压棒居中程度。$L$ 值取试件两侧面测量值的平均值，精确至 1 mm。加压棒与试件长度方向中心线重叠误差应不大于 1 mm。两侧的 $\delta$ 值相差应不大于 1 mm，有一项超出要求，试验机需卸载、试件重新放置，直至满足要求。

（5）以（250±50）N/s 的速度加荷直至试件破坏，记录最大破坏荷载 $P$。

#### 8.2.2.5　试验结果

每个试件的抗折强度按式（8-8）计算，抗折强度以 5 块试件试验值的算术值和单块最小值表示，精确至 0.01 MPa。

$$f_c = \frac{2PL}{3BH^2} \tag{8-8}$$

式中：$f_c$——抗折强度值，MPa；

$P$——破坏荷载，N；

$L$——抗折两支撑钢棒轴心间距，mm；

$B$——试件宽度，mm；

$H$——试件高度，mm。

蒸压加气混凝土砌块的抗折强度检测按现行国家标准《蒸压加气混凝土性能试验方法》（GB/T 11969）执行。

#### 8.2.2.6　试验依据与环境要求

1）试验依据

现行国家标准《蒸压加气混凝土性能试验方法》（GB/T 11969）。

2）环境要求

实验室环境：温度（20±5）℃。

#### 8.2.2.7　主要仪器设备

材料试验机：精度（示值的相对误差）不应低于±2%，量程的选择应能使试件的预期最大破坏荷载处在全量程的 20%～80%。

托盘天平或磅秤：称量 2 000 g，感量 1 g。

电热鼓风干燥箱：最高温度 200℃。

钢板直尺：规格为 300 mm，分度值为 1 mm。

游标卡尺或数显卡尺：规格为 300 mm，分度值为 0.1 mm。

变形测量仪表：精度不应低于 0.001 mm，当使用镜式引伸仪时，允许精度不低于 0.002 mm。

#### 8.2.2.8　样品制备

试件的制备采用机锯，锯切时不应将试件弄湿。

试件表面必须平整，不得有裂缝或明显缺陷，尺寸允许偏差为±1 mm，平整度应不大于 0.5 mm，垂直度应不大于 0.5 mm。从同一块试样中锯切出的试件为同一组试件，用“Ⅰ、Ⅱ、Ⅲ、……”表示组号；当同一组试件没有位置要求，则用下标“1、2、3、……”注明，以区别不同试件；平行试件用“Ⅰ、Ⅱ、Ⅲ、……”加注上标“+”以示区别。在制品的中心部分平行于制品发气方向锯取，试件用“↑”标明发气方向。

以长 600 mm、宽 350 mm 的制品为例，试件锯取部位如图 8-6 所示。

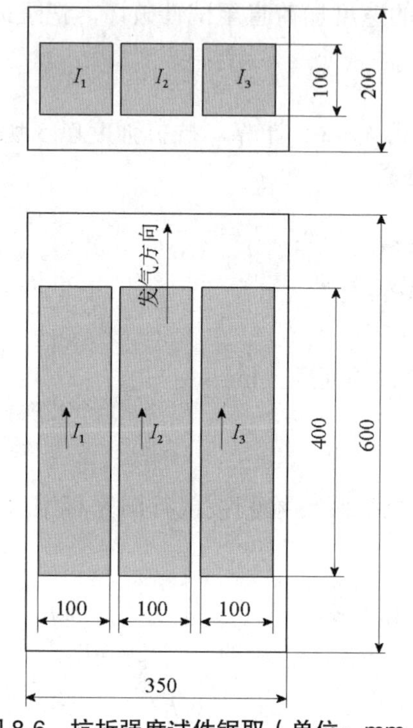


**图 8-6　抗折强度试件锯取（单位：mm）**

抗折强度试件数量：100 mm×100 mm×400 mm 棱柱体试件 1 组。抗折强度在含水率为（10±2）%条件下进行试验。如果含水率超过上述规定范围，宜在（60±5）℃条件下烘至所要求的含水率，并应在室内放置 6 h 以后进行抗折强度试验。

8.2.2.9　试验步骤

检查试件外观，在试件中部测量其宽度和高度，精确至 0.1 mm。将试件放在抗弯支座辊轮上，支点间距为 300 mm，开动试验机，当加压辊轮与试件接近时，调整加压辊轮和支座辊轮，使接触均衡，所有间距尺寸偏差不应大于±1 mm，试件的受压方向应垂直于制品的发气方向。加荷方式如图 8-7 所示。

试验机与试件接触的两个支座辊轮和两个加压辊轮应具有直径为 30 mm 的弧形顶面，并应至少比试件的宽度长 10 mm。其中 3 个（一个支座辊轮及两个加压辊轮）宜做到能滚动并前后倾斜。

以（0.20±0.05）kN/s 的速度连续而均匀地加荷，直至试件破坏，记录破坏荷载（$P$）及破坏位置。

将试验后的半段试件，立即称取质量，然后在（105±5）℃下烘至恒质，计算含水率。

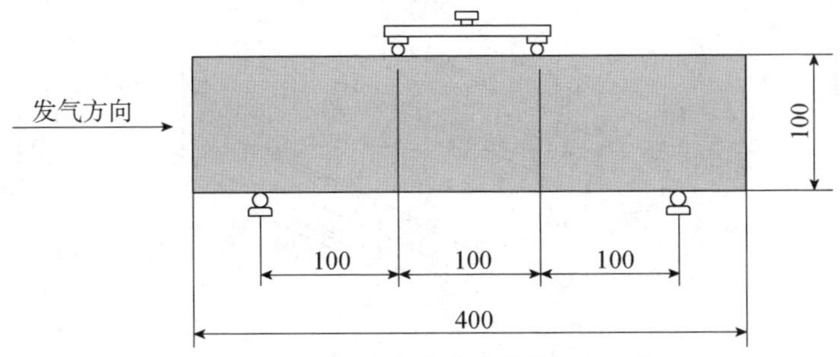


图 8-7 抗折强度试验（单位：mm）

8.2.2.10 试验结果

每个试件的抗折强度按式（8-9）计算，抗折强度以 5 块试件试验值的算术值和单块最小值表示，精确至 0.01 MPa。

$$f_f = \frac{P \cdot L}{b \cdot h^2} \tag{8-9}$$

式中：$f_f$——抗折强度值，MPa；

$P$——破坏荷载，N；

$L$——支座间距，即跨度，mm；

$b$——试件宽度，mm；

$h$——试件高度，mm。

### 8.2.3 砌块密度检测

普通混凝土小型空心砌块、粉煤灰混凝土小型空心砌块、轻集料混凝土小型空心砌块的密度检测按现行国家标准《混凝土砌块和砖试验方法》（GB/T 4111）执行。

8.2.3.1 试验依据与环境要求

1）试验依据

现行国家标准《混凝土砌块和砖试验方法》（GB/T 4111）。

2）环境要求

实验室环境：室温。

8.2.3.2 主要仪器设备

电子秤：感量精度 0.005 kg。

水池或水箱：最小容积应能放置一组试件。

水桶：大小应能悬浸一个块材试件。

电热鼓风干燥箱：温控精度±2℃。

吊架：见图 8-8。

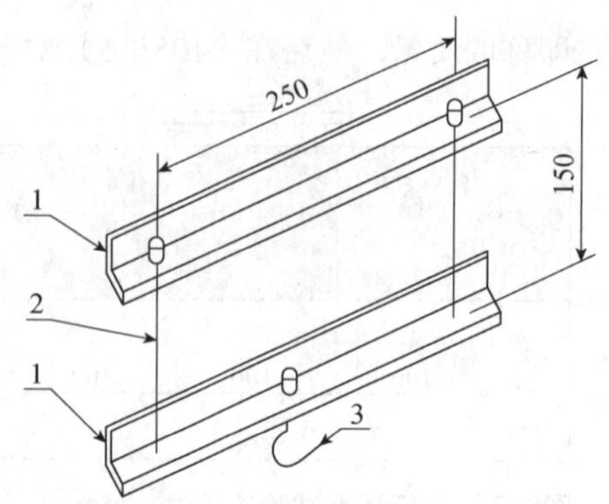


1—角钢（30 mm×30 mm）；2—拉筋；3—钩子（与两端拉筋等距离）。

**图 8-8 吊架（单位：mm）**

#### 8.2.3.3 样品制备

试件数量为 3 个。

根据分类，外形为完整直角六面体的块材，长度在条面的中间、宽度在顶面的中间、高度在顶面的中间测量。每项在对应两面各测一次，取平均值，精确至 1 mm。

辅助砌块和异形砌块，长度、宽度和高度应测量块材相应位置的最大尺寸，精确至 1 mm。特殊标注部位的尺寸也应测量，精确至 1 mm；块材外形非完全对称时，至少应在块材对立面的两个位置上进行全面的尺寸测量，并草绘或拍下测量位置的图片。

试件的长度、宽度、高度，精确至 1 mm，分别用 $l$、$b$、$h$ 表示，单位为 mm。

#### 8.2.3.4 试验步骤

（1）将试件浸入（20±5）℃的水中，水面应高出试件 20 mm 以上，24 h 后将其分别移到水桶中，称出试件的悬浸质量 $m_1$，精确至 0.005 kg。称取试件的悬浸质量将磅秤置于平稳的支座上，在支座的下方与磅秤中线重合处放置水桶。在磅秤底盘上放置吊架，用铁丝把试件悬挂在吊架上，此时试件应离开水桶的底面且全部浸泡在水中。将磅秤读数减去吊架和铁丝的质量，即为悬浸质量 $m_1$。

（2）将试件从水中取出，放在铁丝网架上滴水 1 min，再用拧干的湿布拭去内、外表面的水，立即称其饱和面干状态的质量 $m_2$，精确至 0.005 kg。

（3）将试件放入电热鼓风干燥箱内，在（105±5）℃下至少干燥 24 h，然后每间隔 2 h 称量一次，直至两次称量之差不超过后一次称量的 0.2%。

（4）待试件在电热鼓风干燥箱内冷却至与室温之差不超过 20℃后取出，立即称其绝干质量 $m$，精确至 0.005 kg。

#### 8.2.3.5 试验结果

每个试件的体积按式（8-10）计算：

$$V = l \times b \times h \times 10^{-9} \tag{8-10}$$

式中：$V$——试件的体积，$m^3$；

$l$——试件的长度，mm；

$b$——试件的宽度，mm；

$h$——试件的高度，mm。

每个试件的密度按式（8-11）计算，精确至 10 kg/m³。块体密度以 3 个试件块体密度的算术平均值表示，精确至 10 kg/m³。

$$\gamma=\frac{m}{V} \tag{8-11}$$

式中：$\gamma$——试件的密度，kg/m³；

$m$——试件的绝干质量，kg；

$V$——试件的体积，m³。

蒸压加气混凝土砌块的密度检测按现行国家标准《蒸压加气混凝土性能试验方法》（GB/T 11969）执行。

#### 8.2.3.6　试验依据与环境要求

1）试验依据

现行国家标准《蒸压加气混凝土性能试验方法》（GB/T 11969）。

2）环境要求

实验室环境：温度（20±5）℃。

#### 8.2.3.7　主要仪器设备

电子秤：感量精度 0.005 kg。

电热鼓风干燥箱：最高温度 200℃。

托盘天平或磅秤：称量 2 000 g，感量 0.1 g。

钢板直尺：规格为 300 mm，分度值为 1 mm。

游标卡尺或数显卡尺：规格为 300 mm，分度值为 0.1 mm。

恒温水槽：水温（20±2）℃。

#### 8.2.3.8　样品制备

从尺寸允许偏差与外观质量检验合格的砌块中随机抽取砌块，每块制作 1 组试件，共选择 3 组进行干密度检测。

试件的制备采用机锯，锯切时不应将试件弄湿。

试件应沿制品发气方向中心部分上、中、下顺序锯取一组，“上”块上表面距离制品顶面 30 mm，“中”块在制品正中处，“下”块下表面离制品底面 30 mm。

试件表面必须平整，不得有裂缝或明显缺陷，尺寸允许偏差为±1 mm，平整度应不大于 0.5 mm，垂直度应不大于 0.5 mm。试件应逐块编号，从同一块试样中锯切出的试件为同一组试件，用“Ⅰ、Ⅱ、Ⅲ、……”表示组号；当同一组试件有上、中、下位置要求时，用下标“上、中、下”注明试件锯取的位置；当同一组试件没有位置要求时，则以下标“1、2、3、……”注明，以区别不同试件；平行试件用“Ⅰ、Ⅱ、Ⅲ、……”加注上标“+”以示区别。试件用“↑”标明发气方向。

以长 600 mm、宽 250 mm 的制品为例，试件锯取部位如图 8-9 所示。

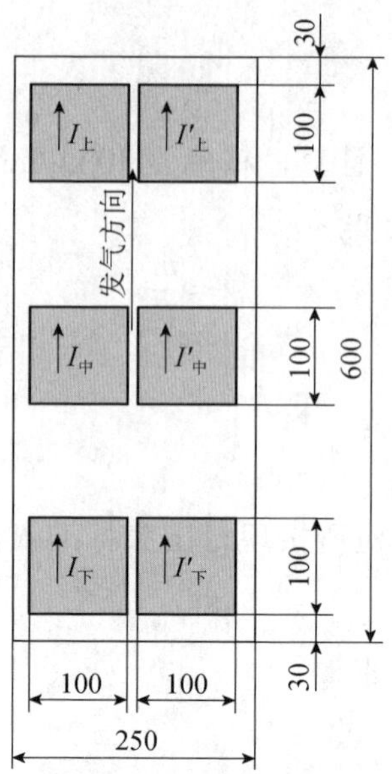


图 8-9　干密度试件锯取（单位：mm）

当一组试件不能在同一块样品中锯取时，可以在同一模的相邻部位采样。

8.2.3.9　试验步骤

（1）取试件尺寸为 100 mm×100 mm×100 mm 的试件一组。逐一量取长、宽、高 3 个方向的轴线尺寸，精确至 0.1 mm，计算试件的体积，并称取试件的质量 $M$，精确至 1 g。

（2）将试件放入电热鼓风干燥箱内，在（60±5）℃下保温 24 h，然后在（80±5）℃下保温 24 h，再在（105±5）℃下烘至恒质（$M_0$）。恒质是指烘干过程中间隔 4 h，前后两次质量差不超过 2 g。

8.2.3.10　试验结果

每个试件的密度按式（8-12）计算，精确至 1 kg/m³。块体密度用 3 个试件块体密度的算术平均值表示，精确至 1 kg/m³。

$$\gamma_0 = \frac{M_0}{V} \times 10^6 \qquad (8\text{-}12)$$

式中：$\gamma_0$——试件的密度，kg/m³；

$M_0$——试件的绝干质量，g；

$V$——试件的体积，mm³。

## 8.2.4　砌块吸水率检测

普通混凝土小型空心砌块、轻集料混凝土小型空心砌块的吸水率检测按现行国家标准《混凝土砌块和砖试验方法》（GB/T 4111）执行。

8.2.4.1　试验依据与环境要求

1）试验依据

现行国家标准《混凝土砌块和砖试验方法》（GB/T 4111）。

2）环境要求

实验室环境：室温。

### 8.2.4.2 主要仪器设备

电子秤：感量精度0.005 kg。

水池或水箱：最小容积应能放置一组试件。

电热鼓风干燥箱：温控精度±2℃。

### 8.2.4.3 样品制备

试件数量为3个。取样后应立即用塑料袋包装密封。

### 8.2.4.4 试验步骤

（1）试件取样后立即用毛刷清理试件表面及孔洞内粉尘，称取其质量$m_0$。如果试件用塑料袋密封运输，则在拆袋前先将试件连同包装袋一起称量，然后减去包装袋的质量（袋内若有试件中析出的水珠，应将水珠擦拭干或用暖风吹干后再称量包装袋的重量），即得试件在取样时的质量$m_0$，精确至0.005 kg。

（2）将试件浸入（20±5）℃的水中，水面应高出试件20 mm以上。24 h后取出，放在铁丝网架上滴水1 min，再用拧干的湿布拭去内、外表面的水，立即称其饱和面干状态的质量$m_2$，精确至0.005 kg。

（3）将试件放入电热鼓风干燥箱内，在（105±5）℃下至少干燥24 h，然后每间隔2 h称量一次，直至两次称量之差不超过后一次称量的0.2%。待试件在电热鼓风干燥箱内冷却至与室温之差不超过20℃后取出，立即称其绝干质量$m$，精确至0.005 kg。

### 8.2.4.5 试验结果

每个试件的吸水率按式（8-13）计算，精确至0.1%。试验结果用一组试件试验的算术平均值表示，精确至1%。

$$W_2 = \frac{m_2 - m}{m} \times 100\% \tag{8-13}$$

式中：$W_2$——试件的吸水率，%；

$m_2$——试件吸水后质量，kg；

$m$——试件的绝干质量，kg。

蒸压加气混凝土砌块的吸水率检测按现行国家标准《蒸压加气混凝土性能试验方法》（GB/T 11969）执行。

### 8.2.4.6 试验依据与环境要求

1）试验依据

现行国家标准《蒸压加气混凝土性能试验方法》（GB/T 11969）。

2）环境要求

实验室环境：温度（20±5）℃。

8.2.4.7 主要仪器设备

电子秤：感量精度 0.005 kg。

电热鼓风干燥箱：最高温度 200℃。

托盘天平或磅秤：称量 2 000 g，感量 0.1 g。

钢板直尺：规格为 300 mm，分度值为 1 mm。

游标卡尺或数显卡尺：规格为 300 mm，分度值为 0.1 mm。

恒温水槽：水温（20±2）℃。

8.2.4.8 样品制备

从尺寸允许偏差与外观质量检验合格的砌块中随机抽取砌块，每块制作 1 组试件，共选择 3 组进行吸水率检测。

试件的制备采用机锯，锯切时不应将试件弄湿。

试件应沿制品发气方向中心部分上、中、下顺序锯取一组，“上”块上表面距离制品顶面 30 mm，“中”块在制品正中处，“下”块下表面离制品底面 30 mm。

试件表面必须平整，不得有裂缝或明显缺陷，尺寸允许偏差为±1 mm，平整度应不大于 0.5 mm，垂直度应不大于 0.5 mm。试件应逐块编号，从同一块试样中锯切出的试件为同一组试件，用“Ⅰ、Ⅱ、Ⅲ、……”表示组号；当同一组试件有上、中、下位置要求时，以下标“上、中、下”注明试件锯取的位置；当同一组试件没有位置要求时，则用下标“1、2、3、……”注明，以区别不同试件；平行试件用“Ⅰ、Ⅱ、Ⅲ、……”加注上标“+”以示区别。试件用“↑”标明发气方向。

以长 600 mm、宽 250 mm 的制品为例，试件锯取部位如图 8-10 所示。

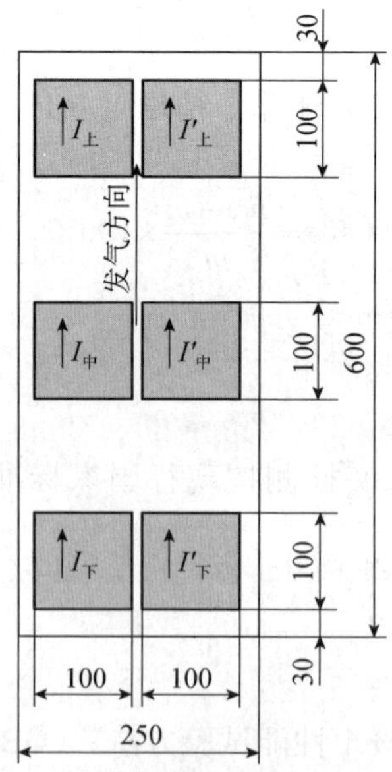


**图 8-10 吸水率试件锯取（单位：mm）**

当一组试件不能在同一块样品中锯取时，可以在同一模的相邻部位采样。

#### 8.2.4.9　试验步骤

（1）取试件尺寸为 100 mm×100 mm×100 mm 的试件一组，将试件放入电热鼓风干燥箱内，在（60±5）℃下保温 24 h，然后在（80±5）℃下保温 24 h，再在（105±5）℃下烘至恒质（$M_0$）。恒质是指烘干过程中间隔 4 h，前后两次质量差不超过 2 g。

（2）试件在室内冷却 6 h 后，放入水温为（20±2）℃的恒温水槽内，然后加水至试件高度的 1/3，保持 24 h，再加水至试件高度的 2/3，24 h 加水高出试件 30 mm 以上，保持 24 h。

（3）将试件从水中取出，用湿布抹去表面水分，立即称取每块质量（$M_0$），精确至 1 g。

#### 8.2.4.10　试验结果

试验结果按一组试件试验的算术平均值进行评定，质量吸水率和体积吸水率计算精确至 0.1%。

质量吸水率按式（8-14）计算：

$$W_r = \frac{M_g - M_0}{M_0} \times 100\% \tag{8-14}$$

式中：$W_r$——质量吸水率，%；

$M_g$——试件吸水后质量，g；

$M_0$——试件的绝干质量，g。

体积吸水率按式（8-15）计算：

$$W_g = \frac{M_g - M_0}{l \cdot (V/1000)} \times 100\% \tag{8-15}$$

式中：$W_g$——体积吸水率，%；

$l$——水在 20℃时的密度，g/cm³；

$M_0$——试件的绝干质量，g；

$M_g$——试件吸水后质量，g。

## 8.3　建筑用轻质隔墙条板

墙板是一种在建筑中常见的材料，通常用于室内隔断或房间的内外墙面。轻质条板按材料类型分为混凝土轻质条板、水泥轻质条板、石膏空心条板、烧结空心条板、发泡陶瓷轻质条板、发泡陶瓷复合条板、聚苯颗粒水泥条板、聚苯颗粒水泥复合条板、铝蜂窝复合条板、纸蜂窝复合条板、密肋玻纤水泥保温复合条板，按断面构造分为空心条板、实心条板和复合条板，按板的构件类型分为普通板、门窗框板、异形板。轻质条板产品分类和代号见表 8-34。

表 8-34 轻质条板产品分类及代号

| 分类方法 | 名称 | 代号 |
| --- | --- | --- |
| 按材料类型分类 | 混凝土条板 | HNT |
| | 水泥条板 | SN |
| | 石膏条板 | SG |
| | 烧结条板 | SJ |
| | 发泡陶瓷条板和发泡陶瓷复合条板 | TC |
| | 聚苯颗粒水泥条板和聚苯颗粒水泥复合条板 | JS |
| | 铝蜂窝复合条板 | LW |
| | 纸蜂窝复合条板 | ZW |
| | 密肋玻纤水泥保温复合条板 | XS |
| 按断面构造分类 | 空心条板 | K |
| | 实心条板 | S |
| | 复合条板 | F |
| 按构件类型分类 | 普通板 | P |
| | 门窗框板 | M |
| | 异形板 | Y |

轻质条板是指长度不小于 2.2 m、长宽比不小于 2，采用轻质材料制作或通过轻型构造形式制成的，面密度不大于表 8-37 规定数值并采用机械化生产的预制条板。

空心条板是沿板材长度方向留有若干贯通孔洞的轻质条板。实心条板是指无孔洞轻质条板。

复合条板是由两种或两种以上不同性能材料复合或由面板与夹芯材料复合制成的预制条板。

混凝土轻质条板是采用水泥为胶凝材料，以钢筋、钢丝网、短切纤维或其他材料为增强材料，与浮石、陶粒、粉煤灰、煤矸石、炉渣、再生骨料等轻集料或掺加料混合制成的预制混凝土条板，或采用发泡工艺成型的预制混凝土条板。

水泥轻质条板是以耐碱玻璃纤维网格布、钢丝网片或钢丝网架、短切纤维为增强材料，水泥为胶凝材料，或采用镁质胶凝材料，加入适量添加剂及掺合料制成的预制隔墙条板。包括玻纤增强水泥条板、发泡水泥条板、聚苯颗粒水泥条板等。

聚苯颗粒水泥条板是以水泥、聚苯颗粒等为主要材料，以钢丝网片或钢丝网架为增强材料，加入适量添加剂及掺合料制成的水泥条板。

石膏空心条板是以石膏为主要原料，且水泥掺量不超过 10%，掺加无机轻骨料、短切纤维、耐碱玻璃纤维网格布、钢丝网片等增强材料，加入适量添加剂制成的空心条板。

烧结空心条板是以页岩、煤矸石、粉煤灰、建筑渣土、江河湖淤泥、污泥等为主要原料，经挤出成型、干燥和焙烧制成或由烧结制品在工厂黏结组合成型工艺制造的、含有孔洞的空心条板。

轻质条板可采用不同企口和开口形式，图 8-11 为轻质条板外形。

注：企口为设置于条板两侧面的榫头、榫槽及接缝槽的总称。

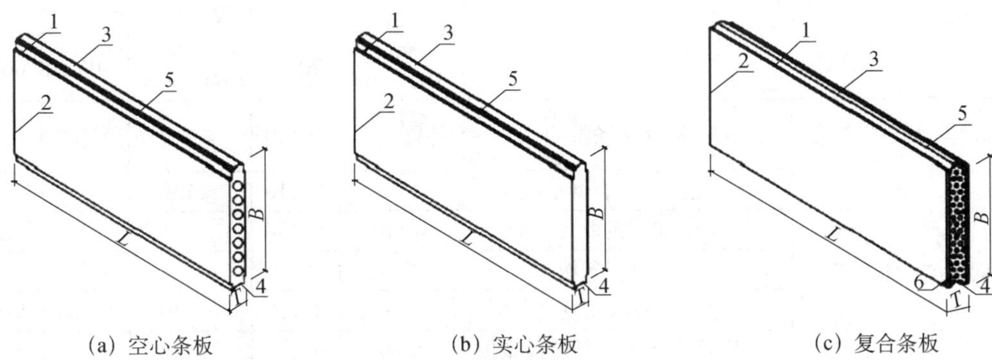


（a）空心条板　　（b）实心条板　　（c）复合条板

*L*—条板长度；*B*—条板宽度；*T*—条板厚度；1—板边；2—板端；3—榫头；4—榫槽；5—接缝槽；6—芯材。

**图 8-11　轻质条板外形**

建筑用轻质隔墙条板的技术指标包括外观质量、尺寸偏差、面密度、抗压强度、抗弯荷载、抗冲击性能、吊挂力、空气声计权隔声量、耐火极限、传热系数、含水率等。建筑用轻质隔墙条板的外观质量应符合表 8-35 的规定。

**表 8-35　外观质量**

<table>
<tr><th>序号</th><th colspan="3">项目</th><th>指标</th></tr>
<tr><td>1</td><td colspan="3">板面外露筋、露网格布；飞边毛刺；板面泛霜返碱；贯通性裂缝</td><td>无</td></tr>
<tr><td>2</td><td colspan="3">复合条板面层脱落</td><td>无</td></tr>
<tr><td>3</td><td colspan="3">板面裂缝，长度为 50～100 mm，宽度为 0.5～1.0 mm</td><td>≤2 处/板</td></tr>
<tr><td rowspan="2">4</td><td rowspan="2">板面蜂窝气孔</td><td>发泡陶瓷条板</td><td>长径为 5～10 mm</td><td>≤2 处/m²</td></tr>
<tr><td>其他条板</td><td>长径为 5～30 mm</td><td>≤3 处/板</td></tr>
<tr><td>5</td><td colspan="3">缺棱、掉角，宽度×长度为 10 mm×25 mm～20 mm×30 mm</td><td>≤2 处/板</td></tr>
</table>

建筑用轻质隔墙条板的尺寸允许偏差应符合表 8-36 的规定。

**表 8-36　尺寸允许偏差**　　单位：mm

| 序号 | 项目 | 允许偏差 |
|---|---|---|
| 1 | 长度 | ±5 |
| 2 | 宽度 | ±2 |
| 3 | 厚度 | ±2 |
| 4 | 板面平整度 | ≤2 |
| 5 | 对角线差 | ≤6 |
| 6 | 侧向弯曲 | ≤*L*/1 000 |

注：*L*—条板长度。

建筑用轻质隔墙条板的物理力学性能应符合表 8-37 的规定。

**表 8-37 物理力学性能**

| 序号 | 项目 | | | 不同板厚性能要求 | | | | |
|---|---|---|---|---|---|---|---|---|
| | | | | 90（100）mm | 120 mm | 150（160）mm | 180 mm | 200 mm |
| 1 | 面密度/（kg/m²） | 混凝土条板 | | ≤110（120） | ≤140 | ≤160 | ≤180 | ≤220 |
| | | 水泥条板、石膏条板 | | ≤90 | ≤110 | ≤130 | | ≤180 |
| | | 烧结条板 | | ≤110 | ≤130 | | | ≤200 |
| | | 发泡陶瓷条板 | | ≤60 | ≤75 | | | |
| | | 复合条板 | 聚苯颗粒水泥复合条板 | ≤90 | ≤110 | ≤130 | ≤150 | ≤160 |
| | | | 铝蜂窝条板、纸蜂窝条板 | ≤40 | — | ≤60 | | ≤80 |
| | | | 发泡陶瓷复合条板 | | | ≤120 | ≤145 | ≤160 |
| | | | 密肋玻纤水泥复合条板 | ≤50 | ≤55 | ≤65 | ≤75 | — |
| 2 | 抗压强度/MPa | 混凝土条板、发泡陶瓷条板、烧结条板 | | ≥5.0 | | | | |
| | | 水泥条板、石膏条板、复合条板 | | ≥3.5 | | | | |
| 3 | 抗弯荷载/板自重倍数 | | | ≥1.5 | | | ≥2.0 | |
| 4 | 抗冲击性能/次 | | | 经 5 次抗冲击试验后，板面无裂纹 | | | | |
| 5 | 吊挂力/N | | | ≥1 000 | | | | |
| 6 | 空气声计权隔声量/dB | | | ≥35 | ≥40 | ≥45 | ≥48 | |

### 8.3.1 墙板抗压强度检测

#### 8.3.1.1 试验依据与环境要求

1）试验依据

现行国家标准《建筑墙板试验方法》（GB/T 30100）。

2）环境要求

实验室环境：室温，所有受检条板都应达到产品规定的养护龄期。

#### 8.3.1.2 主要仪器设备

万能试验机：精度 I 级。

钢直尺：精度 0.5 mm。

低温试验箱或冷库：温度可降至−20℃以下。

电子秤：精度 0.001 kg。

水箱或水池。

#### 8.3.1.3 样品制备

取 3 块墙板，在距墙板板端不小于 25 mm 的中间位置，分别沿墙板板宽方向依次截取厚度为试件厚度尺寸、长度为 100 mm、宽度为 100 mm 的单元体试件各 6 块（对于空心墙板，长度包括一个完整孔及两条完整孔间肋的单元体试件），其中抗压强度任取其中 3 块试件。

#### 8.3.1.4　试验步骤

取 3 块试件进行抗压强度试验，采用砌墙砖抗压强度试验用净浆材料[符合现行国家标准《砌墙砖抗压强度试验用净浆材料》（GB/T 25183）规定]处理试件的上表面和下表面，使之成为相互平行且与试件孔洞圆柱轴线垂直的平面，并用水平尺调至水平。

制成的抹面试样应置于不低于 10℃的不通风室内养护不少于 4 h 再进行试验。

用钢直尺分别测量每个试件受压面的长、宽方向中间位置尺寸各两个，分别取其平均值，修约至 1 mm。

将试件置于试验机承压板上，使试件的轴线与试验机压板的压力中心重合，以 0.05～0.10 MPa/s 的速度加荷，直至试件破坏，记录最大破坏荷载 $P$。

#### 8.3.1.5　试验结果

每个试件的抗压强度按式（8-16）计算，修约至 0.1 MPa。

$$R=\frac{P}{L\times B} \tag{8-16}$$

式中：$R$——试件的抗压强度，MPa；

$P$——破坏荷载，N；

$L$——试件受压面的长度，mm；

$B$——试件受压面的宽度，mm。

墙板抗压强度的试验结果为其自然状态下的抗压强度，以 3 块试件抗压强度的算术平均值计算和评定，结果修约至 0.1 MPa。如果其中一个试件的抗压强度与 3 个试件抗压强度平均值之差超过平均值的 20%，则抗压强度值按另外两个试件抗压强度的算术平均值计算；如果有两个试件与抗压强度平均值之差超过规定，则试验结果无效，应重新取样进行试验。

### 8.3.2　墙板抗冲击性能检测

#### 8.3.2.1　试验依据与环境要求

1）试验依据

现行国家标准《建筑墙板试验方法》（GB/T 30100）。

2）环境要求

实验室环境：室温，所有受检条板都应达到产品规定的养护龄期。

#### 8.3.2.2　主要仪器设备

冲击球：钢球质量（500±5）g。

试验用砂：符合现行国家标准《水泥胶砂强度检验方法（ISO 法）》（GB/T 17671）中规定的中国 ISO 标准砂。

钢直尺：精度 1 mm。

落球法抗冲击试验架。

砂袋法抗冲击试验架。

标准砂袋：重 30 kg。

吊绳：直径 10 mm 左右。

8.3.2.3　样品制备

落球法抗冲击试验：厚度小于或等于 25 mm 的薄板进行此项试验，取两块整板，在每块板距板边不小于 25 mm 的中间部分对称位置截取两块 500 mm×400 mm 板厚的试件，共 4 个试件。

砂袋法抗冲击试验：厚度大于 25 mm 的墙板进行此项试验，试验墙板的长度尺寸不应小于 2 m。

8.3.2.4　试验步骤

1）落球法抗冲击试验

在抗冲击性试验仪的底盘内均匀铺满砂，用刮尺刮平，抗冲击试验仪底盘的长宽尺寸大于试件尺寸 100 mm 以上，砂层高度为 100 mm，如图 8-12 所示。

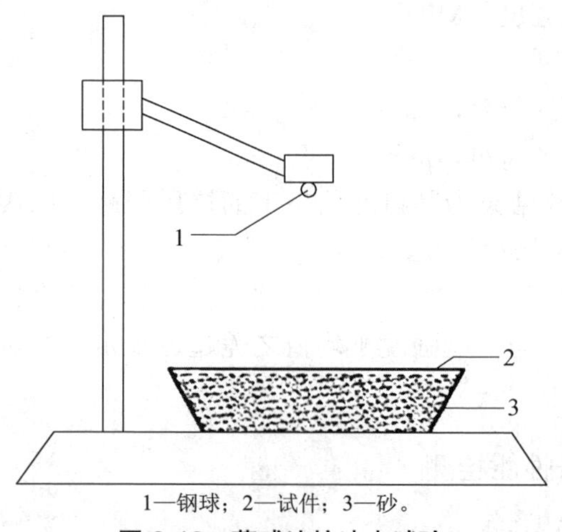


1—钢球；2—试件；3—砂。

**图 8-12　落球法抗冲击试验**

将试件正面朝上放置在砂表面，轻轻按压试样，确保试样背面与砂紧密接触。

使钢球从指定高度自由落在试件的中心点上，不同厚度试件的落球冲击高度见表 8-38。记录试件背面裂纹情况，以 4 个试件最严重情况作为试验结果。

**表 8-38　落球冲击高度**

| 试样厚度/mm | 5 | 6 | 8 | 9 | 10 | 12 | 14 | ＞14 |
|---|---|---|---|---|---|---|---|---|
| 落球高度 $h$ | 250 | 300 | 450 | 650 | 800 | 1 000 | 1 200 | 1 400 |

2）砂袋法抗冲击试验

取 3 块墙板为一组样板，按如图 8-13 所示组装并固定，上下钢管中心间距为板长减去 100 mm，即（$L-100$）mm。板缝用与板材材质相符的专用砂浆黏结，板与板之间挤紧，接缝处用玻璃纤维布搭接，并用砂浆压实、刮平。

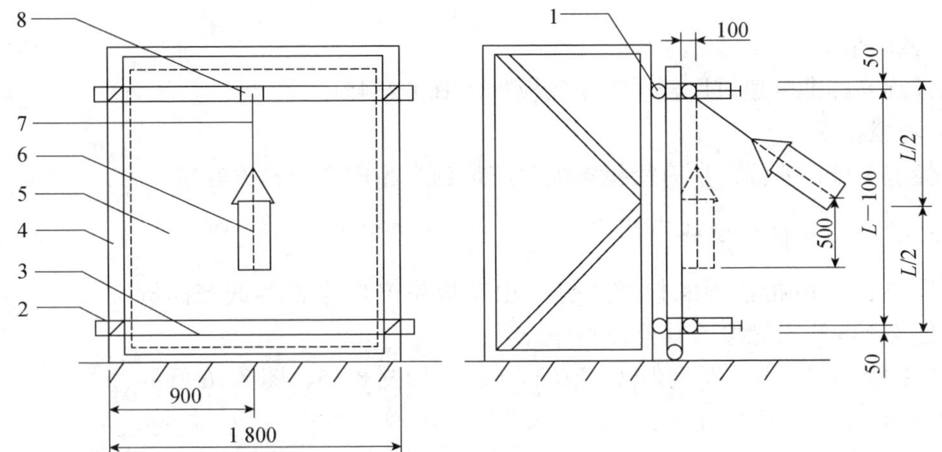


1—钢管（直径 50 mm）；2—横梁紧固装置；3—固定横梁（10#热轧等边角钢）；4—固定架；5—墙板拼装的隔墙试件；6—标准砂袋；7—吊绳（直径 10 mm 左右）；8—吊环。

**图 8-13 砂袋法抗冲击试验装置（单位：mm）**

24 h 后将装有 30 kg 重、粒径 2 mm 以下细砂的标准砂袋（图 8-14）用直径 10 mm 左右的绳子固定在其中心距板面 100 mm 的钢环上，使砂袋垂悬状态时的重心位于 $L/2$ 高度处。

以绳长为半径沿圆弧将砂袋在与板面垂直的平面内拉开，使重心提高 500 mm（标尺测量），然后自由摆动下落，冲击设定位置，反复 5 次。

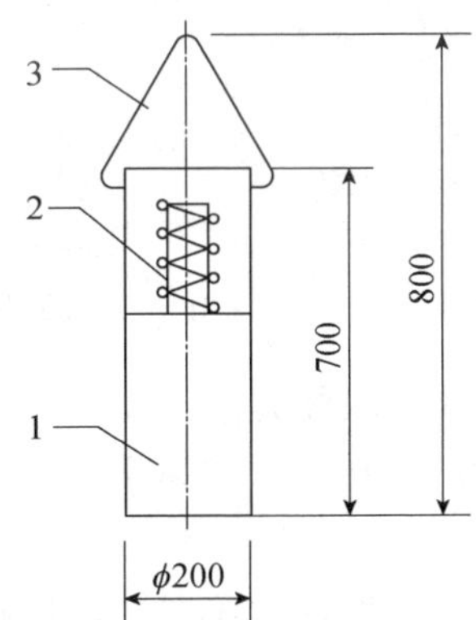


1—帆布；2—注砂口；3—砂袋吊带（厚 6 mm、宽 40 mm、长 70 mm）。

**图 8-14 标准砂袋（单位：mm）**

#### 8.3.2.5 试验结果

落球法抗冲击试验：记录试件背面裂纹情况，将 4 个试件最严重情况作为试验结果。

砂袋法抗冲击试验：目测板面有无贯通裂缝，记录试验结果。试验结果仅适用于所测试件长度尺寸以内的墙板。

### 8.3.3 墙板吊挂力检测

#### 8.3.3.1 试验依据与环境要求

1）试验依据

现行国家标准《建筑用轻质隔墙条板》（GB/T 23451）。

2）环境要求

实验室环境：室温，所有受检条板都应达到产品规定的养护龄期。

#### 8.3.3.2 主要仪器设备

锚固件：一般指锚固螺栓或锚钉，由墙板生产厂家推荐或产品标准规定。若无要求，可使用M6膨胀螺栓或其他锚固件。

不锈钢垫板A、B：厚度为（1±0.2）mm，如图8-15、图8-16所示。

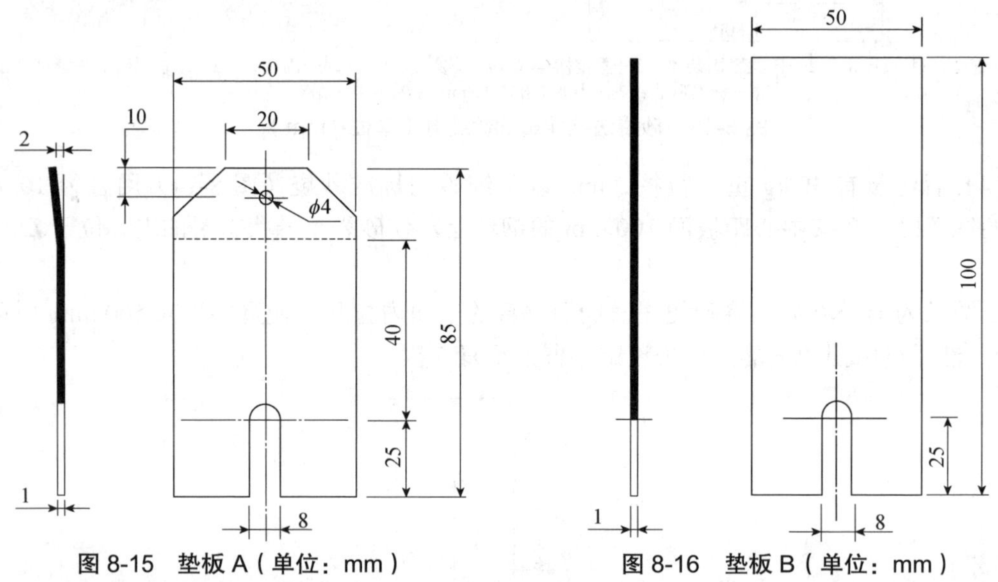


图8-15 垫板A（单位：mm）　　图8-16 垫板B（单位：mm）

钢质吊挂件：厚度不小于3 mm，表面光滑平整。

位移测量装置：精度不小于0.1 mm，可安装于吊挂件上或通过画线方式，测量吊挂件相对于墙板表面的位移。

加荷装置：可采用重物加载，或其他加载方式，但在加载时不应对锚固点产生冲击和振动。

#### 8.3.3.3 样品制备

取试验条板一块，在板中高2 000 mm处，切尺寸为50 mm×40 mm×90 mm（深×高×宽）的孔洞，清残灰后，用水泥水玻璃浆（或其他黏结剂）黏结，如图8-17所示的钢板吊挂件。吊挂件孔与板面间距为100 mm。24 h后，检查吊挂件安装是否牢固，若不牢固应重新安装。

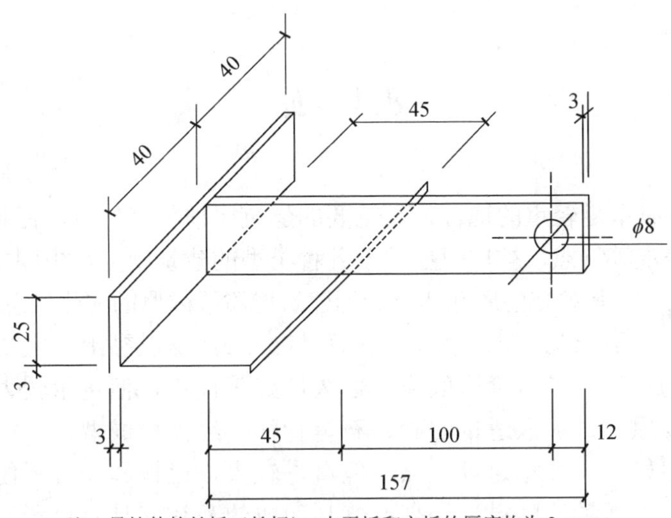


注：吊挂件的长板（长杆）、水平板和立板的厚度均为 3 mm。

**图 8-17 钢板吊挂件（单位：mm）**

### 8.3.3.4 试验步骤

（1）将试验条板如图 8-18 所示固定，上下管间距（$L$−100）mm。

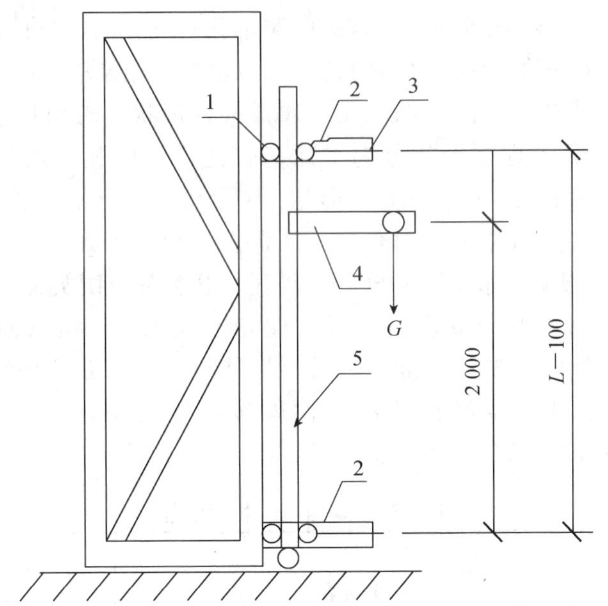


1—钢管（$\varphi$50 mm）；2—固定横梁；3—紧固螺栓；4—钢板吊挂件；5—试验用条板；$G$—施加的荷载。

**图 8-18 吊挂力试验装置（单位 mm）**

（2）通过钢板吊挂件的圆孔，分两级施加荷载，第一级加荷 500 N，静置 2 min；第二级再加荷 500 N，静置 24 h。

### 8.3.3.5 试验结果

观察吊挂区周围板面有无宽度超过 0.5 mm 的裂缝，记录试验结果。

## 8.4 瓦

瓦在建筑中具有举足轻重的地位，是重要的建筑屋顶覆盖材料。瓦具有耐久性强、防雨性能好、质朴美观等特点，被广泛应用于各种类型的建筑中。在中国古建筑中，瓦更是不可或缺的材料之一，其独特的质地和色彩为建筑增添了浓厚的文化气息和艺术美感。

按材质可以分为黏土瓦、水泥瓦、琉璃瓦。黏土瓦是以黏土为主要原料，经成型、干燥、烧制而成的瓦片。具有价格低廉、耐久性好等优点，但重量较大，易破损。水泥瓦是以水泥为主要原料，加入适量的砂、石等骨料，经搅拌成型、养护而成的瓦片。具有强度高、耐久性好、尺寸稳定等优点，但重量较大，运输和安装不便。琉璃瓦是以黏土为主要原料，加入适量的釉料，经高温烧制而成的瓦片。具有色彩鲜艳、质地坚硬、耐久性好等优点，但价格较高，重量较大。

按用途可以分为屋面瓦、地面瓦和装饰瓦。屋面瓦主要用于覆盖屋面，具有防水防潮、防风等功能。常见的屋面瓦有黏土瓦、泥瓦、琉璃瓦等。地面瓦用于覆盖地面，具有防滑防潮、装饰等功能。常见的地面瓦有瓷砖、石材等。装饰瓦用于装饰墙面、地面等，具有美观、时尚、个性化等功能。常见的装饰瓦有文化石、玻璃瓦等。

烧结瓦是由黏土或其他无机非金属原料，经成型、烧结等工艺处理，用于建筑物屋面覆盖及装饰用的板状或块状的烧结制品。通常根据形状、表面状态及吸水率不同来进行分类和具体产品命名。根据形状分为平瓦、脊瓦、三曲瓦、双筒瓦、鱼鳞瓦、牛舌瓦、平板瓦、筒瓦、滴水瓦、沟头瓦、J 形瓦、S 形瓦、波形瓦、平板瓦和其他异形瓦及其配件、饰件。根据表面状态可分为有釉瓦（含表面经加工处理形成装饰薄膜层的瓦）和无釉瓦（含青瓦）。根据吸水率不同分为Ⅰ类瓦、Ⅱ类瓦、Ⅲ类瓦。

烧结瓦的技术指标包括外观质量、尺寸偏差、吸水率、抗弯曲性能、耐急冷急热性、抗冻性能、抗盐性能、抗渗性能、耐酸碱性能等。本节介绍烧结瓦的抗弯曲性能、吸水率和耐急冷急热性。烧结瓦的物理性能按现行国家标准《屋面瓦试验方法》（GB/T 36584）开展检测，应符合表 8-39 的规定。

**表 8-39　烧结瓦的物理性能**

<table>
<tr><th>序号</th><th colspan="2">检测项目</th><th>指标</th></tr>
<tr><td rowspan="3">1</td><td rowspan="3">吸水率/%</td><td>Ⅰ类瓦</td><td>≤6.0</td></tr>
<tr><td>Ⅱ类瓦</td><td>>6.0，≤10.0</td></tr>
<tr><td>Ⅲ类瓦</td><td>>10.0，≤18.0</td></tr>
<tr><td rowspan="3">2</td><td rowspan="3">抗弯曲性能</td><td>平瓦、脊瓦、平板瓦、筒瓦、滴水瓦、沟头瓦、平板瓦</td><td>≥1 200 N</td></tr>
<tr><td>J 形瓦、S 形瓦、波形瓦</td><td>≥1 600 N</td></tr>
<tr><td>三曲瓦、双筒瓦、鱼鳞瓦、牛舌瓦</td><td>≥10.0 MPa</td></tr>
<tr><td>3</td><td>耐急冷急热性</td><td>有釉瓦（10 次急冷急热循环）</td><td>规定次数急冷急热循环后不出现炸裂、剥落及裂纹延长现象</td></tr>
</table>

### 8.4.1　瓦抗弯曲性能检测

#### 8.4.1.1　试验依据与环境要求

1）试验依据

现行国家标准《屋面瓦试验方法》（GB/T 36584）。

2）环境要求

实验室环境：室温。

#### 8.4.1.2　主要仪器设备

弯曲强度试验机：试验机能够均匀加荷，其相对误差不大于±1%。支座由直径为 25 mm 互相平行的金属棒及下面的支承架构成，其中一根可以绕中心轻微上下摆动，另一根可以绕它的轴心稍做旋转。支承架高度约为 50 mm，保证金属棒间距可调。压头是一直径为 25 mm 的金属棒，也可以绕中心上下轻微摆动。支座金属棒和压头与试样接触部分均垫上厚度为 5 mm、硬度为 HA（45～60）度的普通橡胶板。

钢直尺：精度为 1 mm。

秒表：精度为 0.1 s。

#### 8.4.1.3　样品制备

以自然干燥状态下的整件瓦为试样，试样数量为 5 件。

#### 8.4.1.4　试验步骤

（1）将试样放在支座上，调整支座金属棒间距，并使压头位于支座金属棒的正中，对于跨距要求搭接不足的瓦（J 形瓦、S 形瓦先保证一个支座金属棒位于瓦峰宽的中央），调整间距使支座金属棒中心以外瓦的长度为（15±2）mm。其中对于波形瓦类，要在压头和瓦之间放置与瓦上表面波浪形状相吻合的平衡物，平衡物由硬质木块或金属制成，宽度约为 20 mm。如图 8-19～图 8-25 所示。

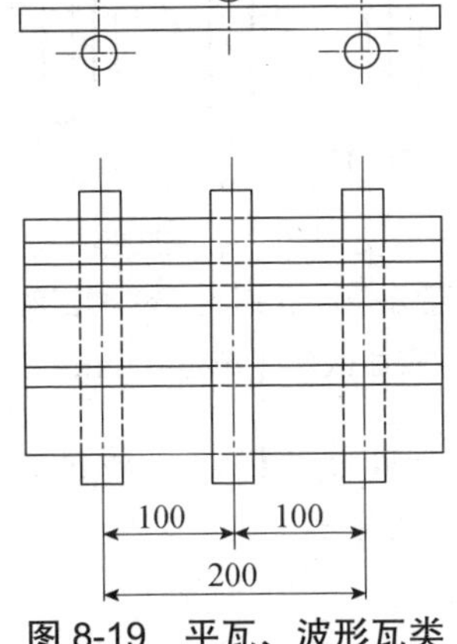


**图 8-19　平瓦、波形瓦类弯曲试验（单位：mm）**

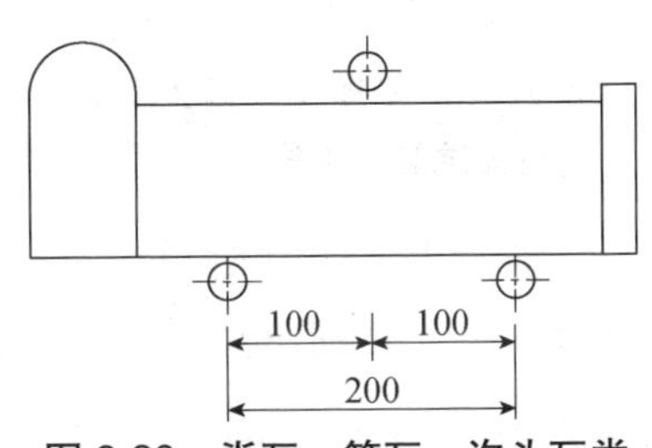


**图 8-20　脊瓦、筒瓦、沟头瓦类弯曲试验（单位：mm）**

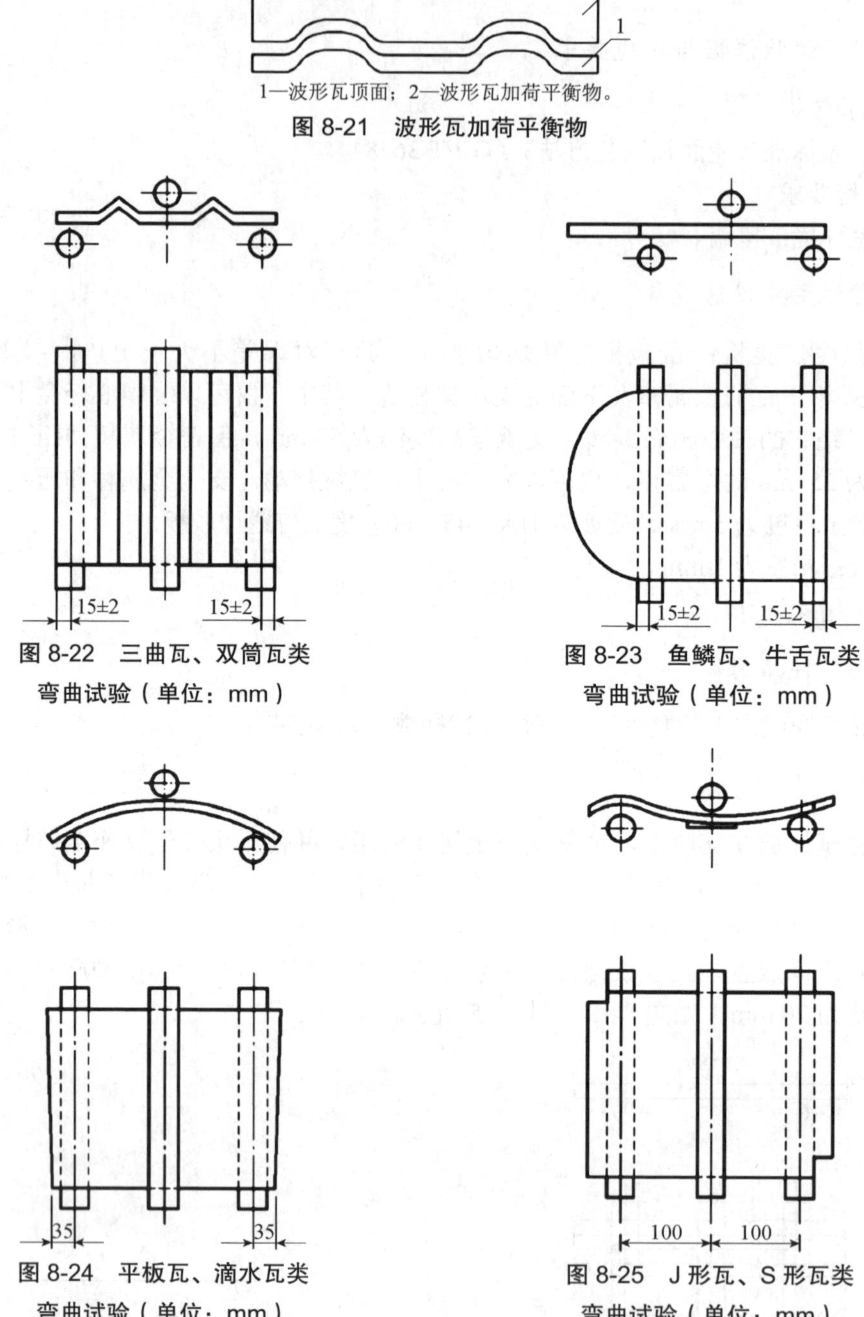


1—波形瓦顶面；2—波形瓦加荷平衡物。

图 8-21 波形瓦加荷平衡物

图 8-22 三曲瓦、双筒瓦类弯曲试验（单位：mm）

图 8-23 鱼鳞瓦、牛舌瓦类弯曲试验（单位：mm）

图 8-24 平板瓦、滴水瓦类弯曲试验（单位：mm）

图 8-25 J 形瓦、S 形瓦类弯曲试验（单位：mm）

（2）试验前先校正试验机零点，启动试验机，压头接触试样时不应冲击，以 50～100 N/s 的速度均匀加荷，直至断裂，记录断裂时的最大荷载 $P$。

8.4.1.5 试验结果

平瓦、平板瓦、脊瓦、滴水瓦、沟头瓦、S 形瓦、J 形瓦、波形瓦的试验结果以每件试样断裂时的最大载荷表示，精确至 10 N。

三曲瓦、双筒瓦、鱼鳞瓦、牛舌瓦的弯曲强度按式（8-17）计算：

三曲瓦、双筒瓦、鱼鳞瓦、牛舌瓦的试验结果以每件试样的弯曲强度表示，计算公式按式（8-17）计算，精确至 0.1 MPa。

$$R=\frac{3PL}{2bh^2} \tag{8-17}$$

式中：$R$——试样的弯曲强度，MPa；

$P$——试样断裂时的最大载荷，N；

$L$——跨距，mm；

$b$——试样的宽度，mm；

$h$——试样断裂面上的最小厚度，mm。

### 8.4.2　瓦吸水率检测

#### 8.4.2.1　试验依据与环境要求

1）试验依据

现行国家标准《屋面瓦试验方法》（GB/T 36584）。

2）环境要求

实验室环境：室温。

#### 8.4.2.2　主要仪器设备

烘箱：工作温度为（110±5）℃，也可使用能获得相同检测结果的其他干燥系统。

干燥器。

真空容器和真空系统：能容纳所要求数量试样的足够大容积的真空容器和抽真空能达到（10±1）kPa 并保持 30 min 的真空系统。

麂皮或其他合适材料。

天平：称量精度为所测试样质量的 0.01%。

去离子水或蒸馏水。

#### 8.4.2.3　样品制备

以自然干燥状态下的整件瓦或抗弯曲性能试验后的瓦的一半为制样样品，在中间部位分别切取最小边长 100 mm×瓦厚度作为试样，试样数量为 5 块。

#### 8.4.2.4　试验步骤

将试样擦拭干净后放入干燥箱中干燥至恒重（每隔 24 h 的两次连续质量之差小于 0.1%），作为干燥时质量 $m_0$。试验过程中试样放在有硅胶或其他干燥剂的干燥器内冷却至室温，不应使用酸性干燥剂，每块试样按表 8-40 的测量精度称量和记录。

表 8-40　试样的质量和测量精度

| 试样的质量/g | 测量精度/g |
| --- | --- |
| 50≤$m$≤100 | 0.02 |
| 100＜$m$≤500 | 0.05 |
| 500＜$m$≤1 000 | 0.25 |
| 1 000＜$m$≤3 000 | 0.50 |
| $m$＞3 000 | 1.00 |

将试样竖直放入真空容器中，使试样互不接触，抽真空至（10±1）kPa，并保持 30 min 后停止抽真空，加入足够的水将试样覆盖并高出 50 mm，让试样浸泡 15 min 后取出。将一块浸湿的麂皮用手拧干，将麂皮放在平台上依次轻轻擦干试样表面，然后称重并记录，作为吸水饱和的质量 $m_1$，试样的测量精度同表 8-40。

#### 8.4.2.5　试验结果

吸水率按式（8-18）计算：

$$E=\frac{m_1-m_0}{m_0}\times 100\% \tag{8-18}$$

式中：$E$——吸水率，%；

$m_0$——干燥时质量，g；

$m_1$——真空下吸水饱和的质量，g。

试验结果以每块试样的吸水率表示，精确至 0.1%。

### 8.4.3　瓦耐急冷急热性检测

#### 8.4.3.1　试验依据与环境要求

1）试验依据

现行国家标准《屋面瓦试验方法》（GB/T 36584）。

2）环境要求

实验室环境：室温。

#### 8.4.3.2　主要仪器设备

烘箱：能升温至 200℃。

试样架。

能通过流动冷水的水槽。

温度计。

钢直尺：精度为 1 mm。

秒表：精度为 0.1 s。

#### 8.4.3.3　样品制备

以自然干燥状态下的整件瓦为试样，试样数量为 5 件。试验建议适用于有釉类瓦。

#### 8.4.3.4 试验步骤

测量冷水温度，保持在（15±5）℃为宜。

检查外观，将裂纹（含釉裂）、磕碰、釉黏和缺釉处做标记，并记录其缺陷情况。

将试样放入预先加热到温度比冷水高（150±2）℃的烘箱中的试样架上。试样之间、试样与箱壁之间应有不小于 20 mm 的间距。关上烘箱门。

在 5 min 内使烘箱重新达到预先加热的温度，开始计时。在此温度下保持 45 min。打开烘箱门，取出试样立即浸没于装有流动冷水的水槽中，急冷 5 min。如此为一次急冷急热循环。

#### 8.4.3.5 试验结果

试验结果以每件试样的外观破坏程度表示。

# 第9章 装饰材料

## 9.1 陶 瓷 砖

陶瓷砖，也称陶瓷饰面砖，是由黏土或其他无机非金属原料，经由研磨混合、压制成型、施釉、烧结等工艺生产得到的，用于装饰与保护建筑物、构筑物墙面及地面的板状或块状陶瓷制品。

陶瓷砖按工艺可分为釉面砖、通体砖、抛光砖、玻化砖、陶瓷锦砖等。按用途可分为外墙砖、内墙砖、地砖、广场砖、工业砖等，按施釉情况可分为有釉砖和无釉砖。根据成型方法不同可分为挤压砖（A 类）和干压砖（B 类）。根据吸水率不同分为低吸水率砖（Ⅰ类，$E$≤3%）、中吸水率砖（Ⅱ类，3%<$E$≤10%）、高吸水率砖（Ⅲ类，$E$>10%）；即通常所说的瓷质砖（吸水率 $E$≤0.5%）、炻瓷砖（吸水率 0.5%<$E$≤3%）、细炻砖（吸水率 3%<$E$≤6%）、炻质砖（吸水率 6%<$E$≤10%）和陶质砖（吸水率 $E$>10%）五种。根据成型方法和吸水率分类见表 9-1。

**表 9-1 根据成型方法和吸水率分类**

| 成型方法 | Ⅰa 类<br>$E$≤0.5% | Ⅰb 类<br>0.5%<$E$≤3% | Ⅱa 类<br>3%<$E$≤6% | Ⅱb 类<br>6%<$E$≤10% | Ⅲ类<br>$E$>10% |
|---|---|---|---|---|---|
| A（挤压） | AⅠa 类 | AⅠb 类 | AⅡa1 类 | AⅡb1 类 | AⅢ类 |
| B（干压） | BⅠa 类<br>瓷质砖 | BⅠa 类<br>炻瓷砖 | BⅡa 类<br>细炻砖 | BⅡb 类<br>炻瓷砖 | BⅢ类<br>陶质砖 |

根据现行国家标准《陶瓷砖》（GB/T 4100）的规定，陶瓷砖的技术指标包括尺寸偏差（长度、宽度、厚度、边直度等）、表面质量、吸水率、破坏强度、断裂模数、抗热震性、抗釉裂性、光泽度等，常用饰面瓷砖的主要技术要求如表 9-2～表 9-5 所示。

**表 9-2 干压陶瓷砖（$E$≤0.5% BⅠa 类）技术要求**

<table>
<tr><th colspan="4">技 术 要 求</th><th rowspan="3">试验方法</th></tr>
<tr><th colspan="2" rowspan="2">项目</th><th colspan="2">名义尺寸</th></tr>
<tr><th>70 mm≤$N$<150 mm</th><th>$N$≥150 mm</th></tr>
<tr><td rowspan="3">长度和宽度</td><td rowspan="2">每块砖（2 条或 4 条边）的平均尺寸相对于工作尺寸（$W$）的允许偏差/%</td><td>±0.9 mm</td><td>±0.6 mm，最大值±2.0 mm</td><td rowspan="3">现行国家标准《陶瓷砖试验方法 第 2 部分：尺寸和表面质量的检验》（GB/T 3810.2）</td></tr>
<tr><td colspan="2">抛光砖：最大值±1.0 mm</td></tr>
<tr><td colspan="3">制造商选择工作尺寸应满足以下要求：<br>模数砖名义尺寸连接宽度允许为 2～5 mm；<br>非模数砖工作尺寸与名义尺寸之间的偏差不大于±2%，最大 5 mm</td></tr>
</table>

续表

<table>
<tr><td colspan="4">技术要求</td><td rowspan="3">试验方法</td></tr>
<tr><td colspan="2" rowspan="2">项目</td><td colspan="2">名义尺寸</td></tr>
<tr><td>70 mm≤N＜150 mm</td><td>N≥150 mm</td></tr>
<tr><td colspan="2">厚度<br>厚度由制造商确定；<br>每块砖厚度的平均值相对于工作尺寸厚度的允许偏差/%</td><td>±0.5 mm</td><td>±5 mm，<br>最大值<br>±0.5 mm</td><td rowspan="10">现行国家标准《陶瓷砖试验方法　第2部分：尺寸和表面质量的检验》（GB/T 3810.2）</td></tr>
<tr><td colspan="2" rowspan="2">边直度（正面）<br>相对于工作尺寸的最大允许偏差/%</td><td>±0.75 mm</td><td>±0.5 mm，<br>最大值<br>±1.5 mm</td></tr>
<tr><td colspan="2">抛光砖：±0.2 mm，<br>最大值≤1.5 mm</td></tr>
<tr><td colspan="2" rowspan="2">直角度<br>相对于工作尺寸的最大允许偏差/%</td><td>±0.75 mm</td><td>±0.5 mm，<br>最大值<br>±2.0 mm</td></tr>
<tr><td colspan="2">抛光砖：±0.2 mm，<br>最大值≤2.0 mm</td></tr>
<tr><td rowspan="4">表面平整度最大允许偏差/%</td><td>相对于由工作尺寸计算的对角线的中心弯曲度</td><td>±0.75 mm</td><td>±0.5 mm，<br>最大值<br>±2.0 mm</td></tr>
<tr><td>相对于工作尺寸的边弯曲度</td><td>±0.75 mm</td><td>±0.5 mm，<br>最大值<br>±2.0 mm</td></tr>
<tr><td>相对于由工作尺寸计算的对角线的翘曲度</td><td>±0.75 mm</td><td>±0.5 mm，<br>最大值<br>±2.0 mm</td></tr>
<tr><td colspan="3">抛光砖的表面平整度允许偏差为±0.15%，且最大偏差≤2.0 mm，<br>边长＞600 mm的砖，表面平整度用上凸和下凹表示，其最大偏差≤2.0 mm</td></tr>
<tr><td colspan="2">表面质量</td><td colspan="2">至少砖的95%的主要区域无明显缺陷</td></tr>
<tr><td colspan="2">吸水率（质量分数）</td><td colspan="2">平均值≤0.5%，单个值≤0.6%</td><td>现行国家标准《陶瓷砖试验方法　第3部分：吸水率、显气孔率、表观相对密度和容量的测定》（GB/T 3810.3）</td></tr>
<tr><td rowspan="2">破坏强度/N</td><td>厚度（工作尺寸）≥7.5 mm</td><td colspan="2">≥1 300</td><td rowspan="3">现行国家标准《陶瓷砖试验方法　第4部分：断裂模数和破坏强度的测定》（GB/T 3810.4）</td></tr>
<tr><td>厚度（工作尺寸）＜7.5 mm</td><td colspan="2">≥700</td></tr>
<tr><td colspan="2">断裂模数/［N/mm²（MPa）］不适用于破坏强度≥3 000 N的砖</td><td colspan="2">平均值≥35，单个值≥32</td></tr>
</table>

续表

| 技术要求 | | | | 试验方法 |
|---|---|---|---|---|
| 项目 | | 名义尺寸 | | |
| | | 70 mm≤$N$<150 mm | $N$≥150 mm | |
| 耐磨性 | 无釉地砖耐磨损体积/mm³ | ≤175 | | 现行国家标准《陶瓷砖试验方法 第6部分：无釉砖耐磨深度的测定》（GB/T 3810.6） |
| | 有釉地砖表面耐磨性 | 报告陶瓷砖耐磨性级别和转数 | | 现行国家标准《陶瓷砖试验方法 第7部分：有釉砖表面耐磨性的测定》（GB/T 3810.7） |

**表 9-3　干压陶瓷砖（0.5%<$E$≤3% BⅠb 类）技术要求**

| 技术要求 | | | | 试验方法 |
|---|---|---|---|---|
| 项目 | | 名义尺寸 | | |
| | | 70 mm≤$N$<150 mm | $N$≥150 mm | |
| 长度和宽度 | 每块砖（2条或4条边）的平均尺寸相对于工作尺寸（$W$）的允许偏差/% | ±0.9 mm | ±0.6 mm，最大值±2.0 mm | 现行国家标准《陶瓷砖试验方法 第2部分：尺寸和表面质量的检验》（GB/T 3810.2） |
| | 制造商选择工作尺寸应满足以下要求：<br>模数砖名义尺寸连接宽度允许为2～5 mm；<br>非模数砖工作尺寸与名义尺寸之间的偏差不大于±2%，最大5 mm | | | |
| 厚度<br>厚度由制造商确定；<br>每块砖厚度的平均值相对于工作尺寸厚度的允许偏差/% | | ±0.5 mm | ±5 mm，最大值±0.5 mm | |
| 边直度（正面）<br>相对于工作尺寸的最大允许偏差/% | | ±0.75 mm | ±0.5 mm，最大值±1.5 mm | |
| 直角度<br>相对于工作尺寸的最大允许偏差/% | | ±0.75 mm | ±0.5 mm，最大值±2.0 mm | |
| 表面平整度最大允许偏差/% | 相对于由工作尺寸计算的对角线的中心弯曲度 | ±0.75 mm | ±0.5 mm，最大值±2.0 mm | |
| | 相对于工作尺寸的边弯曲度 | ±0.75 mm | ±0.5 mm，最大值±2.0 mm | |
| | 相对于由工作尺寸计算的对角线的翘曲度 | ±0.75 mm | ±0.5 mm，最大值±2.0 mm | |
| | 边长>600 mm的砖，表面平整度用上凸和下凹表示，其最大偏差≤2.0 mm | | | |
| 表面质量 | | 至少砖的95%的主要区域无明显缺陷 | | |

续表

| 技　术　要　求 | | | | 试验方法 |
|---|---|---|---|---|
| 项目 | | 名义尺寸 | | |
| | | 70 mm≤$N$<150 mm | $N$≥150 mm | |
| 吸水率（质量分数） | | 0.5%<$E$≤3%，单个最大值≤3.3% | | 现行国家标准《陶瓷砖试验方法 第 3 部分：吸水率、显气孔率、表观相对密度和容量的测定》（GB/T 3810.3） |
| 破坏强度/N | 厚度（工作尺寸）≥7.5 mm | ≥1 100 | | 现行国家标准《陶瓷砖试验方法 第 4 部分：断裂模数和破坏强度的测定》（GB/T 3810.4） |
| | 厚度（工作尺寸）<7.5 mm | ≥700 | | |
| 断裂模数/［N/mm²（MPa）］不适用于破坏强度≥3 000 N 的砖 | | 平均值≥30，单个值≥27 | | |
| 耐磨性 | 无釉地砖耐磨损体积/mm³ | ≤175 | | 现行国家标准《陶瓷砖试验方法 第 6 部分：无釉砖耐磨深度的测定》（GB/T 3810.6） |
| | 有釉地砖表面耐磨性 | 报告陶瓷砖耐磨性级别和转数 | | 现行国家标准《陶瓷砖试验方法 第 7 部分：有釉砖表面耐磨性的测定》（GB/T 3810.7） |

**表 9-4　干压陶瓷砖（3%<$E$≤6% BⅡa 类）技术要求**

| 技　术　要　求 | | | | 试验方法 |
|---|---|---|---|---|
| 项目 | | 名义尺寸 | | |
| | | 70 mm≤$N$<150 mm | $N$≥150 mm | |
| 长度和宽度 | 每块砖（2 条或 4 条边）的平均尺寸相对于工作尺寸（$W$）的允许偏差/% | ±0.9 mm | ±0.6 mm，最大值±2.0 mm | 现行国家标准《陶瓷砖试验方法 第 2 部分：尺寸和表面质量的检验》（GB/T 3810.2） |
| | 制造商选择工作尺寸应满足以下要求：<br>模数砖名义尺寸连接宽度允许在 2～5 mm；<br>非模数砖工作尺寸与名义尺寸之间的偏差不大于±2%，最大 5 mm | | | |
| 厚度<br>厚度由制造商确定；<br>每块砖厚度的平均值相对于工作尺寸厚度的允许偏差/% | | ±0.5 mm | ±5 mm，最大值±0.5 mm | |

续表

| 技术要求 | | | | 试验方法 |
|---|---|---|---|---|
| 项目 | | 名义尺寸 | | |
| | | 70 mm≤*N*<150 mm | *N*≥150 mm | |
| 边直度（正面）相对于工作尺寸的最大允许偏差/% | | ±0.75 mm | ±0.5 mm，最大值±1.5 mm | 现行国家标准《陶瓷砖试验方法 第2部分：尺寸和表面质量的检验》（GB/T 3810.2） |
| 直角度相对于工作尺寸的最大允许偏差/% | | ±0.75 mm | ±0.5，最大值±2.0 mm | |
| 表面平整度最大允许偏差/% | 相对于由工作尺寸计算的对角线的中心弯曲度 | ±0.75 mm | ±0.5 mm，最大值±2.0 mm | |
| | 相对于工作尺寸的边弯曲度 | ±0.75 mm | ±0.5 mm，最大值±2.0 mm | |
| | 相对于由工作尺寸计算的对角线的翘曲度 | ±0.75 mm | ±0.5 mm，最大值±2.0 mm | |
| | 边长>600 mm的砖，表面平整度用上凸和下凹表示，其最大偏差≤2.0 mm | | | |
| 表面质量 | | 至少砖的95%的主要区域无明显缺陷 | | |
| 吸水率（质量分数） | | 3%<*E*≤6%，单个最大值≤6.5% | | 现行国家标准《陶瓷砖试验方法 第3部分：吸水率、显气孔率、表观相对密度和容量的测定》（GB/T 3810.3） |
| 破坏强度/N | 厚度（工作尺寸）≥7.5 mm | ≥1 000 | | 现行国家标准《陶瓷砖试验方法 第4部分：断裂模数和破坏强度的测定》（GB/T 3810.4） |
| | 厚度（工作尺寸）<7.5 mm | ≥600 | | |
| 断裂模数/［N/mm²（MPa）］不适用于破坏强度≤3 000 N的砖 | | 平均值≥22，单个值≥20 | | |
| 耐磨性 | 无釉地砖耐磨损体积/mm³ | ≤345 | | 现行国家标准《陶瓷砖试验方法 第6部分：无釉砖耐磨深度的测定》（GB/T 3810.6） |
| | 有釉地砖表面耐磨性 | 报告陶瓷砖耐磨性级别和转数 | | 现行国家标准《陶瓷砖试验方法 第7部分：有釉砖表面耐磨性的测定》（GB/T 3810.7） |

**表 9-5 干压陶瓷砖（6%<$E$≤BⅡb）技术要求**

<table>
<tr><td colspan="4">技 术 要 求</td><td rowspan="3">试验方法</td></tr>
<tr><td colspan="2" rowspan="2">项目</td><td colspan="2">名义尺寸</td></tr>
<tr><td>70 mm≤$N$<150 mm</td><td>$N$≥150 mm</td></tr>
<tr><td rowspan="2">长度和宽度</td><td>每块砖（2 条或 4 条边）的平均尺寸相对于工作尺寸（$W$）的允许偏差/%</td><td>±0.9 mm</td><td>±0.6 mm，最大值±2.0 mm</td><td rowspan="10">现行国家标准《陶瓷砖试验方法 第 2 部分：尺寸和表面质量的检验》（GB/T 3810.2）</td></tr>
<tr><td colspan="3">制造商选择工作尺寸应满足以下要求：<br>模数砖名义尺寸连接宽度允许在 2～5 mm；<br>非模数砖工作尺寸与名义尺寸之间的偏差不大于±2%，最大 5 mm</td></tr>
<tr><td colspan="2">厚度<br>厚度由制造商确定<br>每块砖厚度的平均值相对于工作尺寸厚度的允许偏差/%</td><td>±0.5 mm</td><td>±5 mm，最大值±0.5 mm</td></tr>
<tr><td colspan="2">边直度（正面）<br>相对于工作尺寸的最大允许偏差/%</td><td>±0.75 mm</td><td>±0.5 mm，最大值±1.5 mm</td></tr>
<tr><td colspan="2">直角度<br>相对于工作尺寸的最大允许偏差/%</td><td>±0.75 mm</td><td>±0.5 mm，最大值±2.0 mm</td></tr>
<tr><td rowspan="4">表面平整度最大允许偏差/%</td><td>相对于由工作尺寸计算的对角线的中心弯曲度</td><td>±0.75 mm</td><td>±0.5 mm，最大值±2.0 mm</td></tr>
<tr><td>相对于工作尺寸的边弯曲度</td><td>±0.75 mm</td><td>±0.5 mm，最大值±2.0 mm</td></tr>
<tr><td>相对于由工作尺寸计算的对角线的翘曲度</td><td>±0.75 mm</td><td>±0.5 mm，最大值±2.0 mm</td></tr>
<tr><td colspan="3">边长>600 mm 的砖，表面平整度用上凸和下凹表示，其最大偏差≤2.0 mm</td></tr>
<tr><td colspan="2">表面质量</td><td colspan="2">至少砖的 95%的主要区域无明显缺陷</td></tr>
<tr><td colspan="2">吸水率（质量分数）</td><td colspan="2">6%<$E$≤10%，单个最大值≤11%</td><td>现行国家标准《陶瓷砖试验方法 第 3 部分：吸水率、显气孔率、表观相对密度和容量的测定》（GB/T 3810.3）</td></tr>
<tr><td rowspan="2">破坏强度/N</td><td>厚度（工作尺寸）≥7.5 mm</td><td colspan="2">≥800</td><td rowspan="3">现行国家标准《陶瓷砖试验方法 第 4 部分：断裂模数和破坏强度的测定》（GB/T 3810.4）</td></tr>
<tr><td>厚度（工作尺寸）<7.5 mm</td><td colspan="2">≥600</td></tr>
<tr><td colspan="2">断裂模数/［N/mm²（MPa）］不适用于破坏强度≥3 000 N 的砖</td><td colspan="2">平均值≥18，单个值≥16</td></tr>
</table>

续表

<table>
<tr><th colspan="3">技 术 要 求</th><th rowspan="3">试验方法</th></tr>
<tr><th colspan="2" rowspan="2">项目</th><th colspan="2">名义尺寸</th></tr>
<tr><th>70 mm≤N<150 mm</th><th>N≥150 mm</th></tr>
<tr><td rowspan="2">耐磨性</td><td>无釉地砖耐磨损体积/mm³</td><td colspan="2">≤540</td><td>现行国家标准《陶瓷砖试验方法 第 6 部分：无釉砖耐磨深度的测定》（GB/T 3810.6）</td></tr>
<tr><td>有釉地砖表面耐磨性</td><td colspan="2">报告陶瓷砖耐磨性级别和转数</td><td>现行国家标准《陶瓷砖试验方法 第 7 部分：有釉砖表面耐磨性的测定》（GB/T 3810.7）</td></tr>
</table>

### 9.1.1 陶瓷砖吸水率检测

#### 9.1.1.1 试验依据与环境要求

1）试验依据

现行国家标准《陶瓷砖试验方法 第 3 部分：吸水率、显气孔率、表观相对密度和容重的测定》（GB/T 3810.3）。

2）环境要求

实验室环境：温度（20±10）℃。

#### 9.1.1.2 主要仪器设备

陶瓷砖吸水率测定仪：应符合现行国家标准《陶瓷砖试验方法 第 3 部分：吸水率、显气孔率、表观相对密度和容重的测定》（GB/T 3810.3）的测试要求，能容纳要求数量试样的足够大的真空容器和抽真空能达到（10±1）kPa 并保持 30 min 的真空系统。

干燥箱：可控制温度不低于 110℃，最小分度值不大于 2℃。

天平：量程 2 kg，最小分度值不大于 0.01 g。

加热装置：用惰性材料制成的用于煮沸的加热装置。

吊环、绳索、玻璃烧杯等。

#### 9.1.1.3 样品制备

取 10 块整砖进行测量。

若每块砖的表面积大于 0.04 m² 时，只需用 5 块整砖进行测试。

若每块砖的质量大于 50 g，则需足够数量的砖使每个试样质量达到 50～100 g。

砖的边长大于 200 mm 且小于 400 mm 时，可切割成小块，但切割下的每一块都应计入测量值内，多边形和其他非矩形砖，其长和宽均按外接矩形计算。若砖的边长大于400 mm时，至少在3块整砖的中间部位切取最小边长为100 mm的5块试样。

#### 9.1.1.4 试验步骤

（1）将砖放在（110±5）℃的烘箱中干燥至恒重，即每隔24 h的两次连续质量之差小于0.1%，砖放在有硅胶或其他干燥剂的干燥器中冷却至室温，不能使用酸性干燥剂，称量每块砖的质量并做记录。

（2）陶瓷砖可采用以下方法进行水饱和：

① 煮沸法。将砖竖直地放在盛有去离子水的加热器中，砖互不接触。砖的上部和下部应保持有5 cm深度的水。在整个试验中都应保持水面高于砖5 cm。将水加热至沸腾并保持煮沸2 h。然后切断热源，使砖完全浸泡在水中冷却至室温，并保持（4±0.25）h。也可用常温下的水或制冷器将样品冷却至室温。将一块浸湿的麂皮拧干，并将麂皮放在平台上轻轻地依次擦干每块砖的表面，对于凹凸或有浮雕的表面用麂皮轻快地擦去表面水分，然后称重，记录每块试样的称量结果。保持与干燥状态下相同的精度。

② 真空法。将砖竖直放入真空容器中使砖互不接触，加入足够的水将砖覆盖并高出5 cm，抽真空至（10±1）kPa，并保持30 min后停止抽真空，让砖浸泡15 min后取出。将一块浸湿的麂皮拧干。将麂皮放在平台上依次轻轻擦干每块砖的表面，对于凹凸或有浮雕的表面应用麂皮轻快地擦去表面水分，然后立即称重并记录，与干砖的称量精度相同。

#### 9.1.1.5 试验结果

陶瓷砖的吸水率按式（9-1）计算：

$$E_b = \frac{m_2 - m_1}{m_1} \tag{9-1}$$

式中：$m_1$——干砖的质量，g；

$m_2$——湿砖的质量，g；

$E_b$——陶瓷砖的吸水率，%。

### 9.1.2 陶瓷砖断裂模数检测

#### 9.1.2.1 试验依据与环境要求

1）试验依据

现行国家标准《陶瓷砖试验方法　第4部分：断裂模数和破坏强度的测定》（GB/T 3810.4）。

2）环境要求

实验室环境：温度（20±10）℃。

#### 9.1.2.2 主要仪器设备

干燥箱：可控制温度不低于（110±5）℃，最小分度值不大于2℃。

数显陶瓷砖抗折试验仪：配有两根圆柱形支撑棒和一根圆柱形中心棒，圆柱形支撑棒用金属制成，与试样接触部分用硬度为（50±5）IRHD橡胶包裹；圆柱形中心棒的直径与支撑棒相同，用来传递荷载，此棒可稍做摆动。结构如图9-1所示。

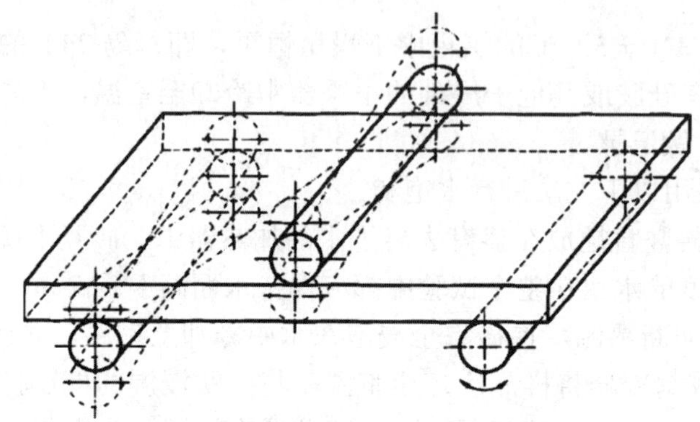

图9-1　数显陶瓷砖抗折试验仪结构

9.1.2.3　样品制备

应用整砖检验，但对于超大的砖（边长大于300 mm）和一些非矩形的砖，必要时可进行切割，切割成可能最大尺寸的矩形试样，以便安装在仪器上使用。

每种样品的最小试样数量见表9-6。

表9-6　最小试样数量

| 砖的尺寸 $K$/mm | 最小试样数量/块 |
| --- | --- |
| $K \geqslant 48$ | 7 |
| $18 \leqslant K < 48$ | 10 |

9.1.2.4　试验步骤

（1）用硬刷刷去试样背面松散的黏结颗粒。将试样干燥至恒重，冷却至室外温至少3 h后才能进行试验。

（2）将试样置于支撑上，使釉面或正面朝上，试样伸出每根支撑棒的长度 $l$ 如表9-7所示。

表9-7　棒的直径、橡胶厚度和长度　　单位：mm

| 砖的尺寸 $K$ | 棒的直径 $d$ | 砖的厚度 $t$ | 砖伸出支撑棒外的长度 $l$ |
| --- | --- | --- | --- |
| $K \geqslant 95$ | 20 | 5±1 | 10 |
| $48 \leqslant K < 95$ | 10 | 2.5±0.5 | 5 |
| $18 \leqslant K < 48$ | 5 | 1±0.2 | 2 |

（3）对于两面相同的砖，例如，无釉马赛克，无论哪面在上都可以。对于挤压成型的砖，应将其背肋垂直于支撑棒放置，对所有其他矩形砖，应以其长边垂直于支撑棒放置。

（4）对凸纹浮雕的砖，在与浮雕面接触的中心棒上再垫一层相应厚度的橡胶层。中心棒应与两支撑棒等距，以（1±0.2）N/（$mm^2$·s）的速率均匀地增加荷载，记录断裂荷载 $F$。

9.1.2.5　试验结果

只有在宽度与中心棒直径相等的中间部位断裂试样，其结果才能用来计算平均破坏强度和平均断裂模数。至少有 5 个有效结果来计算平均值，如果有效结果至少 5 个，应取加倍数量的砖再做第二组试验，此时至少需要 10 个有效结果来计算平均值。

破坏强度（$S$）以 $N$ 表示，按式（9-2）计算：

$$S = \frac{FL}{b} \tag{9-2}$$

断裂模数（$R$）以 $N/mm^2$ 表示，按式（9-3）计算：

$$R = \frac{3FL}{2bh^2} = \frac{3S}{2h^2} \tag{9-3}$$

式中：$F$——破坏荷载，N；

$L$——支撑棒之间的跨距，mm；

$b$——试样的宽度，mm；

$h$——试验后沿断裂边测得的试件断裂面的最小厚度，mm。

## 9.2 天然石材

天然石材是指从天然岩体中开采得到的毛料，或经加工而制成的块状或板状的饰面材料。由于其抗压强度高，耐磨、耐久性好、美观且便于就地取材，所以现在仍被广泛使用。

凡是由天然岩石开采得到的毛料，或经加工而制成的块状或板状岩石，统称为石材。石材是古老的建筑材料之一，由于其抗压强度高，耐磨、耐久性好、美观而且便于就地取材，所以现在仍然被广泛使用。石材在建筑中常被用作砌体材料、装饰材料，还可以作为胶结材料和人造石的原料。

建筑装饰用天然石材主要有大理石和花岗石两大类。天然大理石属于中硬石材，是指变质或沉积的碳酸盐岩类的岩石，主要用于建筑装饰等级要求高的建筑物，用作室内高级饰面材料，也可用作室内地面或踏步（耐磨性次于花岗岩）。但因其主要化学成分为 $CaCO_3$，易被酸性介质侵蚀，使表面很快失去光泽，变得粗糙多孔，从而降低装饰效果。因此，除了少数质地纯正、杂质少、比较稳定耐久的品种（如汉白玉、艾叶青等大理石）可用于外墙饰面，一般大理石不宜用于室外装饰。天然花岗石是以铝硅酸盐为主要成分的岩浆岩。其主要化学成分是氧化铝和氧化硅，还有少量的氧化钙、氧化镁等，所以是一种酸性结晶岩石，属于硬石材。花岗岩具有材质坚硬、化学稳定性好、抗压强度高且耐久性好的优点。但由于其开采运输困难、修琢加工及铺贴施工耗工费时，因此造价较高，一般只用在重要的大型建筑中。

现行国家标准《天然大理石建筑板材》(GB/T 19766)将建筑用大理石板材作出如下分类：按矿物组成分为方解石大理石（FL）、白云石大理石（BL）和蛇纹石大理石（SL）；按形状分为毛光板（MG）、普形板（PX）、圆弧板（HM）和异形板（YX）；按表面加工分为镜面板（JM）和粗面板（CM）。同时，大理石按加工质量和外观质量分为A、B、C三级，其物理性能应满足表9-8的规定。

**表 9-8　大理石物理性能要求**

| 项目 | | 技术指标 | | |
|---|---|---|---|---|
| | | 方解石大理石 | 白云石大理石 | 蛇纹石大理石 |
| 体积密度/（g/cm³） | | ≥2.60 | ≥2.80 | ≥2.56 |
| 吸水率/% | | ≤0.50 | ≤0.50 | ≤0.60 |
| 压缩强度/MPa | 干燥 | ≥52 | ≥52 | ≥70 |
| | 水饱和 | | | |
| 弯曲强度/MPa | 干燥 | ≥7.0 | | |
| | 水饱和 | | | |
| 耐磨性[a]/（1/cm³） | | ≥10 | | |

注：a. 仅适用于地面、楼梯踏步、台面等易磨损部位的大理石石材。

现行国家标准《天然花岗石建筑板材》(GB/T 18601)将建筑用花岗石板材作出如下分类：按形状分为毛光板（MG）、普形板（PX）、圆弧板（HM）和异形板（YX）；按表面加工分为镜面板（JM）、细面板（YG）和粗面板（CM）；按用途分为一般用途和功能用途。同时，花岗石按加工质量和外观质量分为优等品A、一等品B和合格品C三个等级，其物理性能应满足表9-9的规定。

**表 9-9　花岗石物理性能要求**

| 项目 | | 技术指标 | |
|---|---|---|---|
| | | 一般用途 | 功能用途 |
| 体积密度/（g/cm³） | | ≥2.56 | |
| 吸水率/% | | ≤0.60 | ≤0.40 |
| 压缩强度/MPa | 干燥 | ≥100 | ≥131 |
| | 水饱和 | | |
| 弯曲强度/MPa | 干燥 | ≥8.0 | ≥8.3 |
| | 水饱和 | | |
| 耐磨性[a]/（1/cm³） | | ≥10 | |

注：a. 仅适用于地面、楼梯踏步、台面等易磨损部位的花岗石石材。

### 9.2.1　天然石材吸水率检测

#### 9.2.1.1　试验依据与环境要求

1）试验依据

现行国家标准《天然石材试验方法　第3部分：吸水率、体积密度、真密度、真气孔率试验》（GB/T 9966.3）。

2）环境要求

实验室环境：温度（20±10）℃。

#### 9.2.1.2 主要仪器设备

电热鼓风干燥箱：温度可控制在（65±5）℃。

天平：最大称量 1 000 g，感量 10 mg；最大称量 200 g，感量 1 mg。

水箱：底面平整，且带有玻璃棒作为试样支撑。

金属网篮：可满足各种规格试样要求，具有足够的刚性。

干燥器。

#### 9.2.1.3 样品制备

试样为边长 50 mm 的正方形或直径、高度均为 50 mm 的圆柱体，尺寸偏差为±0.5 mm。

每组 5 块试样，试样表面应平滑，不允许有裂纹，粗糙面应打磨平整。

#### 9.2.1.4 试验步骤

（1）将试样在（65±5）℃的电热鼓风干燥箱内干燥 48 h 至恒重，即在 48 h 后每隔 1 h 称重一次，直至出现 3 次恒定的质量。放入干燥器中冷却至室温，然后称其质量（$m_0$），精确至 0.01 g。

（2）将试样置于恒温水箱中，试样间隔不小于 15 mm，加入（20±2）℃的去离子水或蒸馏水至试样高度的 1/2，静置 1 h，然后继续加水至试样高度的 3/4，静置 1 h；继续加满水，水面应超过试样高度（25±5）mm。试样在清水中浸泡（48±2）h 后取出，用拧干的湿毛巾擦去试样表面水分。称其质量（$m_1$），精确至 0.01 g。

#### 9.2.1.5 试验结果

吸水率（%）应按式（9-4）计算：

$$W_a=\frac{m_1-m_0}{m_0}\times 100\% \tag{9-4}$$

式中：$m_0$——干燥试样在空气中的质量，g；

$m_1$——水饱和试样在空气中的质量，g。

计算每组试样吸水率的算术平均值作为试验结果，取两位有效数字。

### 9.2.2 天然石材压缩强度检测

#### 9.2.2.1 试验依据与环境要求

1）试验依据

现行国家标准《天然石材试验方法 第 1 部分：干燥、水饱和、冻融循环后压缩强度试验》（GB/T 9966.1）。

2）环境要求

实验室环境：温度（20±10）℃。

#### 9.2.2.2 主要仪器设备

试验机：示值相对误差不超过±1%。试样破坏载荷应在示值的20%～90%。

游标卡尺：读数至少能精确至0.10 mm。

万能角度尺：精度为2′。

电热鼓风干燥箱：温度可控制在（65±5）℃。

恒温水箱：可保持水温在（20±2）℃，最大水深105 mm且至少容纳两组试验样品，底部垫不污染石材的圆柱状支撑物。

冷冻箱：温度可控制在（−20±2）℃。

干燥器。

#### 9.2.2.3 样品制备

（1）试样尺寸一般为边长50 mm的正方体或 $\phi$50 mm×50 mm的圆柱体；尺寸偏差±1.0 mm。

（2）每种试验条件下的试样取5个为一组。若进行干燥、水饱和、冻融循环后的垂直和平行层理的压缩强度试验需制备试样30个。

（3）试样应标明层理方向。

（4）试样两个受力面平行、光滑，相邻面夹角应为（90±0.5）°。

（5）试样上不得有裂纹、缺棱和缺角。

#### 9.2.2.4 试验步骤

1）干燥压缩强度

（1）将试样在（65±5）℃的干燥箱内干燥48 h，放入干燥器中冷却至室温。

（2）用游标卡尺分别测量试样两个受力面的边长并计算其面积，以两个受力面面积的平均值作为试样受力面面积，边长或直径测量值精度不低于0.1 mm。

（3）将试样放置于材料试验机下压板的中心部位，施加荷载至试样破坏并记录试样破坏时的荷载值和破坏状态。加载速率为（1.0±0.5）MPa/s。

2）水饱和压缩强度

（1）将试样置于恒温水箱中，试样间隔不小于15 mm，加入（20±10）℃的自来水至试样高度的1/2，静置1 h，然后继续加水至试样高度的3/4，静置1 h；继续加满水，水面应超过试样高度（25±5）mm。试样在清水中浸泡（48±2）h后取出，用拧干的湿毛巾擦去试样表面水分后立即进行加载试验。

（2）受力面积计算和加载操作与干燥压缩强度试验相同。

3）冻融循环后压缩强度

（1）将试样置于恒温水箱中，试样间隔不小于15 mm，加入（20±10）℃的自来水至试样高度的1/2，静置1 h，然后继续加水至试样高度的3/4，静置1 h；继续加满水，水面应超过试样高度（25±5）mm。试样在清水中浸泡（48±2）h后取出。

（2）将试样立即放入（−20±2）℃冷冻箱中内冷冻6 h，试样间隔不小于10 mm，试样与箱壁距离不小于20 mm。取出后再将其放入恒温水箱中融化6 h，恒温水箱的温度应保持在（20±2）℃，如此反复冻融50次后，用拧干的湿毛巾擦去试样表面水分后，观察并记录表面出现的外观变化，然后立即进行试验。

（3）试验采用自动化控制冻融试验机时，应每隔14个循环将试样上下翻转一次，冻融试验过程中如遇到非正常中断，试样应浸泡在（20±5）℃的水中。

（4）受力面积计算和加载操作与干燥压缩强度试验相同。

#### 9.2.2.5 试验结果

以每组试样压缩强度的算术平均值作为该条件下的压缩强度，压缩强度按式（9-5）计算，数值修约至1 MPa。

$$P=\frac{F}{S} \tag{9-5}$$

式中：$P$——压缩强度，MPa；

$F$——试样破坏荷载，N；

$S$——试验受力面积，$mm^2$。

### 9.2.3 天然石材弯曲强度检测

#### 9.2.3.1 试验依据与环境要求

1）试验依据

现行国家标准《天然石材试验方法 第2部分：干燥、水饱和、冻融循环后弯曲强度试验》（GB/T 9966.2）。

（2）环境要求

实验室环境：温度（20±10）℃。

#### 9.2.3.2 主要仪器设备

试验机：示值相对误差不超过±1%。试验破坏的载荷在设备示值的20%～90%。

游标卡尺：读数值为0.10 mm。

万能角度尺：精度为2′。

电热鼓风干燥箱：温度可控制在（65±5）℃。

恒温水箱：可保持水温在（20±2）℃，最大水深130 mm且至少容纳两组试验样品，底部垫不污染石材的圆柱状支撑物。

冷冻箱：温度可控制在（−20±2）℃。

干燥器。

#### 9.2.3.3 样品制备

（1）试样可根据实际情况取以下其中一种规格，长度偏差为±1 mm，宽度、厚度尺寸偏差为±0.3 mm。

A：350 mm×100 mm×30 mm，也可采用实际厚度（$H$）的样品，试样长度为10×$H$+50 mm，宽度为100 mm。

B：250 mm×50 mm×50 mm。

（2）试样上应标明层理方向。

（3）试样两个受力面应平整且平行。正面与侧面夹角应为（90±0.5）°。

（4）试样不得有裂纹、缺棱缺角。

（5）在试样上下两面分别标记出支点的位置。采用规格A时，下支座跨距（$L$）为10 $H$，$S$上支座间的距离为5 $H$，呈中心对称分布。采用规格B时，下支座跨距（$L$）为200 mm，上支座在中心位置。

（6）在每种试验条件下，每个层理方向的试样为一组，每组试样数量为5个。

#### 9.2.3.4 试验步骤

1）干燥弯曲强度试验方法

（1）将试样在（65±5）℃的干燥箱内干燥48 h，放入干燥器中冷却至室温。

（2）按照试样上标记的支点位置将其放在上下支架之间。装饰面应朝下放在下支架支座上，使加载过程中试样装饰面处于弯曲拉伸状态。

（3）以（0.25±0.05）MPa/s的速率对试样施加荷载至试样破坏。记录试样破坏位置、形式及破坏荷载值$F$，读数精度不低于10 N。

（4）用游标卡尺测量试样断裂面的宽度$K$和厚度$H$，精度至0.1 mm。

2）水饱和弯曲强度试验方法

（1）将试样侧立置于恒温水箱中，试样间隔不小于15 mm，加入（20±10）℃的自来水至试样高度的1/2，静置1 h，然后继续加水至试样高度的3/4，静置1 h；继续加满水，水面应超过试样高度（25±5）mm。试样在清水中浸泡（48±2）h后取出，用拧干的湿毛巾擦去试样表面水分后立即进行加载试验。

（2）调节支架支座距离、试验加载条件和试样尺寸测量方法与干燥强度试验相同。

3）冻融循环后压缩强度

（1）将试样侧立于恒温水箱中，试样间隔不小于15 mm，加入（20±10）℃的自来水至试样高度的1/2，静置1 h，然后继续加水至试样高度的3/4，静置1 h；继续加满水，水面应超过试样高度（25±5）mm。试样在清水中浸泡（48±2）h后取出。

（2）将试样立即放入（−20±2）℃冷冻箱中冷冻6 h，试样间隔不小于10 mm，试样与箱壁距离不小于20 mm。取出后再将其放入恒温水箱中融化6 h，恒温水箱的温度应保持在（20±2）℃，如此反复冻融50次后，用拧干的湿毛巾擦去试样表面水分后，观察并记录表面出现的外观变化，然后立即进行弯曲强度试验。

（3）试验采用自动化控制冻融试验机时，应每隔14个循环将试样上下翻转一次，冻融试验过程中如遇到非正常中断，试样应浸泡在（20±5）℃的水中。

#### 9.2.3.5 试验结果

采用规格A的弯曲强度按式（9-6）计算：

$$P_A = \frac{3FL}{4KH^2} \tag{9-6}$$

式中：$P_A$——弯曲强度，MPa；

$F$——试样破坏荷载，N；

$L$——支点间距离，mm；

$K$——试样宽度，mm；

$H$——试样厚度，mm。

以每组试样弯曲强度的算术平均值作为弯曲强度，试验结果修约至0.1 MPa。

采用规格B的弯曲强度按式（9-7）计算：

$$P_B = \frac{2FL}{3KH^2} \tag{9-7}$$

式中：$P_B$——弯曲强度，MPa；

$F$——试样破坏荷载，N；

$L$——支点间距离，mm；

$K$——试样宽度，mm；

$H$——试样厚度，mm。

以每组试样弯曲强度的算术平均值作为弯曲强度，试验结果修约至0.1 MPa。

### 9.2.4 天然石材体积密度检测

#### 9.2.4.1 试验依据与环境要求

1）试验依据

现行国家标准《天然石材试验方法　第3部分：吸水率、体积密度、真密度、真气孔率试验》（GB/T 9966.3）。

2）环境要求

实验室环境：温度（20±10）℃。

#### 9.2.4.2 主要仪器设备

电热鼓风干燥箱：温度可控制在（65±5）℃。

天平：最大称量1 000 g，感量10 mg；最大称量200 g，感量1 mg。

比重瓶：容积25～30 mL。

标准筛：63 μm。

干燥器。

#### 9.2.4.3 样品制备

试样为边长50 mm的正方形或直径、高度均为50 mm的圆柱体，尺寸偏差为±0.5 mm。每组5块，试样不允许有裂纹，试样表面应平滑。

9.2.4.4　试验步骤

（1）将试样在（65±5）℃的鼓风干燥箱内干燥 48 h 至恒重，即在 48 h 后每隔 1 h 称重一次，直至出现 3 次恒定的质量。放入干燥器中冷却至室温，然后称其质量（$m_0$），精确至 0.01 g。

（2）将试样置于恒温水箱中，试样间隔不小于 15 mm，加入（20±2）℃的去离子水或蒸馏水至试样高度的 1/2，静置 1 h，然后继续加水至试样高度的 3/4，静置 1 h；继续加满水，水面应超过试样高度（25±5）mm。试样在清水中浸泡（48±2）h 后取出，用拧干的湿毛巾擦去试样表面水分。称其质量（$m_1$），精确至 0.01 g。

（3）立即将水饱和的试样置于网篮并将网篮与试样一起浸入（20±2）℃的蒸馏水中，称其试样在水中质量（$m_2$）（注意：在称量时须先小心除去附着在网篮和试样上的气泡），精确至 0.01 g。

9.2.4.5　试验结果

体积密度（$\rho_b$）按式（9-8）计算：

$$\rho_b = \frac{m_0 \times \rho_w}{m_1 - m_2} \tag{9-8}$$

式中：$m_0$——干燥试样在空气中的质量，g；

$m_1$——水饱和试样在空气中的质量，g；

$m_2$——水饱和试样在水中的质量，g；

$\rho_w$——室温下蒸馏水的密度，g/cm³。

计算每组试样体积密度的算术平均值作为试验结果，取 3 位有效数字。

# 第10章　防水材料

本章介绍的防水材料有防水卷材、防水涂料两种。

## 10.1　防水卷材

将沥青类或高分子类防水材料浸渍在胎体上，制作的防水材料产品，以卷材形式提供，称为防水卷材，是建筑工程防水材料的重要品种之一。防水卷材适用于建筑墙体、屋面，以及隧道、公路、垃圾填埋场等处，起到抵御外界雨水、地下水渗漏作用的一种可卷曲成卷状的柔性建材产品。其作为工程基础与建筑物之间无渗漏连接，是整个工程防水的第一道屏障，对整个工程防水性能起着至关重要的作用。

根据主要组成材料不同可分为沥青防水卷材、高聚物改性沥青防水卷材和合成高分子防水卷材，现阶段我国建筑防水材料的产品结构与工艺技术的重点是大力发展高聚物改性沥青防水卷材，并根据原材料情况发展合成高分子防水卷材。按胎体的不同可分为无胎体卷材、纸胎卷材、玻璃纤维胎卷材、玻璃布胎卷材和聚乙烯胎卷材。

防水卷材要求有良好的耐水性，对温度变化的稳定性（高温下不流淌、不起泡、不淆动；低温下不脆裂），一定的机械强度、延伸性和抗断裂性，以及一定的柔韧性和抗老化性等。

1）高聚物改性沥青防水卷材

该类卷材主要有以下两种：

弹性体改性沥青防水卷材（简称SBS防水卷材）是以聚酯毡、玻纤毡、玻纤增加聚酯毡为胎基，以苯乙烯-丁二烯-苯乙烯（SBS）热塑性弹性体作石油沥青改性剂，两面覆以隔热材料所制成的防水卷材。SBS防水卷材公称宽度为1 000 mm，公称厚度分别为3 mm、4 mm、5 mm，每卷卷材公称面积分别为7.5 m$^2$、10 m$^2$、15 m$^2$。按上表面隔离材料分为聚乙烯膜（PE）、细砂（S）、矿物粒料（M）；下表面隔离材料分为细砂（S）、聚乙烯膜（PE）。卷材按材料性能分为Ⅰ型和Ⅱ型，其材料性能应符合现行国家标准《弹性体改性沥青防水卷材》（GB 18242）的规定。

塑性体改性沥青防水卷材（简称APP防水卷材）是以聚酯毡、玻纤毡、玻纤增强聚酯毡为胎基，以无规聚丙烯（APP）或聚烯烃类聚合物（APAO、APO等）作石油改性剂，两面覆以隔离材料所制成的防水卷材。APP改性沥青防水卷材公称宽度为1 000 mm，公称厚度分别为3 mm、4 mm、5 mm，每卷卷材公称面积分别为7.5 m$^2$、

10 m²、15 m²。按上表面隔离材料分为聚乙烯膜（PE）、细砂（S）、矿物粒料（M）；下表面隔离材料为细砂（S）、聚乙烯膜（PE）。卷材按材料性能分为Ⅰ型和Ⅱ型，其材料性能应符合现行国家标准《塑性体改性沥青防水卷材》（GB 18243）的规定。

2）合成高分子防水卷材

合成高分子防水卷材是一类无胎体的卷材，亦称片材，按其材料的性质可分为合成橡胶和合成树脂两大类。主要品种有三元乙丙橡胶、氯丁橡胶、丁基橡胶、氯磺化聚乙烯、氯化聚乙烯、聚异丁烯、聚氯乙烯、聚乙烯等，其中最有代表性的是合成橡胶类的三元乙丙橡胶防水卷材和合成树脂类的聚氯乙烯塑料防水卷材。

合成高分子防水卷材耐高、低温性能好，主要反映在耐低温性方面，如三元乙丙橡胶防水卷材为低温-40℃时，依旧能保持较好的材料性能，这是其他材料难以与之相比的。合成高分子防水卷材的这些特性使其对环境气温变化或结构层的伸缩、变形、开裂等有较强的适应性，易于保证防水工程的质量。

### 10.1.1 防水卷材拉伸性能试验

#### 10.1.1.1 试验依据及环境要求

1）试验依据

现行国家标准《弹性体改性沥青防水卷材》（GB 18242）；

现行国家标准《塑性体改性沥青防水卷材》（GB 18243）；

现行国家标准《高分子防水材料　第 1 部分：片材》（GB 18173.1）；

现行国家标准《高分子防水材料　第 2 部分：止水带》（GB 18173.2）；

现行国家标准《建筑防水卷材试验方法　第 8 部分：沥青防水卷材　拉伸性能》（GB/T 328.8）；

现行国家标准《建筑防水卷材试验方法　第 9 部分：高分子防水卷材　拉伸性能》（GB/T 328.9）；

现行行业标准《拉力、压力和万能试验机检定规程》（JJG 139）；

现行国家标准《建筑防水卷材试验方法　第 5 部分：高分子防水卷材　厚度、单位面积质量》（GB/T 328.5）。

2）环境要求

沥青防水卷材试件：试验前在（23±2）℃和相对湿度 30%～70%的条件下至少放置 20 h。

高分子防水卷材试件：试验前在（23±2）℃和相对湿度（50±5）%的条件下至少放置 20 h。

实验室环境：温度（23±2）℃。

#### 10.1.1.2 主要仪器设备

拉伸试验机：有连续记录力和对应距离的装置，能按下面规定的速度均匀地移动夹具。拉伸试验机有足够的量程（至少 2 000 N）和夹具移动速度（100±10）mm/min，夹具宽度不小于 50 mm，力值测量应符合现行行业标准《拉力、压力和万能试验机检定规程》（JJG 139）中的至少 2 级（±2%）。

拉伸试验机的夹具：能随着试件拉力的增加而保持或增加夹具的夹持力，对于厚度不超过 3 mm 的产品能夹住试件使其在夹具中的滑移不超过 1 mm，更厚的产品不超过 2 mm。试件放入夹具时做记号或用胶带以帮助确定滑移，这种夹持方法不应在夹具内外产生过早的破坏。为防止从夹具中的滑移超过极限值，允许用冷却的夹具，同时实际的试件伸长用引伸计测量。

#### 10.1.1.3　样品制备

1）沥青防水卷材

整个拉伸试验应制备两组试件，一组纵向 5 个试件，另一组横向 5 个试件。试件在试样上距边缘 100 mm 以上任意裁取，用模板或用裁刀，矩形试件宽为（50±0.5）mm，长为（200 mm+2×夹持长度），长度方向为试验方向。表面的非持力层应去除。

2）高分子防水卷材

除非有其他规定，整个拉伸试验应准备两组试件，一组纵向 5 个试件，另一组横向 5 个试件。

试件在距试样边缘（100±10）mm 以上裁取，用模板或用裁刀，尺寸如下：

方法 A：矩形试件为（50±0.5）mm×200 mm，见图 10-1 和表 10-1。

方法 B：哑铃形试件为（6±0.4）mm×115 mm，见图 10-2 和表 10-1。

表面的非持久层应去除。

试件中的网格布、织物层，衬垫或层合增强层在长度或宽度方向裁一样的经纬数，以免切断筋。

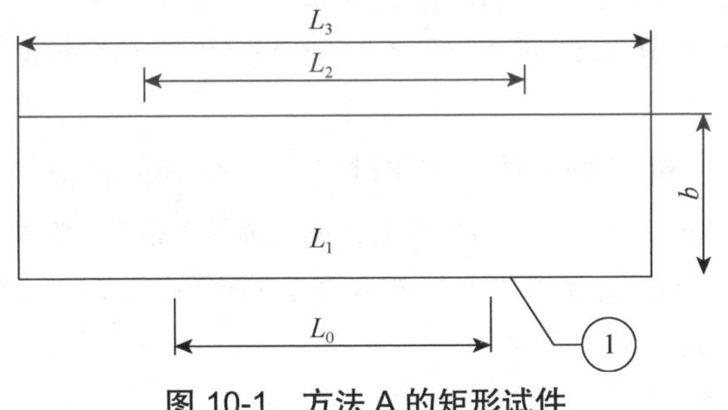


**图 10-1　方法 A 的矩形试件**

**表 10-1　试件尺寸**

| 方法 | 方法 A/mm | 方法 B/mm |
| --- | --- | --- |
| 全长，至少（$L_3$） | ＞200 | ＞115 |
| 端头宽度（$b_1$） | — | 25±1 |
| 狭窄平行部分长度（$L_1$） | — | 33±2 |
| 宽度（$b$） | 50±0.5 | 6±0.4 |
| 小半径（$r$） | — | 14±1 |
| 大半径（$R$） | — | 25±2 |
| 标记间距离（$L_0$） | 100±5 | 25±0.25 |
| 夹具间起始间距（$L_2$） | 120 | 80±5 |

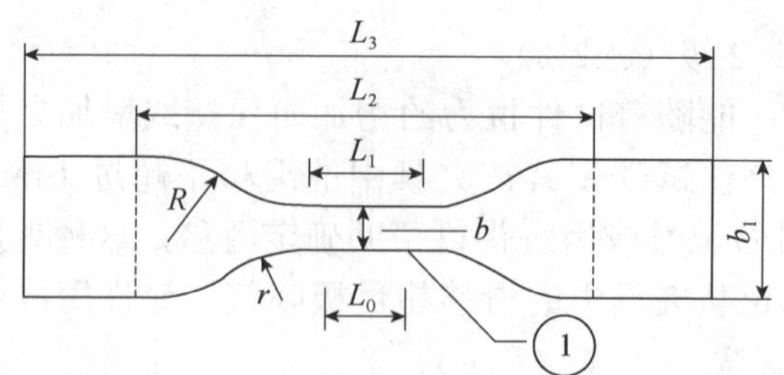


图 10-2　方法 B 的哑铃型试件

10.1.1.4　试验步骤

1）沥青防水卷材拉伸性能

（1）将试件紧紧地夹在拉伸试验机的夹具中，注意试件长度方向的中线与试验机夹具中心在一条线上。夹具间距离为（200±2）mm，为防止试件从夹具中滑移应做标记。当用引伸计时，试验前应设置标距间距离为（180±2）mm。为防止试件产生任何松弛，推荐加载不超过 5 N 的力。

（2）试验在（23±2）℃进行，夹具移动的恒定速度为（100±10）mm/min。

（3）连续记录拉力和对应的夹具（或引伸计）间距离。

2）高分子防水卷材拉伸性能

（1）对于方法 B，厚度是用现行国家标准《建筑防水卷材试验方法　第 5 部分：高分子防水卷材厚度、单位面积质量》（GB/T 328.5）测量的试件有效厚度。

将试件紧紧地夹在拉伸试验机的夹具中，注意试件长度方向的中线与试验机夹具中心在一条线上。为防止试件产生任何松弛推荐加载不超过 5 N 的力。

（2）夹具移动的恒定速度为方法 A（100±10）mm/min、方法 B（500±50）mm/min。

（3）连续记录拉力和对应的夹具（或引伸计）间分开的距离，直至试件断裂。

注：在 1%和 2%应变时的正切模量，可以从应力应变曲线上推算，试验速度为（5±1）mm/min。试件的破坏形式应记录；对于有增强层的卷材，在应力应变图上有两个或更多的峰值，应记录两个最大峰值的拉力和延伸率及断裂延伸率。

10.1.1.5　试验结果

1）沥青防水卷材拉伸性能

（1）记录得到的拉力和距离，或数据记录，最大的拉力和对应的由夹具（或引伸计）间距离与起始距离的百分率计算的延伸率。

（2）去除任何在夹具 10 mm 以内断裂或在试验机夹具中滑移超过极限值的试件的试验结果，用备用件重测。

（3）最大拉力单位为 N/50 mm，对应的延伸率用百分率表示，作为试件同一方向结果。

（4）分别记录每个方向 5 个试件的拉力值和延伸率，计算平均值。

（5）拉力的平均值修约至5 N，延伸率的平均值修约至1%。

（6）同时对于复合增强的卷材在应力应变图上有两个或更多的峰值，拉力和延伸率应记录两个最大值。

2）高分子防水卷材拉伸性能

（1）记录得到的拉力和距离，或数据记录，最大的拉力和对应的由夹具（或标记）间距离与起始距离的百分率计算的延伸率。

（2）去除任何在距夹具10 mm以内断裂或在试验机夹具中滑移超过极限值的试件的试验结果，用备用件重测。

（3）记录试件同一方向最大拉力，对应的延伸率和断裂延伸率的结果。

（4）测量延伸率的方式，如夹具间距离或引伸计。

（5）分别记录每个方向5个试件的值，计算算术平均值和标准偏差，方法A拉力的单位为N/50 mm，方法B拉伸强度的单位为MPa（$N/mm^2$）。

（6）拉伸强度MPa（$N/mm^2$）根据有效厚度计算。

（7）方法A的结果精确至N/50 mm，方法B的结果精确至0.1 MPa（$N/mm^2$），延伸率精确至两位有效数字。

### 10.1.2 防水卷材不透水性检测

#### 10.1.2.1 试验依据及环境要求

1）试验依据

现行国家标准《弹性体改性沥青防水卷材》（GB 18242）；

现行国家标准《塑性体改性沥青防水卷材》（GB 18243）；

现行国家标准《自粘聚合物改性沥青防水卷材》（GB 23441）；

现行国家标准《建筑防水卷材试验方法　第10部分：沥青和高分子防水卷材　不透水性》（GB/T 328.10）。

2）环境要求

实验室环境：温度（23±5）℃。

产生争议时，在温度为（23±2）℃、相对湿度（50±5）%进行。

#### 10.1.2.2 主要仪器设备

1）方法A

一个带法兰盘的金属圆柱体箱体，孔径150 mm，并连接到开放管子末端或容器，其间高差不低于1 m，通常如图10-3所示。

2）方法B

设备如图10-4所示，产生的压力作用于试件的一面。

试件用有4个狭缝的盘（或7孔圆盘）盖上。缝的形状尺寸符合图10-5的规定，孔的形状尺寸符合图10-6的规定。

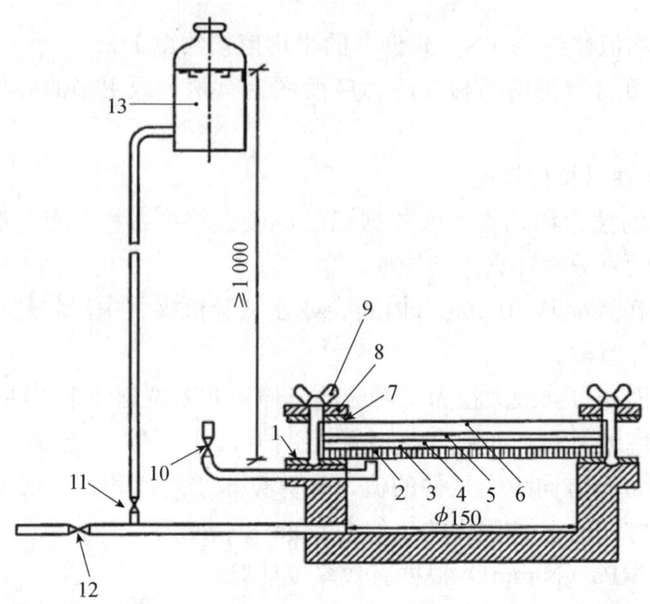


1—下橡胶密封垫圈；2—试件的迎水面是通常暴露于大气/水的面；3—实验室用滤纸；4—湿气指示混合物，均匀地铺在滤纸上面，湿气透过试件能容易地探测到，指示剂是由细白糖（冰糖）(99.5%) 和亚甲基蓝染料（0.5%）组成的混合物，用 0.074 mm 筛过滤并在干燥器中用氯化钙干燥；5—实验室用滤纸；6—圆的普通玻璃板，其中：厚 5 mm，水压≤10 kPa；厚 8 mm，水压≤60 kPa；7—上橡胶密封垫圈；8—金属夹环；9—带翼螺母；10—排气阀；11—进水阀；12—补水和排水阀；13—提供和控制水压到 60 kPa 的装置。

**图 10-3 低压力不透水性装置（单位：mm）**

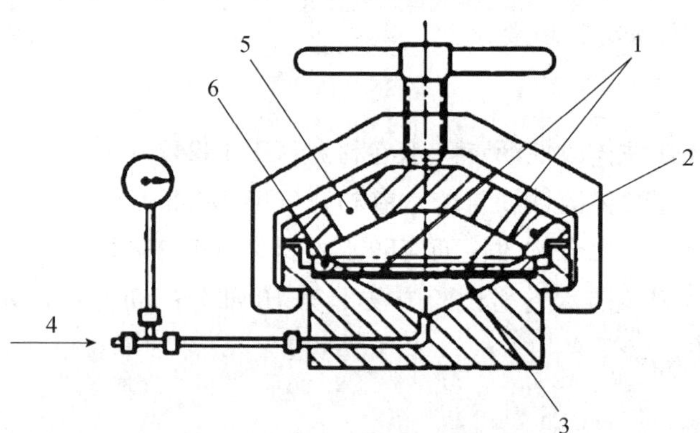


1—狭缝；2—封盖；3—试件；4—静压力；5—观测孔；6—开缝盘

**图 10-4 高压力不透水性装置**

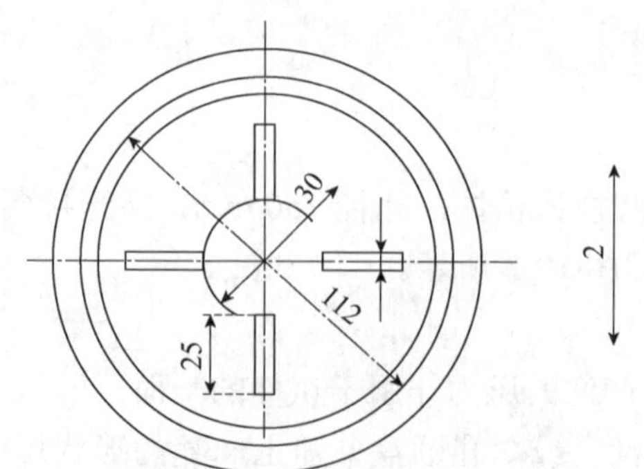


1—所有开缝盘的边都有约 0.5 mm 半径弧度；2—试件纵向方向

**图 10-5 开缝盘（单位：mm）**

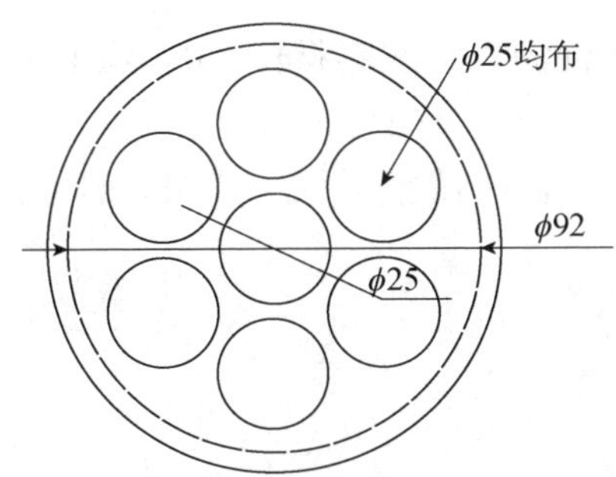


图 10-6　7 孔圆盘（单位：mm）

#### 10.1.2.3　样品制备

制备试件在卷材宽度方向均匀裁取，最外一个距卷材边缘 100 mm。试件的纵向与产品的纵向平行并标记。方法 A 试件为直径（200±2）mm 圆形试件；方法 B 试件直径不小于盘外径（约 130 mm），试件数量不少于 3 块。试验前试件在（23±5）℃放置至少 6 h。

#### 10.1.2.4　试验步骤

1）方法 A

将试件放在设备上（图 10-3），旋紧翼形螺母固定夹环。打开进水阀（11）让水进入，同时打开排气阀（10）排出空气直至水出来关闭排气阀（10），说明设备水已满。

调整试件上表面所要求的压力并保持压力（24±1）h。

检查试件，观察上面滤纸有无变色。

2）方法 B

将装置（图 10-4）充水直到满出，彻底排出水管中空气。

试件的上表面朝下放置在透水盘上，盖上规定的开缝盘（或 7 孔圆盘），其中一个缝的方向与卷材纵向平行（图 10-5）。放上封盖，慢慢夹紧直到试件夹紧在盘上，打开仪器开关，慢慢加压到规定的压力。

达到规定压力后，保持压力（24±1）h［7 孔盘保持规定压力（30±2）min］。

试验时观察试件的不透水性（水压突然下降或试件的非迎水面有水）。

#### 10.1.2.5　试验结果

1）方法 A

试件有明显的水渗到上面的滤纸产生变色，认为试验不符合；所有试件通过，认为卷材不透水性符合要求。

2）方法 B

所有试件在规定的时间不透水，认为卷材不透水性合格。

### 10.1.3　防水卷材耐热性检测

#### 10.1.3.1　试验依据及环境要求

1）试验依据

现行国家标准《弹性体改性沥青防水卷材》（GB 18242）；

现行国家标准《塑性体改性沥青防水卷材》（GB 18243）；

现行国家标准《湿铺防水卷材》（GB/T 35467）；

现行国家标准《建筑防水卷材试验方法　第11部分：沥青防水卷材　耐热性》（GB/T 328.11）。

2）环境要求

实验室环境：温度（23±2）℃。

#### 10.1.3.2　主要仪器设备

1）方法A

鼓风烘箱（不提供新鲜空气）在试验范围内最大温度波动±2℃。当门打开30 s后，恢复温度到工作温度的时间不超过5 min。

热电偶连接到外面的电子温度计，在规定范围内能测量到±1℃。

悬挂装置（如夹子）至少宽100 mm，能夹住试件的整个宽度在一条线上，并被悬挂在试验区域（图10-7）。

光学测量装置（如读数放大镜）刻度至少0.1 mm。

金属圆插销的插入装置，内径约4 mm。

墨水记号线的宽度不超过0.5 mm，白色耐水墨水。

硅纸。

2）方法B

鼓风烘箱（不提供新鲜空气）在试验范围内最大温度波动±2℃。当门打开30 s后，恢复温度到工作温度的时间不超过5 min。

热电偶连接到外面的电子温度计，在规定范围内能测量到±1℃。

悬挂装置洁净无锈的铁丝或回形针。

硅纸。

#### 10.1.3.3　样品制备

1）方法A

矩形试件尺寸（115±1）mm×（100±1）mm。试件均匀地在试样宽度方向裁取，长边是卷材的纵向。试件应距卷材边缘150 mm以上裁取，试件从卷材的一边开始连续编号，卷材上表面和下表面应标记。

去除任何非持久保护层，适宜的方法是常温下用胶带粘在上面，冷却到接近假设的冷弯温度，然后从试件上撕去胶带；另外一种方法是用压缩空气吹［压力约0.5 MPa（5 bar），喷嘴直径约0.5 mm］，假设上面的方法不能除去保护膜，用火焰烤，用最少的时间破坏膜而不损伤试件。

在试件纵向的横断面一边，上表面和下表面去除一条大约15 mm的涂盖层直至胎体，若卷材有超过一层的胎体，去除涂盖料直到另外一层胎体。在试件中间区域的涂盖层也从上表面和下表面去除（图10-7）。因此，可采用热刮刀或类似装置，小心地去除涂盖层不损坏胎体。两个内径约4 mm的插销在裸露区域穿过胎体（图10-7）。任何表面浮着的矿物料或表面材料通过轻轻敲打试件去除。然后标记装置放在试件两边插入插销定位于中心位置，在试件表面整个宽度方向沿着直边用记号笔垂直画一条线（宽度约 0.5 mm），操作时试件平放。

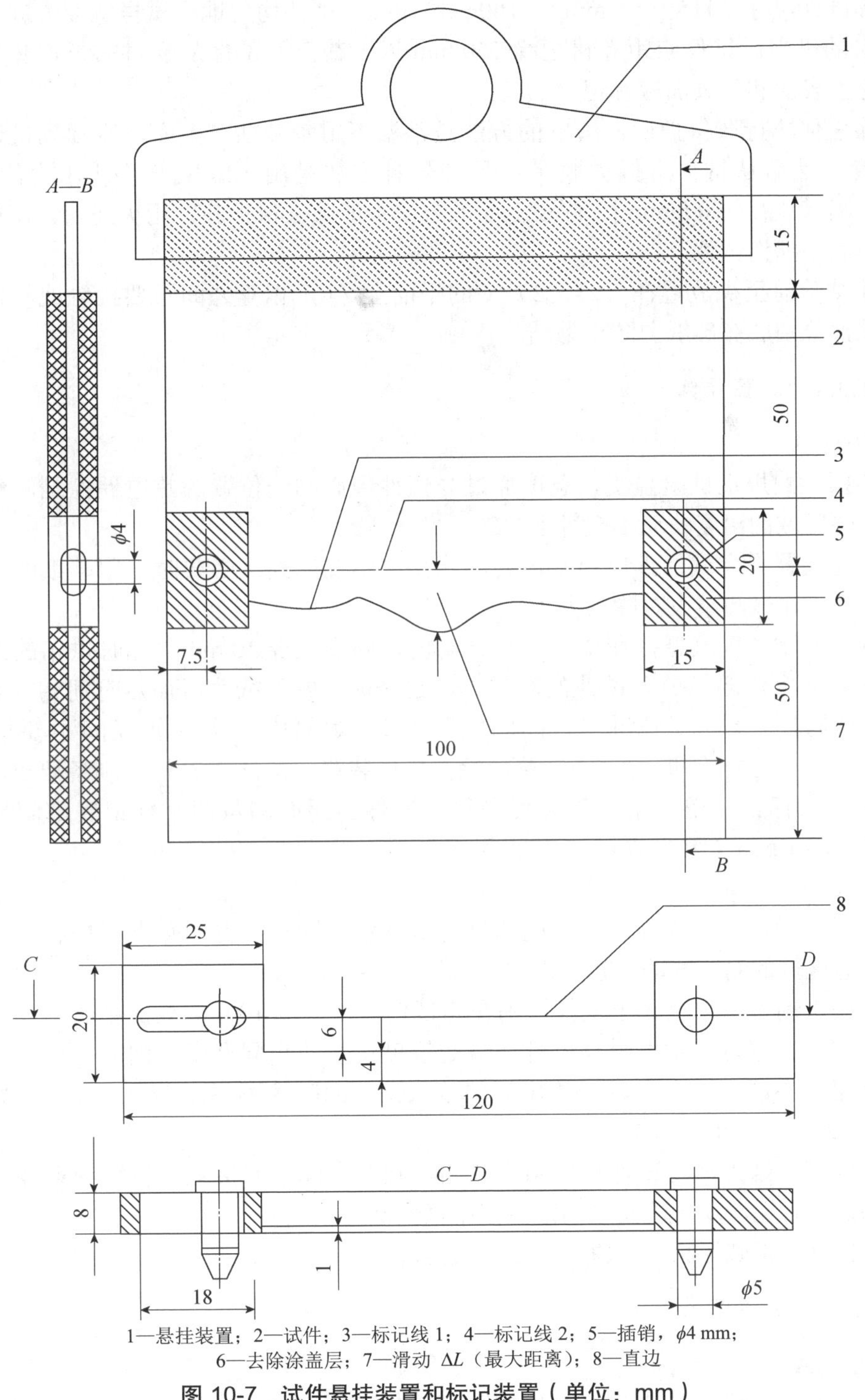


1—悬挂装置；2—试件；3—标记线 1；4—标记线 2；5—插销，$\phi$4 mm；
6—去除涂盖层；7—滑动 $\Delta L$（最大距离）；8—直边

**图 10-7　试件悬挂装置和标记装置（单位：mm）**

试件试验前至少放置在（23±2）℃的平面上 2 h，相互之间不要接触或粘住，必要时，将试件分别放在硅纸上防止黏结。

2）方法 B

矩形试件尺寸（115±1）mm×（100±1）mm。试件均匀地在试样宽度方向裁取，长边是卷材的纵向。试件应距卷材边缘 150 mm 以上裁取，试件从卷材的一边开始连续编号，卷材上表面和下表面应标记。

去除任何非持久保护层，适宜的方法是常温下用胶带粘在上面，冷却到接近假设的冷弯温度，然后从试件上撕去胶带；另外一种方法是用压缩空气吹［压力约 0.5 MPa（5 bar），喷嘴直径约 0.5 mm］，假设上面的方法不能除去保护膜，用火焰烤，用最少的时间破坏膜而不损伤试件。

试件试验前至少放置在（23±2）℃的平面上 2 h，相互之间不要接触或粘住，必要时，将试件分别放在硅纸上防止黏结。

### 10.1.3.4 试验步骤

1）方法 A

烘箱预热到规定试验温度，温度通过与试件中心同一位置的热电偶控制。整个试验期间，试验区域的温度波动不超过±2℃。

用悬挂装置夹住试件露出的胎体处，涂盖层不要夹到。必要时，用硅纸的不黏层包住两面，便于在试验结束时除去夹子。

夹持好的试件垂直悬挂在烘箱的相同高度，间隔至少 30 mm。此时烘箱的温度不能下降太多，开关烘箱门放入试件的时间不超过 30 s。放入试件后加热时间为（120±2）min。加热周期一结束，试件和悬挂装置一起从烘箱中取出，相互间不要接触，在（23±2）℃自由悬挂冷却至少 2 h。然后除去悬挂装置，按方法 A 样品制备要求，在试件两面画第二个标记，用光学测量装置在每个试件的两面测量两个标记底部间最大距离 $\Delta L$，精确到 0.1 mm（图 10-7）。

2）方法 B

烘箱预热到规定试验温度，温度通过与试件中心同一位置的热电偶控制。整个试验期间，试验区域的温度波动不超过±2℃。

将按要求制备的一组 3 个试件分别在距试件短边一端 10 mm 处的中心打一小孔，用细铁丝或回形针穿过，垂直悬挂试件在规定温度烘箱的相同高度，间隔至少 30 mm。此时烘箱的温度不能下降太多，开关烘箱门放入试件的时间不超过 30 s。放入试件后加热时间为（120±2）min。

加热周期一结束，将试件从烘箱中取出，相互之间不要接触，目测观察并记录试件表面的涂盖层有无滑动、流淌、滴落、集中性气泡。

集中性气泡指破坏涂盖层原形的密集气泡。

### 10.1.3.5 试验结果

1）方法 A

计算卷材每个面 3 个试件的滑动值的平均值，精确至 0.1 mm。

在此温度卷材上表面和下表面的滑动平均值不超过2.0 mm认为合格。

2）方法B

试件任一端涂盖层不应与胎基发生位移，试件下端的涂盖层不应超过胎基，无流淌、滴落、集中性气泡，为规定温度下耐热性符合要求。

一组3个试件都应符合要求。

3）试验方法的精确度

精确度由相关实验室按现行国家标准《测量方法与结果的准确度（正确度与精密度） 第2部分：确定标准测量方法重复性与再现性的基本方法》（GB/T 6379.2）规定进行测定，采用的是聚酯胎卷材。

（1）重复性。

——一组3个试件偏差范围：$d_{a,3}$=1.6 mm；

——重复性的标准偏差：$\sigma_r$=0.7℃；

——置信水平（95%）值：$q_r$=1.3℃；

——重复性极限（两个不同结果）：$r$=2℃。

（2）再现性。

——再现性的标准偏差：$\sigma_R$=3.5℃；

——置信水平（95%）值：$q_R$=6.7℃；

——再现性极限（两个不同结果）：$R$=10℃。

### 10.1.4 防水卷材低温柔性检测

#### 10.1.4.1 试验依据及环境要求

1）试验依据

现行国家标准《弹性体改性沥青防水卷材》（GB 18242）；

现行国家标准《塑性体改性沥青防水卷材》（GB 18243）；

现行国家标准《建筑防水卷材试验方法　第14部分：沥青防水卷材　低温柔性》（GB/T 328.14）。

2）环境要求

实验室环境：温度（23±2）℃。

#### 10.1.4.2 主要仪器设备

试验装置原理和弯曲过程见图10-8。该装置由两个直径（20±0.1）mm不旋转的圆筒、一个直径（30±0.1）mm的圆筒或半圆筒弯曲轴组成（可以根据产品规定采用其他直径的弯曲轴，如20 mm、50 mm），该轴在两个圆筒中间，能向上移动。两个圆筒间的距离可以调节，即圆筒和弯曲轴间的距离能调节为卷材的厚度。

整个装置浸入能控制温度在−40～20℃、精度0.5℃温度条件的冷冻液中。冷冻液用任一混合物：丙烯乙二醇/水溶液（体积比1∶1）低于−25℃或低于−20℃的乙醇/水混合物（体积比2∶1）。

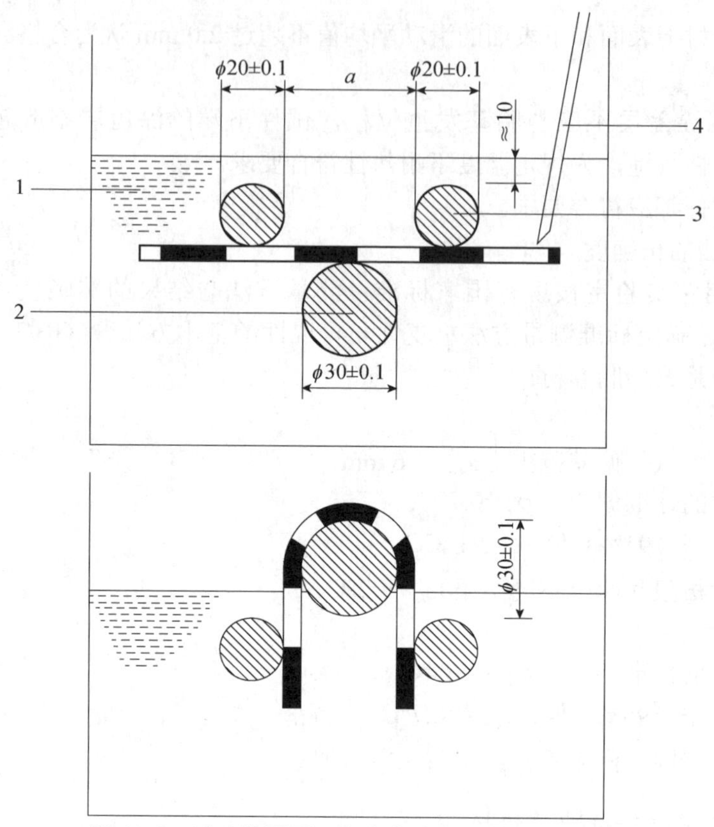


图 10-8 试验装置原理和弯曲过程（单位：mm）

用一支测量精度 0.5℃的半导体温度计检查试验温度，放入试验液体中与试验试件在同一水平面。

试件在试验液体中的位置应平入且完全浸入，用可移动的装置支撑，该支撑装置应至少能放一组 5 个试件。

试验时，弯曲轴从下面顶着试件以 360 mm/min 的速度升起，这样试件能弯曲 180°，电动控制系统能保证每个试验过程和试验温度的移动速度保持在（360±40）mm/min。裂缝通过目测检查，在试验过程中不应有任何人为的影响。为了准确评价，试件移动路径是在试验结束时，试件应露出冷冻液，移动部分通过设置适当的极限开关控制限定位置。

#### 10.1.4.3 样品制备

用于低温柔性测定与冷弯温度测定试验的矩形试件尺寸（150±1）mm×（25±1）mm，试件从试样宽度方向上均匀地裁取，长边在卷材的纵向，试件裁取时应距卷材边缘不少于 150 mm，试件应从卷材的一边开始做连续的记号，同时标记卷材的上表面和下表面。

去除表面的任何保护膜，适宜的方法是常温下用胶带黏在上面，冷却到接近假设的冷弯温度，然后从试件上撕去胶带；另外一种方法是用压缩空气吹［压力约为 0.5 MPa（5 bar），喷嘴直径约 0.5 mm］，假如上面的方法不能除去保护膜，用火焰烤，用最少的时间破坏膜而不损伤试件。

试件试验前应在（23±2）℃的平板上放置至少 4 h，并且相互之间不能接触，也不能粘在板上。可以用硅纸垫，表面的松散颗粒用手轻轻敲打除去。

#### 10.1.4.4　试验步骤

1）试件条件

冷冻液达到规定的试验温度，误差不超过 0.5℃，试件放于支撑装置上，且在圆筒的上端，保证冷冻液完全浸没试件。试件放入冷冻液达到规定温度后，开始保持在该温度 1 h±5 min。半导体温度计的位置靠近试件，检查冷冻液温度，然后试件按试验步骤进行试验。

2）仪器准备

在开始所有试验前，两个圆筒之间的距离（图 10-8）应按试件厚度调节，即弯曲轴直径+2 mm+两倍试件的厚度。然后装置放入已冷却的液体中，并且圆筒的上端在冷冻液面下约 10 mm，弯曲轴在下面的位置。弯曲轴直径根据产品不同可以为 20 mm、30 mm、50 mm。

3）低温柔性的测定

（1）两组各 5 个试件，全部试件按试件条件要求进行温度处理，一组是上表面试验，另一组是下表面试验。

（2）试件放置在圆筒和弯曲轴之间，试验面朝上，然后设置弯曲轴以（360±40）mm/min 速度顶着试件向上移动，试件同时绕轴弯曲。轴移动的终点在圆筒上面（30±1）mm 处（图 10-8）。试件的表面明显露出冷冻液，同时液面也因此下降。

（3）在完成弯曲过程 10 s 内，在适宜的光源下用肉眼检查试件有无裂纹，必要时，用辅助光学装置帮助。假如有一条或更多条的裂纹从涂盖层深入胎体层，或完全贯穿无增强卷材，即存在裂缝。一组 5 个试件应分别试验检查。假如装置的尺寸满足，可以同时试验几组试件。

4）冷弯温度测定

（1）假如沥青卷材的冷弯温度要测定（如人工老化后变化的结果），按测定低温柔性的试验步骤和下面的步骤进行试验。

（2）冷弯温度的范围（未知）最初测定，从期望的冷弯温度开始，每隔 6℃试验每个试件，因此每个试验温度都是 6℃的倍数（如−24℃、−18℃、−12℃等）。从导致破坏的最低温度开始，每隔 2℃分别试验每组 5 个试件的上表面和下表面，连续的每次 2℃的改变温度，直到每组 5 个试件分别试验后至少有 4 个无裂缝，这个温度记录为试件的冷弯温度。

#### 10.1.4.5　试验结果

1）规定温度的柔度结果

按测定低温柔性的试验要求进行试验，一个试验面 5 个试件在规定温度至少有 4 个无裂缝为通过，分别记录上表面和下表面的试验结果。

2）冷弯温度测定的结果

测定冷弯温度时，要求按冷弯温度测定试验得到的温度应 5 个试件中至少有 4 个通过，冷弯温度是该卷材试验面的，应分别记录上表面和下表面的结果（卷材的上表面和下表面可能有不同的冷弯温度）。

3）试验方法的精确度

精确度由相关实验室按现行国家标准《测量方法与结果的准确度（正确度与精密度） 第 2 部分：确定标准测量方法重复性与再现性的基本方法》（GB/T 6379.2）的规定进行测定，采用增强卷材和聚合物改性涂料。

（1）重复性。

——重复性的标准偏差：$\sigma_r$=1.2℃；

——置信水平（95%）值：$q_r$=2.3℃；

——重复性极限（两个不同结果）：$r$=3℃。

（2）再现性。

——再现性的标准偏差：$\sigma_R$＝2.2℃；

——置信水平（95%）值：$q_R$＝4.4℃；

——再现性极限（两个不同结果）：$R$＝6℃。

### 10.1.5　防水卷材撕裂性能试验

#### 10.1.5.1　试验依据及环境要求

1）试验依据

现行国家标准《弹性体改性沥青防水卷材》（GB 18242）；

现行国家标准《塑性体改性沥青防水卷材》（GB 18243）；

现行国家标准《高分子防水材料　第 1 部分：片材》（GB/T 18173.1）；

现行国家标准《高分子防水材料　第 2 部分：止水带》（GB/T 18173.2）；

现行国家标准《建筑防水卷材试验方法　第 18 部分：沥青防水卷材　撕裂性能（钉杆法）》（GB/T 328.18）；

现行国家标准《建筑防水卷材试验方法　第 19 部分：高分子防水卷材　撕裂性能》（GB/T 328.19）；

现行行业标准《拉力、压力和万能试验机检定规程》（JJG 139）。

2）环境要求

沥青防水卷材试件：试验前在（23±2）℃和相对湿度 30%～70%的条件下至少放置 20 h。

高分子防水卷材试件：试验前在（23±2）℃和相对湿度（50±5）%的条件下至少放置 20 h。

实验室环境：温度（23±2）℃。

### 10.1.5.2　主要仪器设备

1）沥青防水卷材撕裂试验主要仪器设备

（1）拉伸试验机。

拉伸试验机应有连续记录力和对应距离的装置，能够按以下规定的速度分离夹具。拉伸试验机有足够的荷载能力（至少 2 000 N）和足够的夹具分离距离，夹具拉伸速度为（100±10）mm/min，夹持宽度不少于 100 mm。

拉伸试验机的夹具能随着试件拉力的增加而保持或增加夹具的夹持力，夹具能夹住试件使其在夹具中的滑移不超过 2 mm，为防止从夹具中的滑移超过 2 mm，允许用冷却的夹具。这种夹持方法不应在夹具内外产生过早的破坏。

力测量系统满足现行行业标准《拉力、压力和万能试验机检定规程》（JJG 139）的要求至少 2 级（±2%）。

（2）U 形装置。

U 形装置一端通过连接件连在拉伸试验机夹具上，另一端有两个臂支撑试件。臂上有钉杆穿过的孔，其位置能按要求进行试验，如图 10-9 所示。

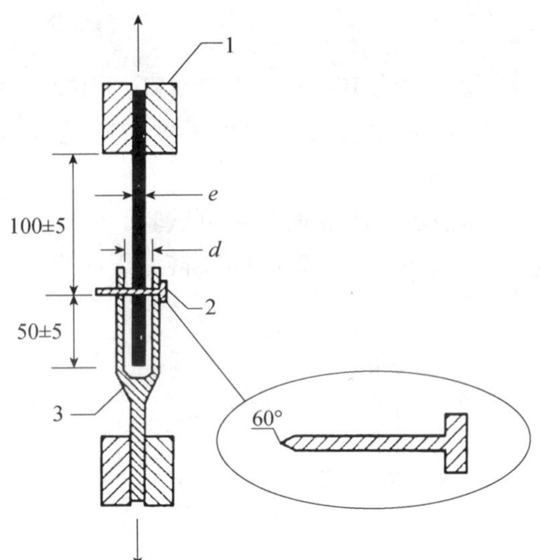


1—夹具；2—钉杆（$\phi$ 2.5±0.1）；3—U 形头；$e$ —样品厚度；$d$—U 形头间隙（$e$+1≤$d$≤$e$+2）。

**图 10-9　钉杆撕裂试验（单位：mm）**

2）高分子防水卷材撕裂试验主要仪器设备

拉伸试验机：应有连续记录力和对应距离的装置，能够按规定的速度匀速分离夹具；有效荷载范围至少 2 000 N，夹具拉伸速度为（100±10）mm/min，夹持宽度不少于 50 mm；夹具能随着试件拉力的增加而保持或增加夹具的夹持力，对于厚度不超过 3 mm 的产品能夹住试件使其在夹具中的滑移不超过 1 mm，更厚的产品不超过 2 mm。试件在夹具处用一记号或胶带显示任何滑移；力测量系统满足现行行业标准《拉力、压力和万能试验机检定规程》（JJG 139）的要求至少 2 级（±2%）。

裁取试件的模板尺寸见图 10-10。

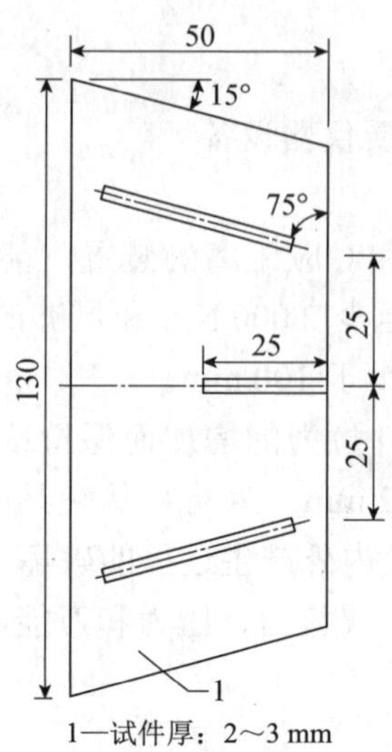

图 10-10 裁取试件模板（单位：mm）

10.1.5.3 样品制备

1）沥青防水卷材

试件在试样上需至少距卷材边缘 100 mm 任意裁取，用模板或裁刀裁取，要求的长方形试件宽（100±1）mm，长至少 200 mm。试件长度方向是试验方向，试件从试样的纵向或横向裁取。

对卷材用于机械固定的增强边，应取增强部位试验。

每个选定的方向试验 5 个试件，任何表面的非持力层应去除。

2）高分子防水卷材

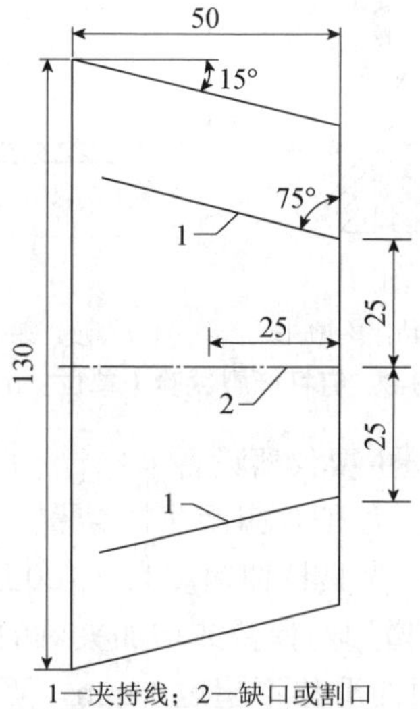

图 10-11 试件形状和尺寸（单位：mm）

试件形状和尺寸见图 10-11。

*a* 角的精度为 1°；卷材纵向和横向分别用模板裁取 5 个带缺口或割口试件；在每个试

件上的夹持线位置做好记号。

10.1.5.4 试验步骤

1）沥青防水卷材撕裂性能

（1）试件放入打开的 U 形头的两臂中，用一直径（2.5±0.1）mm 的尖钉穿过 U 形头的孔位置，同时钉杆位置在试件的中心线上，距 U 形头中的试件一端（50±5）mm（图 10-9）。

（2）钉杆距上夹具的距离是（100±5）mm。

（3）把该装置试件一端的夹具和另一端的 U 形头放入拉伸试验机，开动试验机使穿过材料面的钉杆直到材料的末端。试验装置的示意图见图 10-9，拉伸速度（100±10）mm/min。

（4）穿过试件钉杆的撕裂力应连续记录。

2）高分子防水卷材撕裂性能

（1）试件应紧紧地夹在拉伸试验机的夹具中，注意使夹持线沿着夹具的边缘，如图 10-12 所示。

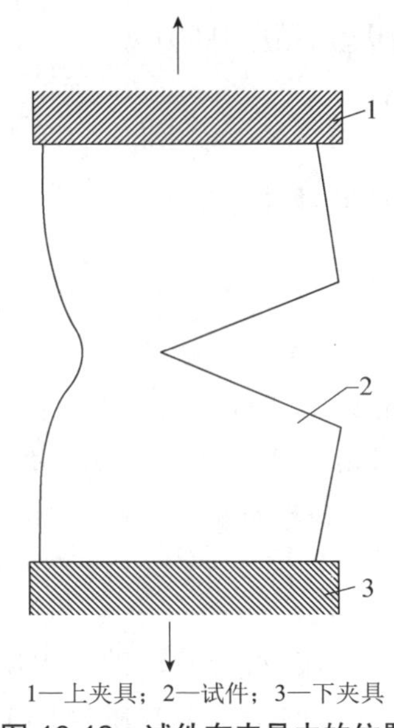


1—上夹具；2—试件；3—下夹具

**图 10-12 试件在夹具中的位置**

（2）拉伸速度为（100±10）mm/min。记录每个试件的最大拉力。

10.1.5.5 试验结果

1）沥青防水卷材撕裂性能试验结果

连续记录的力，试件撕裂性能（钉杆法）是记录试验的最大力。

每个试件分别列出拉力值，计算平均值，精确至 5 N，记录试验方向。

2）高分子防水卷材撕裂性能试验结果

每个试件的最大拉力用 N 表示。

舍去试件从拉伸试验机夹具中滑移超过规定值的结果，用备用件重新试验。

计算每个方向的拉力算术平均值（$F_L$和$F_T$），用 N 表示，结果精确至 1 N。

### 10.1.6 防水卷材可溶物含量检测

#### 10.1.6.1 试验依据及环境要求

1）试验依据

现行国家标准《弹性体改性沥青防水卷材》（GB 18242）；

现行国家标准《塑性体改性沥青防水卷材》（GB 18243）；

现行国家标准《建筑防水卷材试验方法 第 26 部分：沥青防水卷材 可溶物含量（浸涂材料含量）》（GB/T 328.26）。

2）环境要求

实验室环境：温度（23±2）℃。

#### 10.1.6.2 主要仪器设备

分析天平：称量范围大于 100 g，精度 0.001 g。

萃取器：500 mL 索氏萃取器。

鼓风烘箱：温度波动度±2℃。

溶剂：三氯乙烯（化学纯）或其他合适溶剂。

滤纸：直径不小于 150 mm。

#### 10.1.6.3 样品制备

试件在试样上距边缘 100 mm 以上任意裁取，用模板帮助，或用裁刀，正方形试件尺寸为（100±1）mm×（100±1）mm。对于整个试验应准备 3 个试件。

试件试验前至少在（23±2）℃和相对湿度 30%～70%的条件下放置 20 h。

#### 10.1.6.4 试验步骤

对于表面隔离材料为粉状的沥青防水卷材，试件先用软毛刷刷除表面的隔离材料。将试件用干燥好的滤纸包好，用线扎好，称量其质量（$M_1$）。将包扎好的试件放入萃取器中，溶剂量为烧瓶容量的 1/2～2/3，进行加热萃取，萃取至回流的溶剂第一次变成浅色为止，小心取出滤纸包，不要破裂，在空气中放置 30 min 以上使溶剂挥发。再放入（105±2）℃的鼓风烘箱中干燥 2 h，然后取出放入干燥器中冷却。冷却至室温后将滤纸包从干燥器中取出称量（$M_2$）。

#### 10.1.6.5 试验结果

记录每个试件的称量结果，然后按式（10-1）计算每个试件的结果，最终结果取 3 个试件的平均值。

$$A=(M_1-M_2)\times 100 \tag{10-1}$$

式中：$A$——可溶物含量，g/m$^2$。

## 10.2 防水涂料

防水涂料是一种流态或半流态物质，涂布在基层表面，经溶剂或水分挥发或各组分间化学反应后，固化形成的有一定弹性和一定厚度的连续薄膜。防水涂料可使基层表面与水隔绝，从而起到防水、防潮作用。

防水涂料固化后形成无接缝的完整防水膜，其具有良好的防水性能，特别适用于各种复杂、不规则部位的防水。它大多采用冷施工，不必加热熬制，既减少了环境污染，改善了劳动条件，又便于施工操作，加快了施工进度。此外，涂布的防水涂料既是防水层的主体，又作为胶黏剂，故而施工质量容易保证，维修也比较简单。因此，防水涂料广泛适用于工业与民用建筑的屋面防水，地下室防水和地面防潮、防渗工程等，特别适用于各种结构复杂的屋面、面积相对狭小的厕浴间以及屋面渗漏维修等的防水施工。值得注意的是，防水涂料须用刷子或刮板等逐层涂刷（刮），故防水膜的厚度较难保持均匀一致。在完成一次涂刷之后需要放置一段时间再进行下一层的涂刷，因此整个施工周期较长。

防水涂料按液态类型可分为溶剂型、水乳型和反应型三种；按其主要成膜物质的基料可分为合成高分子类（主要是聚氨酯、聚脲等）、聚合物水泥类（含聚合物乳液类及无机类）以及橡胶沥青及改性沥青类的产品。目前较常用的几种防水涂料有聚氨酯防水涂料、聚合物乳液建筑防水涂料和聚合物水泥防水涂料。

（1）聚氨酯防水涂料。聚氨酯防水涂料包括双组分反应固化型和单组分湿固化型涂料，目前双组分聚氨酯防水涂料应用比较普遍。聚氨酯防水涂料是一种性能优异的产品，可以常温施工、操作简便，具有良好的物理力学性能和优异的防水、耐酸、耐碱和耐老化性能。最大的缺点是怕紫外线照射，在露天使用寿命为7～8年，通常用于室内和地下，用于室外工程需加以保护层保护。其材料性能应符合现行国家标准《聚氨酯防水涂料》（GB/T 19250）的规定。

（2）聚合物乳液建筑防水涂料。丙烯酸弹性防水涂料是聚合物乳液建筑防水涂料中一种常用涂料。丙烯酸弹性防水涂料是以丙烯酸为主料，配以助剂、填料等优质材料复合而成的一种水乳型、不含有机溶剂、无毒、无味、无污染的单组分建筑防水涂料，能在多种材质表面直接施工，涂覆后可形成具有高弹性、坚韧、无接缝、耐老化、耐候性的优异防水涂膜，并可根据需要加入颜料配制成彩色涂层，美化环境。其材料性能应符合现行行业标准《聚合物乳液建筑防水涂料》（JC/T 864）的规定。

（3）聚合物水泥防水涂料。聚合物水泥防水涂料也称JS复合防水涂料，由有机液体料（如聚丙烯酸酯、聚醋酸乙烯乳液及各种添加剂组成）和无机粉料（如高铝高铁水泥、石英粉及各种添加剂组成）复合而成的双组分防水涂料。聚合物水泥防水涂料固化后可形成高强柔韧的防水涂膜。这种涂料既有强度高、易与潮湿基面黏结的特性，又兼有聚合物乳液弹性大、防水性好的优点，尤其是以水作为载体，克服了溶剂型防水材料污染环境的弊端，是一种无毒无害、施工简便、潮湿基面可施工的新型绿色环保防水材料。由于它具有高强柔韧、无接缝、透气不透水、黏结力强、不空鼓、抗冻融、耐高温、潮湿基面黏结、耐腐蚀、施工简便、环保等优点，已成功地应用于全国各地许多重点或大型工程，并取得了满意的防水效果。其材料性能应符合现行国家标准《聚合物水泥防水涂料》（GB/T 23445）的规定。

### 10.2.1 防水涂料固体含量检测

#### 10.2.1.1 试验依据及环境要求

1）试验依据

现行国家标准《聚氨酯防水涂料》（GB/T 19250）；

现行行业标准《聚合物乳液建筑防水涂料》（JC/T 864）；

现行国家标准《聚合物水泥防水涂料》（GB/T 23445）；

现行国家标准《建筑防水涂料试验方法》（GB/T 16777）。

2）环境要求

标准试验条件：温度（23±2）℃，相对湿度（50±10）%。

严格条件可选择：温度（23±2）℃，相对湿度（50±5）%。

#### 10.2.1.2 主要仪器设备

电子天平：感量 0.001 g。

电热鼓风烘箱：控温精度±2℃。

干燥器：内放变色硅胶或无水氯化钙。

培养皿：直径 60～75 mm。

#### 10.2.1.3 样品制备

将样品在试验环境下静置 24 h，称量防水涂料样品 100 g 待用。

#### 10.2.1.4 试验步骤

将样品（对于固体含量试验不能添加稀释剂）搅匀后，取（6±1）g 的样品倒入已干燥称量的培养皿（$M_0$）中并铺平底部，立即称量（$M_1$），再放入加热到表 10-2 规定温度的烘箱中，恒温 3 h，取出放入干燥器中，在标准试验条件下冷却 2 h，然后称量（$M_2$）。对于反应型涂料，应在称量（$M_1$）后在标准试验条件下放置 24 h，再放入烘箱。

表 10-2 涂料加热温度

| 涂料种类 | 水性 | 溶剂型、反应型 |
|---|---|---|
| 加热温度/℃ | 105±2 | 120±2 |

#### 10.2.1.5 试验结果

固体含量按式（10-2）计算：

$$X = \frac{m_2 - m_0}{m_1 - m_0} \times 100\% \qquad (10\text{-}2)$$

式中：$X$——固体含量（质量分数），%；

$m_0$——培养皿质量，g；

$m_1$——干燥前试样和培养皿质量，g；

$m_2$——干燥后试样和培养皿质量，g。

试验结果取两次平行试验的平均值，结果计算精确到1%。

## 10.2.2 防水涂料耐热性检测

### 10.2.2.1 试验依据及环境要求

1）试验依据

现行行业标准《水乳型沥青防水涂料》（JC/T 408）；

现行行业标准《喷涂橡胶沥青防水涂料》（JC/T 2317）；

现行国家标准《建筑防水涂料试验方法》（GB/T 16777）。

2）环境要求

标准试验条件：温度（23±2）℃，相对湿度（50±10）%。

严格条件可选择：温度（23±2）℃，相对湿度（50±5）%。

### 10.2.2.2 主要仪器设备

电热鼓风烘箱：控温精度±2℃。

铝板：厚度不小于2 mm，面积大于100 mm×50 mm，中间上部有一小孔，便于悬挂。

### 10.2.2.3 样品制备

将样品在试验环境下静置24 h，称量防水涂料样品100 g待用。

### 10.2.2.4 试验步骤

将样品搅匀后，样品按产品的要求分2～3次涂覆（每次间隔不超过24 h）在已清洁干净的铝板上，涂覆面积为100 mm×50 mm，总厚度1.5 mm，最后一次将表面刮平，按表10-3的养护条件进行养护，不需要脱模。然后将铝板垂直悬挂在已调节到规定温度的电热鼓风干燥箱内，试件与干燥箱壁间的距离不小于50 mm，试件的中心宜与温度计的探头在同一位置，在规定温度下放置5 h后取出，观察表面现象。共试验3个试件。

表10-3 涂膜制备的养护条件

| 分类 | | 脱模前的养护条件 | 脱模后的养护条件 |
|---|---|---|---|
| 水性 | 沥青类 | 标准条件120 h | （40±2）℃ 48 h后，标准条件4 h |
| | 高分子类 | 标准条件96 h | （40±2）℃ 48 h后，标准条件4 h |
| 溶剂型、反应型 | | 标准条件96 h | 标准条件72 h |

10.2.2.5　试验结果

试验后所有试件都不应产生流淌、滑动、滴落现象，试件表面无密集气泡。

### 10.2.3　防水涂料拉伸性能试验

10.2.3.1　试验依据及环境要求

1）试验依据

现行国家标准《聚氨酯防水涂料》(GB/T 19250)；

现行行业标准《聚合物乳液建筑防水涂料》(JC/T 864)；

现行国家标准《聚合物水泥防水涂料》(GB/T 23445)；

现行国家标准《建筑防水涂料试验方法》(GB/T 16777)；

现行国家标准《硫化橡胶或热塑性橡胶　拉伸应力应变性能的测定》(GB/T 528)；

现行国家标准《建筑防水材料老化试验方法》(GB/T 18244)。

2）环境要求

标准试验条件：温度（23±2）℃，相对湿度（50±10）%。

严格条件可选择：温度（23±2）℃，相对湿度（50±5）%。

10.2.3.2　主要仪器设备

涂膜模框：如图 10-13 所示。

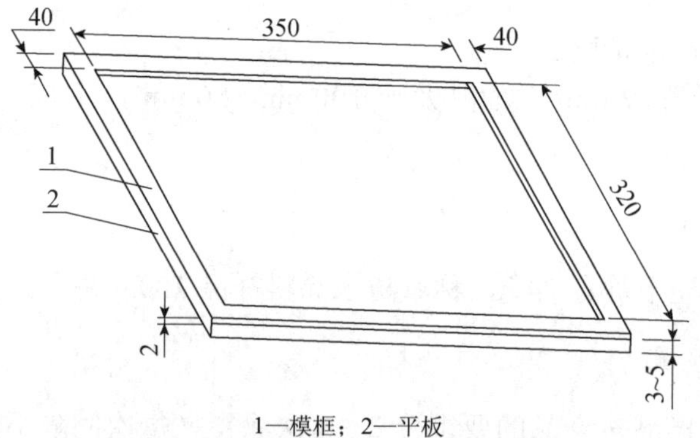


1—模框；2—平板

**图 10-13　涂膜模框（单位：mm）**

拉伸试验机：测量值在量程的 15%～85%，示值精度不低于 1%，伸长范围大于 500 mm。

电热鼓风干燥箱：控温精度±2℃。

冲片机：应符合现行国家标准《硫化橡胶或热塑性橡胶　拉伸应力应变性能的测定》(GB/T 528) 要求的哑铃 I 型裁刀。

紫外线箱：500 W 直管汞灯，灯管与箱底平行，与试件表面的距离为 47～50 cm。

厚度计：接触面直径 6 mm，单位面积压力 0.02 MPa，分度值 0.01 mm。

氙弧灯老化试验箱：应符合现行国家标准《建筑防水材料老化试验方法》(GB/T 18244) 要求的氙弧灯老化试验箱。

#### 10.2.3.3 样品制备

（1）试验前模框、工具、涂料应在标准试验条件下放置24 h以上。

（2）称取所需的试验样品量，保证最终涂膜厚度（1.5±0.2）mm。

（3）单组分防水涂料应将其混合均匀作为试料，多组分防水涂料应按生产厂规定的配比精确称量后，将其混合均匀作为试料。在必要时可以按生产厂家指定的量添加稀释剂，当稀释剂的添加量有范围时，取其中间值。将产品混合后充分搅拌5 min，在不混入气泡的情况下倒入模框中。模框不得翘曲且表面平滑，为便于脱模，涂覆前可用脱模剂处理。样品按生产厂的要求一次或多次涂覆（最多3次，每次间隔不超过24 h），最后一次将表面刮平，然后按表10-3的条件进行养护。

（4）应按要求及时脱模，脱模后将涂膜翻面养护，脱模过程中应避免损伤涂膜。为便于脱模可在低温下进行，但脱模温度不能低于低温柔性的温度。

（5）检查涂膜外观。从表面光滑平整、无明显气泡的涂膜上按表10-4规定裁取试件。

**表10-4 试件形状（尺寸）及数量**

<table>
<tr><th colspan="2">项目</th><th>试件形状（尺寸/mm）</th><th>数量/个</th></tr>
<tr><td colspan="2">拉伸性能</td><td>符合现行国家标准《硫化橡胶或热塑性橡胶 拉伸应力应变性能的测定》（GB/T 528）规定的哑铃Ⅰ型</td><td>5</td></tr>
<tr><td colspan="2">撕裂强度</td><td>符合现行国家标准《硫化橡胶或热塑性橡胶撕裂强度的测定 （裤形、直角形和新月形试样）》（GB/T 529）中5.1.2规定的无割口直角形</td><td>5</td></tr>
<tr><td colspan="2">低温弯折性、低温柔性</td><td>100×25</td><td>3</td></tr>
<tr><td colspan="2">不透水性</td><td>150×150</td><td>3</td></tr>
<tr><td colspan="2">加热伸缩率</td><td>300×30</td><td>3</td></tr>
<tr><td rowspan="2">定伸时老化</td><td>热处理</td><td rowspan="2">符合现行国家标准《硫化橡胶或热塑性橡胶 拉伸力应变性能的测定》（GB/T 528）规定的哑铃Ⅰ型</td><td>3</td></tr>
<tr><td>人工气候老化</td><td>3</td></tr>
<tr><td rowspan="2">热处理</td><td>拉伸性能</td><td>120×25，处理后取出再裁取符合现行国家标准《硫化橡胶或热塑性橡胶 拉伸力应变性能的测定》（GB/T 528）规定的哑铃Ⅰ型</td><td>6</td></tr>
<tr><td>低温弯折性、低温柔性</td><td>100×25</td><td>3</td></tr>
<tr><td rowspan="2">碱处理</td><td>拉伸性能</td><td>120×25，处理后取出再裁取符合现行国家标准《硫化橡胶或热塑性橡胶 拉伸力应变性能的测定》（GB/T 528）规定的哑铃Ⅰ型</td><td>6</td></tr>
<tr><td>低温弯折性、低温柔性</td><td>100×25</td><td>3</td></tr>
<tr><td rowspan="2">酸处理</td><td>拉伸性能</td><td>120×25，处理后取出再裁取符合现行国家标准《硫化橡胶或热塑性橡胶 拉伸力应变性能的测定》（GB/T 528）规定的哑铃Ⅰ型</td><td>6</td></tr>
<tr><td>低温弯折性、低温柔性</td><td>100×25</td><td>3</td></tr>
<tr><td rowspan="2">紫外线处理</td><td>拉伸性能</td><td>120×25，处理后取出再裁取符合现行国家标准《硫化橡胶或热塑性橡胶 拉伸力应变性能的测定》（GB/T 528）规定的哑铃Ⅰ型</td><td>6</td></tr>
<tr><td>低温弯折性、低温柔性</td><td>100×25</td><td>3</td></tr>
</table>

续表

| 项目 | | 试件形状（尺寸/mm） | 数量/个 |
|---|---|---|---|
| 人工气候老化 | 拉伸性能 | 120×25，处理后取出再裁取符合现行国家标准《硫化橡胶或热塑性橡胶　拉伸力应变性能的测定》（GB/T 528）规定的哑铃Ⅰ型 | 6 |
| | 低温弯折性、低温柔性 | 100×25 | 3 |

10.2.3.4　试验步骤

1）无处理拉伸性能

将涂膜按表 10-4 要求裁取符合现行国家标准《硫化橡胶或热塑性橡胶　拉伸应力应变性能的测定》（GB/T 528）要求的哑铃Ⅰ型试件，并画好间距 25 mm 的平行标线，用厚度计测量试件标线中间和两端三点的厚度，取其算术平均值作为试件厚度。调整拉伸试验机夹具间距约 70 mm，将试件夹在试验机上，保持试件长度方向的中线与试验机夹具中心在一条线上，按表 10-5 的拉伸速度进行拉伸至断裂，记录试件断裂时的最大荷载（$P$），断裂时标线间距离（$L_1$）精确到 0.1 mm，测试 5 个试件，若有试件断裂在标线外，应舍弃用备用件补测。

**表 10-5　拉伸速度**

| 产品类型 | 拉伸速度/（mm/min） |
|---|---|
| 高延伸率涂料 | 500 |
| 低延伸率涂料 | 200 |

2）热处理拉伸性能

将涂膜按表 10-4 要求裁取 6 个 120mm×25mm 矩形试件平放在隔离材料上，水平放入已达到规定温度的电热鼓风烘箱中，加热温度沥青类涂料为（70±2）℃，其他涂料为（80±2）℃。试件与箱壁间距不得少于 50 mm，试件宜与温度计的探头在同一水平位置，在规定温度的电热鼓风烘箱中恒温（168±1）h 取出，然后在标准试验条件下放置 4 h，裁取符合现行国家标准《硫化橡胶或热塑性橡胶　拉伸应力应变性能的测定》（GB/T 528）要求的哑铃Ⅰ型试件，按本节试验步骤 1）进行拉伸试验。

3）碱处理拉伸性能

（1）在（23±2）℃时，在 0.1%化学纯氢氧化钠（NaOH）溶液中，加入 $Ca(OH)_2$ 试剂，并达到过饱和状态。

（2）在 600 mL 该溶液中放入按表 10-4 裁取的 6 个 120 mm×25 mm 矩形试件，液面应高出试件表面 10 mm 以上，连续浸泡（168±1）h 取出，充分用水冲洗，并擦干，在标准试验条件下放置 4 h，裁取符合现行国家标准《硫化橡胶或热塑性橡胶　拉伸应力应变性能的测定》（GB/T 528）要求的哑铃Ⅰ型试件，按要求进行拉伸试验。

（3）对于水性涂料，浸泡取出擦干后，再在（60±2）℃的电热鼓风烘箱中放置 6 h±15 min，取出在标准试验条件下放置（18±2）h，裁取符合现行国家标准《硫化橡胶或热塑性橡胶　拉伸应力应变性能的测定》（GB/T 528）要求的哑铃Ⅰ型试件，按本节试验步骤 1）进行拉伸试验。

4）酸处理拉伸性能

在（23±2）℃时，在600 mL的2%化学纯硫酸（$H_2SO_4$）溶液中，放入按表10-4裁取的6个120 mm×25 mm矩形试件，液面应高出试件表面10 mm以上，连续浸泡（168±1）h取出，充分用水冲洗，擦干，在标准试验条件下放置4 h，裁取符合现行国家标准《硫化橡胶或热塑性橡胶 拉伸应力应变性能的测定》（GB/T 528）要求的哑铃Ⅰ型试件，按本节试验步骤1）进行拉伸试验。

对于水性涂料，浸泡取出擦干后，再在（60±2）℃的电热鼓风烘箱中放置6 h±15 min，取出在标准试验条件下放置（18±2）h，裁取符合现行国家标准《硫化橡胶或热塑性橡胶 拉伸应力应变性能的测定》（GB/T 528）要求的哑铃Ⅰ型试件，按本节试验步骤1）进行拉伸试验。

5）紫外线处理拉伸性能

将按表10-4裁取的6个120 mm×25 mm矩形试件平放在釉面砖上，为了防黏，可在釉面砖表面撒滑石粉。将试件放入紫外线箱中，距试件表面50 mm左右的空间温度为（45±2）℃，恒温照射240 h。取出在标准试验条件下放置4 h，裁取符合现行国家标准《硫化橡胶或热塑性橡胶 拉伸应力应变性能的测定》（GB/T 528）要求的哑铃Ⅰ型试件，按本节试验步骤1）进行拉伸试验。

6）人工气候老化材料拉伸性能

将表10-4裁取的6个120 mm×25 mm矩形试件放入符合现行国家标准《建筑防水材料老化试验方法》（GB/T 18244）要求的氙弧灯老化试验箱中，试验累计辐照能量为1 500 $MJ^2/m^2$（约720 h）后取出，擦干，在标准试验条件下放置4 h，裁取符合现行国家标准《硫化橡胶或热塑性橡胶 拉伸应力应变性能的测定》（GB/T 528）要求的哑铃Ⅰ型试件，按本节试验步骤1）进行拉伸试验。

#### 10.2.3.5 试验结果

1）拉伸强度

试件的拉伸强度按式（10-3）计算：

$$T_L = P/(B \times D) \tag{10-3}$$

式中：$T_L$——拉伸强度，MPa；

$P$——最大拉力，N；

$B$——试件中间部位宽度，mm；

$D$——试件厚度，mm。

取5个试件的算术平均值作为试验结果，结果精确到0.01 MPa。

2）断裂伸长率

试件的断裂伸长率按式（10-4）计算：

$$E = (L_1 - L_0)/L_0 \times 100\% \tag{10-4}$$

式中：$E$——断裂伸长率，%；

$L_0$——试件起始标线间距离为25 mm；

$L_1$——试件断裂时标线间距离，mm。

取 5 个试件的算术平均值作为试验结果，结果精确到 1%。

3）保持率

拉伸性能保持率按式（10-5）计算（精确到 1%）：

$$R_t = (T_1 / T) \times 100\% \tag{10-5}$$

式中：$R_t$——样品处理后拉伸性能保持率，%；

$T$——样品处理前平均拉伸强度；

$T_1$——样品处理后平均拉伸强度。

### 10.2.4 防水涂料撕裂强度检测

#### 10.2.4.1 试验依据及环境要求

1）试验依据

现行国家标准《聚氨酯防水涂料》（GB/T 19250）；

现行国家标准《建筑防水涂料试验方法》（GB/T 16777）；

现行国家标准《硫化橡胶或热塑性橡胶撕裂强度的测定 （裤形、直角形和新月形试样）》（GB/T 529）。

2）环境要求

标准试验条件：温度（23±2）℃，相对湿度（50±10）%。

严格条件可选择：温度（23±2）℃，相对湿度（50±5）%。

#### 10.2.4.2 主要仪器设备

拉伸试验机：测量值在量程的 15%～85%，示值精度不低于 1%，伸长范围大于 500 mm。

电热鼓风干燥箱：控温精度±2℃。

冲片机及符合现行国家标准《硫化橡胶或热塑性橡胶撕裂强度的测定 （裤形、直角形和新月形试样）》（GB/T 529）中要求的直角撕裂裁刀。

厚度计：接触面直径 6 mm，单位面积压力 0.02 MPa，分度值 0.01 mm。

#### 10.2.4.3 样品制备

样品制备应符合本章 10.2.3 的制备要求。

#### 10.2.4.4 试验步骤

将涂膜按表 10-4 要求裁取符合现行国家标准《硫化橡胶或热塑性橡胶撕裂强度的测定 （裤形、直角形和新月形试样）》（GB/T 529）要求的无割口直角撕裂试件，用厚度计测量试件直角撕裂区域三点的厚度，取其算术平均值作为试件厚度。将试件夹在试验机上，保持试件长度方向的中线与试验机夹具中心在一条线上，按表 10-5 的拉伸速度进行拉伸至断裂，记录试件断裂时的最大荷载（$P$），测试 5 个试件。

#### 10.2.4.5 试验结果

试件的撕裂强度按式（10-6）计算：

$$T_S = P / d \tag{10-6}$$

式中：$T_S$——撕裂强度，kN/m；

$P$——最大拉力，N；

$d$——试件厚度，mm。

取5个试件的算术平均值作为试验结果，结果精确到0.1 kN/m。

### 10.2.5 防水涂料低温柔性检测

#### 10.2.5.1 试验依据及环境要求

1）试验依据

现行行业标准《聚合物乳液建筑防水涂料》（JC/T 864）；

现行国家标准《聚合物水泥防水涂料》（GB/T 23445）；

现行国家标准《建筑防水涂料试验方法》（GB/T 16777）。

2）环境要求

标准试验条件：温度（23±2）℃，相对湿度（50±10）%。

严格条件可选择：温度（23±2）℃，相对湿度（50±5）%。

#### 10.2.5.2 主要仪器设备

低温冰柜：控温精度±2℃。

圆棒或弯板：直径10 mm、20 mm、30 mm。

#### 10.2.5.3 样品制备

样品制备应符合本章10.2.3的制备要求。

#### 10.2.5.4 试验步骤

1）无处理

将涂膜按表10-4要求裁取的3块100 mm×25 mm矩形试件进行试验，将试件和弯板或圆棒放入已调节到规定温度的低温冰柜的冷冻液中，温度计探头应与试件在同一水平位置，在规定温度下保持1 h，然后在冷冻液中将试件绕圆棒或弯板在3 s内弯曲180°，弯曲三个试件（无上、下表面区分），立即取出试件用肉眼观察试件表面有无裂纹、断裂。

2）热处理

将涂膜按表10-4要求裁取的3个100 mm×25 mm矩形试件平放在隔离材料上，水平放入已达到规定温度的电热鼓风烘箱中，加热温度沥青类涂料为（70±2）℃，其他涂料为（80±2）℃。试件与箱壁间距不得少于50 mm，试件宜与温度计的探头在同一水平位置，应在规定温度的电热鼓内烘箱中恒温（168±1）h取出，然后在标准试验条件下放置4 h，按本节试验步骤1）进行试验。

3）碱处理

当（23±2）℃时，在0.1%化学纯NaOH溶液中，加入Ca（OH）$_2$试剂，并达到过饱和状态。

在 400 mL 该溶液中放入按表 10-4 裁取的 3 个 100 mm×25 mm 的矩形试件，液面应高出试件表面 10 mm 以上，连续浸泡（168±1）h 取出，充分用水冲洗，擦干，在标准试验条件下放置 4 h，按本节试验步骤 1）进行试验。

对于水性涂料，浸泡取出擦干后，再在（60±2）℃的电热鼓内烘箱中放置 6 h±15 min，取出在标准试验条件下放置（18±2）h，按本节试验步骤 1）进行试验。

4）酸处理

当（23±2）℃时，在 400 mL 的 2%化学纯 $H_2SO_4$ 溶液中放入按表 10-4 裁取的 3 个 100 mm×25 mm 的矩形试件，液面应高出试件表面 10 mm 以上，连续浸泡（168±1）h 取出，充分用水冲洗，擦干，在标准试验条件下放置 4 h，按本节试验步骤 1）进行试验。

对于水性涂料，浸泡取出擦干后，再在（60±2）℃的电热鼓内烘箱中放置 6 h±15 min，取出在标准试验条件下放置（18±2）h，按本节试验步骤 1）进行试验。

5）紫外线处理

将按表 10-4 裁取的 3 个 100 mm×25 mm 矩形试件平放在釉面砖上，为了防黏，可在釉面砖表面撒滑石粉。将试件放入紫外线箱中，距试件表面 50 mm 左右的空间温度为（45±2）℃，恒温照射 240 h。取出在标准试验条件下放置 4 h，按本节试验步骤 1）进行试验。

6）人工气候老化处理

按表 10-4 裁取的 3 个 100 mm×25 mm 的矩形试件放入符合现行国家标准《建筑防水材料老化试验方法》（GB/T 18244）要求的氙弧灯老化试验箱中，试验累计辐照能量为 1 500 $MJ^2/m^2$（约 720 h）后取出，擦干，在标准试验条件下放置 4 h，按本节试验步骤 1）进行试验。

对于水性涂料，取出擦干后，再在（60±2）℃的电热鼓风烘箱中放置 6 h±15 min，取出在标准试验条件下放置（18±2）h，按本节试验步骤 1）进行试验。

#### 10.2.5.5 试验结果

所有试件应无裂纹。

### 10.2.6 防水涂料黏结强度检测

#### 10.2.6.1 试验依据及环境要求

1）试验依据

现行国家标准《聚氨酯防水涂料》（GB/T 19250）；

现行国家标准《聚合物水泥防水涂料》（GB/T 23445）；

现行国家标准《建筑防水涂料试验方法》（GB/T 16777）。

2）环境要求

标准试验条件：温度（23±2）℃，相对湿度（50±10）%。

严格条件可选择：温度（23±2）℃，相对湿度（50±5）%。

### 10.2.6.2　主要仪器设备

1）方法 A

拉伸试验机：测量值在量程的 15%～85%，示值精度不低于 1%，伸长范围大于 500 mm。

电热鼓风干燥箱：控温精度±2℃。

拉伸专用金属夹具：上夹具、下夹具、垫板如图 10-14、图 10-15、图 10-16 所示。

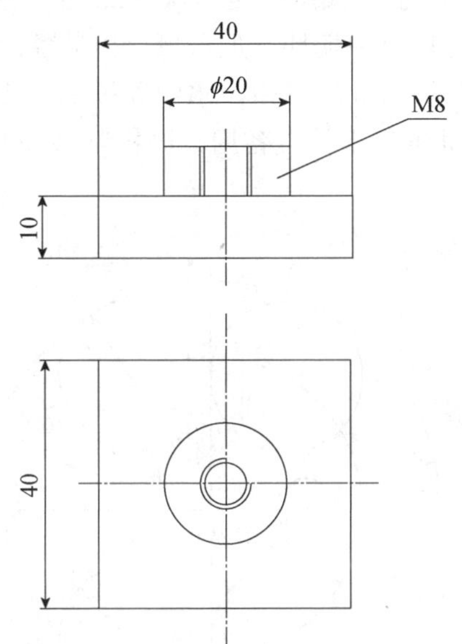


图 10-14　拉伸用上夹具（单位：mm）

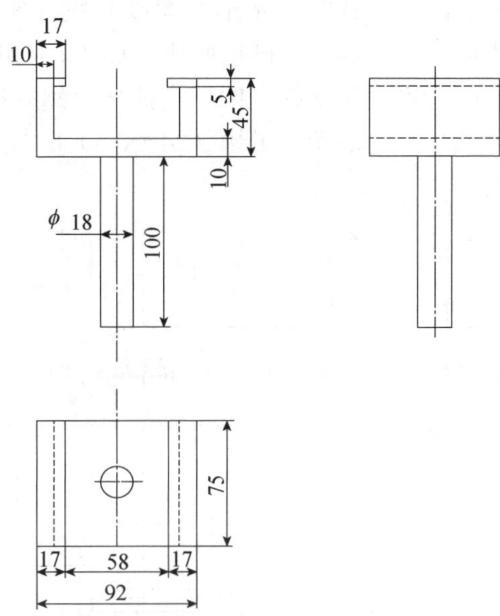


图 10-15　拉伸用下夹具（单位：mm）

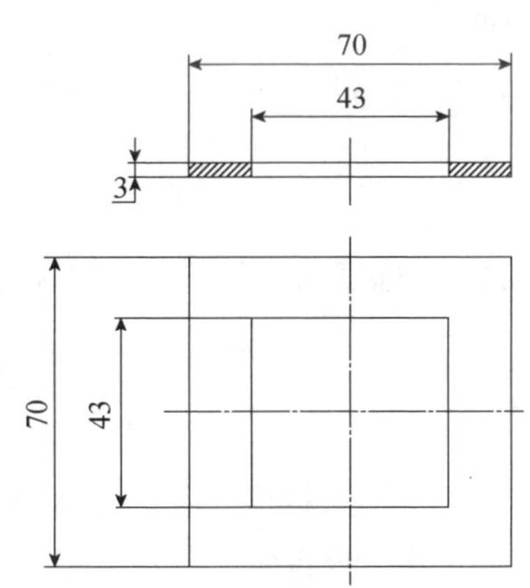


图 10-16　拉伸用垫板（单位：mm）

水泥砂浆块：尺寸 70 mm×70 mm×20 mm。采用强度等级 42.5 的普通硅酸盐水泥，将水泥、中砂按照质量比 1∶1 加入砂浆搅拌机中搅拌，加水量以砂浆稠度 70～90 mm 为准，倒入模框中振实抹平然后移入养护室，1 d 后脱模，水中养护 10 d 后再在（50±2）℃的烘箱中干燥（24±0.5）h，取出在标准条件下放置备用，去除砂浆试块成型面的浮浆、浮砂、灰尘等，同样制备 5 块砂浆试块。

高强度胶黏剂：难以渗透涂膜的高强度胶黏剂，推荐无溶剂环氧树脂。

2）方法B

拉伸试验机：测量值在量程的15%～85%，示值精度不低于1%，伸长范围大于500 mm。

电热鼓风干燥箱：控温精度±2℃。

“8”字形金属模具：如图10-17所示，中间用插片分成两半。

黏结基材：“8”字形水泥砂浆块，如图10-18所示。采用强度等级42.5的普通硅酸盐水泥，将水泥、中砂按照质量比1∶1加入砂浆搅拌机中搅拌，加水量以砂浆稠度70～90 mm为准，倒入模框中振实抹平，然后移入养护室，1 d后脱模，水中养护10 d后再在（50±2）℃的烘箱中干燥（24±0.5）h，取出在标准条件下放置备用，同样制备5对砂浆试块。

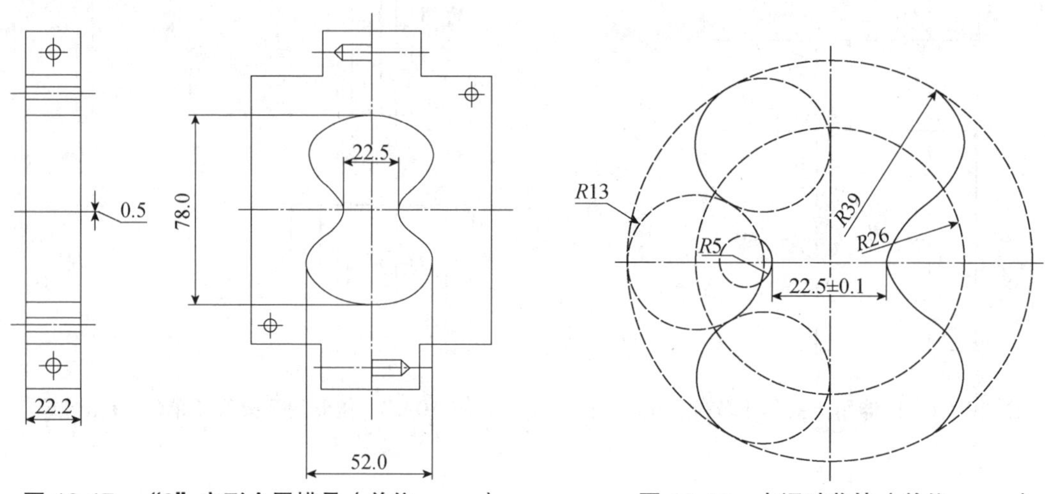


图10-17　“8”字形金属模具（单位：mm）　　图10-18　水泥砂浆块（单位：mm）

#### 10.2.6.3　样品制备

将样品在试验环境下静置24 h，称量防水涂料样品100 g待用。

#### 10.2.6.4　试验步骤

1）方法A

试验前将制备好的砂浆块、工具、涂料应在标准试验条件下放置24 h以上。取5块砂浆块用2号砂纸清除表面浮浆，必要时按生产厂要求在砂浆块的成型面70 mm×70 mm上涂刷底涂料，干燥后按生产厂要求的比例将样品混合后搅拌5 min（单组分防水涂料样品直接使用）涂抹在成型面上，涂层厚度为0.5～1.0 mm（可分两次涂覆，间隔不超过24 h）。然后将制得的试件按表10-3要求养护，不需要脱模，制备5个试件。将养护后的试件用高强度胶黏剂将拉伸用上夹具与涂料面粘贴在一起，如图10-19所示，小心地除去周围溢出的胶黏剂，在标准试验条件下水平放置养护24 h。然后沿上夹具边缘一圈用刀切割涂膜至基层，使试验面积为40 mm×40 mm。

将黏有拉伸用上夹具的试件按如图 10-20 所示安装在试验机上，保持试件表面垂直方向的中线与试验机夹具中心在一条线上，以（5±1）mm/min 的速度拉伸至试件破坏，记录试件的最大拉力。试验温度为（23±2）℃。

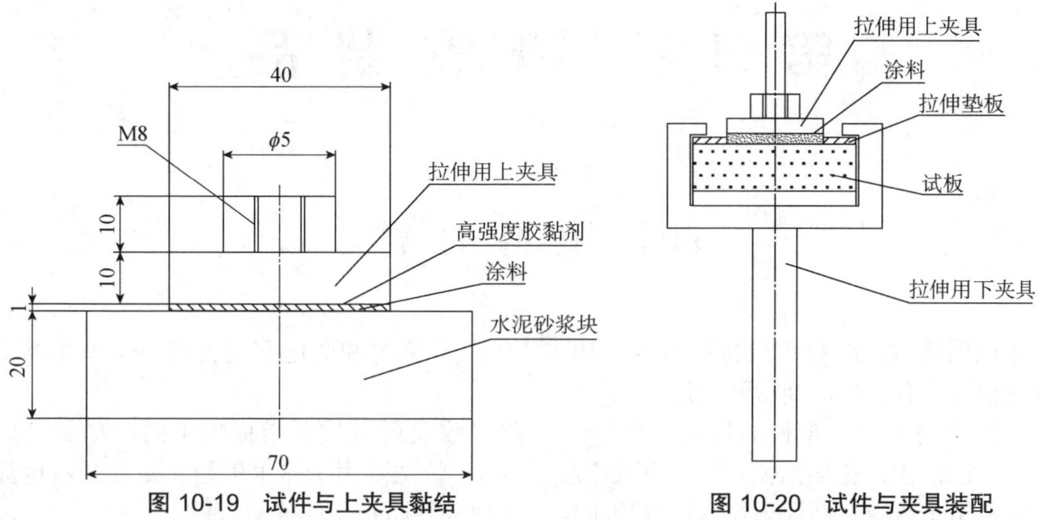


图 10-19　试件与上夹具黏结

图 10-20　试件与夹具装配

2）方法 B

试验前将制备好的砂浆块、工具、涂料应在标准试验条件下放置 24 h 以上。取 5 对砂浆块用 2 号砂纸清除表面浮浆，必要时先将涂料稀释后在砂浆块的断面上打底，干燥后按生产厂要求的比例将样品混合后搅拌 5 min（单组分防水涂料样品直接使用）涂抹在成型面上，将两个砂浆块断面对接，压紧，砂浆块间涂料的厚度不超过 0.5 mm。然后将制得的试件按表 10-3 的要求养护，不需要脱模，制备 5 个试件。

将试件安装在试验机上，保持试件表面垂直方向的中线与试验机夹具中心在一条线上，以（5±1）mm/min 的速度拉伸至试件破坏，记录试件的最大拉力。试验温度为（23±2）℃。

#### 10.2.6.5　试验结果

黏结强度按式（10-7）计算：

$$\sigma = F/(a \times b) \tag{10-7}$$

式中：$\sigma$——黏结强度，MPa；

$F$——试件的最大拉力，N；

$a$——试件黏结面的长度，mm；

$b$——试件黏结面的宽度，mm。

去除表面未被黏住面积超过 20%的试件，黏结强度以剩下的不少于 3 个试件的算术平均值表示，不足 3 个试件应重新试验，结果精确到 0.01 MPa。

# 第11章 建筑制品

## 11.1 塑料管材

建筑用管材、线材主要包括给水、排水、燃气、强电和弱电穿线管等。本节主要介绍常见管材的有关性能及检测方法。

根据用途不同，管材的材质、类别、检测参数及质量技术指标也不同。如聚乙烯（PE）管主要用于室内给水工程，硬聚乙烯（C-U）管主要用于排水工程，聚乙烯双壁波纹管主要用于市政管网埋地排水以及用于地下通信穿线防护用的蜂窝管等。

塑料管材检测的主要技术指标有尺寸及尺寸偏差、环刚度、环柔性、纵向回缩率、落锤冲击试验、静液压强度、烘箱试验、维卡软化温度等。

### 11.1.1 环刚度检测

#### 11.1.1.1 试验依据与环境要求

1）试验依据

现行国家标准《热塑性塑料管材　环刚度的测定》（GB/T 9647）。

2）环境要求

除非在其他标准中有特殊规定，试验应在（23±2）℃下进行。

试验前应在试验环境温度下状态调节至少 24 h。

#### 11.1.1.2 主要仪器设备

环刚度试验机；

钢直尺；

π尺。

#### 11.1.1.3 样品制备

在待测管材的外表面，沿轴向在全长画一条直线作为标记，对该段做过标记的管材分别截取 3 个试样 a、b 和 c，使试样的端面垂直于管材的轴线并符合试样长度。切割点应该在波谷的中间。

每个试样按表 11-1 的规定沿圆周方向等分测量 3～6 个长度值，计算其算术平均值作为试样的长度，测量应精确到 1 mm。对于每个试样，在所有的测量值中，最小值不应小于最大值的 0.9 倍。每个试样的长度应符合以下要求：

（1）公称直径小于等于 1 500 mm 的管材，试样的平均长度应为（300±10）mm。

（2）公称直径大于 1 500 mm 的管材，试样的平均长度应不小于 0.2 DN。

（3）对有垂直的肋、波纹或其他规则结构的结构壁管材，切割试样时应至少包含一个完整的肋、波纹或其他的规则结构，切割部位应在肋、波纹或其他规则结构之间的中点。试样的长度应有最少的完整的肋、波纹或其他的规则结构，其长度应不小于 290 mm，对公称直径大于 1 500 mm 的管材，长度应不大于 0.2 DN。

（4）对有螺旋的肋、波纹或其他的规则结构的结构壁管材，试样的长度应等于（$d_i$ ±20）mm，但不小于 290 mm，也不大于 1 000 mm。

**表 11-1　长度测量的数量**

| 管材的公称直径（DN）/mm | 长度测量的数量/个 |
|---|---|
| DN≤200 | 3 |
| 200＜DN＜500 | 4 |
| DN≥500 | 6 |

11.1.1.4　试验步骤

用下列任一方法测定 a、b 和 c 3 个试样的平均内径 $d_{ia}$、$d_{ib}$ 和 $d_{ic}$。

（1）在试样长度中部的横截面处，间隔 45°依次测量 4 次，取算术平均值，每次测量应精确到 0.5%。

（2）在试样长度中部的横截面处，用内径 π 尺按 ISO 3126 进行测量。

记录经计算或测量得到的 a、b 和 c 3 个试样的平均内径 $d_{ia}$、$d_{ib}$ 和 $d_{ic}$。

按式（11-1）计算 3 个值的平均值 $d_i$：

$$d_i = \frac{d_{ia} + d_{ib} + d_{ic}}{3} \tag{11-1}$$

如果能确定试样在某个位置的环刚度最小，将第一个试样 a 的该位置与试验机的上平板相接触。否则放置第一个试样 a 时，将其标线与上平板相接触。在负荷装置中对另两个试样 b、c 的放置位置应相对于第一个试样依次旋转 120°和 240°放置。

对每一个试样，放置好变形测量仪并检查试样与上平板的角度位置。放置试样时，应使试样的轴线平行于平板，其中点垂直于负荷传感器的轴线。

注：为获得负荷传感器的准确读数，必须将试样放置在合适的位置，使作用力的方向与负荷传感器的轴线尽量一致。

下降平板直至接触到试样的上部。施加一个包括平板质量的预负荷 $F_0$，$F_0$ 用下列方法确定：

（1）$d_i$≤100 mm 的管材，$F_0$ 为 7.5 N。

（2）$d_i$＞100 mm 的管材，用式（11-2）计算 $F_0$，结果圆整至 1 N。

$$F_0 = 250 \times 10^{-6} \times \mathrm{DN} \times L \tag{11-2}$$

式中：DN——管材的公称直径，mm；

$L$——试样的实际长度，mm。

试验中负荷传感器所显示的实际预负荷的准确度应在设定预负荷的 95%～105%。将变形测量仪和负荷传感器调节至零。

根据表 11-2 的规定以恒定的速率压缩试样，按照规定连续记录负荷和变形值，直至达到至少 0.03 $d_i$ 的变形量。

注：当要求测定环柔性时，继续压缩试样直至达到环柔性所要求的变形量。

表 11-2　压缩速率

| 管材的公称直径（DN）/mm | 压缩速率/（mm/min） |
| --- | --- |
| DN≤100 | 2±0.1 |
| 100＜DN≤200 | 5±0.25 |
| 200＜DN≤400 | 10±0.5 |
| 400＜DN≤710 | 20±1 |
| DN＞710 | （0.03× $d_i^a$ ）±5% |

注：a. $d_i$ 应根据 11.1.1.4 确定。

通常，负荷和变形量的测量是通过一个平板的位移得到，但如果在试验的过程中，管材的结构壁厚度 $e_c$（图 11-1）的变化超过 5%，则应通过测量试样的内径变化得到。在有争议的情况下，应测量试样的内径变化。

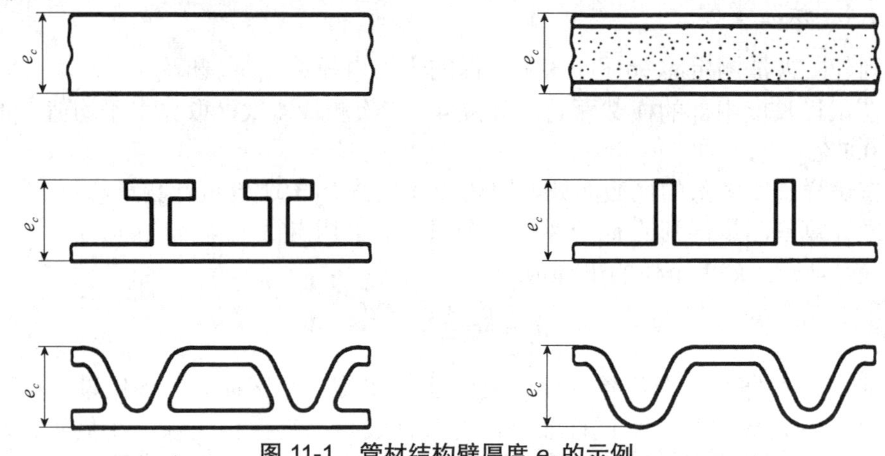


图 11-1　管材结构壁厚度 $e_c$ 的示例

11.1.1.5　试验结果

采用式（11-3）计算 a、b 和 c 3 个试样各自的环刚度 $S_a$、$S_b$、$S_c$，单位为 kN/m²：

$$S=\left(0.018\,6+0.025\frac{y_c}{L_c}\right)\frac{F_c}{L_C\times y_c}\times 10^6 \tag{11-3}$$

式中：$F$——相对于管材 3.0%变形时的负荷，kN；

$L$——试样的长度，mm；

$y$——相对于管材 3.0%变形时的变形量，mm。

管材的环刚度 $S$ 为 3 个试样的平均值。

## 11.1.2　纵向回缩率的检测

### 11.1.2.1　试验依据与环境条件

1）试验依据

现行国家标准《热塑性塑料管材纵向回缩率的测定》（GB/T 6671）。

2）环境要求

除非在其他标准中有特殊规定，试验应在（23±2）℃下进行。

试验前应在试验环境温度下状态调节至少 2 h。

#### 11.1.2.2　主要仪器设备

烘箱：除非另有规定外，烘箱应恒温控制在表 11-3 中规定温度 $T_R$ 内，并保证当试样置入后，烘箱内温度应在 15 min 内回升到试验温度范围。

划线器：保证两标线间距为 100 mm。

温度计：精度为 0.5℃。

#### 11.1.2.3　样品制备

取（200±20）mm 长的管段为试样。使用划线器，在试样上画两条相距 100 mm 的圆周标线，并使其一标线距任一端至少 10 mm。

从一根管材上截取 3 个试样。对于公称直径大于等于 400 mm 的管材，可沿轴向均匀切成 4 片进行试验。

**表 11-3　烘箱试验的测定参数**

<table>
<tr><th>热塑性材料</th><th>烘箱温度 $T_R$ /℃</th><th>试样在烘箱中放置时间/min</th></tr>
<tr><td>硬质聚氯乙烯（PVC-U）</td><td>150±2</td><td>$e$≤8，60<br>8<$e$≤16，120<br>$e$>16，240</td></tr>
<tr><td>氯化聚氯乙烯（PVC-C）</td><td>150±2</td><td>$e$≤8，60<br>8<$e$≤16，60<br>$e$>16，120</td></tr>
<tr><td>聚乙烯（PE32/40）</td><td>100±2</td><td rowspan="3">$e$≤8，60<br>8<$e$≤16，120</td></tr>
<tr><td>聚乙烯（PE50/63）</td><td rowspan="2">110±2</td></tr>
<tr><td>聚乙烯（PE80/100）</td></tr>
<tr><td>交联聚乙烯（PE-X）</td><td>120±2</td><td>$e$≤8，60<br>8<$e$≤16，120<br>$e$>16，240</td></tr>
<tr><td>聚丁烯（PB）</td><td>110±2</td><td>$e$≤8，60<br>8<$e$≤16，120<br>$e$>16，240</td></tr>
<tr><td>聚丙烯的均聚物和嵌段共聚物</td><td>150±2</td><td rowspan="2">$e$≤8，60<br>8<$e$≤16，120<br>$e$>16，240</td></tr>
<tr><td>聚丙烯的无规共聚物</td><td>135±2</td></tr>
<tr><td>ABS<br>ASA</td><td>150±2</td><td>$e$≤8，60<br>8<$e$≤16，120<br>$e$>16，240</td></tr>
</table>

注：$e$ 指壁厚，单位为毫米（mm）。

#### 11.1.2.4　试验步骤

在（23±2）℃下，测量标线间距 $L_0$，精确到 0.25 mm。

将烘箱温度调节至表 11-3 中的规定值 $T_R$ 。

将试样放入烘箱，使样品不触及烘箱底和壁。若悬挂试样，则悬挂点应在距标线最远的一端。若把试样平放，则应放于垫有一层滑石粉的平板上，切片试样，应使凸面朝下放置。

将试样放入烘箱内保持表 11-3 规定的时间，这个时间应从烘箱温度回升到规定温度时算起。

从烘箱中取出试样，平放于一光滑平面上，待完全冷却至（23±2）℃时，在试样表面沿母线测量标线间最大距离或最小距离（ $L_i$ ），精确至 0.25 mm。

注：切片试样，每一管段所切的 4 片应作为一个试样，测得 $L_i$ ，且切片在测量时，应避开切口边缘的影响。

#### 11.1.2.5 试验结果

按式（11-4）计算每一试样的纵向回缩率 $R_{L_i}$ （%）。

$$R_{L_i} = \frac{L_0 - L_i}{L_0} \tag{11-4}$$

式中： $L_0$ ——放入烘箱前试样两标线间距离，mm；

$L_i$ ——试验后沿母线测量的两标线间距离，mm。

计算 3 个试样 $R_{L_i}$ 的算术平均值，其结果作为管材的纵向回缩率 $R_L$。

### 11.1.3 落锤冲击试验

#### 11.1.3.1 试验依据与环境要求

1）试验依据

现行国家标准《热塑性塑料管材耐外冲击性能　试验方法　时针旋转法》（GB/T 14152）。

2）环境要求

除非在其他标准中有特殊规定，试验应在（23±2）℃下进行。

#### 11.1.3.2 主要仪器设备

落锤冲击试验机；

低温箱。

#### 11.1.3.3 样品制备

试样应从一批或连续生产的管材中随机抽取切割而成，其切割端面应与管材的轴线垂直，切割端应清洁、无损伤。

试样长度：试样长度为（200±10）mm。

试样标线：外径大于 40 mm 的试样应沿其长度方向画出等距离标线，并顺序编号。不同外径的管材试样画线的数量见表 11-4。对于外径小于等于 40 mm 的管材，每个试样只进行一次冲击。

试样数量：试验所需试样数量可根据图 11-2（或表 11-5）确定。

表 11-4　不同外径管材试样应画线数

| 公称外径/mm | 应画线数 | 公称外径/mm | 应画线数 |
|---|---|---|---|
| ≤40 | — | 160 | 8 |
| 50 | 3 | 180 | 8 |
| 63 | 3 | 200 | 12 |
| 75 | 4 | 225 | 12 |
| 90 | 4 | 250 | 12 |
| 110 | 6 | 280 | 16 |
| 125 | 6 | ≥315 | 16 |
| 140 | 8 | — | — |

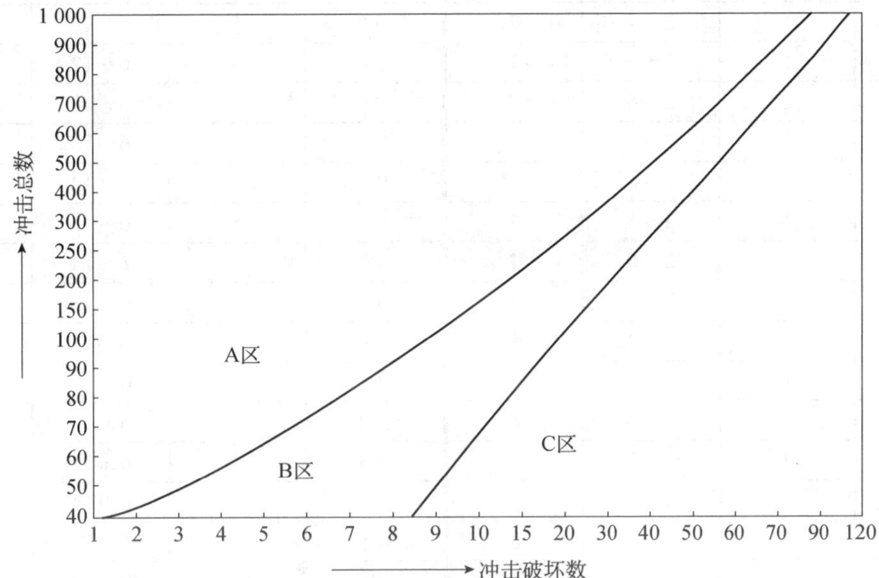


图 11-2　TIR 值为 10%时判定

表 11-5　TIR 值为 10%时判定

| 冲击总数 | 冲击破坏数 | | | 冲击总数 | 冲击破坏数 | | |
|---|---|---|---|---|---|---|---|
| | A 区 | B 区 | C 区 | | A 区 | B 区 | C 区 |
| 25 | 0 | 1～3 | 4 | 75 | 3 | 4～10 | 11 |
| 26 | 0 | 1～4 | 5 | 76 | 3 | 4～10 | 11 |
| 27 | 0 | 1～4 | 5 | 77 | 3 | 4～10 | 11 |
| 28 | 0 | 1～4 | 5 | 78 | 3 | 4～10 | 11 |
| 29 | 0 | 1～4 | 5 | 79 | 3 | 4～10 | 11 |
| 30 | 0 | 1～4 | 5 | 80 | 4 | 5～10 | 11 |
| 31 | 0 | 1～4 | 5 | 81 | 4 | 5～11 | 12 |
| 32 | 0 | 1～4 | 5 | 82 | 4 | 5～11 | 12 |
| 33 | 0 | 1～5 | 6 | 83 | 4 | 5～11 | 12 |
| 34 | 0 | 1～5 | 6 | 84 | 4 | 5～11 | 12 |

续表

| 冲击总数 | 冲击破坏数 | | | 冲击总数 | 冲击破坏数 | | |
|---|---|---|---|---|---|---|---|
| | A区 | B区 | C区 | | A区 | B区 | C区 |
| 35 | 0 | 1～5 | 6 | 85 | 4 | 5～11 | 12 |
| 36 | 0 | 1～5 | 6 | 86 | 4 | 5～11 | 12 |
| 37 | 0 | 1～5 | 6 | 87 | 4 | 5～11 | 12 |
| 38 | 0 | 1～5 | 6 | 88 | 4 | 5～11 | 12 |
| 39 | 0 | 1～5 | 6 | 89 | 4 | 5～12 | 13 |
| 40 | 1 | 2～6 | 7 | 90 | 4 | 5～12 | 13 |
| 41 | 1 | 2～6 | 7 | 91 | 4 | 5～12 | 13 |
| 42 | 1 | 2～6 | 7 | 92 | 5 | 6～12 | 13 |
| 43 | 1 | 2～6 | 7 | 93 | 5 | 6～12 | 13 |
| 44 | 1 | 2～6 | 7 | 94 | 5 | 6～12 | 13 |
| 45 | 1 | 2～6 | 7 | 95 | 5 | 6～12 | 13 |
| 46 | 1 | 2～6 | 7 | 96 | 5 | 6～12 | 13 |
| 47 | 1 | 2～6 | 7 | 97 | 5 | 6～12 | 13 |
| 48 | 1 | 2～6 | 7 | 98 | 5 | 6～13 | 14 |
| 49 | 1 | 2～7 | 8 | 99 | 5 | 6～13 | 14 |
| 50 | 1 | 2～7 | 8 | 100 | 5 | 6～13 | 14 |
| 51 | 1 | 2～7 | 8 | 101 | 5 | 6～13 | 14 |
| 52 | 1 | 2～7 | 8 | 102 | 5 | 6～13 | 14 |
| 53 | 2 | 3～7 | 8 | 103 | 5 | 6～13 | 14 |
| 54 | 2 | 3～7 | 8 | 104 | 5 | 6～13 | 14 |
| 55 | 2 | 3～7 | 8 | 105 | 6 | 7～13 | 14 |
| 56 | 2 | 3～7 | 8 | 106 | 6 | 7～14 | 15 |
| 57 | 2 | 3～8 | 9 | 107 | 6 | 7～14 | 15 |
| 58 | 2 | 3～8 | 9 | 108 | 6 | 7～14 | 15 |
| 59 | 2 | 3～8 | 9 | 109 | 6 | 7～14 | 15 |
| 60 | 2 | 3～8 | 9 | 110 | 6 | 7～14 | 15 |
| 61 | 2 | 3～8 | 9 | 111 | 6 | 7～14 | 15 |
| 62 | 2 | 3～8 | 9 | 112 | 6 | 7～14 | 15 |
| 63 | 2 | 3～8 | 9 | 113 | 6 | 7～14 | 15 |
| 64 | 2 | 3～8 | 9 | 114 | 6 | 7～15 | 16 |
| 65 | 2 | 3～9 | 10 | 115 | 6 | 7～15 | 16 |
| 66 | 2 | 3～9 | 10 | 116 | 6 | 7～15 | 16 |
| 67 | 3 | 4～9 | 10 | 117 | 7 | 8～15 | 16 |
| 68 | 3 | 4～9 | 10 | 118 | 7 | 8～15 | 16 |
| 69 | 3 | 4～9 | 10 | 119 | 7 | 8～15 | 16 |
| 70 | 3 | 4～9 | 10 | 120 | 7 | 8～15 | 16 |
| 71 | 3 | 4～9 | 10 | 121 | 7 | 8～15 | 16 |

续表

| 冲击总数 | 冲击破坏数 | | | 冲击总数 | 冲击破坏数 | | |
|---|---|---|---|---|---|---|---|
| | A 区 | B 区 | C 区 | | A 区 | B 区 | C 区 |
| 72 | 3 | 4～9 | 10 | 122 | 7 | 8～15 | 16 |
| 73 | 3 | 4～10 | 11 | 123 | 7 | 8～16 | 17 |
| 74 | 3 | 4～10 | 11 | 124 | 7 | 8～16 | 17 |

#### 11.1.3.4　试验步骤

试样应在温度为（20±1）℃或（20±2）℃的水浴或空气浴中进行状态调节，最短调节时间见表 11-6。仲裁检验时应使用水浴。

**表 11-6　不同壁厚管材状态调节时间**

| 壁厚（$\delta$）/mm | 调节时间/min | |
|---|---|---|
| | 水浴 | 空气浴 |
| $\delta \leqslant 8.6$ | 15 | 60 |
| $8.6 < \delta \leqslant 14.1$ | 30 | 120 |
| $\delta > 14.1$ | 60 | 240 |

状态调节后，壁厚小于等于 8.6 mm 的试样，应从空气浴中取出 10 s 内或从水浴中取出 20 s 内完成试验。壁厚大于 8.6 mm 的试样，应从空气浴中取出 20 s 内或从水浴中取出 30 s 内完成试验。如果超过此时间间隔，应将试样立即放回预处理装置，最少进行 5 min 的再处理。

注：对于内外壁光滑的管材，应测量管材各部分壁厚，根据平均壁厚进行状态调节，对于波纹管或有加强筋的管材，根据管材截面最厚处壁厚进行状态调节。

按照相关产品标准的规定确定落锤质量和冲击高度。

外径小于等于 40 mm 的试样，每个试样只承受一次冲击。

外径大于 40 mm 的试样在进行冲击试验时，首先使落锤冲击在 1 号标线上，若试样未破坏，对试样放回预处理装置，最少进行 5 min 的再处理，再对 2 号标线进行冲击，直至试样破坏或全部标线都冲击一次。

逐个对试样进行冲击，直至取得判定结果。

#### 11.1.3.5　试验结果

监督检验与出厂检验的判定：

若试样冲击破坏数在图 11-2（表 11-5）的 A 区，则判定该批的 TIR 值小于等于 10%。

若试样冲击破坏数在图 11-2（表 11-5）的 C 区，则判定该批的 TIR 值大于 10%。

若试样冲击破坏数在图 11-2（表 11-5）的 B 区，则应进一步取样试验，直至根据全部冲击试样的累计结果能够作出判定。

验收检验的判定：

若试样冲击破坏数在图 11-2（表 11-5）的 A 区，则判定该批的 TIR 值小于等于 10%。

若试样冲击破坏数在图 11-2（表 11-5）的 C 区，则判定该批的 TIR 值大于 10%而不予接受。

若试样冲击破坏数在图 11-2（表 11-5）的 B 区，而生产方在出厂检验时已判定其 TIR 值小于等于 10%，则可认为该批的 TIR 值不大于规定值，若验收方对批量的 TIR 值是否满足要求持怀疑时，则仍继续进行冲击试验。

根据试验结果，批量或连续生产管材的 TIR 值可表示为 A、B、C，其意义如下：

A：TIR 值小于等于 10%；

B：根据现有冲击试样数不能作出判定；

C：TIR 值大于 10%。

### 11.1.4 静液压强度

#### 11.1.4.1 试验依据与环境要求

1）试验依据

现行国家标准《流体输送用热塑性塑料管道系统　耐内压性能的测定》（GB/T 6111）。

2）环境要求

除非在其他标准中有特殊规定，试验应在（23±2）℃下进行。

试验前应在试验环境温度下状态调节至少 24 h。

#### 11.1.4.2 主要仪器设备

钢卷尺；

游标卡尺；

π 尺；

静液压试验机。

#### 11.1.4.3 样品制备

当管材公称外径 $d_n$≤315 mm 时，其自由长度应不小于其公称外径 $d_n$ 的 3 倍，且不应小于 250 mm；当管材公称外径 $d_n$＞315 mm 时，其自由长度应不小于 $d_n$ 的 2 倍。样品数量一般不少于 3 个。

#### 11.1.4.4 试验步骤

准备试样，清除试样表面的污渍、油渍、蜡或其他污染物，然后与 A 型密封接头装配，需要时，测量并记录管材试样的自由长度。将注满水（水温不超过 20℃）的试样，浸入水箱中，在表 11-7 规定的时间进行调节。

**表 11-7 状态调节时间**

| 壁厚（$e_{min}$）/mm | 状态调节时间 |
|---|---|
| $e_{min}<3$ | 1 h±5 min |
| $3\leqslant e_{min}<8$ | 3 h±15 min |
| $8\leqslant e_{min}<16$ | 6 h±30 min |
| $16\leqslant e_{min}<32$ | （10±1）h |
| $e_{min}\geqslant 32$ | （16±1）h |

注：状态调节时间超过表 11-7 的规定时间可能会影响试验结果。

按照相关标准的要求，选择试验类型，如“水-水试验”、“水-空气试验”或者“水-其他液体试验”。

将经过状态调节的试样用夹具夹持后，与加压设备连接，并排净试样内的空气。根据试验的材料、规格尺寸和加压设备的性能情况，在 30 s～1 h 用尽可能短的时间，均匀平稳地施加试验压力至规定试验压力值，测量并记录试样加压时间。达到试验压力时开始计时，必要时重置计时器开始记录试样维持规定压力的时间。

试验压力 $p$（MPa）结果保留 3 位有效数字：

$$p=\sigma\frac{2e_{min}}{d_{em}-e_{min}} \tag{11-5}$$

式中：$\sigma$——由试验压力引起的环应力，MPa；

$e_{min}$——管材试样自由长度部分的最小壁厚，mm；

$d_{em}$——试样的公称外径，mm。

将试样悬放在恒温控制的环境中，在整个试验过程中，试验介质应保持恒温（产品标准规定温度），平均温差±1℃。

当达到规定时间或试样发生渗漏、破坏时，停止试验，记录时间。如果试样发生破坏，记录其破坏类型，如脆性破坏、韧性破坏或者其他。

注：在破坏区域内，不出现目测可见的屈服变形破坏的为“脆性破坏”。在破坏区域内，出现目测可见的屈服变形破坏的为“韧性破坏”。对于某些材料“脆性破坏”表现为管材表面渗出液体。

如果试样在距离密封接头小于 0.1 $L_0$ 处发生破坏，则试验结果无效，应另取试样重新试验（$L_0$ 为试样的自由长度）。

### 11.1.4.5 试验结果

试验结束后记录试样是否有渗漏或破裂现象。

## 11.2 金属管材

钢管按生产方法可分为无缝钢管和焊接钢管两大类。无缝钢管生产过程是将实心管坯或钢锭穿成空心的毛管，然后再将其轧制成所要求尺寸的钢管。采用的穿孔和轧管方法不同，就构成了生产无缝钢管的不同方法。焊接钢管生产过程是将管坯（钢板或带钢）弯曲成管状，再把缝隙焊接起来成钢管。因采用的成型和焊接方法不同，就构成了生产焊接钢管的不同方法。

金属管材的技术指标主要包括屈服强度、抗拉强度、断后伸长率、冷弯性能、冲击吸收功、表面质量、化学成分。

### 11.2.1 拉伸性能检测

#### 11.2.1.1 试验依据与环境要求

1）试验依据

现行国家标准《金属材料　拉伸试验　第 1 部分：室温试验方法》（GB/T 228.1）；

现行国家标准《钢筋混凝土用钢材试验方法》（GB/T 28900）。

2）环境要求

试验一般在 10～35℃的室温进行。对于温度要求严格的试验，试验温度应为（23±5）℃。

#### 11.2.1.2 主要仪器设备

试验机：试验机的测力系统应按照现行国家标准《金属材料　静力单轴试验机的检验与校准　第 1 部分：拉力和（或）压力试验机　测力系统的检验与校准》（GB/T 16825.1）进行校准，并且其准确度应为 1 级或优于 1 级。计算机控制拉伸试验应满足（GB/T 22066）的要求并参见 GB/T 228.1 附录 C。

钢直尺。

#### 11.2.1.3 样品制备

应按照相关产品标准或 GB/T 2975 的要求切取样坯和制备试样。

拉伸样品分为条状试样和全截面试样，机加工和试验机允许时使用全截面试样。条形试样的取样宜对称分布；对于焊管，当取条状试样检测焊缝性能时，焊缝应位于试样的中部。

#### 11.2.1.4 试验步骤

（1）试样原始横截面积的测定。宜在试样平行长度中心区域以足够的点数测量试样的相关尺寸。原始横截面积 $S_0$ 是平均横截面积，应根据测量的尺寸计算。原始横截面积的计算准确度依赖试样本身特性和类型。现行国家标准《金属材料　拉伸试验　第 1 部分：室温试验方法》（GB/T 228.1）附录 E～附录 H 给出了不同类型试样横截面积 $S_0$ 的评估方法，并提供了测量准确度的详细说明。

（2）原始标距的标记。根据金属钢材试样的横截面积 $S_0$ 确定试样的标距长度 $L_0$，比例试样按式 $L_0 = k\sqrt{S_0}$ 计算而得的试样，式中系数 $k$ 通常为 5.65 或者 11.3。前者称为短试样；后者称为长试样。

（3）试验机调零，将试样固定在试验机夹头内。开动试验机进行拉伸，拉伸速率满足表 11-8 的要求。

**表 11-8　应力速率**

| 材料弹性模量（$E$）/（N/mm²） | 应力速度/（MPa/s） | |
|---|---|---|
| | 最小 | 最大 |
| $E<150\ 000$ | 2 | 20 |
| $E\geqslant 150\ 000$ | 6 | 60 |

（4）拉伸过程中第一次回转即屈服阶段中最小力所对应的应力记录屈服点的荷载 $F_s$。

（5）试样拉伸至断裂，从拉伸曲线图上确定试验过程中的最大力，或者直接在仪器中读取最大荷载 $F_b$。

（6）试样拉断后，将其断裂部分紧密对接在仪器，并尽量使其位于一条轴线上。若断裂处形成裂缝，则此缝隙应计入该试样拉断后的标距内，测量断后标距 $L_1$。

11.2.1.5　试验结果

1）屈服强度

钢材的屈服强度按式（11-6）计算：

$$R_{eL}=\frac{F_s}{S_0} \tag{11-6}$$

式中：$R_{eL}$——钢材试样的下屈服强度，MPa；

$F_s$——屈服期间不计初始瞬时效应时的最小力，N；

$S_0$——钢材试样的横截面积，mm²。

2）抗拉强度

抗拉强度按式（11-7）计算：

$$R_m=\frac{F_b}{S_0} \tag{11-7}$$

式中：$R_m$——钢材试样的抗拉强度，MPa；

$F_b$——试样拉伸至断裂过程中的最大力，N；

$S_0$——钢材试样的横截面积，mm²。

3）断后伸长率

断后伸长率按式（11-8）计算：

$$A=\frac{L_1-L_0}{L_0}\times 100\% \tag{11-8}$$

式中：$A$——钢材试样的断后伸长率，%；

$L_0$——试验前的原始标距，mm；

$L_1$——试验后的断后标距，mm。

4）数据修约

屈服强度、抗拉强度、断后伸长率检测结果应按相关产品标准规定进行修约。如产品标准未作具体要求，应按如下要求进行修约：

强度性能值修约至 1 MPa；

断后伸长率修约至 0.5%。

# 11.3 预应力混凝土用波纹管

预应力混凝土用波纹管分为预应力混凝土用金属波纹管和预应力混凝土用塑料波纹管，主要用于后张法的混凝土结构中。预应力塑料波纹管采用真空注浆工艺，能够使预应力结构和构件的安全性与耐久性得到明显的改善和提高，在预应力结构中得到了广泛应用。主要优势有耐腐蚀性强、强度高、刚度大、密封性好、摩擦阻力小等。

预应力混凝土用波纹管主要的技术指标有抗外荷载性能（局部横向荷载、均布荷载、纵向荷载）、抗渗漏性能、环刚度、拉伸性能、抗冲击性。

环刚度试验见本章 11.1.1 的要求。

## 11.3.1 局部横向荷载

### 11.3.1.1 试验依据与环境要求

1）试验依据

现行行业标准《预应力混凝土用金属波纹管》（JG/T 225）；

现行行业标准《预应力混凝土桥梁用塑料波纹管》（JT/T 529）。

2）环境要求

除非在其他标准中有特殊规定，试验应在（23±2）℃温度下进行。

试验前应在试验环境温度下状态调节至少 24 h。

### 11.3.1.2 主要仪器设备

万能试验机：试验机级别不低于 1 级，分辨率不低于 10 kN，位移分辨率不低于 0.02 mm。

### 11.3.1.3 样品制备

试样长度取圆管工程内径的 5 倍，且不小于 300 mm，样品数量为 3 件（金属波纹管）。

试样长度为 1 100 mm，样品数量为 5 件（塑料波纹管）。

### 11.3.1.4 试验步骤

1）金属波纹管

如图 11-3 所示，在试件中部位置波谷处取一点，用端部 $\phi$10 mm，横向长度 150 mm 的圆柱顶压头对时间施加局部横向荷载至规定荷载（圆形 800 N、扁形 500 N）并持荷。

当采用万能试验机加载时，加载速度不应超过 20 N/s；从 10 N 开始测量变形量，在持荷状态下测量试件的变形量，并计算变形比 $\delta$，观察时间是否出现咬口开裂、脱扣或其他破坏现象。测量变形量时的持荷时间不应短于 1 min。每根试件测试一次。

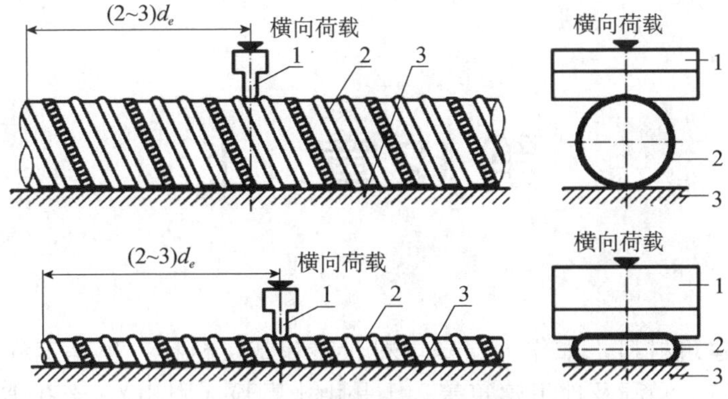


1—圆柱顶压头；2—试件；3—试验台座。

**图 11-3　抗局部横向荷载性能加载方法**

2）塑料波纹管

在试样长 1 100 mm 的中部位置波谷处取一点，用端部 $\phi$ 12 mm，横向长度 150 mm 圆柱顶压头施加横向荷载 $F_2$，如图 11-4 所示，在 30 s 内达到规定荷载值 800 N，持荷 2 min 后，观察试样表面是否破裂；持荷 5 min 后，在加载处测量塑料波纹管管节外径变形量。每根试件测试一次。

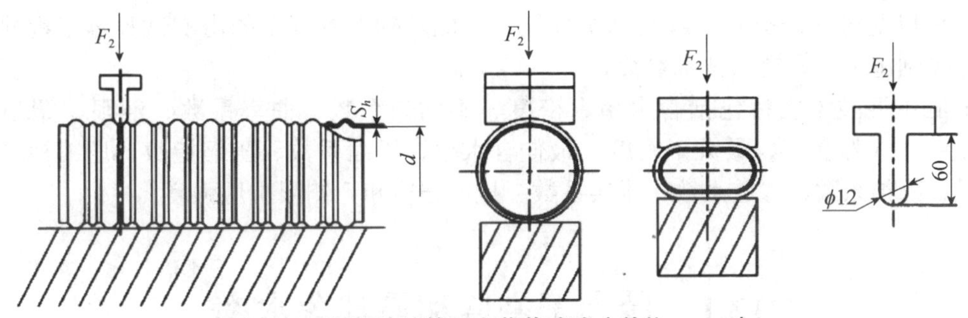


**图 11-4　塑料波纹管很小荷载试验（单位：mm）**

11.3.1.5　试验结果

1）金属波纹管

试验结果取 3 根试验的平均值，试件变形比符合表 11-9 的规定。

**表 11-9　金属波纹管变形比的要求**　　单位：mm

| 截面形状 | | 圆形 | | 扁形 |
|---|---|---|---|---|
| $\delta$ | 标准型 | $d_n$≤75 | ≤0.2 | ≤0.2 |
| | | $d_n$>75 | ≤0.15 | |
| | 增强型 | $d_n$≤75 | ≤0.10 | ≤0.15 |
| | | $d_n$>75 | ≤0.08 | |

注：$d_n$ 为公称内径。

2）塑料波纹管

取 5 根试样平均值作为最终结果；管节变形量不应超过管节外径的 20%。

# 第 12 章 土

土既是一种建筑材料，如作为路基填料、路基基层材料；也是工程结构物周围的介质或环境，如隧道、涵洞及地下建筑等。土是由土颗粒（固相）、土孔隙中存在的水（液相）及土孔隙中充填的空气（气相）三相组成的集合体，土体三相比例不同，土的状态和工程特性也随之各异。土最大的特点就是分散性，同时具有复杂性和易变性。因此，对土进行试验和检测是建设工程中设计、施工和科研不可或缺的工作。

按土的主要工程特征分类，可分为巨粒土、粗粒土、细粒土和特殊土 4 类，进一步可细分为漂石土、卵石土、砾类土、砂类土、粉质土、黏质土、有机质土、黄土、膨胀土、红黏土、盐渍土、冻土 12 种。

对土样的质量及其工程性质进行评价时，主要通过对土样进行密度试验、塑性指标试验等，以此对其分类并了解其基本性能。在此基础上进行土的击实试验等工程性能试验，为控制施工质量提供技术参数。

土的主要技术指标包括含水率、密度、不均匀系数、曲率系数、液限、塑限、缩限、收缩、天然稠度、最大干密度、最佳含水率、压缩系数、压缩指数、压缩模量、回弹模量、固结系数、渗透系数、压实系数、抗剪强度和无侧限抗压强度。

## 12.1 最大干密度和最佳含水率

### 12.1.1 试验依据及环境要求

1）试验依据

《土的工程分类标准》（GB/T 50145）；

《土工试验方法标准》（GB/T 50123）；

《公路土工试验规程》（JTG 3430）；

《土工仪器的基本参数及通用技术条件》（GB/T 15406）。

2）环境要求

实验室环境：温度为 10～35℃。

### 12.1.2 主要仪器设备

标准击实仪：如图 12-1、图 12-2 所示。

烘箱及干燥器。

天平：感量 0.01 g。

台秤：称量 10 kg，感量 5 g。

圆孔筛：孔径 40 mm、20 mm 和 5 mm 各 1 个。

拌和工具：400 mm×600 mm、深 70 mm 的金属盘、土铲。

其他：喷水设备、碾土器、盛土盘、量筒、推土器、铝盒、修土刀、平直尺等。

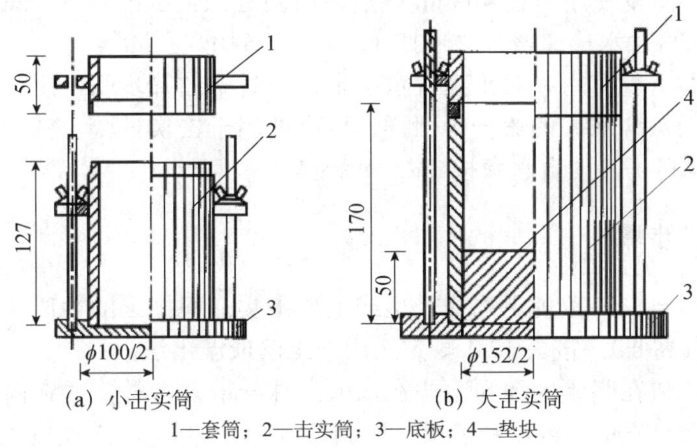


（a）小击实筒　　（b）大击实筒

1—套筒；2—击实筒；3—底板；4—垫块

**图 12-1　击实筒（单位：mm）**

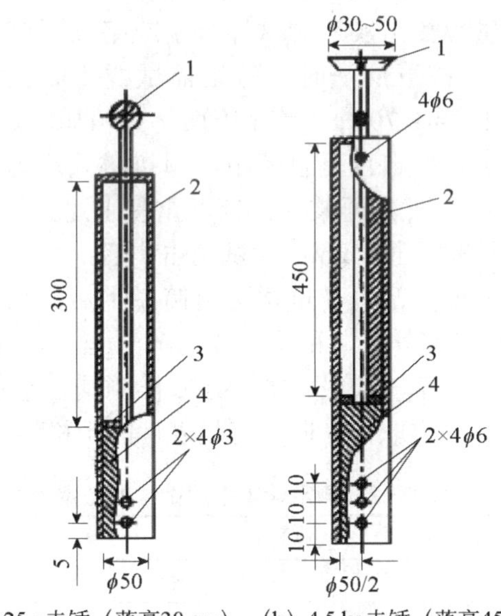


（a）25 g击锤（落高30 cm）　（b）4.5 kg击锤（落高45 cm）

1—提手；2—导筒；3—硬橡皮垫；4—击锤。

**图 12-2　击锤和导杆（单位：mm）**

## 12.1.3　样品制备

本试验可分别采用不同的方法制备试样。各方法可按表 12-1 准备试样。

表 12-1　试料用量

| 使用方法 | 试筒内径/mm | 最大粒径/mm | 试料用量 |
|---|---|---|---|
| 干土法 | 10<br>15.2 | 20<br>40 | 至少 5 个试样，每个 3 kg<br>至少 5 个试样，每个 6 kg |
| 湿土法 | 10<br>15.2 | 20<br>40 | 至少 5 个试样，每个 3 kg<br>至少 5 个试样，每个 6 kg |

干土法（土不重复使用）过 40 mm 筛后，按四分法至少准备 5 个试样，分别加入不同水分（按 1%～3%含水量递增），拌匀后闷料一夜备用。

湿土法（土不重复使用）对于高含水率土，可省略过筛步骤，用手拣去大于 40 mm 的粗石子。保持天然含水率的第一个土样，可立即用于击实试验。其余几个试样，将土分成小土块，分别风干，使含水率按 2%～4%递减。

### 12.1.4　试验步骤

（1）根据工程要求，按规定选择轻型或重型击实。根据土的性质（含易击碎风化石数量多少，含水量高低），按表 12-1 规定选用干土法或湿土法。

（2）将击实筒放在坚硬的地面上，在筒壁上抹一层凡士林，并在筒底（小试筒）或垫块（大试筒）上放置蜡纸或塑料薄膜。取制备好的土样分 3～5 次倒入筒内。小筒按三层法时，每次 800～900 g（其量应使击实后的试样等于或略高于筒高的 1/3）；按五层法时，每次 400～500 g（其量应使击实后的试样等于或略高于筒高的 1/5）。对于大试筒，先将垫块放入筒内底板上，按五层法时，每层需试样 900（细粒土）～1 100 g（粗粒土）；按三层法时，每层需试样 1 700 g。整平表面，并稍加压紧，然后按规定的击数进行第一层土的击实，击实时击锤应自由垂直落下，锤迹必须均匀分布于土样面，第一层击实完后，将试样层面“拉毛”，然后再装入套筒，重复上述方法进行其余各层土击实。小试筒击实后，试样不应高出筒顶面 5 mm；大试筒击实后，试样不应高出筒顶面 6 mm。

（3）用修土刀沿套筒内壁削刮，使试样与套筒脱离后，扭动并取下套筒，齐筒顶细心削平试样，拆除底板，擦净筒外壁，称量，准确至 1 g。

（4）用推土器推出筒内试样，从试样中心处取样测其含水量，计算至 0.1%。测定含水率用试样的数量按表 12-2 测定取样（取出有代表性的土样）。

表 12-2　测定含水率用试样的数量

| 最大粒径/mm | 试样质量/g | 个数/个 |
|---|---|---|
| <5 | 约 100 | 2 |
| 约 5 | 约 200 | 1 |
| 约 20 | 约 400 | 1 |
| 约 40 | 约 800 | 1 |

### 12.1.5　试验结果

1）含水率

按式（12-1）计算击实后各点的含水率：

$$w=\left(\frac{m_0}{m_{\mathrm{d}}}-1\right)\times 100\% \tag{12-1}$$

式中：$w$——含水率，%；

$m_0$——湿土质量，g；

$m_{\mathrm{d}}$——干土质量，g。

2）干密度

按式（12-2）计算击实后各点的干密度：

$$\rho_d=\frac{\rho}{1+0.01w} \tag{12-2}$$

式中：$\rho_d$——干密度，g/cm$^3$，计算精确至 0.01；

$\rho$——湿密度，g/cm$^3$；

$w$——含水率，%。

3）最大干密度和最佳含水率

以干密度 $\rho_d$ 为纵坐标，含水率 $w$ 为横坐标，绘制 $\rho_d$—$w$ 关系曲线（图 12-3），曲线上峰点的纵坐标、横坐标分别为最大干密度和最佳含水量。如果曲线不能绘出明显的峰值点，应进行补点或重作。

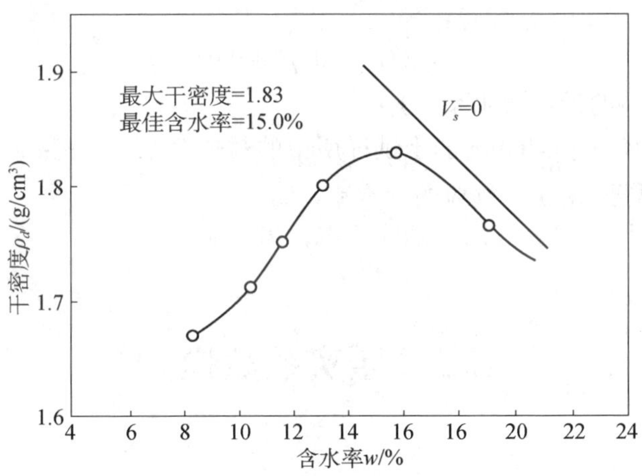


**图 12-3　含水量和干密度的关系**

4）饱和含水率

按式（12-3）或式（12-4）计算饱和曲线的饱和含水率 $w_{\max}$，并绘制饱和含水率与干密度的关系曲线图。

$$w_{\max}=\left[\frac{G_s\rho_w(1+w)-\rho}{G_s\rho}\right]\times 100\% \tag{12-3}$$

或

$$w_{\max}=\left(\frac{\rho_w}{\rho_d}-\frac{1}{G_s}\right)\times 100\% \tag{12-4}$$

式中：$w_{\max}$——饱和含水率，%，计算精确至 0.01；

$\rho$——试样的湿密度，g/cm$^3$；

$\rho_w$——水在4℃时的密度，g/cm³；

$\rho_d$——试样的干密度，g/cm³；

$G_s$——试样土粒比重，对于粗粒土，则为土中粗细颗粒的混合比重；

$w$——试样的含水率。

5）最大干密度和最佳含水量的校正

当试样中有大于40 mm颗粒时，应先取出大于40 mm颗粒，并求得其百分率 $\rho$，把小于40 mm部分做击实试验，按式（12-5）、式（12-6）分别对试验所得的最大干密度和最佳含水率进行校正（适用于大于40 mm颗粒的含水率小于30%时）。

最大干密度按式（12-5）校正：

$$\rho'_{\mathrm{dm}}=\frac{1}{\dfrac{1-0.01p}{\rho_{\mathrm{dm}}}+\dfrac{0.01p}{\rho_w G'_s}} \tag{12-5}$$

式中：$\rho'_{\mathrm{dm}}$——校正后的最大干密度，g/cm³，计算精确至0.01；

$\rho_{\mathrm{dm}}$——粒径小于40 mm试样击实后的最大干密度，g/cm³；

$p$——粒径大于40 mm颗粒的含水率，%；

$G'_s$——粒径大于40 mm颗粒的毛体积比重，计算精确至0.01。

最佳含水率按式（12-6）校正：

$$w'_0=w_0(1-0.01p)+0.01pw_2 \tag{12-6}$$

式中：$w'_0$——校正后的最佳含水率，%；

$w_0$——用粒径小于40 mm的土试样所得的最佳含水率，%；

$p$——粒径大于40 mm颗粒的含水率，%；

$w_2$——粒径大于40 mm颗粒的吸水率，%。

## 12.2 压实系数检测

### 12.2.1 灌砂法

适用范围：细粒土、砂类土和砾类土。

#### 12.2.1.1 试验依据及环境要求

1）试验依据

《土的工程分类标准》（GB/T 50145）；

《土工试验方法标准》（GB/T 50123）；

《公路土工试验规程》（JTG 3430）；

《土工仪器的基本参数及通用技术条件》（GB/T 15406）。

2）环境要求

实验室环境：温度为10～35℃。

12.2.1.2　主要仪器设备

灌砂法密度试验仪：如图 12-4 所示，包括漏斗、漏斗架、防风筒、套环、附有 3 个固定器。

台秤：称量 10 kg，分度值 5 g；称量 50 kg，分度值 10 g。

量砂：粒径 0.25～0.50 mm 的干燥清洁标准砂 10～40 kg。

其他：有盖的量砂容器、直尺，铲土工具。

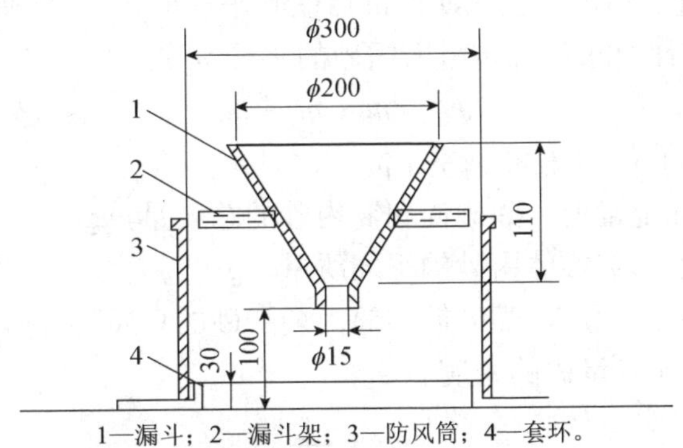


1—漏斗；2—漏斗架；3—防风筒；4—套环。

**图 12-4　灌砂法密度试验仪（单位：mm）**

12.2.1.3　样品制备

1）确定灌砂筒下部圆锥体内砂的质量

（1）在储砂筒内装满砂，筒内砂的高度与筒顶的距离不超过 15 mm，称取灌砂筒和筒内砂的总质量 $m_1$，准确至 1 g。每次标定及而后的试验都维持该质量不变。

（2）将开关打开，让砂流出，并使流出砂的体积与工地所挖试洞的体积相当（或等于标定罐的容积）；然后关上开关，称取灌砂筒和筒内砂的质量 $m_5$，准确至 1 g。

（3）将灌砂筒放在玻璃板上，打开开关，让砂流出，直到筒内砂不再下流时，关上开关，并小心地取走灌砂筒。

（4）收集并称量留在玻璃板上的砂或称量筒内的砂，准确至 1 g。玻璃板上的砂就是填满灌砂筒下部圆锥体的砂。

（5）重复上述测量，至少 3 次；最后取其平均值 $m_2$，准确至 1 g。

2）确定量砂的密度

（1）用水确定标定罐的容积 $V$。

将空罐放在电子秤上，使罐的上口处于水平位置，读记罐质量 $m_7$，准确至 1 g。

向标定罐中灌水，注意不要将水弄到电子秤上或罐的外壁；将一直尺放在罐顶，当罐中水面快要接近直尺时，用滴管往罐中加水，直到水面接触直尺；移去直尺，读记罐和水的总质量 $m_8$。

重复测量时，仅需用吸管从罐中取出少量水，并用滴管重新将水加满到接触直尺。

标定罐的体积 $V$ 按式（12-7）计算：

$$V=(m_8-m_7)/\rho_w \tag{12-7}$$

式中：$V$——标定罐的容积，计算准确至 0.01 cm³；

$m_7$——标定罐质量，g；

$m_8$——标定罐和水的总质量，g；

$\rho_w$——水的密度，g/cm³。

（2）在储砂筒中装入质量为 $m_1$ 的砂，并将灌砂筒放在标定罐上，打开开关，让砂流出，直到筒内砂不再下流时，关闭开关；取下灌砂筒，称取灌砂筒和筒内剩余砂的总质量 $m_3$，准确至 1 g。

（3）重复上述测量步骤，至少 3 次，最后取其平均值 $m_3$，准确至 1 g。

（4）按式（12-8）计算填满标定罐所需砂的质量 $m_a$：

$$m_a = m_1 - m_2 - m_3 \tag{12-8}$$

式中：$m_a$——灌砂的质量，计算准确至 1 g；

$m_1$——灌砂入标定罐前，灌砂筒和筒内砂的总质量，g；

$m_2$——灌砂筒下部圆锥体内砂的平均质量，g；

$m_3$——灌砂入标定罐后，灌砂筒和筒内剩余砂的总质量，g。

（5）按式（12-9）计算量砂的密度 $\rho_s$：

$$\rho_s = \frac{m_a}{V} \tag{12-9}$$

式中：$\rho_s$——砂的密度，计算准确至 0.01 g/ cm³；

$V$——标定罐的体积，cm³；

$m_a$——砂的质量，g。

12.2.1.4　试验步骤

1）用套环的灌砂法

（1）选定具有代表性的一块面积约为 40 cm×40 cm 的场地并将其地面铲平。检查填土压实密度时，应将表面未压实土层清除，并将压实土层铲去一部分，其深度视需要而定，使试坑底能达到规定的深度。

（2）称出盛量砂的容器加量砂质量，将仪器放在整平的地面上用固定器将其套环固定。开漏斗阀，将量砂经漏斗灌入套环内，待套环灌满后，拿掉漏斗、漏斗架及防风筒，无风可不用防风筒，用直尺刮平套环上砂面，使与套环边缘齐平。将刮下的量砂细心倒回量砂容器，不得丢失。称量砂容器加第 1 次剩余量砂质量。

（3）将套环内的量砂取出，称量，倒回量砂容器内。环内量砂允许有少部分仍留在环内。

（4）在套环内挖试坑，其尺寸应符合表 12-3 的规定。挖坑时要特别小心，将已松动的试样全部取出。放入盛试样的容器内，将瓶盖盖好并对容器和试样称重，并抽取代表性试样，测定含水率。

（5）在套环上重新装上防风筒、漏斗架及漏斗。将量砂经漏斗灌入试坑内，量砂下落速度应大致相等，直至灌满套环。

（6）取掉漏斗、漏斗架及防风筒，用直尺刮平套环上的砂面，使与套环边缘齐平。刮下的量砂全部倒回量砂容器内，不得丢失。称量砂容器加第一次剩余量砂质量。

表 12-3　试坑尺寸与相应的最大粒径　　单位：mm

| 试样最大粒径 | 试坑尺寸 | |
|---|---|---|
| | 直径 | 深度 |
| 5（20） | 150 | 200 |
| 40 | 200 | 250 |
| 60 | 250 | 300 |
| 200 | 880 | 1 000 |

2）不用套环的灌砂法

（1）应按用套环的灌砂法的规定选择试验地点，在刮平的地面上应按用套环的灌砂法的规定挖坑。

（2）称盛量砂容器加量砂质量，在试坑上放置防风筒和漏斗，将量砂经漏斗灌入试坑内，量砂下落速度应大致相等，直至灌满试坑。

（3）试坑灌满量砂后，去掉漏斗及防风筒，用直尺刮平量砂表面使与原地面齐平，将多余的量砂倒回量砂容器，对量砂容器加剩余量砂称重。

12.2.1.5　试验结果

1）湿密度应按式（12-10）、式（12-11）计算：

（1）用套环法：

$$\rho=\frac{(m_{y4}-m_{y6})-[(m_{y1}-m_{y2})-m_{y3}]}{\dfrac{m_{y2}+m_{y3}-m_{y5}}{\rho_{ls}}-\dfrac{m_{y1}-m_{y2}}{\rho'_{ls}}} \tag{12-10}$$

（2）不用套环法：

$$\rho=\frac{m_{y4}-m_{y6}}{\dfrac{m_{y1}-m_{y7}}{\rho_{ls}}} \tag{12-11}$$

式中：$m_{y1}$——量砂容器加原有量砂质量，g；

$m_{y2}$——量砂容器加第 1 次剩余量砂质量，g；

$m_{y3}$——从套环中取出的量砂质量，g；

$m_{y4}$——试样容器加试样质量（包括少量遗留砂质量），g；

$m_{y5}$——量砂容器加第 2 次剩余量砂质量，g；

$m_{y6}$——试样容器质量，g；

$m_{y7}$——量砂容器加剩余量砂质量，g；

$\rho_{ls}$——往试坑内灌砂时量砂的平均密度，$g/cm^3$；

$\rho'_{ls}$——挖试坑前，往套环内灌砂时量砂的平均密度，$g/cm^3$，计算至 0. 01 $g/cm^3$。

2）干密度应按式（12-12）计算：

$$\rho_d=\frac{\rho}{1+0.01w} \tag{12-12}$$

式中：$\rho_d$——干密度，$g/cm^3$，计算精确至 0.01；

$\rho$——湿密度，g/cm³；

$w$——含水率，%。

3）本试验需进行两次平行测定，取其算术平均值。

### 12.2.2 灌水法

适用范围：细粒土、砂类土和砾类土。

#### 12.2.2.1 试验依据及环境要求

1）试验依据

《土的工程分类标准》（GB/T 50145）；

《土工试验方法标准》（GB/T 50123）；

《公路土工试验规程》（JTG 3430）；

《岩土工程仪器的基本参数及通用技术条件》（GB/T 15406）。

2）环境要求

实验室环境：温度为10～35℃。

#### 12.2.2.2 主要仪器设备

储水筒：直径应均匀，并附有刻度；

台秤：称量50 kg，分称量20 kg，分度值5 g，度值10 g；

薄膜：聚乙烯塑料薄膜；

其他：铲土工具、水准尺、直尺等。

#### 12.2.2.3 试验步骤

（1）将测点处的地面整平，并用水准尺检查。

（2）按灌砂法的标准确定试坑尺寸，按确定的试坑直径画出坑口轮廓线，在轮廓线内下挖至要求的深度。将坑内的试样装入盛土容器内，称试样质量，取有代表性的试样测定含水率。

（3）试坑挖好后，放上相应尺寸的套环，并用水准尺找平，将大于试坑容积的塑料薄膜沿坑底、坑壁紧密相贴。

（4）记录储水筒内初始水位高度，拧开储水筒内的注水开关将水缓慢注入塑料薄膜中。当水面接近套环上边缘时，将水流调小，直至水面与套环上边缘齐平时关注水开关，不应使套环内的水溢出；持续3～5 min，记录储水筒内水位高度。

#### 12.2.2.4 试验结果

（1）试坑体积应按式（12-13）计算：

$$V_{sk}=(H_{t2}-H_{t1})A_w-V_{th} \tag{12-13}$$

式中：$V_{sk}$——试坑体积，cm³；

$H_{t1}$——储水筒内初始水位高度，cm；

$H_{t2}$——储水筒内注水终了时水位高度，cm；

$A_w$——储水筒断面面积，$cm^2$；

$V_{th}$——套环体积，$cm^3$。

（2）湿密度及干密度按式（12-14）、式（12-15）计算，计算精确至 0.01 g/cm$^3$：

$$\rho = \frac{m_0}{V_{sk}} \tag{12-14}$$

$$\rho_d = \frac{\rho}{1+0.01w} \tag{12-15}$$

（3）本试验需进行两次平行测定，取算术平均值。

### 12.2.3　压实系数

压实系数是指工地上实际达到的干密度与室内标准击实试验所得最大干密度（$\rho_{max}$）的比值。

$$\lambda_c = \frac{\text{填土的干密度}}{\text{室内标准击实试验的}\rho_{d\max}} \times 100\% \tag{12-16}$$

工程上常采用压实系数 $\lambda_c$ 作为填方压实密度控制的标准，一般要求大于 0.94。

# 第 13 章　预制混凝土构件

预制混凝土构件是指在工厂中通过标准化、机械化方式加工生产的混凝土部件，其主要组成材料为混凝土、钢筋、预埋件、保温材料等。由于构件在工厂内机械化加工生产，构件质量及精度可控，且受环境制约较小。采用预制构件建造，且具备节能减排、减噪降尘、减员增效、缩短工期等诸多优势。

预制混凝土构件可按结构形式分为水平构件和竖向构件，其中水平构件包括预制叠合板、预制空调板、预制阳台板、预制楼梯板、预制梁等；竖向构件包括预制楼梯隔墙板、预制内墙板、预制外墙板（预制外墙飘窗）、预制女儿墙、预制 PCF 板、预制柱等。

预制构件可按照成型时混凝土浇筑次数分为一次浇筑成型混凝土构件和二次浇筑成型混凝土构件，其中，一次浇筑成型混凝土构件包括预制叠合板、预制阳台板、预制空调板、预制内墙板、预制楼梯、预制梁、预制柱等；二次浇筑成型混凝土构件包括预制外墙板（保温装饰一体化外墙板）、预制女儿墙、预制 PCF 板等。

对预制构件的质量和结构性能检测主要通过对其外观缺陷、内部缺陷、尺寸偏差与变形、承载力、挠度、裂缝宽度、保护层厚度进行检测。

## 13.1　外观缺陷检测

### 13.1.1　检测依据及环境要求

1）检测依据

《混凝土结构工程施工质量验收规范》（GB 50204）；

《建筑结构检测技术标准》（GB/T 50344）；

《混凝土结构试验方法标准》（GB 50152）；

《装配式混凝土建筑技术标准》（GB/T 51231）。

2）环境要求

实验室环境：温度为 10～35℃。

### 13.1.2　主要仪器设备

裂缝测宽仪：精度 0.01 mm；

钢直尺：分度值 1 mm；

游标卡尺：分度值 0.02 mm。

### 13.1.3　检测内容及检测数量

外观缺陷检测应包括露筋、孔洞、夹渣、蜂窝、硫松、裂缝、连接部位缺陷、外形缺陷、外表缺陷等内容，检测方法宜符合下列规定：

（1）露筋长度可采用直尺或卷尺量测量。

（2）孔洞深度可采用直尺或卷尺量测量，孔洞直径可采用游标卡尺量测量。

（3）夹渣深度可采用剔凿法或超声法检测。

（4）蜂窝和疏松的位置与范围可采用直尺或卷尺量测，当委托方有要求时，蜂窝深度量测可采用剔凿、成孔等方法。

（5）表面裂缝的最大宽度可采用裂缝专用测量仪器量测，表面裂缝长度可采用直尺或卷尺量测；裂缝深度，可采用超声法检测，必要时可钻取芯样进行验证。

（6）连接部位缺陷可采用观察或剔凿法检测。

（7）外形缺陷和外表缺陷的位置与范围可采用直尺或卷尺测量。

检测数量为送检构件全数检查。

### 13.1.4　检测结果

预制构件的外观质量缺陷根据其影响预制构件的结构性能和使用功能的严重程度，可按表 13-1 规定划分为严重缺陷和一般缺陷。预制构件的外观质量不应有严重缺陷和一般缺陷。

**表 13-1　预制构件外观质量缺陷**

| 类型 | 现象 | 严重缺陷 | 一般缺陷 |
|---|---|---|---|
| 露筋 | 构件内钢筋未被混凝土包裹而外露 | 纵向受力钢筋有露筋 | 其他钢筋有少量露筋 |
| 蜂窝 | 混凝土表面缺少泥浆而形成的石子外露 | 构件主要受力部位有蜂窝 | 其他部位有少量蜂窝 |
| 孔洞 | 混凝土中孔穴深度和长度均超过保护层厚度 | 构件主要受力部位有孔洞 | 其他部位有少量孔洞 |
| 夹渣 | 混凝土中夹有杂物且深度超过保护层厚度 | 构件主要受力部位有夹渣 | 其他部位少量夹渣 |
| 疏松 | 混凝土中局部不密实 | 构件主要受力部位有疏松 | 其他部位少量疏松 |
| 裂缝 | 裂缝从混凝土表面延伸至混凝土内部 | 构件主要受力部位有影响结构性能或使用功能的裂缝 | 其他部位有少量不影响结构性能或使用功能的裂缝 |
| 连接部位缺陷 | 构件连接处混凝土缺陷及连接钢筋、连接铁件松动，灌浆套筒堵塞、偏位，灌浆孔洞堵塞、偏位、破损等缺陷 | 连接部位有影响结构传力性能的缺陷 | 连接部位有基本不影响结构传力性能的缺陷 |
| 外形缺陷 | 缺棱掉角、棱角不值、翘曲不平、飞出凸肋等 | 清水混凝土构件内有影响使用功能的外形缺陷 | 其他混凝土构件有不影响使用功能的外形缺陷 |
| 外表缺陷 | 构件表面麻面、掉皮、起砂、沾污等 | 具有重要装饰效果的清水混凝土构件有外表缺陷 | 其他混凝土构件有不影响使用功能的外表缺陷 |

# 13.2 保护层厚度检测

按照《混凝土结构设计规范》（GB/T 50010）的定义，混凝土保护层厚度是指最外层钢筋外边缘至混凝土表面的距离。

电磁感应法是指用电磁感应原理检测混凝土结构及构件中混凝土保护层厚度的主要方法。

根据电磁感应原理，由振荡器产生的频率和振幅稳定的交流信号，送入传感器的激磁线圈，则在线圈周围交变磁场，引起电磁感应测量线圈的信号输出。当没有铁磁物质进入磁场中，由于测量线圈的对称性，测量线圈的输出最小；若有铁磁物质（钢筋）靠近传感器，输出信号就会增大，传感器的电压输出是钢筋直径和保护层厚度的函数，利用测量线圈输出电压的差动性，经信号处理、放大和模数转换，按使用者的输入要求显示所测的结果。

## 13.2.1 检测依据及环境要求

1）检测依据

《混凝土结构现场检测技术标准》（GB/T 50784）；

《混凝土中钢筋检测技术规程》（JGJ/T 152）；

《混凝土结构工程施工质量验收规范》（GB 50204）；

《建筑结构检测技术标准》（GB/T 50344）；

《装配式混凝土建筑技术标准》（GB/T 51231）。

2）环境要求

实验室环境：温度为10～35℃。

## 13.2.2 主要仪器设备

钢筋扫描仪：精度0.1 mm；

钢直尺：分度值1 mm。

## 13.2.3 检测数量

1）抽检数量

《装配式混凝土建筑技术标准》（GB/T 51231）条文说明：

检查数量可根据工程情况由各方商定。一般情况下，可以不超过1 000个同类型预制构件为一批，每批抽取构件数量的2%且不少于5个构件。

2）构件中的钢筋

对选定的梁类构件，应对全部纵向受力钢筋的保护层厚度进行检验；对选定的板类构件，应抽取不少于6根纵向受力钢筋的保护层厚度进行检验。

3）钢筋上的测点

对每根钢筋，应选择有代表性的不同部位量测 3 点取平均值。

### 13.2.4　检测方法

钢筋保护层厚度检测不宜采用雷达仪。采用探测仪检测时，应在钢筋位置确定之后，按下列方法进行混凝土保护层厚度的检测：

（1）首先应设定钢筋探测仪量程范围及钢筋公称直径，沿被测钢筋轴线选择相邻钢筋影响较小的位置，并应避开钢筋接头和绑丝，读取第 1 次检测的混凝土保护层厚度检测值，在被测钢筋的同一位置应重复检测 1 次，读取第 2 次检测的混凝土保护层厚度检测值。

当实际混凝土保护层厚度小于钢筋探测仪最小示值时，应采用在探头下附加垫块的方法进行检测。垫块对钢筋探测仪检测结果不应该产生干扰，表面应光滑平整，其各方向厚度值偏差应不大于 0.1 mm。所加垫块厚度在计算时应予以扣除。

（2）当同一处读取的 2 个混凝土保护层厚度检测值相差大于 1 mm 时，该组检测数据应无效，并检查原因，在该处应重新进行检测。仍不满足要求时，应更换钢筋探测仪或采用钻孔、剔凿的方法验证。

### 13.2.5　数据处理

根据《混凝土中钢筋检测技术规程》（JGJ/T 152）的规定，钢筋的混凝土保护层厚度平均检测值应按式（13-1）计算：

$$C_{m,i}^{t}=(C_1^t+C_2^t+2C_c-2C_0)/2 \tag{13-1}$$

式中：$C_{m,i}^{t}$——第 $i$ 测点混凝土保护层厚度平均检测值，精确至 1 mm；

$C_1^t$、$C_2^t$——第 1、2 次检测的混凝土保护层厚度检测值，精确至 1 mm；

$C_c$——混凝土保护层厚度修正值，为同一规格钢筋的混凝土保护层厚度实测验证值减去检测值，精确至 0.1 mm；

$C_0$——探头垫块厚度，精确至 0.1 mm，不加垫块时 $C_0$=0。

### 13.2.6　剔凿验证

根据《混凝土结构现场检测技术标准》（GB/T 50784）的规定，混凝土保护层厚度宜采用钢筋探测仪进行检测并应通过剔凿原位检测法进行验证。

采用剔凿原位检测法进行验证时，应符合下列规定：

（1）应采用钢筋探测仪检测混凝土保护层厚度。

（2）在已测定保护层厚度的钢筋上进行剔凿验证，验证点数应不少于 B 类（结构工程质量或既有结构性能的检测）且应不少于 3 点；构件上能直接量测混凝土保护层厚度的点可记为验证点。

（3）应将剔凿原位检测结果与对应位置钢筋探测仪检测结果进行比较，当两者的差异不超过 2 mm 时，判定两个测试结果无明显差异。

（4）当检验批有明显差异校准点数在控制的范围之内时，可直接采用钢筋探测仪检测结果。

（5）当检验批有明显差异校准点数超过控制的范围之内时，应对钢筋探测仪量测的保护层厚度进行修正，当不能修正时应采取剔凿原位检测的措施。

### 13.2.7 结果评定

根据《混凝土结构工程施工质量验收规范》（GB 50204）附录 E 的规定，结构实体钢筋保护层厚度检验时，纵向受力钢筋保护层厚度的允许偏差应符合表 13-2 的要求。

**表 13-2 结构实体纵向受力钢筋保护层厚度的允许偏差**

| 构件类型 | 允许偏差/mm |
| --- | --- |
| 梁 | 10，−7 |
| 板 | 8，−5 |

梁类、板类构件纵向受力钢筋的保护层厚度应分别进行验收，并应符合下列规定：

（1）当全部钢筋保护层厚度检验的合格率为 90%及以上时，可判定合格。

（2）当全部钢筋保护层厚度检验的合格率小于 90%且不小于 80%时，可再抽取相同数量的构件进行检验；当按两次抽样总和计算的合格率为 90%及以上时，仍可判为合格。

（3）每次抽样检测结果中不合格点的最大偏差均不应大于表 13-2 中规定允许偏差的 1.5 倍。

## 13.3 受弯构件结构性能检测

### 13.3.1 检测依据及环境要求

1）检测依据

《混凝土结构工程施工质量验收规范》（GB 50204）；

《建筑结构检测技术标准》（GB/T 50344）；

《混凝土结构试验方法标准》（GB/T 50152）；

《装配式混凝土建筑技术标准》（GB/T 51231）。

2）环境要求

实验室环境：温度为 10～35℃。

3）试验条件

预制构件进行结构性能检验时的试验条件应符合下列要求：

（1）蒸汽养护后的构件应在冷却至常温后进行试验。

（2）预制构件的混凝土强度应达到设计强度的 100%及以上。

（3）构件在试验前应量测其实际尺寸，并检查构件表面，所有的缺陷和裂缝应在构件上标出。

### 13.3.2　主要仪器设备

常用检测仪器一般分为加载设备和测量仪器。

加载设备：加载梁、支墩、支座、千斤顶、加载砝码等。

测量仪器：应变仪、位移计、裂缝放大镜等。

### 13.3.3　检测内容及检测数量

（1）梁板类简支受弯预制构件进场时应进行结构性能检验，并应符合下列规定：

① 结构性能检验应符合现行国家标准的有关规定及设计的要求，检验要求和试验方法应符合现行国家标准《混凝土结构工程施工质量验收规范》（GB 50204）的规定。

② 钢筋混凝土构件和允许出现裂缝的预应力混凝土构件应进行承载力、挠度和裂缝宽度检验；不允许出现裂缝的预应力混凝土构件应进行承载力、挠度和抗裂检验。

③ 对大型构件及有可靠应用经验的构件，可只进行裂缝宽度、抗裂和挠度检验。

④ 对使用数量较少的构件，当能提供可靠依据时，可不进行结构性能检验。

（2）检验数量：同类型预制构件不超过 1 000 个为一批，每批随机抽取 1 个构件进行结构性能检验。同类型是指同一混凝土强度等级、同一生产工艺和同一结构形式。抽取预制构件时，宜从设计荷载最大、受力最不利或生产数量最多的预制构件中抽取。

### 13.3.4　试验构件支承和加载

1）支承方式

试验预制构件的支承方式应符合下列规定：

（1）对板、梁和桁架等简支构件，试验时应一端采用铰支承，另一端采用滚动支承。铰支承可采用角钢、半圆形钢或焊于钢板上的圆钢，滚动支承可采用圆钢。

（2）对四边简支或四角简支的双向板，其支承方式应保证支承处构件能自由转动，支承面可相对水平移动。

（3）当试验的构件承受较大集中力或支座反力时，应对支承部分进行局部受压承载力验算。

（4）构件与支承面应紧密接触；钢垫板与构件、钢垫板与支墩间，宜铺砂浆垫平。

（5）构件支承的中心线位置应符合设计的要求。

2）加载方法

（1）试验荷载布置要求。

① 预制构件的试验荷载布置应符合设计的要求。

② 当荷载布置不能完全与设计的要求相符时，应按荷载效应等效的原则换算，并应计入荷载布置改变后对构件其他部位的不利影响。

（2）试验加载方式。

加载方式应根据设计加载要求、构件类型及设备等条件选择。当按不同形式荷载组合进行加载试验时，各种荷载应按比例增加，并应符合下列规定：

① 荷重块加载可用于均布加载试验。荷重块应按区格成垛堆放，垛与垛之间的间隙

不宜小于 100 mm，荷重块的最大边长不宜大于 500 mm。

② 千斤顶加载可用于集中加载试验。集中加载可采用分配梁系统实现多点加载。千斤顶的加载值宜采用荷载传感器量测，也可采用油压表量测。

③ 梁或桁架可采用水平对顶加荷方法，此时构件应垫平且不应妨碍构件在水平方向的位移。梁也可采用竖直对顶的加荷方法。

④ 当屋架仅作挠度、抗裂或裂缝宽度检验时，可将两榀屋架并列，安放屋面板后进行加载试验。

3）加载程序

（1）试验前宜对预制构件进行预压，以检查试验装置的工作是否正常，但应防止构件因预压而开裂。预加载值不宜超过结构构件开裂试验荷载计算值的 70%。

（2）试验荷载应按下列规定分级加载和卸载：

① 预制构件应分级加载。当荷载小于标准荷载时，每级荷载应不大于标准荷载值的 20%；当荷载大于标准荷载时，每级荷载应不大于标准荷载值的 10%；当荷载接近抗裂检验荷载值时，每级荷载不应大于标准荷载值的 5%；当荷载接近承载力检验荷载值时，每级荷载应不大于荷载设计值的 5%。

② 试验设备重量及预制构件自重应作为第一次加载的一部分。

③ 对仅作挠度、抗裂或裂缝宽度检验的构件应分级卸载。每级卸载值可取为使用状态短期试荷载值的 20%～50%；每级卸载后在构件上的试验荷载剩余值宜与加载时的某一荷载值相对应。

（3）每级加载完成后，应持续 10～15 min；在标准荷载作用下，应持续 30 min。在持续时间内，应观察裂缝的出现和开展，以及钢筋有无滑移等；在持续时间结束时，应记录各项读数。

### 13.3.5 受弯预制构件承载力检测

1）承载力极限状态判定方法

（1）对预制构件进行承载力检验时，在加载或持载过程中，当预制构件出现表 13-3 中标志之一时，即可认为预制构件已达到或超过承载能力极限状态。

**表 13-3 预制构件承载能力极限状态检验标志**

| 受力情况 | 达到承载能力极限状态的检验标志 |
|---|---|
| 受弯 | 受拉主筋处的最大裂缝宽度达到 1.5 mm；或挠度达到跨度的 1/50 |
| | 受压区混凝土破坏 |
| | 受拉主筋拉断 |
| 受弯构件的受剪 | 腹部斜裂缝达到 1.5 mm，或斜裂缝末端受压混凝土剪压破坏 |
| | 沿斜截面混凝土斜压、斜拉破坏；受拉主筋在端部滑脱或其他锚固破坏 |
| | 叠合构件叠合面、接槎处 |

（2）进行承载力试验时，应取首先达到上述第（1）条中所列标志之一时的荷载值，包括自重和加载设备重力来确定预制构件的承载力实测值。

（3）当在规定的荷载持续时间内出现上述第（1）条所列标志之一时，应取本级荷载值与前一级荷载值的平均值作为其承载力检验荷载实测值；当在规定的荷载持续时间结束后出现上述第（1）条所列标志之一时，应取本级荷载值作为其承载力检验荷载实测值；当在加载过程中出现上述标志之一时，应取前一级荷载值作为预制构件的极限荷载实测值。

2）承载力检验荷载设计值

承载力检验荷载设计值是指在承载能力极限状态下，根据构件设计控制截面上的内力设计值与构件检验的加载方式，经换算后确定的荷载值（包括自重）。

混凝土预制构件的承载力检验荷载设计值 $S$ 按现行国家标准《建筑结构可靠度设计统一标准》（GB 50068）及《建筑结构荷载规范》（GB 50009）的规定确定：

$$S=\gamma_G S_{Gk}+\gamma_{Q_1}S_{Q_1k}+\sum_{i=2}^{n}\gamma_{Q_i}\psi_{ci}S_{Q_ik} \tag{13-2}$$

式中：$\gamma_G$——永久荷载的分项系数，应按《建筑结构可靠度设计统一标准》（GB 50068）的规定采用；

$S_{Gk}$——按永久荷载标准值 $G_k$ 计算的荷载效应值；

$\gamma_{Q_i}$——第 $i$ 个可变荷载的分项系数，其中 $\gamma_{Q_1}$ 为可变荷载 $Q_1$ 的分项系数，应按《建筑结构可靠度设计统一标准》（GB 50068）的规定采用；

$\psi_{ci}$——可变荷载的组合值系数，应按《建筑结构荷载规范》（GB 50009）的规定采用；

$S_{Q_ik}$——按可变荷载标准值 $Q_{ik}$ 计算的荷载效应值，其中 $S_{Q_1k}$ 为可变荷载效应中起控制作用者；

$n$——参与组合的可变荷载数。

对于预应力空心板，其检验荷载设计值应首先根据所检测空心板的规格查图集，查出结构性能检验参数表中的承载力检验荷载设计值 $q_u^e$（kN/m）之后，再乘以板计算跨度后得到。

3）承载力检验结果判定

预制构件的承载力检验应符合下列规定：

（1）当按现行国家标准《混凝土结构设计规范》（GB 50010）的规定进行检验时，应满足式（13-3）的要求：

$$\gamma_u^0 \geqslant \gamma_0[\gamma_u] \tag{13-3}$$

式中：$\gamma_u^0$——构件的承载力检验系数实测值，即试件的荷载实测值与荷载设计值（均包括自重）的比值；

$\gamma_0$——结构重要性系数，按设计要求的结构等级确定，当无专门要求时取 1.0；

$[\gamma_u]$——构件的承载力检验系数允许值，按表 13-4 取用。

**表 13-4 构件的承载力检验系数允许值**

| 受力情况 | 达到承载力极限状态的检验标志 | | $[\gamma_u]$ |
|---|---|---|---|
| 受弯 | 受拉主筋处的最大裂缝宽度达到 1.5 mm；或挠度达到跨度的 1/50 | 有屈服点热轧钢筋 | 1.20 |
| | | 无屈服点钢筋（钢丝、钢绞线、冷加工钢筋、无屈服点热轧钢筋） | 1.35 |

续表

| 受力情况 | 达到承载力极限状态的检验标志 | | $[\gamma_u]$ |
|---|---|---|---|
| 受弯 | 受压区混凝土破坏 | 有屈服点热轧钢筋 | 1.30 |
| | | 无屈服点钢筋（钢丝、钢绞线、冷加工钢筋、无屈服点热轧钢筋） | 1.50 |
| | 受拉主筋拉断 | | 1.50 |
| 受弯构件的受剪 | 腹部斜裂缝达到1.5 mm，或斜裂缝末端受压混凝土剪压破坏 | | 1.40 |
| | 沿斜截面混凝土斜压、斜拉破坏；受拉主筋在端部滑脱或其他锚固破坏 | | 1.55 |
| | 叠合构件叠合面、接槎处 | | 1.45 |

（2）当按构件实配钢筋进行承载力检验时，应满足式（13-4）的要求：

$$\gamma_u^0 \geqslant \gamma_0 \eta [\gamma_u] \tag{13-4}$$

式中：$\eta$ ——构件承载力检验修正系数，根据现行国家标准《混凝土结构设计规范》（GB/T 50010）的规定按实配钢筋的承载力计算确定。

### 13.3.6 受弯预制构件挠度检测

1）挠度或位移测量方法

挠度量测应符合下列规定：

（1）挠度可采用百分表、位移传感器、水平仪等进行观测。接近破坏阶段的挠度，可采用水平仪或拉线、直尺等测量。

（2）挠度测点应在构件跨中截面的中轴线上沿构件两侧对称布置，还应在构件两端支座处布置测点；量测挠度的仪表应安装在独立不动的仪表架上，现场试验应消除地基变形对仪表支架的影响。

（3）试验时，应量测构件跨中位移和支座沉陷。对宽度较大的构件，应在每一量测截面的两边或两肋布置测点，并取其量测结果的平均值作为该处的位移。

（4）在试验加载前，应在没有外加荷载的条件下测读仪表的初始读数。试验时，在每级荷载作用下，应在规定的荷载持续时间结束时量测结构构件的变形；预制构件各部位测点的测读程序在整个试验过程中宜保持一致，各测点间读数时间间隔不宜过长。

（5）当试验荷载竖直向下作用时，对水平放置的试件，在各级荷载下的跨中挠度实测值应按式（13-5）、式（13-6）、式（13-7）计算：

$$a_t^0 = a_q^0 + a_g^0 \tag{13-5}$$

$$a_q^0 = \upsilon_m^0 - \frac{1}{2}(\upsilon_l^0 + \upsilon_r^0) \tag{13-6}$$

$$a_g^0 = \frac{M_g}{M_b} a_b^0 \tag{13-7}$$

式中：$a_t^0$ ——全部荷载作用下构件跨中的挠度实测值，mm；

$a_q^0$ ——外加试验荷载作用下构件跨中的挠度实测值，mm；

$a_g^0$ ——构件自重及加荷设备重产生的跨中挠度值，mm；

$\upsilon_m^0$——外加试验荷载作用下构件跨中的位移实测值，mm；

$\upsilon_l^0$、$\upsilon_r^0$——外加试验荷载作用下构件左、右端支座沉陷的实测值，mm；

$M_g$——构件自重和加荷设备重产生的跨中弯矩值，kN·m；

$M_b$——从外加试验荷载开始至构件出现裂缝的前一级荷载为止的外加荷载产生的跨中弯矩值，kN·m；

$a_b^0$——从外加试验荷载开始至构件出现裂缝的前一级荷载为止的外加荷载产生的跨中挠度实测值，mm。

（6）当采用等效集中力加载模拟均布荷载进行试验时，挠度实测值应乘以修正系数 $\psi$。当采用三分点加载时 $\psi$ 可取 0.98；当采用其他形式集中力加载时，$\psi$ 应经计算确定。

2）挠度检验结果判定

（1）预制构件的挠度检验应符合下列规定：

① 当按现行国家标准《混凝土结构设计规范》（GB/T 50010）规定的挠度允许值进行检验时，应满足式（13-8）的要求：

$$a_s^0 \leqslant [a_s] \tag{13-8}$$

式中：$a_s^0$——在检验用荷载标准组合值或荷载准永久组合值作用下的构件挠度实测值；

$[a_s]$——挠度检验允许值。

② 当按构件实配钢筋进行挠度检验或仅检验构件的挠度、抗裂或裂缝宽度时，应满足式（13-9）的要求：

$$a_s^0 \leqslant 1.2a_s^c \tag{13-9}$$

式中：$a_s^c$——在检验用荷载标准组合值或荷载准永久组合值作用下，按实配钢筋确定的构件短期挠度计算值，按现行国家标准《混凝土结构设计规范》（GB/T 50010）确定。

$a_s^0$ 应同时满足式（13-8）的要求。

（2）挠度检验允许值 $[a_s]$ 应按式（13-10）进行计算：

① 按荷载准永久组合值计算钢筋混凝土受弯构件。

$$[a_s]=[a_f]/\theta \tag{13-10}$$

② 按荷载标准组合值计算预应力混凝土受弯构件。

$$[a_s]=\frac{M_k}{M_q(\theta-1)+M_k}[a_f] \tag{13-11}$$

式中：$M_k$——按荷载标准组合值计算的弯矩值；

$M_q$——按荷载准永久组合值计算的弯矩值；

$\theta$——考虑荷载长期效应组合对挠度增大的影响系数，按现行国家标准《混凝土结构设计规范》（GB/T 50010）确定。

### 13.3.7　受弯预制构件抗裂检测

1）裂缝测量方法

裂缝观测应符合下列规定：

（1）观察裂缝出现可采用放大镜。试验中未能及时观察到正截面裂缝的出现时，可取荷载—挠度曲线上第一弯转段两端点切线的交点的荷载值作为构件的开裂荷载实测值。

（2）在对构件进行抗裂检验时，当在规定的荷载持续时间内出现裂缝时，应取本级荷载值与前一级荷载值的平均值作为其开裂荷载实测值；当在规定的荷载持续时间结束后出现裂缝时，应取本级荷载值作为其开裂荷载实测值。

（3）裂缝宽度宜采用精度为 0.05 mm 的刻度放大镜等仪器进行观测，也可采用满足精度要求的裂缝检验卡进行观测。

（4）对正截面裂缝，应量测受拉主筋处的最大裂缝宽度；对斜截面裂缝，应量测腹部斜裂缝的最大裂缝宽度。当确定受弯构件受拉主筋处的裂缝宽度时，应在构件侧面量测。

2）抗裂检验结果判定

（1）预制构件的抗裂检验应满足式（13-12）、式（13-13）的要求：

$$\gamma_{cr}^{0} \geqslant [\gamma_{cr}] \tag{13-12}$$

$$[\gamma_{cr}] = 0.95\frac{\sigma_{pc} + \gamma \cdot f_{tk}}{\sigma_{ck}} \tag{13-13}$$

式中：$\gamma_{cr}^{0}$——构件的抗裂检验系数实测值，即试件的开裂荷载实测值与检验用荷载标准组合值（均包括自重）的比值；

$[\gamma_{cr}]$——构件的抗裂检验系数允许值；

$\sigma_{pc}$——由预加力产生的构件抗拉边缘混凝土法向应力值，按现行国家标准《混凝土结构设计规范》（GB/T 50010）确定；

$\gamma$——混凝土构件截面抵抗矩塑性影响系数，按现行国家标准《混凝土结构设计规范》（GB/T 50010）确定；

$f_{tk}$——混凝土抗拉强度标准值；

$\sigma_{ck}$——按荷载标准组合值计算的构件抗拉边缘混凝土法向应力值，按现行国家标准《混凝土结构设计规范》（GB/T 50010）确定。

（2）预制构件的裂缝宽度检验应满足式（13-14）的要求：

$$w_{s,\max}^{0} \leqslant [w_{\max}] \tag{13-14}$$

式中：$w_{s,\max}^{0}$——在检验用荷载标准组合值或荷载准永久组合值作用下，受拉主筋处的最大裂缝宽度实测值；

$[w_{\max}]$——构件检验的最大裂缝宽度允许值，按表 13-5 取用。

**表 13-5　构件的最大裂缝宽度允许值**　　单位：mm

| 设计要求的最大裂缝宽度允许值 | 0.1 | 0.2 | 0.3 | 0.4 |
|---|---|---|---|---|
| $[w_{\max}]$ | 0.07 | 0.15 | 0.20 | 0.25 |

### 13.3.8　受弯预制构件结构性能检验验收标准

预制构件结构性能检验的合格判定应符合下列规定：

（1）当预制构件结构性能的全部检验结果均满足上述 13.3.5、13.3.6、13.3.7 的检验要求时，该批构件可判为合格。

（2）当预制构件的检验结果不满足第（1）条的要求，但又能满足第二次检验指标要求时，可再抽两个预制构件进行第二次检验。第二次检验指标，对承载力及抗裂检验系数的允许值应取 13.3.5、13.3.7 规定的允许值减 0.05；对挠度的允许值应取 13.3.6 规定的允许值的 1.1 倍。

（3）当进行第二次检验时，如果第一个检验预制构件的全部检验结果均满足 13.3.5、13.3.6、13.3.7 的要求，该批构件可判为合格；如果两个预制构件的全部检验结果均满足第二次检验指标的要求，该批构件也可判为合格。

# 参 考 文 献

［1］田国民，李铮，杨瑾峰，等. 工程建设标准编制指南［M］. 北京：中国建筑工业出版社，2009.

［2］刘卓慧，刘安平，肖良，等. 实验室资质认定工作指南［M］. 北京：中国计量出版社，2007.

［3］冯文元，张友民，冯志华. 新编建筑材料检验手册［M］. 北京：中国建材工业出版社，2013.

［4］袁建国. 抽样检验原理与应用［M］. 北京：中国计量出版社，2002.

［5］叶建雄，崔勇，胡祖华，等. 建筑材料基础试验［M］. 北京：中国建筑工业出版社，2009.

［6］叶建雄，张智瑞，等. 混凝土（砂浆）试验员［M］. 北京：中国环境出版集团，2022.

［7］李广信，张丙印，于玉贞，等. 土力学［M］. 北京：清华大学出版社，2022.